21世纪高等学校计算机教育实用

ASP.NET
程序设计案例教程

陈向东　主　编

王　杰　虞　娟　副主编

王　玮　阎树昕　孙　伟　编　著

清华大学出版社

北京

内 容 简 介

本书从实用的角度出发,介绍了 ASP. NET Web 程序设计的基础知识,通过具体案例演绎了 ASP. NET Web 开发的相关技术,以帮助广大读者掌握在 VS. NET 平台下开发 Web 应用程序和网站的方法。全书共 10 章,内容包括 ASP. NET 4.0 概述、ASP. NET 服务器控件、验证控件、ASP. NET 常用对象、数据访问技术、ASP. NET 文件操作技术、ASP. NET 网站设计技术、Web 部件和用户控件、ASP. NET 网站的安全与发布等,最后一章给出了一个综合应用系统,可以作为课程设计科目。本书的前 9 章都包含丰富的案例,并配有实训项目作为课后练习。

本书既可作为大中专院校相关专业的教材或参考书,也可作为 IT 从业人员和程序设计爱好者的自学参考书。

图书在版编目(CIP)数据

ASP. NET 程序设计案例教程/陈向东主编. —北京:清华大学出版社,2014(2019.7重印)
(21 世纪高等学校计算机教育实用规划教材)
ISBN 978-7-302-36065-0

Ⅰ. ①A… Ⅱ. ①陈… Ⅲ. ①网页制作工具—程序设计—高等学校—教材 Ⅳ. ①TP393.092

中国版本图书馆 CIP 数据核字(2014)第 145540 号

责任编辑:付弘宇　王冰飞
封面设计:常雪影
责任校对:李建庄
责任印制:沈　露

出版发行:清华大学出版社
   网   址:http://www.tup.com.cn,http://www.wqbook.com
   地   址:北京清华大学学研大厦 A 座   邮   编:100084
   社 总 机:010-62770175   邮   购:010-62786544
   投稿与读者服务:010-62776969,c-service@tup.tsinghua.edu.cn
   质量反馈:010-62772015,zhiliang@tup.tsinghua.edu.cn
   课件下载:http://www.tup.com.cn,010-62795954
印 装 者:北京九州迅驰传媒文化有限公司
经   销:全国新华书店
开   本:185mm×260mm   印   张:24.75   字   数:626 千字
版   次:2014 年 8 月第 1 版   印   次:2019 年 7 月第 5 次印刷
印   数:4201~4500
定   价:45.00 元

产品编号:037980-01

出 版 说 明

　　随着我国高等教育规模的扩大以及产业结构调整的进一步完善,社会对高层次应用型人才的需求将更加迫切。各地高校紧密结合地方经济建设发展需要,科学运用市场调节机制,合理调整和配置教育资源,在改革和改造传统学科专业的基础上,加强工程型和应用型学科专业建设,积极设置主要面向地方支柱产业、高新技术产业、服务业的工程型和应用型学科专业,积极为地方经济建设输送各类应用型人才。各高校加大了使用信息科学等现代科学技术提升、改造传统学科专业的力度,从而实现传统学科专业向工程型和应用型学科专业的发展与转变。在发挥传统学科专业师资力量强、办学经验丰富、教学资源充裕等优势的同时,不断更新教学内容、改革课程体系,使工程型和应用型学科专业教育与经济建设相适应。计算机课程教学在从传统学科向工程型和应用型学科转变中起着至关重要的作用,工程型和应用型学科专业中的计算机课程设置、内容体系和教学手段及方法等也具有不同于传统学科的鲜明特点。

　　为了配合高校工程型和应用型学科专业的建设和发展,急需出版一批内容新、体系新、方法新、手段新的高水平计算机课程教材。目前,工程型和应用型学科专业计算机课程教材的建设工作仍滞后于教学改革的实践,如现有的计算机教材中有不少内容陈旧(依然用传统专业计算机教材代替工程型和应用型学科专业教材),重理论、轻实践,不能满足新的教学计划、课程设置的需要;一些课程的教材可供选择的品种太少;一些基础课的教材虽然品种较多,但低水平重复严重;有些教材内容庞杂,书越编越厚;专业课教材、教学辅助教材及教学参考书短缺,等等,都不利于学生能力的提高和素质的培养。为此,在教育部相关教学指导委员会专家的指导和建议下,清华大学出版社组织出版本系列教材,以满足工程型和应用型学科专业计算机课程教学的需要。本系列教材在规划过程中体现了如下一些基本原则和特点。

　　(1) 面向工程型与应用型学科专业,强调计算机在各专业中的应用。教材内容坚持基本理论适度,反映基本理论和原理的综合应用,强调实践和应用环节。

　　(2) 反映教学需要,促进教学发展。教材规划以新的工程型和应用型专业目录为依据。教材要适应多样化的教学需要,正确把握教学内容和课程体系的改革方向,在选择教材内容和编写体系时注意体现素质教育、创新能力与实践能力的培养,为学生知识、能力、素质协调发展创造条件。

　　(3) 实施精品战略,突出重点,保证质量。规划教材建设仍然把重点放在公共基础课和专业基础课的教材建设上;特别注意选择并安排一部分原来基础比较好的优秀教材或讲义修订再版,逐步形成精品教材;提倡并鼓励编写体现工程型和应用型专业教学内容和课程体系改革成果的教材。

（4）主张一纲多本，合理配套。基础课和专业基础课教材要配套，同一门课程可以有多本具有不同内容特点的教材。处理好教材统一性与多样化，基本教材与辅助教材，教学参考书，文字教材与软件教材的关系，实现教材系列资源配套。

（5）依靠专家，择优选用。在制订教材规划时要依靠各课程专家在调查研究本课程教材建设现状的基础上提出规划选题。在落实主编人选时，要引入竞争机制，通过申报、评审确定主编。书稿完成后要认真实行审稿程序，确保出书质量。

繁荣教材出版事业，提高教材质量的关键是教师。建立一支高水平的以老带新的教材编写队伍才能保证教材的编写质量和建设力度，希望有志于教材建设的教师能够加入到我们的编写队伍中来。

21 世纪高等学校计算机教育实用规划教材编委会

联系人：魏江江 weijj@tup. tsinghua. edu. cn

前　言

　　作为 Microsoft . NET Framework 的一部分,ASP. NET 是一个统一的 Web 开发模型,提供了各种 Web 应用程序(包括网站)所需的服务。本书针对 ASP. NET Web 应用程序设计和网站开发系统地介绍了开发 ASP. NET Web 项目所需的基本知识和专业技术。

　　本书主要具有两大特色,一是校企合作共同编写教材,二是采用案例驱动的方式系统地讲解 ASP. NET Web 程序设计的基本知识和开发技术。书中案例覆盖知识点,通过案例演绎基本知识和方法,避免纯理论的概念描述,以达到学以致用的目的。在教学目标、能力要求和内容安排上,本书倡导将基本技能培养与主流技术相结合,把软件工程的思想融入教学体系中。对于本书的知识结构,编者经过精心设计,不仅讲解精炼,而且突出重点。

　　本书的总体编写思路如下:

　　(1) 选择有典型代表性的案例,突出对重点知识的掌握和应用,力求适合学生的学习和教师的教学。

　　(2) 知识和案例有机结合,通过案例强化学生应用能力的培养,先介绍基础知识,然后通过典型案例来应用介绍的知识,这样有助于学生对基础知识的理解和掌握。

　　(3) 全书共分 10 章。第 1 章 ASP. NET 4.0 概述,主要介绍动态网站和静态网站的区别,帮助读者更好地理解动态网站的特点;详细介绍 ASP. NET 4.0 的功能及特点,以及应用程序的组成与结构、ASPX 网页代码和 CS 文件代码的编写模式,同时还介绍了 Visual Studio 2010 开发环境的使用。第 2 章服务器控件,介绍 ASP. NET 服务器控件的原理、创建和使用方法等。第 3 章验证控件,介绍 ASP. NET 服务器验证控件的使用。第 4 章 ASP. NET 常用对象,介绍 ASP. NET 基本内置对象,包括 Response 对象、Request 对象、Application 对象、Session 对象、Cookie 对象、Server 对象和 ViewState 对象等。第 5 章数据访问技术,介绍 ADO. NET 访问 SQL Server 数据库的方法,数据源连接对象和数据访问对象,以及数据源控件的使用,数据绑定技术和数据控件的使用。第 6 章 ASP. NET 文件操作技术,介绍使用 ASP. NET 对文件进行操作的方法,包括文件的上传和下载等技术。第 7 章 ASP. NET 网站设计技术,介绍网站设计的相关知识,包括母版页、主题和皮肤等技术。第 8 章 Web 部件和用户控件,主要介绍 Web 部件、用户控件和自定义控件等技术。第 9 章 ASP. NET 网站的安全与发布,介绍与 ASP. NET 网站安全相关的内容,包括应用程序的配置、成员资格管理、登录控件、身份验证和授权等;介绍 ASP. NET 网站的发布,包括 ASP . NET Web 服务器的安装和配置、站点的建立、ASP. NET 网站的运行等。第 10 章 ASP . NET 应用系统开发,给出了一个完整的 ASP. NET 项目——在线考试系统,包括需求分析、系统设计、系统实现和系统测试等,该项目涵盖全书知识点,可以作为课程设计。

本书采用理论描述与典型案例相结合的思路,在处理上注意将知识的高度与案例的深度密切结合起来,对案例进行精选,对理论进行删减,降低了构建完整知识体系的要求和将基本知识深入到应用的难度。书中的每个案例都经过精心设计,尽量涵盖所有相关知识点,且案例都是学生熟悉的和日常生活相关的案例。全书的每个案例都给出了代码及分析,并且前 9 章有针对性地设计了实训项目,第 10 章给出了一个涵盖全书知识点的综合实训项目作为课程设计。本书很好地处理了局部知识应用与综合应用的关系,强调实用性,重视培养学生的应用能力。本书的相关资料可以在清华大学出版社网站(http://www. tup. tsing-hua. edu. cn)上下载。

本书对应课程的前导课程有《C♯面向对象程序设计》,本书对应课程的后续课程有《. NET 企业级开发与应用》、《面向对象的分析与设计》等。

本书对应课程建议总学时数为 80 学时,包括理论教学和实践环节。

本书由马鞍山师范高等专科学校的陈向东任主编,王杰和虞娟任副主编,其中,第 9 章由陈向东编写,第 1、6 章由王杰编写,第 4、5 章由虞娟编写,第 2、3 章由王玮编写,第 7、8 章由中软国际有限公司的高级项目经理阎树昕编写,第 10 章由中软国际有限公司的高级项目经理孙伟编写。本书由陈向东负责统稿。本书编者长期从事 C、C++、C♯、ASP. NET 等系列课程的教学实践和相关专业的建设工作,同时又是一个教学和技术团队,有着丰富的软件开发经验。

虽然编者非常认真地编写了本书,但由于计算机技术发展迅速,行业知识更新很快,加上编者水平有限,书中难免存在不足之处,请读者不吝指正。编者的 E-mail 为 masszcxd@qq. com。

本书的配套课件等资源可以从清华大学出版社网站(http://www. tup. com. cn)上下载,如果读者在下载与使用的过程中遇到问题,请联系 fuhy@tup. tsinghua. edu. cn。

编　者
2014 年 5 月

目　　录

X

第1章 ASP.NET 4.0 概述

教学提示：本章主要介绍动态网站和静态网站的区别和特点，帮助读者更好地理解动态网站的特点。本章详细介绍了 ASP.NET 4.0 的功能及特点、应用程序的组成与结构、ASPX 网页代码的存储模式，最后介绍了 Visual Studio 2010(VS2010)开发环境的使用。

教学要求：

- 掌握静态页面和动态页面的区别与特点。
- 掌握 ASP.NET 4.0 的特点。
- 掌握 ASP.NET 应用程序的组成结构。
- 掌握 ASPX 网页代码的存储模式。
- 熟练使用 Visual Studio 2010 开发环境。

建议学时：4 个学时。

1.1 静态页面技术和动态页面技术

互联网的快速发展给人们的工作、学习和生活带来了重大变化，人们可以利用网络处理数据、获取信息，极大地提高了工作效率。在互联网开发所涉及的众多技术中，最为关键的技术之一就是网站建设技术。通过本节的学习，读者将了解在制作网站的过程中经常遇到的静态网站、动态网站等基本概念。

1.1.1 静态网站

传统的网站一般是采用静态网页技术制作的静态网站。在静态网站中，所有的内容以 HTML 语言编写，存储在静态网页文件中，文件扩展名为 html、htm、sthml、xml 等。在网页上可以出现 GIF 动画、Flash 动画、滚动字幕等动态效果，但这些动态效果只是视觉上的"动"。这里所讨论的静态网站中的"静"是指网页内容在用户发出请求之前就已经生成了（这就是用户每次总能看到相同的页面的原因），Web 服务器只负责保存和传递 HTML 文件而不进行额外的处理，用户只能阅读网站所提供的信息内容，如图 1-1 所示。

图 1-1 静态网站模型

静态网站中网页的内容相对稳定,不需要通过数据库工作,对于 Web 服务器来说,处理负担不大,因此,静态网站具有容易被搜索引擎检索、访问速度比较快的优点。

静态网站的致命弱点是不容易维护,为了不断更新网页内容,网站管理员必须不断地重复制作 HTML 文档,随着网站内容和信息量的日益增加,维护工作将变得十分艰巨。因此,静态网站往往适用于数据不多、网页比较固定、更新不频繁的情况,例如更新较少的展示网站一般采用静态网站技术搭建。

1.1.2 动态网站

在静态网站中,用户可以阅读、发布大量信息,但是如果用户想拥有自己的聊天室——享受与朋友在一起自由讨论的乐趣,建立网上商店——实现自己的创业梦想……就必须采用动态网站技术进行交互式 Web 体验。

什么是动态网站呢? 所谓"动",并不是指网页上的 GIF 等动画图片,而是指用户与网站的互动性。

动态网站的概念现在还没有统一标准,但一般应满足以下几个特征。

1. 交互性

动态网站中的网页会根据用户的要求和选择而改变和响应,网站管理员只需要掌握计算机的基本操作方法就可以方便、及时地更新网站内容,浏览网站的用户可以在网站中进行查询、留言等操作。另外,动态网站技术大大增加了管理员与网站、客户与网站的互动性。

2. 通过数据库进行架构

在动态网站中,网络管理员除了要设计网页视觉效果外,还要设计数据库和程序代码使网站具有更多自动的、高级的功能。例如,购物网站中含有大量的商品种类和数量信息,为了方便查找,应该搭建数据库平台在网页上实现自动搜索。现在广泛使用的网上交易系统、在线采购系统、商务交流系统等都是由数据库技术支持的。

3. 在服务器端运行,方便更新

在服务器端运行的程序、网页、组件会随着不同客户、不同要求返回不同的页面,网站管理员无须手动更新页面文档,可以大大节省网络管理的工作量,如图 1-2 所示。

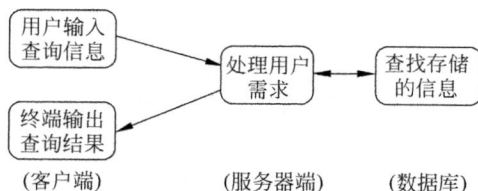

图 1-2 动态网站模型

由上述特征可以看出,静态和动态内容的主要区别在于:静态网站内容是在用户发出请求之前预先生成的,动态网站内容则是在用户发出请求之后产生的。

动态网站在收到用户请求后生成页面有以下两个明显的优点:

首先,服务器端可以根据用户提交的请求、用户提供的请求的内容值设置它所生成的页面内容。例如在一个电子商务网站提交用户名和密码,用户将看到的下一个页面就是动态生成的页面,它包含了用户私有账号的信息。

其次,服务器端可以根据最新的可用信息设置它所生成的页面内容。例如很多网站都有正在使用这个网站的用户数量的显示,用户数量的值是实时信息,是在 Web 服务器接受用户请求时获取的。

可以说,动态网站的 Web 服务器不仅负责传递网站文件,它更是一个完成信息处理的执行平台。例如一个购物网站由两部分组成,一是用户部分(也称前台客户端),另一个是管理员部分(也称后台服务器端)。前台客户端提供的功能有新用户注册,已注册用户的登录,用户对商品的查询、浏览,用户对商品的在线购买等。当一个新用户在前台注册成功后,后台服务器必须在数据库的用户表中添加相应的用户信息;当已注册用户想查看自己购物车中的物品的,后台必须从数据库中找出该用户已挑选的物品的详细信息,并产生输出结果反馈到用户浏览器中。

静态网站和动态网站各有特点,搭建网站采用动态技术还是静态技术主要取决于网站的功能需求和内容的多少,如果网站的功能比较简单,内容更新量不是很大,采用静态网站的方式会比较简单,反之一般要采用动态网站技术来实现。

静态网站可以使用 FrontPage 或 Dreamweaver 等网页编辑工具来建立,动态网站需要使用服务器端网页技术(例如本书介绍的 ASP. NET)来搭建。

1.2　ASP. NET 4.0 特点介绍

在. NET Framework 4.0 版本之上,微软公司发布了被称为 ASP. NET 4.0 的版本。ASP. NET 4.0 相对于早期的 ASP. NET 2.0 在后台上并没有太大的改变,但是提供了大量的新功能,例如以前作为扩展的 ASP. NET AJAX、LINQ 数据源控件等。

在 ASP. NET 中,Web 页面也可以称为 Web Form,使用 ASP. NET 能够创建与 Windows 桌面应用程序相似的用户界面。而且,ASP. NET Web 应用程序是编译型的 Web 开发技术,ASP. NET 4.0 让开发人员能够更容易地创建出更强大的 Web 应用程序。

如果读者是一位熟悉 ASP. NET 2.0 的程序员,那么很快就会发现 ASP. NET 4.0 的绝大部分功能与 ASP. NET 2.0 相似。其实,笔者在刚接触到 ASP. NET 4.0 时,觉得 ASP. NET 4.0 是 ASP. NET 2.0＋AJAX＋LINQ 的一个混合体。现在,微软公司仍然在努力地发掘其 Web 开发方面的一些扩展,例如 MVC 框架、对动态数据的支持。

ASP. NET 4.0 在 ASP. NET 2.0 的基础上增加了以下新特性:

(1) 提供了用于开发 ASP. NET AJAX 应用程序的内置的服务控件、类型和客户端脚本库。

(2) 新的 Forms 身份验证、角色管理和配置文件服务。

(3) 新的 ListView 数据控件,用于显示数据,还可以提供具有高度可自定义性的用户界面。

(4) 新的 LinqDataSource 控件,通过 ASP. NET 数据源控件结构公开语言集成查询(LINQ)。

(5) 新的合并工具(Aspnet_merger. exe),可用于合并预编译程序集,以灵活的方式实现部署和发布管理。

（6）提供了与 IIS 7.0 的集成。

1.3　ASP. NET 4.0 应用程序的结构

通常，一个 ASP. NET 应用程序由多个 Web Form 组成，每个 Web Form 共享相同应用程序的很多通用的资源和配置，即使在相同的 IIS 服务器上，也不太可能有多个应用程序共享相同的资源和配置，这是因为每个应用程序都被执行在一个分离的应用程序域中。读者可以把应用程序域想象成内存中的一块隔离区域，这样即使其他的 ASP. NET 应用程序崩溃也不会影响到当前的应用程序，保证了应用程序的安全性。

一个标准的 ASP. NET 应用程序由多个文件组成，包括 Web 页面、HTTP 处理器、HTTP 模块，以及可执行的代码、配置文件和数据库文件等。

1.3.1　ASP. NET 文件类型

ASP. NET 应用程序可能包括以下类型的一个或多个文件：

* ASPX 文件。标准的 Web 页面文件，包含用户界面和代码文件（扩展名为 cs 或 vb）。
* ASCX 文件。ASP. NET 用户控件，用户控件与 Web 页面类似，但是用户不能直接访问这些文件，必须将用户控件宿主到 Web 页面。用户控件最大的优势在于可重用，从而简化一个 Web 页面上太多的 UI 元素和代码块。
* ASMX 文件。ASP. NET Web 服务文件，Web 服务提供一系列类方法供其他应用程序进行远程调试。Web 服务和 Web 页面类似的是也共享同一应用程序域的资源配置设置等。
* Web. config 文件。这是一个基于 XML 的 ASP. NET 的配置文件，其中可以包含很多 ASP. NET 相关的设置信息，例如数据连接、安全设置、状态管理、内存管理等。
* CS 文件。代码后置文件，允许开发人员分离用户界面和代码逻辑。

除了这些标准的 ASP. NET 之外，应用程序还可能包含其他资源文件，例如图片文件（扩展名为 jpg 或者 gif）、CSS 文件以及纯 HTML 文件。

1.3.2　ASP. NET 目录介绍

每个 Web 应用程序都应该有规划良好的目录结构，在 ASP. NET 中提供了几个特定的子目录来组织不同类型的文件。在 VS2010 中，系统会提醒用户需要将特定的文件放在特定的文件夹中，用户在网站的项目上右击，然后在弹出的快捷菜单中选择"添加 ASP. NET 文件夹"命令，会看到如图 1-3 所示的 ASP. NET 文件夹。

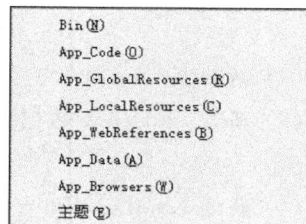

```
Bin(N)
App_Code(D)
App_GlobalResources(R)
App_LocalResources(C)
App_WebReferences(B)
App_Data(A)
App_Browsers(W)
主题(E)
```

图 1-3　特定的 ASP. NET 文件夹

下面对这些文件夹所代表的含义分别进行介绍。

- Bin 文件夹。该文件夹包含 Web 应用程序要使用的已经编译好的. NET 组件程序集，如果用户创建了自定义的数据访问组件，或者是引用了第三方的数据访问组件，ASP. NET 将自动检测该文件夹中的程序集，并且 Web 站点中的任何页面都可以使用这个文件夹中的程序集。
- App_Code 文件夹。该文件夹包含源代码文件，例如 CS 文件。该文件夹中的源代码文件将被动态地编译，该文件夹与 Bin 文件夹有点相似，不同之处在于 Bin 放置的是编译好的程序集，而这个文件夹放置的是源代码文件。
- App_GlobalResources 文件夹。该文件夹保存 Web 应用程序中所有页面都可见的全局资源，通常用于本地化的情形，例如在开发一个多语言版本的 Web 应用程序。
- App_LocalResources 文件夹。该文件夹与 App_GlobalResources 文件夹具有相同的功能，不过其可访问性仅限于特定的页面。
- App_WebReferences 文件夹。该文件夹存储 Web 应用程序使用的 Web 服务文件。
- App_Data 文件夹。该文件夹存储数据，包括 SQL Server 2005 Express Edition 数据库文件和 XML 文件。当然，用户也可以将这些文件存储到其他地方。
- App_Browsers 文件夹。该文件夹放置扩展名为 browser 的文件（用于标识发出请求的浏览器，并标识这些浏览器具备的功能）。
- 主题（App_Themes）文件夹。该文件夹存储 Web 应用程序中使用的主题，主题用于控制 Web 应用程序的外观。

注意：不是所有的 Web 应用程序都必须包含这些文件夹，在需要时，VS2010 会提醒用户，并且自动创建特定的文件夹，用户也可以使用菜单手动创建。

1.4 ASPX 网页代码模式

ASP. NET 4.0 最基本的网页是扩展名为 aspx 的网页，这种网页简称为 ASPX 网页（也称为 Web 窗体页）。从用户的角度看，这些网页的使用好像并没有什么区别，但实际上，它们的运行机制有着本质的不同。这里将从网页的代码存储模式、事件模型以及状态管理 3 个方面来讲述 ASPX 网页的运行机制。

每个 ASPX 网页中实际上包含两方面的代码，即用于定义显示的代码和用于逻辑处理的代码。其中，用于显示的代码包括 HTML 标记以及对 Web 控件的定义等；用于逻辑处理的代码主要是用 C# .NET（或其他语言）编写的事件处理程序。

在 ASPX 网页中，这些代码可以用两种模式存储，一种是代码分离模式，另一种是单一模式。在代码分离模式中，显示信息的代码与逻辑处理的代码分别放在不同的文件中；在单一模式中，将两种代码放置在同一个文件中。在新建 ASP. NET 页面时选择"将代码放在单独的文件中"复选框可以决定是否将代码单独存放，如图 1-4 所示。

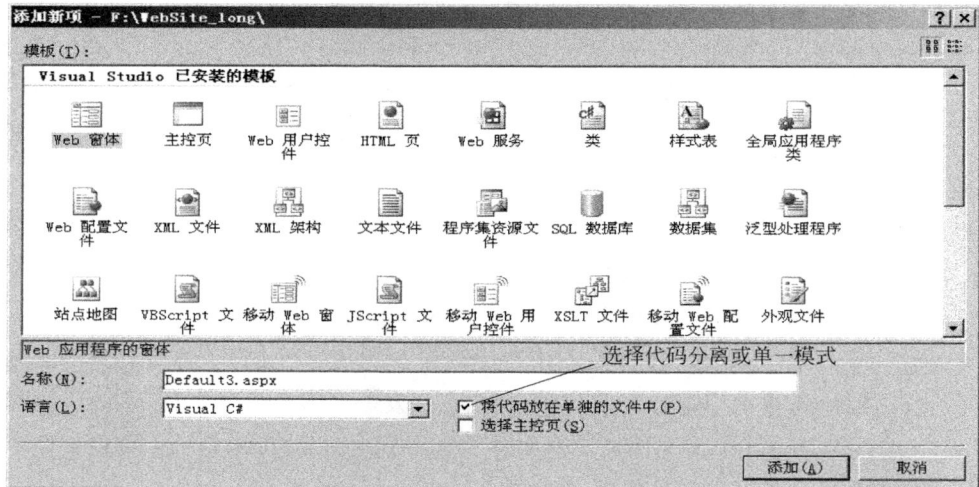

图 1-4 "添加新项"对话框

1.4.1 代码分离模式

在代码分离模式中,用于显示的代码(HTML 标记、服务器控件的定义等)仍然放在扩展名为.aspx 的文件中,而用于逻辑处理的代码放在另一个文件中,该文件的扩展名依据使用的程序语言确定。如果使用 C#.NET 语言,文件的扩展名是 cs;如果使用 VB.NET 语言,文件的扩展名是 vb。此文件有时又称为代码隐藏(Code-Behind)文件。

1. 逻辑处理代码文件

逻辑处理代码文件是一个类文件。

Default.aspx 网页的逻辑处理代码文件是 Default.aspx.cs,网页刚被创建时虽然还没有编写任何代码,但系统已经给出了网页的初步框架。

1) 定义类的基类

下面的语句是对网页类定义的框架:

```
public partial class _Default : System.Web.UI.Page
{
    ⋮
}
```

这表明网页是一个类,派生于 System.Web.UI.Page 基类。在类的定义中,修饰词"partial class"代替了传统的"class",说明网页是一个"分布式类"。

所谓分布式类是 C#.NET 2.0 中新增加的一种数据类型。那么,什么是分布式类呢?

有的类具备比较复杂的功能,因而拥有大量的字段、属性、事件和方法,甚至还可能包括大量的嵌套成员。如果将类的定义都写在一起,文件一定庞大,代码的行数一定很多,不便于理解和调试。为了降低文件的复杂性,C#.NET 2.0 提供了"分布式类"的概念。

在分布式类中,允许将类的定义分散到多个代码片段之中,而这些代码片段又可以存放到两个或两个以上的源文件中,每个文件只包括类定义的一部分。只要各文件中使用了相同的命名空间、相同的类名,而且每个类的定义前面都加上了"partial"修饰符,在编译时编译器就会自动将这些文件编译到一起,形成一个完整的类。

例如:

```
//第1个文件名为exp1.cs
using System;
public partial class partexp
{
public void SomeMethod()
{
}
}
//第2个文件名为exp2.cs
using System;
public partial class partexp
{
public void SomeOtherMethod()
{
}
}
```

2）命名空间的引用

文件前面包含一系列命名空间的引用。例如:

```
using System;
using System.Data;
using System.Web;
…
```

这些命名空间都是网站中经常需要用到的部分,在默认情况下会自动显示,以减少用户的编码工作。

3）事件处理代码

事件处理代码作为类的成员包括在类的定义中。在初始情况下,系统只给出了网页被装载（Page_Load）事件的代码框架,只要网页被调用,一打开就执行本事件中的代码。

```
protected void Page_Load (object sender, EventArgs e)
{
…
}
```

2. 显示代码文件

例如:

```
< form ID = "form1" runat = "server">
…
</form>
```

表单（Form）中能够放置各种表单控件,利用这些控件可以收集或显示各种信息,并在浏览器与 Web 服务器之间进行交互。

1.4.2 单一模式

在代码的单文件模式中,用于显示的代码与逻辑处理代码都放在同一个扩展名为 aspx 的文件中。文件中的逻辑处理代码(事件、方法或属性)放在用<script>…</script>标记括起来的模块中,以便与其他显示代码隔开。服务器端运行的代码一律在<script>标记中注明"runat="server""属性。一个模块可以包括多个程序段,每个网页也可以包括多个<script>模块。

例如:

```
<% @ Page Language = "C#" %>
<script runat = "server">
void Button1_Click(Object sender, EventArgs e)
{
Label1.Text = "Clicked at" + DateTime.Now.ToString();
}
  </script>
  <html>
    <head>
      <title>Single - File Page Model</title>
    </head>
    <body>
      <form runat = "server">
        <div>
          <asp:Label ID = "Label1"
            runat = "server"> Label
        </asp:Label>
        <br />
        <asp:Button ID = "Button1"
          runat = "server"
          Onclick = "Button1_Click"
          Text = "Button"></asp:Button>
      </div>
      </form>
    </body>
  </html>
```

以上代码表明允许在同一个网页中使用不同类型的脚本。其中,第一段是用 C# 语言编写的服务器事件处理代码;第二段是用 JavaScript 语言编写的浏览器端脚本,两者放在同一个网页中分别执行服务器端处理的事件和浏览器端处理的事件。

1.5 Visual Studio 2010 开发环境

Visual Studio 2010 无疑是现今开发工具界最具影响力的集成开发环境。Visual Studio 提供了一整套的开发工具,可以生成 ASP. NET Web 应用程序、Web 服务应用程序、Windows 应用程序和移动设备应用程序。Visual Studio 整合了多种开发语言,例如 Visual

Basic、Visual C♯和 Visual C++，使开发人员在一个相同的开发环境中自由地发挥自己的长处，并且可以创建混合语言的应用程序项目。

当用户打开 Visual Studio 2010 时，将显示如图 1-5 所示的起始窗口。该窗口与普通的 Windows 窗口区别不大，同样具有菜单栏、工具栏和一些自动停靠的小窗口。

图 1-5　Visual Studio 2010 起始窗口

根据用户的个人习惯以及打开的项目类型和文件的不同，停靠窗口的排列可能有所不同，用户可以通过菜单栏中的"视图"菜单选择所要显示的窗口。本节将对几个比较常用的窗口进行介绍。

1.5.1　解决方案资源管理器

解决方案资源管理器是相当常用的一个窗口，例如打开第 1 章中的 HelloWorld 示例程序项目后，Visual Studio 2010 主窗口如图 1-6 所示。

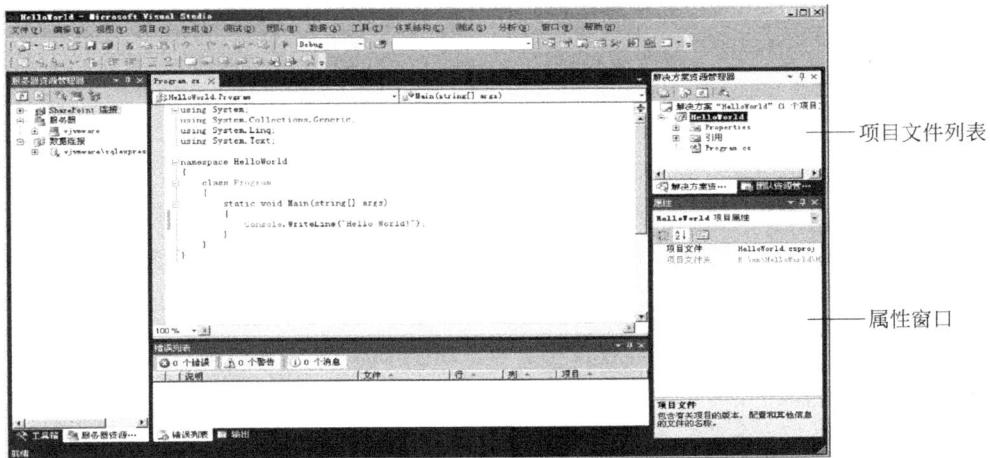

图 1-6　加载解决方案项后的窗口

用户可以看到在解决方案资源管理器中列出了项目中的所有文件和文件夹，并且在右下栏中增加了一个属性窗口。单击不同的文件夹或文件，属性窗口会自动显示出相应的属性信息。

初学者可能不太明白 Visual Studio 2010 中解决方案和项目之间的关系，下面分别解释什么是解决方案，解决方案与项目之间的关系以及在解决方案资源管理器中的操作。

通常，一个大中型的应用程序有可能包含多种类型的项目。例如一个类库项目用于处理业务逻辑，一个 Windows 项目用于让用户交互，一个 Web 服务项目提供远程调用能力。为了更好地组织同一个应用程序的多个项目，微软公司提出了解决方案项的概念，图 1-7 显示了一个解决方案项的示意图。

解决方案项目保存在扩展名为 sln 和 suo 的文件中，用于存储定义解决方案的元数据。Visual Studio 2010 的解决方案资源管理器提供了管理多个项目的功能。例如，图 1-8 所示为一个多项目的解决方案项，解决方案资源管理器以不同的图标显示了不同的项目类型。

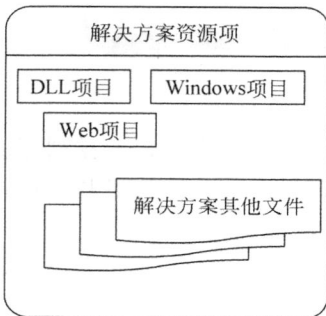

图 1-7　解决方案项示意图

图 1-8　多个项目的解决方案资源管理器视图

在解决方案资源管理器中，当前激活的项目显示为粗体字，用户可以通过右击相应的项目名称，然后选择"设为启动项目"命令来激活当前的项目。

开发人员可以在解决方案项上右击，然后选择"添加|新建项"或者"添加|现有项"命令向解决方案资源管理器中增加新的项目。当然，用户也可以右击项目名称，然后选择"移除"命令从解决方案资源管理器中移除现有的项目。

1.5.2　文档窗口

在 Visual Studio 2010 中可以编辑多种不同类型的文件，例如 HTML 页面、资源文件、Windows 窗体文件等。每种类型的文件都有一个默认的编辑器，当用户在解决方案资源管理器中双击相应的文件时将使用默认的编辑器打开文件。图 1-9 显示了 Visual Studio 2010 中的文档窗口。

用户也可以在解决方案资源管理器中选中相应的文件，然后右击，选择"打开方式"命令，弹出如图 1-10 所示的"打开方式"对话框，在列表框中选择其他编辑器或添加新的编辑器。

图 1-9　Visual Studio 2010 文档窗口

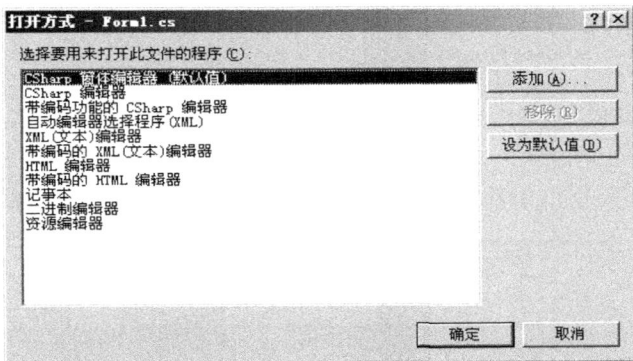

图 1-10　"打开方式"对话框

1.5.3　错误列表窗口和任务列表窗口

错误列表窗口在开发与编译过程中担当着非常重要的角色。例如，如果用户在代码编辑器中输入了错误的语法或关键字，编译时会在错误列表窗口中显示出错误信息。图 1-11 所示为编者随便输入的一段代码，当按 F5 键时编译不通过，会在错误列表窗口中显示出错的详细信息。

在编译时如果遇到编译错误，Visual Studio 2010 会自动弹出错误列表窗口，以便开发人员能够清楚地了解错误产生的原因。

ASP. NET 4.0 概述

图 1-11　错误列表窗口显示错误信息

任务列表窗口用于添加和显示当前项目中的任务，也就是 To-Do List。如果在 Visual Studio 2010 中没有显示任务列表窗口，可以选择菜单栏中的"视图|任务列表"命令予以显示，如图 1-12 所示。

图 1-12　"任务列表"窗口

用户可以在该窗口中单击 图标添加新的用户任务。在任务列表窗口中还有一个非常有用的功能，即用来显示代码中添加的 TODO 注释。例如，编者在以下的代码块前面添加了一个 TODO 注释，代码如下：

```
//TODO:当 Form 加载时，根据当前用户的权限来显示信息
private void Form1_Load(object sender, EventArgs e)
{
    //添加用于权限判断的语句
}
```

现在，在任务列表窗口中选择"注释"选项，则可以显示 TODO 注释，如图 1-13 所示。

图 1-13　显示注释

若双击 TODO 注释，代码编辑器会自动跳转到注释所在的位置，并将注释高亮显示，这对于批注代码重点十分有用。

需要注意的是，必须在注释前加 TODO 或者其他的标识符才能被 Visual Studio 2010 所识别，用户可以选择"工具|选项"命令，在弹出的如图 1-14 所示的"选项"对话框中进行相应设置。

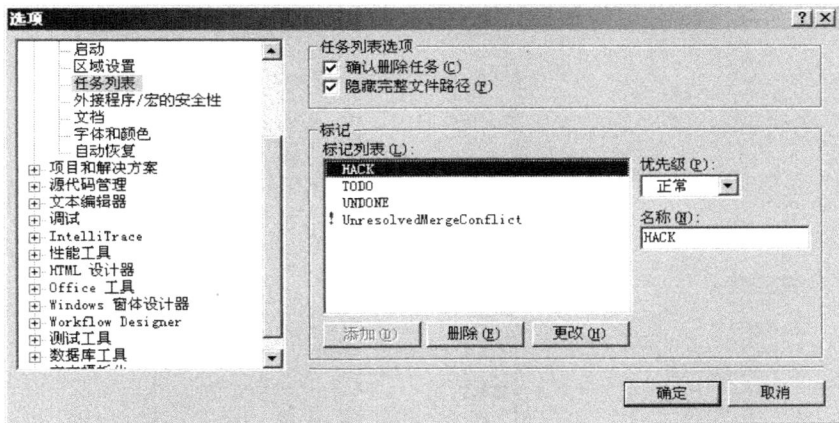

图 1-14 "选项"对话框

1.5.4 服务器资源管理器

服务器资源管理器可以很便利地列出指定服务器中的资源和数据库服务器中的资源，这个窗口使开发人员能十分方便地查看服务器端的资源，并可以通过拖曳的方式向程序中添加服务器资源。图 1-15 所示的是编者计算机上的服务器资源管理器。

图 1-15 服务器资源管理器

服务器资源管理器中较常用的是"数据连接"项，在该项中可以添加和修改数据表、视图、存储过程等，非常方便。

1.5.5 对象浏览器

使用对象浏览器可以方便地浏览.NET Framework 类库中的各个类的详细信息，如图 1-16 所示。用户可以在左侧的树状视图中选择要浏览的类，在右上角的窗口中会列出该类的所有成员。如果选择某项成员，则在右下角的窗口中会显示出该成员的完整信息与注释。

ASP. NET 4.0 概述

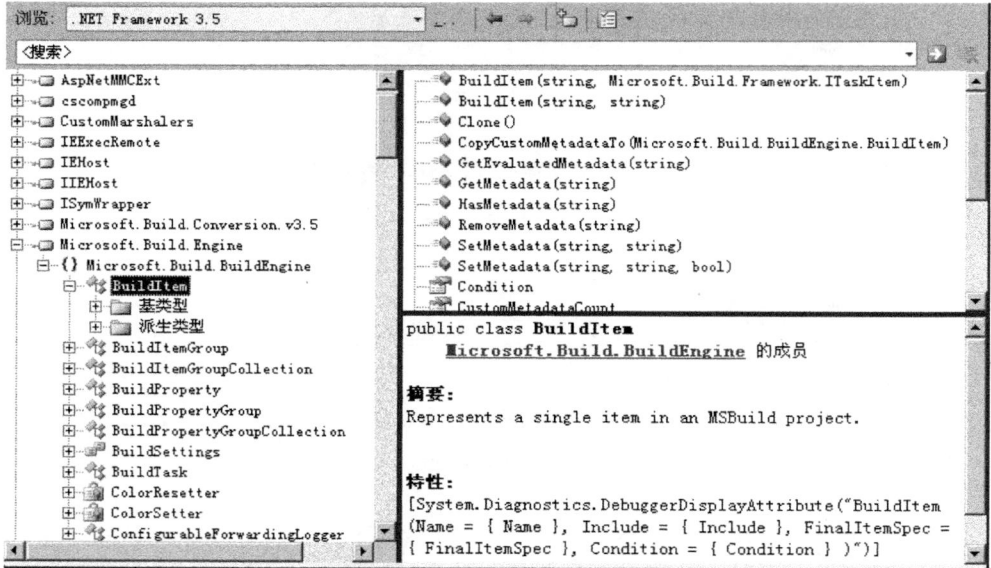

图 1-16　对象浏览器

用户可以在左上角的"浏览"下拉列表框中选择所要浏览的.NET 版本,如果要显示当前解决方案项的对象,可以选择"我的解决方案"选项,如图 1-17 所示。

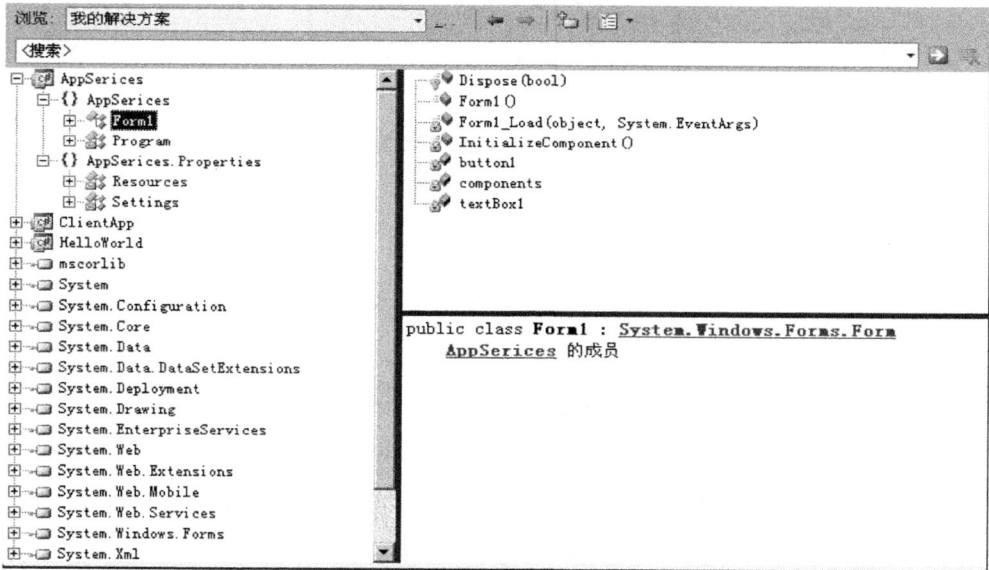

图 1-17　选择"我的解决方案"选项后

此外,用户也可以选择自定义的组件集,选择"编辑自定义的组件集"选项后,将弹出一个编辑自定义组件集的对话框,用户可以在该对话框中添加所要查看的组件集。

1.6 典型案例及分析

在此通过一个案例介绍简单 ASP.NET 网站的创建与运行。

创建并设计 ASP.NET 页面,首先必须创建一个 ASP.NET 网站。Visual Studio 2010 提供了新建网站项目的向导,用户可以选择"文件|新建网站"命令或单击工具栏中的"新建网站"按钮打开"新建网站"向导。

以上方法都会打开"新建网站"对话框,如图 1-18 所示。下面先花点时间创建一个网站,在此不必关心所有可用的选项及其含义,在后面的章节中将详细地介绍它们。在此把"已安装的模板"选择为"Visual C♯",".NET Framework 4"选择为"ASP.NET 网站","Web 位置"选择为"文件系统",并通过"浏览"按钮选择网站文件的实际存放位置。

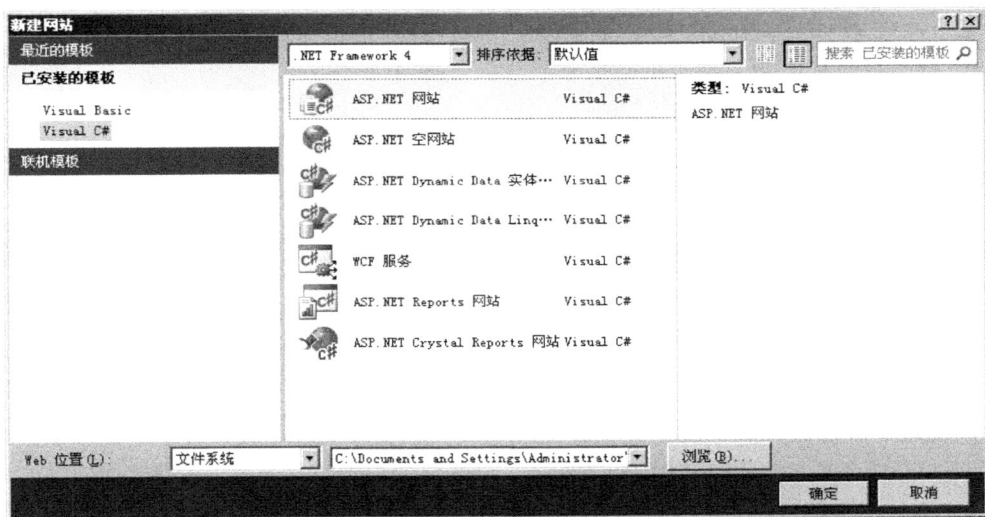

图 1-18 "新建网站"对话框

创建新网站后,效果如图 1-19 所示。创建新网站时,Visual Studio 2010 自动创建了 Account、App_Data、Scripts、Styles 文件夹,母版文件 Site.master,配置文件 Global.asax、Web.config、ASP.NET 网页文件 Default.aspx 和 About.aspx,它们都显示在解决方案资源管理器中。

打开自动创建的 Default.aspx 页面,其内容显示在主窗口中,当前 ASP.NET 页面中只包含 HTML。除 HTML 外,ASP.NET 页面还可以包含 Web 控件和服务器端代码。通常,ASP.NET 页面分成两个文件,一个包含 HTML 标记和 Web 控件语法,另一个包含源代码。在资源管理器中单击 Default.aspx 左边的加号图标,将看到嵌套的 Default.aspx.cs 文件,它就是 Default.aspx 的源代码文件。

在处理 ASP.NET 网页中的 HTML 和 Web 控件时,用户要注意 3 种视图方式。

(1) 源视图。源视图将显示 HTML 页面的底层 HTML 标记和 Web 语法。

(2) 设计视图。设计视图将提供一个更简单地指定和查看页面内容的方法。在该视图下,用户不需要像在源视图中那样手工输入页面的 HTML 标记,而可直接将 HTML 元素

图 1-19　新建网站后的 Default.aspx 页面

和 Web 控件从工具箱中拖放到网页上。

（3）拆分视图。拆分视图将屏幕分成两部分，上面显示源视图，下面显示设计视图。

如果要查看或测试 ASP.NET 网页，必须让浏览器向 Web 服务器请求该 ASP.NET 页面。在"调试"菜单中选择"启动调试"命令或直接按快捷键 F5，将启动 ASP.NET Development Server，还将启动默认浏览器并将其定向到"http://localhost:portNumber/MyFirstWebSite/Default.aspx"（如图 1-20 所示）。其中，URL 中的 portNumber 部分取决于 ASP.NET Development Server 选择的端口号。

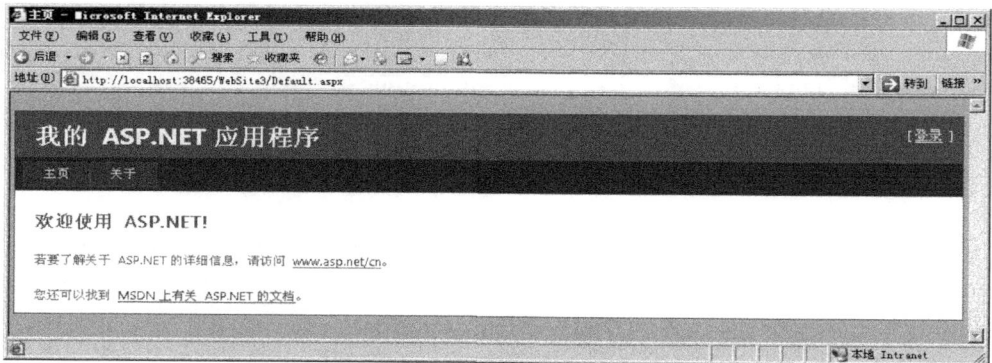

图 1-20　通过浏览器查看的 Default.aspx 页面效果

1.7　本 章 小 结

当今几乎所有的网站都包含某种动态网页，任何允许用户搜索内容、订购商品或定制内容的网站都是动态的，有很多相互竞争的技术可用来创建动态网页，其中最好的技术之一是 ASP.NET。

本章重点介绍了静态网页和动态网页的特点、区别和各自的用处，对 ASP.NET 4.0 做了全面介绍，从 ASP.NET 4.0 的特点到 ASP.NET 4.0 搭建的应用程序的结构逐一做了介绍；对 ASP. NET 创建的动态网页文件(.aspx)的 HTML 代码和程序源代码的存放模式进行了讲解，并以例题的方式讲解了不同的存放方式；对 Visual Studio 2010 环境的使用进行了介绍，讲解了 Visual Studio 2010 集成开发环境中常见的一些窗口，并且以案例的方式教大家如何创建及运行 ASP. NET 的网站。

1.8 项 目 实 训

本节通过一个实训来练习 ASP. NET 网站的创建与运行。

1. 实训目的

(1) 熟练使用 Visual Studio 2010 集成开发环境。

(2) 掌握静态网页与动态网页的区别。

(3) 掌握 ASPX 网页文件的代码模式。

(4) 掌握 ASP. NET 网站的结构。

2. 实训内容及要求

(1) 启动 Visual Studio 2010 集成开发环境。

(2) 掌握几种创建 ASP. NET 网站的方式。

(3) 理解 ASP. NET 网站的文件目录结构。

(4) 调试和运行 ASP. NET 网站。

3. 实训步骤

(1) 在"开始"菜单中单击 Visual Studio 2010 选项，打开集成开发环境。

(2) 在集成开发环境中选择"文件|新建|网站"命令打开"新建网站"对话框。

(3) 选择 ASP. NET 网站，并且选择 Framework 的版本、网站的存放位置，然后单击"确定"按钮。

(4) 在 Visual Studio 2010 集成开发环境下创建 ASP. NET 网站时，系统自动创建了 Account、App_Data、Scripts、Styles 文件夹，母版文件 Site. master，配置文件 Global. asax、Web. config、ASP. NET 网页文件 Default. aspx 和 About. aspx。

(5) 选择"调试"菜单中的"开始执行(不调试)"命令，系统会自动启动 ASP. NET Development Server，并且使用默认浏览器打开默认网页。

第2章 服务器控件

教学提示：本章主要介绍服务器控件的原理、创建方法、使用方法等，内容包括文本输入和显示的标准控件、图片类控件、按钮类控件、选择类控件、容器类控件和高级控件等，此外，还对 HTML 控件进行了简单介绍。通过本章的学习，有助于用户掌握对服务器控件的灵活使用。

教学要求：

- 了解 HTML 控件的使用以及如何由 HTML 控件转换成服务器控件。
- 掌握文本输入和显示的标准控件的使用。
- 掌握图片类控件的使用。
- 掌握按钮类控件的使用。
- 掌握选择服务器控件的使用。
- 掌握选择容器类控件的使用。
- 掌握高级控件的使用。

建议学时：4 个学时。

2.1 服务器控件概述

服务器控件是指在服务器上执行程序逻辑的组件，常常具有一定的用户界面。服务器控件包含在 ASP.NET 页面中，当运行页面时，用户与控件发生交互行为，当页面被提交时，控件可在服务器端引发事件，在服务器端则会根据相关事件处理程序进行事件的处理。

2.1.1 服务器控件的分类

ASP.NET 提供了多种服务器控件，根据定义方式可以分为下面两大类：

(1) HTML 服务器控件。HTML 服务器控件由普通 HTML 控件转换而来，其外观基本上与普通 HTML 控件一致。

(2) ASP.NET 标准服务器控件。ASP.NET 标准服务器控件比 HTML 服务器控件具有更多的内置功能，可以说这些控件是构建 ASP.NET Web 应用的"主力军"。

2.1.2 服务器控件的创建

1. 通过鼠标创建

在工具箱中选择需要的控件后，通过鼠标左键拖到页面上或直接双击，即可在页面上创建相应控件。

（1）如图 2-1 所示，在工具箱中选择 CheckBox 控件。

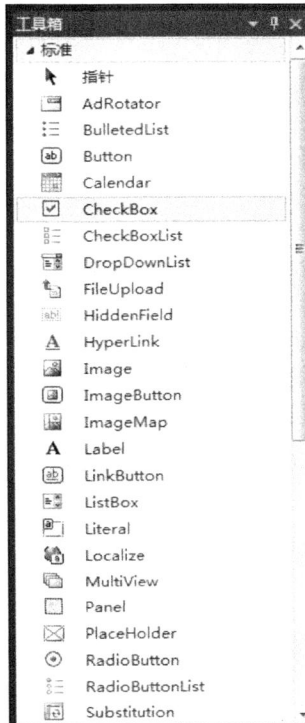

图 2-1　工具箱

（2）如图 2-2 所示，将 CheckBox 控件拖到设计的页面中，在该页面中生成 CheckBox 控件。

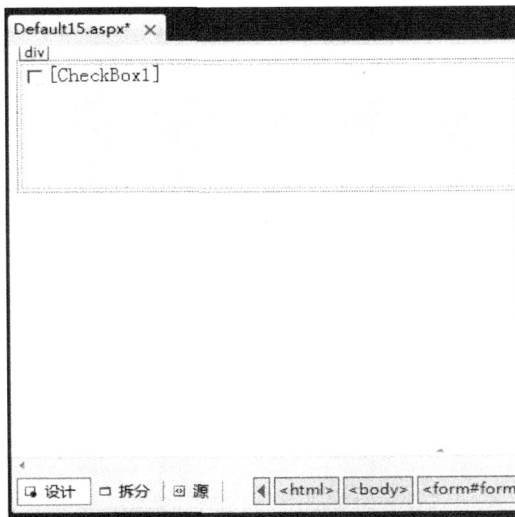

图 2-2　设计页面

服务器控件

2. 在 HTML 视图中通过编辑代码实现

和 HTML 中的控件不同,服务器控件拥有"runat＝"server""属性。当 ASP.NET 网页执行时,.NET 会检查页面上的标签有无"runat＝"server""属性,如果没有会被直接发送到客户端的浏览器上进行解析,如果有则表示这个控件可以被.NET 程序控制,需要等程序执行完毕再将 HTML 控件的执行结果发送到客户端浏览器。

【例 2-1】

＜asp:CheckBox ID＝"CheckBox1" runat＝"server" /＞

2.1.3 服务器控件的属性、事件和方法

ASP.NET Web 程序设计采用了面向对象的编程思想,服务器控件是一系列的类,例如 Button 控件类等。每个具体的服务器控件便是这个类的一个具体实例,称之为对象,例如在页面上新创建的按钮控件 Button1。

【例 2-2】 设置 Button 控件的属性。

(1) 拖动 Button 控件至相应的页面上生成 Button 按钮,结果如图 2-3 所示。

前台代码如下:

＜asp:Button ID＝"Button1" runat＝"server" Text＝"Button" /＞

图 2-3　Button 按钮

(2) 右击 Button 按钮,选择"属性"命令,如图 2-4 所示。

(3) 如图 2-5 所示,在属性窗口中设置 Height、Width、Text 属性。

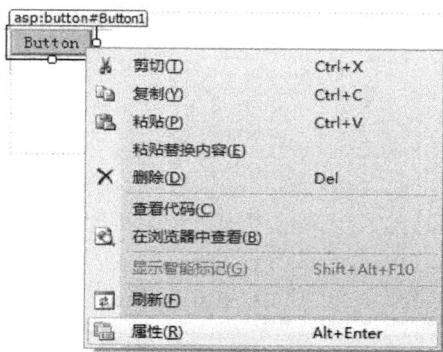

图 2-4　右击 Button

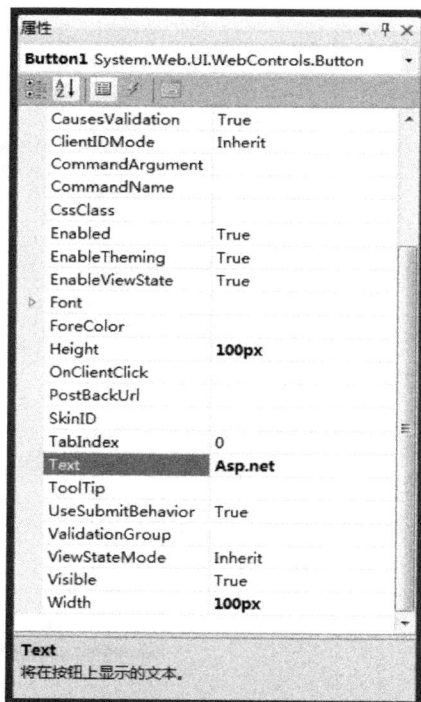

图 2-5　Button 的属性窗口

（4）运行页面，结果如图 2-6 所示。

前台代码如下：

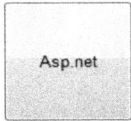

```
< asp:Button ID = "Button1" runat = "server" Height = "100px" Text = "Asp.
net" Width = "100px" />
```

图 2-6　运行结果

【例 2-3】　双击 Button1 控件可以在后台代码文件中生成 Button1
_Click 方法，此时系统自动为 Button1 设置 Button1_Click 属性，并绑定
到后台的 Button1_Click 方法。

Web 窗口中的代码如下：

```
< asp:Button ID = "Button1" runat = "server" Onclick = "Button1_Click" Text = "Button" />
```

后台文件中的代码如下：

```
protected void Button1_Click(object sender, EventArgs e)
{
…
}
```

该函数中包含两个参数，第一个参数 Sender 为引发事件的对象，这里引发该事件的对
象就是一个 Button 对象；第二个参数 e 为 EventArgs 类型，该类型继承它表示该事件
本身。

对于在页面上声明的控件，可以通过在控件的标记中设置属性将事件绑定到方法。

【例 2-4】　将 Button 控件 Button1 的单击（Click）事件绑定到名为 btc 的方法上，在运
行时，当 Button1 按钮受到单击时，ASP. NET 将查找名为 btc 的方法。

（1）如图 2-7 所示，在 Button1 的属性窗口中单击"事件"符号，显示所选控件的事件
列表。

（2）如图 2-8 所示，在 Click 事件旁边的单元格中输入要创建的事件处理程序的名称
（btc）。

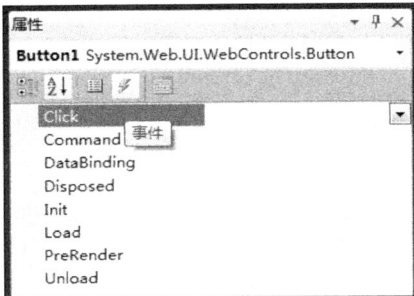

图 2-7　单击"事件"符号

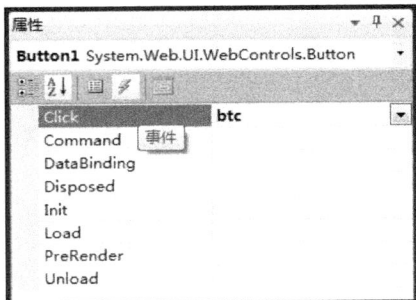

图 2-8　输入事件处理程序的名称

页面代码如下：

```
< asp:Button ID = "Button1" runat = "server" Onclick = "btc" Text = "Button" />
```

后台代码如下：

服务器控件

```
protected void btc(object sender, EventArgs e)
{
...
}
```

用户也可以从下拉列表框中选择已有的事件处理程序的名称。

2.1.4 服务器控件的通用属性

服务器控件的通用属性和说明如表 2-1 所示。

表 2-1 服务器控件的通用属性和说明

属　　性	说　　明
AccessKey	获取或设置控件的键盘快捷键,它指定了用户按住 Alt 键的同时再按下的单个字母或数字键。例如,如果希望用户按下 Alt＋K 键能够访问控件,则指定"K"。注意,仅在 Internet Explorer 4.0 及其更高版本中支持快捷键
Attnbutes	给出控件上未由公共属性定义但仍需要呈现的附加属性集合,任何未由 Web 服务器控件定义的属性都添加在此集合中。注意,只能在编程时使用此属性,不能在声明控件时设置此属性
BackColor	获取或设置控件的背景色。该属性可以使用标准 HTML 颜色标识符设置,这些颜色标识符为颜色名称(例如 black 或 red)或以十六进制格式(例如 ♯FFFFFF)表示的 RGB 值
BorderColor	获取或设置控件的边框颜色,可以使用标准 HTML 颜色标识符或以十六进制格式表示的 RGB 值来设置
BorderWidth	获取或设置控件边框(如果有)的宽度,以像素为单位
BorderStyle	获取或设置控件的边框样式(如果有),可以选择的值有 NotSet、None、Dotted、Dashed、Solid、Double、Groove、Ridge、Inset、Outset
CssClass	获取或设置分配给控件的级联样式表(CSS)类
Style	获取或设置作为控件的外部标记上的 CSS 样式属性呈现的文本属性集合,任何使用样式属性(例如 BackColor)设置的样式值都将自动重写此集合中的对应值
Enabled	当此属性设置为 True(默认值)时控件起作用,当此属性设置为 False 时禁用控件
Font	为正在声明的 Web 服务器控件提供字体信息。此属性包含子属性,可以在 Web 服务器控件元素的开始标记中使用"属性-子属性"语法来声明这些子属性。例如,可以通过在 Web 服务器控件的开始标记中包含 Font-Bold 属性使该文本以粗体显示
ForeColor	获取或设置控件的前景色
Height	获取或设置控件的高度,可以选择的单位有 Pixel(像素)、Point(点)、Pica(等于12 点的单位)、Inch(英寸)、mm(毫米)、cm(厘米)、Percentage(百分比)、em(相对于父元素字体的小写字母 x 的高度的度量单位),默认单位是 Pixel
Width	获取或设置控件的固定宽度,其度量单位同 Height 属性
TabIndex	获取或设置控件的位置(按 Tab 键顺序)。如果未设置此属性,则控件的位置索引为 0,按照在 Web 页中声明的顺序移动到具有同一 Tab 索引的控件。此属性只适用于 Microsoft Internet Explorer 4.0 及更高版本
ToolTrip	获取或设置用户将鼠标指针停放在控件上方时显示的文本。该属性并不适用于所有的浏览器

2.2　HTML 服务器控件

　　HTML 控件在默认情况下属于客户端(浏览器)控件,服务器无法对其进行控制。HTML 控件是从 HTML 标记衍生而来的,每个控件对应一个或一组 HTML 标记。

　　HTML 控件可以通过修改代码变成 Web 服务器端控件,几乎所有的 HTML 标记只要加上"runat＝"server""这个服务器控件标识属性后就可以变成服务器端控件。与普通的 HTML 标记相比,服务器端控件可以通过服务器端代码来控制。

　　本节主要介绍标准服务器控件。

　　【例 2-5】　在页面中生成 HTML 控件中的 Input(Button)控件。

　　(1) 如图 2-9 所示,在 HTML 控件中选择 Input(Button)控件。

　　(2) 将 Input(Button)控件拖到相应的页面上,生成结果如图 2-10 所示。

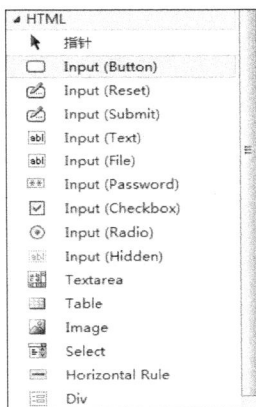

图 2-9　选择 Input(Button)控件　　　图 2-10　生成结果

前台代码如下:

```
< input ID = "Button1" Type = "button" Value = "button" />
```

双击 Button 控件后的前台代码如下:

```
< input ID = "Button1" Type = "button" Value = "button" Onclick = "return Button1_onclick()" />
```

双击 Button 控件后的后台代码如下:

```
function Button1_onclick() {

    }
```

2.3　Web 服务器控件

　　Web 服务器控件是属于 System. Web. UI. WebControls 命名空间的 ASP. NET 服务器控件,所谓 ASP. NET 服务器控件,是指这类服务器控件内置于 ASP. NET 框架中,是预先定义好的。Web 服务器控件提供了比 HTML 服务器控件种类更多、功能更强大的控件集合,它位于 System. Web. UI. WebControls 名称空间中,是从 WebControl 基类中直接或间接派生出来的,包括传统的表单控件及一些更高级、更抽象的控件。微软公司的官方文件指出:就 ASP. NET 网页应用而言,HTML Server 控件足以满足要求,但也强调 Web 服务器控件提供了更为强大的功能,拥有类似 XML 的语法。

Web 服务器控件的特点如下:

(1)丰富一致的对象模型,实现了所有空间通用的大量属性,包括 Font、Enabled、Forecolor、Backcolor 等。属性和方法的名称是挑选过的,以提高在整个框架和该组件中的一致性,有助于减少编程错误。

(2)能够自动检测浏览器根据客户端浏览器类型创建适于浏览器的输出。

(3)强大的数据绑定功能。

Web 服务器控件根据其功能可分为下面几类:

(1)标准控件。标准控件主要指传统的 Web 窗体控件,例如 TextBox、Button、Panel、ListBox 等,一般可以对应到非常标准的 HTML 标签,例如 Label 对应<span>、Panel 对应<div>。

(2)数据绑定控件。数据绑定控件用于产生清单式数据来源。

(3)验证控件。验证控件是用于实现用户输入验证功能的控件,它包含逻辑以允许对用户在输入控件中输入的内容进行验证。验证控件可用于对必填字段进行检查,对照字符的特定值或模式进行测试,验证某个值是否在限定范围之内等。

(4)站点导航控件。站点导航控件用于实现站点导航功能。

(5)登录控件。登录控件可快速实现用户登录及相关功能。

2.4 常用服务器控件

2.4.1 用于文本输入和显示的标准控件

1. Label 控件

Label(标签)控件是一个常用的标准服务器控件,其功能是在页面上显示静态的文字,一般不用于触发事件。

【例 2-6】 在页面中生成一个 Label 控件,并且设置其 ID、Font、Height、Text、Width 属性。

(1)如图 2-11 所示,在 Label 的属性窗口中设置相应的属性。

(2)运行后的结果如图 2-12 所示。

前台页面代码如下:

```
< asp:Label ID = "sl" runat = "server" Font - Size = "16pt" Height = "50px"
        Text = "ASP.NET 程序设计" Width = "200px"></asp:Label >
```

Label 控件的各个属性可以在属性窗口中输入或选择,其中,Label 标签最重要的属性是 Text 属性,表示 Label 标签所显示的内容。

图 2-11　在 Label 的属性窗口中设置相应的属性	ASP.NET 程序设计 图 2-12　运行结果

2. Literal 控件

Literal(静态文本)控件与 Label 控件的区别在于,Literal 控件不向文本中添加任何 HTML 元素(Label 在浏览器中被解析成 SPAN 标记),因此,Literal 控件不支持包括位置属性在内的任何样式属性。但是,Literal 控件允许指定是否对内容进行编码。

Literal 控件支持 Mode 属性,该属性用于指定控件对用户添加的标记的处理方式,可以将 Mode 属性设置为以下值:

- Transform。设置为该值,将对添加到控件中的任何标记进行转换,以适应请求浏览器的协议。如果向使用 HTML 外的其他协议的移动设备呈现内容,此设置非常有用。
- PassThrough。设置为该值,添加到控件中的任何标记都将按原样呈现在浏览器中。
- Encode。设置为该值,将使用 HtmlEncode 方法对添加到控件中的任何标记进行编码,这会将 HTML 编码转换为其文本表示形式。例如,<b> 标记将呈现为"<b>"。当希望浏览器显示而不解释标记时,编码很有用。编码对于安全也很有用,有助于防止他人在浏览器中执行恶意标记。通常,显示来自不受信任的源的字符串时推荐使用此设置。

通常情况下,当希望文本和控件直接呈现在页面中而不使用任何附加标记时,可以使用 Literal 控件。

3. TextBox 控件

TextBox(文本框)控件通常配合按钮使用,用户完成输入后单击按钮向服务器提交数据。另外,通过设置其属性,可以接受单行、多行、密码形式的数据。

功能:TextBox 控件是让用户输入文本的输入控件,包括文本、数字和日期等。

语法:

```
< asp:TextBox ID = "value" AutoPostBack = "True|False" Columns = "characters" MaxLength =
"characters" Rows = "rows" Text = "text" TextMode = "Single | Multiline | Password" Wrap = "True|
False" OnTextChanged = "OnTextChangedMethod" runat = "server"/>
```

其常用属性如下:

(1) TextMode。如果将该属性设置为 SingleLine,将创建只包含一行的文本框。用户还可以将此属性设置为 MultiLine 或 Password,其中,MultiLine 用于创建包含多个行的文本框,Password 用于创建可以屏蔽用户输入的值的单行文本框。

(2) Columns。文本框的显示宽度由其 Columns 属性确定。如果文本框是多行文本框,则显示高度由 Rows 属性确定。

(3) Text。使用 Text 属性确定 TextBox 控件的内容。

(4) MaxLength。通过设置 MaxLength 属性限制输入到此控件中的字符数。将 Wrap 属性设置为 True 可指定当到达文本框的结尾时,单元格内容自动在下一行继续。

(5) ReadOnly。该属性用于设置是否可以更改控件中的文本(只读)。

(6) AutoPostBack。如果设置该属性为 True,那么该控件的状态被改变后,会使 Web 页面自动发送回服务器;如果设置该属性为 False,那么对应值改变后不会自动传给服务器处理。

【例 2-7】 生成一个 TextBox 控件,并将 TextMode 属性设置为 Password。

(1) 如图 2-13 所示,在页面上生成一个 TextBox 控件,并在其中输入数字。

(2) 如图 2-14 所示,将 TextMode 属性设置为 Password。

图 2-13　在 TextBox 控件输入数字 　　图 2-14　设置 TextMode 属性为 Password

(3) 运行结果如图 2-15 所示。

前台代码如下:

图 2-15　运行结果

```
< asp:TextBox ID = "TextBox1" runat = "server" TextMode =
"Password"></asp:TextBox >
```

TextBox 控件的 TextChanged 事件将在文本框内的文字发生变换后被激发,并且只有页面回发给服务器时才会被激发。

【例 2-8】 利用 TextBox 的 TextChanged 事件,使得在 TextBox 中输入字符之后,在 Label 控件上可以显示 TextBox 中的文本。

运行结果 1 为在 TextBox 里输入字符之前,如图 2-16 所示。

运行结果 2 为在 TextBox 里输入字符且页面回传之后,结果如图 2-17 所示。

图 2-16　运行结果 1　　　　　　　　图 2-17　运行结果 2

前台代码如下：

```
< asp:TextBox ID = "TextBox1" runat = "server"
            ontextchanged = "TextBox1_TextChanged"></asp:TextBox>
             
    < asp:Label ID = "Label1" runat = "server" Text = "Label"></asp:Label>
```

后台代码如下（双击 TextBox 控件在后台生成 TextBox1_TextChanged 事件）：

```
protected void TextBox1_TextChanged(object sender, EventArgs e)
{
    Label1.Text = TextBox1.Text;
}
```

4. HyperLink 控件

HyperLink（超链接）控件用于在页面上创建链接，从而跳转到其他页面。应用它可以通过代码动态地设置链接目标。

【例 2-9】 添加一个 ID 为 HyperLink1 的超链接控件。

其代码如下：

```
< asp:HyperLink ID = "HyperLink1" runat = "server"
            NavigateUrl = "http://www.sina.com.cn/">新浪网</asp:HyperLink>
```

运行结果如图 2-18 所示。

单击"新浪网"之后，将链接到新浪网上。

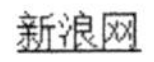

新浪网

图 2-18　运行结果

2.4.2　图片类控件

1. Image 控件

Image 控件用于在网页中显示图片，由于它本身不具有将网页回传至服务器的功能，所以它没有任何用户触发的事件。

在 HTML 视图中，可以通过代码添加一个 ID 为 Image1 的图像控件。

【例 2-10】 在页面上生成一个 Image 控件，并设置其 ImageUrl。

（1）如图 2-19 所示，拖动 Image 控件至页面上。

asp:Image#Image1

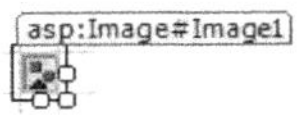

图 2-19　拖动 Image 控件至页面上

（2）如图 2-20 所示，选择 Image 控件的 ImageUrl 属性并单击其右侧的按钮。

ImageUrl　　　　　　　...

图 2-20　单击 ImageUrl 属性右侧的按钮

（3）如图 2-21 所示，选择图片（图片 3）。

（4）单击"确定"按钮，选择图片后 ImageUrl 属性的状态如图 2-22 所示。

（5）运行页面，结果如图 2-23 所示。

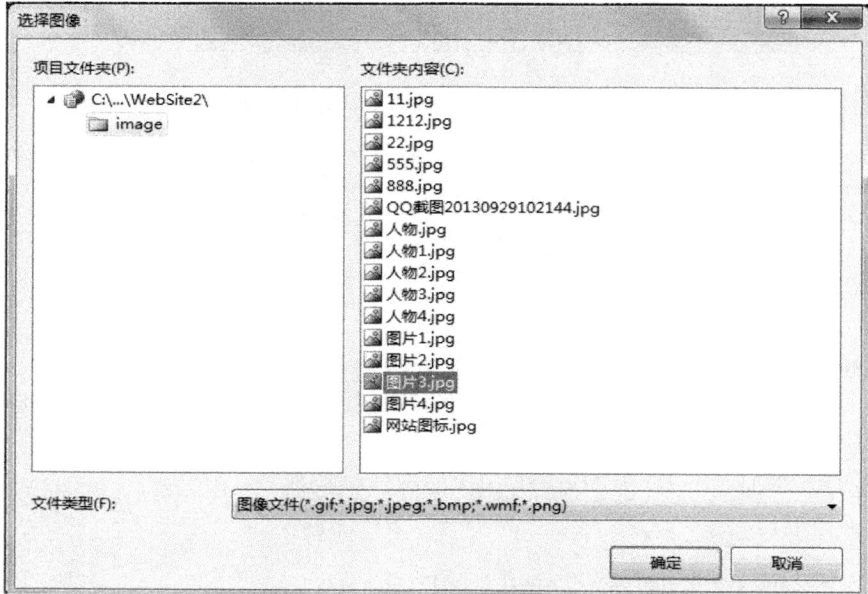

图 2-21　选择图片 3

ImageUrl　　　　　～/image/图片3.jpg

图 2-22　ImageUrl 属性的状态

图 2-23　运行结果

前台代码如下：

```
< asp:Image ID = "Image1" runat = "server" ImageUrl = "～/image/图片 3.jpg" />
```

2. ImageMap 控件

ImageMap 控件是让用户可以在图片上定义热点（HotSpot）区域的服务器控件，用户可以通过单击这些热点区域进行回发（PostBack）操作或者定向（Navigate）到某个 URL 地址。该控件一般用在需要对某张图片的局部范围进行互动操作时，其主要属性有 HotSpotMode、HotSpots，主要事件为 Click。

HotSpotMode 顾名思义为热点模式，对应于枚举类型 System. Web. UI. WebControls . HotSpotMode，其选项及说明如下：

（1）NotSet。该项表示未设置项，虽然未设置，但默认情况下会执行定向操作，定向到用户指定的 URL 地址。如果用户未指定 URL 地址，将默认定向到 Web 应用程序根目录。

（2）Navigate。该项为定向操作项，表示定向到指定的 URL 地址。如果用户未指定 URL 地址，那么将默认定向到 Web 应用程序根目录。

（3）PostBack。该项为回发操作项，单击热点区域后将执行后面的 Click 事件。

（4）Inactive。该项表示无任何操作，即此时形同一张没有热点区域的普通图片。

HotSpots 属性对应 System. Web. UI. WebControls. HotSpot 对象集合。HotSpot 类是一个抽象类，它之下有 CircleHotSpot（圆形热区）、RectangleHotSpot（方形热区）和 PolygonHotSpot（多边形热区）3 个子类。在实际应用中，用户可以使用上面 3 种类型来定制图片的热点区域。如果需要使用自定义的热点区域类型，该类型必须继承 HotSpot 抽象类。

Click 是对热点区域的单击操作，通常在 HotSpotMode 为 PostBack 时用到。

【例 2-11】 单击图片上各个网站的标识链接到相应的网站。

（1）如图 2-24 所示，从工具箱中拖动 ImageMap 至页面，并选择"属性"命令。

（2）如图 2-25 所示，选择 HotSpots 属性并单击其右侧的按钮。

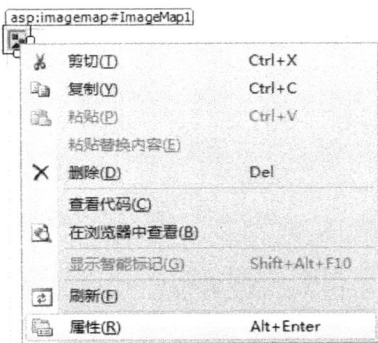

图 2-24　选择"属性"命令

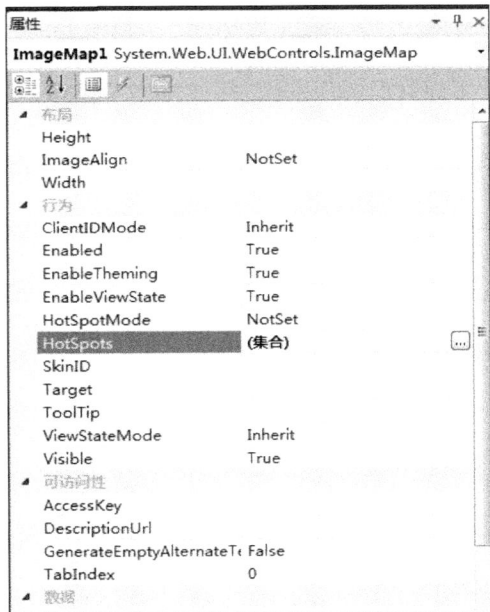

图 2-25　单击 HotSpots 属性右侧的按钮

（3）如图 2-26 所示，单击"添加"按钮右侧的下三角按钮，选择 RectangleHotSpot 选项，然后单击"添加"按钮（添加 4 个成员）。

（4）如图 2-27 所示，将成员 0 的 NavigateUrl 属性设置为 http://www.tom.com，然后设置 Bottom（底部）属性为 105、Left（左部）属性为 0、Right（右部）属性为 140、Top（顶部）属性为 0。

（5）如图 2-28 所示，将成员 1 的 NavigateUrl 属性设置为 http://www.tom.com，然后

图 2-26 选择 RectangleHotSpot

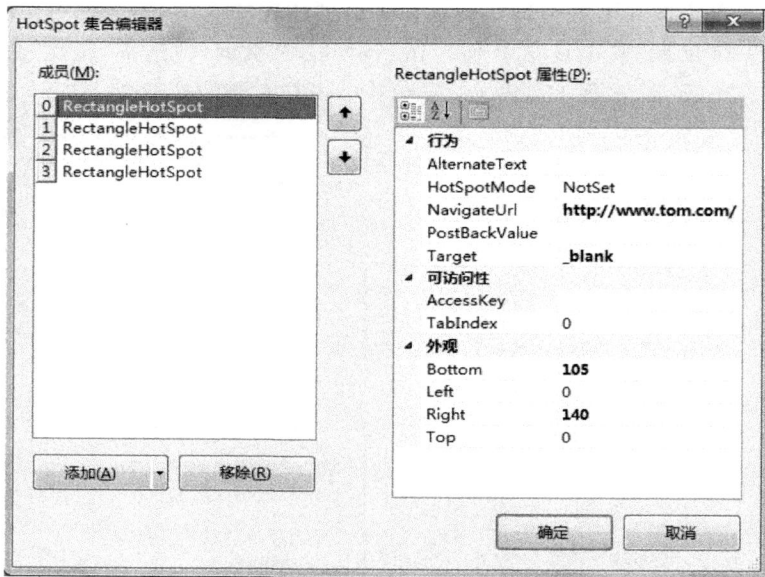

图 2-27 设置成员 0

设置 Bottom(底部)属性为 105、Left(左部)属性为 140、Right(右部)属性为 280、Top(顶部)属性为 0。

（6）运行结果如图 2-29 所示，单击不同的区域将链接到不同的网站。

前台代码如下：

```
< asp:ImageMap ID = "ImageMap1" runat = "server" ImageUrl = "～/image/网站图标.jpg">
        < asp:RectangleHotSpot Bottom = "105" Right = "140"
            NavigateUrl = "http://www.tom.com/" Target = "_blank" />
        < asp:RectangleHotSpot Bottom = "105" Left = "140"
            NavigateUrl = "http://www.sohu.com/" Right = "280" Target = "_blank" />
        < asp:RectangleHotSpot Bottom = "170"
            NavigateUrl = "http://cn.yahoo.com/goodbye/yahoo.html" Right = "140"
            Target = "_blank" Top = "105" />
```

```
        < asp:RectangleHotSpot Bottom = "170" Left = "140" NavigateUrl = "http://www.
163.com/"
                Right = "280" Target = "_blank" Top = "105" />
        </asp:ImageMap>
```

图 2-28   设置成员 1

图 2-29   运行结果

2.4.3   按钮类控件

1. Button 控件

功能：在 Web 窗体页上显示普通按钮（Button）控件，常用来触发某些事件或单击按钮控件引起页面回传。

语法：

```
< asp:Button ID = "MyButton" AccessKey = "key" Text = "label" CommandName = "command" CommandArgument
= "commandargument" CausesValidation = "True | False" OnClick = "OnClickMethod" runat = "server"/>
```

Button 按钮常用的属性如下：

（1）Text。该属性用于设置按钮上显示的文本。

（2）CommandName。该属性为与 Button 按钮关联的命令。

（3）CommandArgument。该属性为与 Button 按钮关联的参数。

Button 按钮常用的事件：Click 用来指定按钮被单击时激发的处理程序。

【例 2-12】 通过调用 Button1_Click()方法，实现在第 3 个标签里合并前两个标签的 Text 值。图 2-30 所示为单击"合并"按钮之前的效果。

图 2-31 所示为单击"合并"按钮之后的效果。

北京　　上海　　Label　　　　　　　北京　　上海　　北京上海

合并　　　　　　　　　　　　　　　合并

　　　图 2-30　合并前 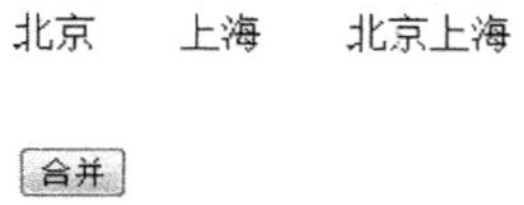　　　　　　　图 2-31　合并后

前台代码如下：

```
< asp:Label ID = "Label1" runat = "server" Text = "北京"></asp:Label >
  
        < asp:Label ID = "Label2" runat = "server" Text = "上海"></asp:Label >
  
        < asp:Label ID = "Label3" runat = "server" Text = "Label"></asp:Label >
        < br />
        < br />
        < br />
        < asp:Button ID = "Button1" runat = "server" Onclick = "Button1_Click" Text = "合并" />
```

后台代码如下：

```
protected void Button1_Click(object sender, EventArgs e)
    {
        Label3.Text = Label1.Text + Label2.Text;
    }
```

当单击按钮有参数传递时，需要使用 Command 事件，负责传递参数的是按钮控件的 CommandName 和 CommandArgument 属性。

Command 事件对控件的重载特别有用，它可以根据 CommandName 或 CommandArgument 的值执行相同或不同的操作，可以使多个按钮与一个处理程序相关联，或者使一个按钮根据不同的值有不同的处理和响应（详例请参阅例 2-17）。

2. LinkButton 控件

LinkButton 控件是 Button 控件和 HyperLink 控件的结合，用于实现具有超级链接样式的按钮。在功能上，LinkButton 控件与 Button 控件非常相似，其定义方法也相同。需要注意的是，LinkButton 在客户端浏览器上表现为 JavaScript，因此只能在客户端浏览器启用 JavaScript 后才能正常运行。

功能：在 Web 窗体页上创建具有超级链接样式的按钮。

语法：

```
< asp:LinkButton ID = "LinkButton1" Text = "label" Command = "Command" CommandArgument =
"CommandArgument" CausesValidation = "True | False" OnClick = "OnClickMethod" runat =
"server"/>
```

【例 2-13】 单击不同的 LinkButton 调用相应的 Click 方法，实现 Image 控件中图片的改变。

（1）如图 2-32 所示，在相应的页面中拖入 Image 控件。

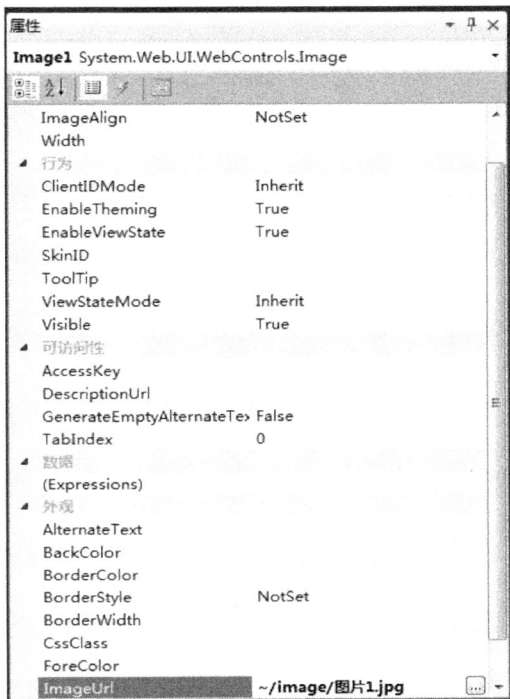

（2）如图 2-33 所示，设置 Image 控件的 ImageUrl 属性。

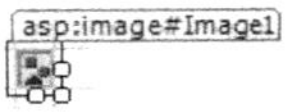

图 2-32　拖入 Image 控件　　　　　　　图 2-33　设置 ImageUrl 属性

（3）如图 2-34 所示，在相应的页面拖入 4 个 LinkButton 控件。

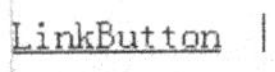

图 2-34　拖入 LinkButton 控件

（4）如图 2-35 所示，在 LinkButton 控件中修改 Text 的值分别为 1、2、3。

前台代码如下：

```
< asp:Image ID = "Image1" runat = "server" Height = "176px" ImageUrl = "～/image/人物1.jpg"
          Width = "247px" />
     < br />
     < br />
     < br />
     < asp:LinkButton ID = "LinkButton1" runat = "server" Onclick = "LinkButton1_Click"> 1
</asp:LinkButton >
 < asp:LinkButton ID = "LinkButton2" runat = "server" Onclick = "LinkButton2_Click"> 2 </
asp:LinkButton >
 < asp:LinkButton ID = "LinkButton3" runat = "server" Onclick = "LinkButton3_Click"> 3 </
asp:LinkButton >
 < asp:LinkButton ID = "LinkButton4" runat = "server" Onclick = "LinkButton4_Click"> 4 </
```

服务器控件

asp:LinkButton>

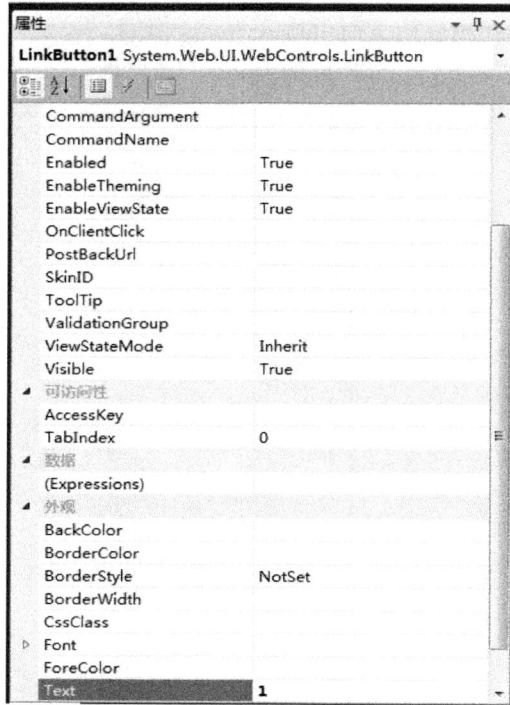

图 2-35　修改 Text 的值

后台代码以下：

```
protected void LinkButton1_Click(object sender, EventArgs e)
    {
        Image1.ImageUrl = "~/image/图片 1.jpg";
    }


    protected void LinkButton2_Click(object sender, EventArgs e)
    {
        Image1.ImageUrl = "~/image/图片 2.jpg";
    }


    protected void LinkButton3_Click(object sender, EventArgs e)
    {
        Image1.ImageUrl = "~/image/图片 3.jpg";
    }


    protected void LinkButton4_Click(object sender, EventArgs e)
    {
        Image1.ImageUrl = "~/image/图片 4.jpg";
    }
```

如图 2-36 所示，单击不同的 LinkButton 后，Image 控件中的图片为相应的图片。

图 2-36　图片改变效果

3. ImageButton 控件

在外观上，ImageButton 控件与 Image 控件相似，具有 ImageUrl、ImageAlign、AlterText 属性。在功能上，ImageButton 控件与 Button 控件非常相似，具有 CommandName、CommandArgument 属性以及 Click 和 Command 事件。

功能：使用户能够处理图像中的单击操作。

语法：

```
< asp:ImageButton ID = "ImageButton1" ImageUrl = "string" Command = "Command" CommandArgument = "CommandArgument" CausesValidation = "True | False" OnClick = "OnClickMethod" runat = "server"/>
```

2.4.4　选择类控件

1. 单选控件 RadioButton

语法：

```
< asp:RadioButton ID = "RadioButton1" AutoPostBack = "True | False" Checked = "True | False" GroupName = "GroupName" Text = "label" TextAlign = "Right|Left" OnCheckedChanged = "OnCheckedChangedMethod" runat = "server"/>
```

单选控件最常用的事件是 CheckedChange，当控件的选中状态发生改变时将会激发该事件。对于需要返回给服务器重新执行的控件，用户不要忘记设置它们的 AutoPostBack 属性为 True。

图 2-37 所示为未选中状态。

图 2-38 所示为选中状态。

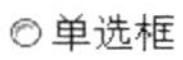

◎ 单选框　　　　　　　　　　　● 单选框

图 2-37　未选中时 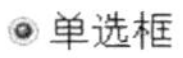　　　　　　　图 2-38　选中时

2. 单选按钮组控件 RadioButtonList

把一组 RadioButton 放在一起使用即形成单选按钮组 RadioButtonList，用于供用户在一组选项中进行选择。RadioButtonList 控件的作用与 RadioButton 控件类似，但功能更加强大，例如支持以数据连接方式建立列表等。

语法：

```
< asp:RadioButtonList ID = "RadioButtonList1" AutoPostBack = "True | False" CellPadding =
```

"Pixels" DataSource = "< % databindingexpression % >" DataTextField = " DataSourceField"
DataValueField = "DataSourceField" RepeatColumns = "ColumnCount" RepeatDirection = "Vertical|
Horizontal" RepeatLayout = "Flow|Table" TextAlign = "Right|Left" OnSelectedIndexChanged =
"OnSelectedIndexChangedMethod" runat = "server">
</asp:RadioButtonList >

其常用属性如下：

（1）Items。该属性为列表中的项的集合。

（2）RepeatColumn。该属性为项的列数。

（3）RepeatDirection。该属性为项的布局方向。

其常用事件 SelectedIndexChanged 用于设置列表中选中的项发生改变时激发的处理程序。

【例 2-14】 当单选按钮组中的选择项发生改变时在 Label 控件中显示所选项的 Text 值。

第一种方法：利用 SelectedIndexChanged 事件更改 Label 内容。

（1）如图 2-39 所示，选择"编辑项"命令。

图 2-39 选择"编辑项"命令

（2）如图 2-40 所示，添加新项，并给每一项的 Text 属性和 Value 属性赋值。其中，Text 属性用于指定在列表中显示的文本，Value 属性包含与某个项相关联的值。

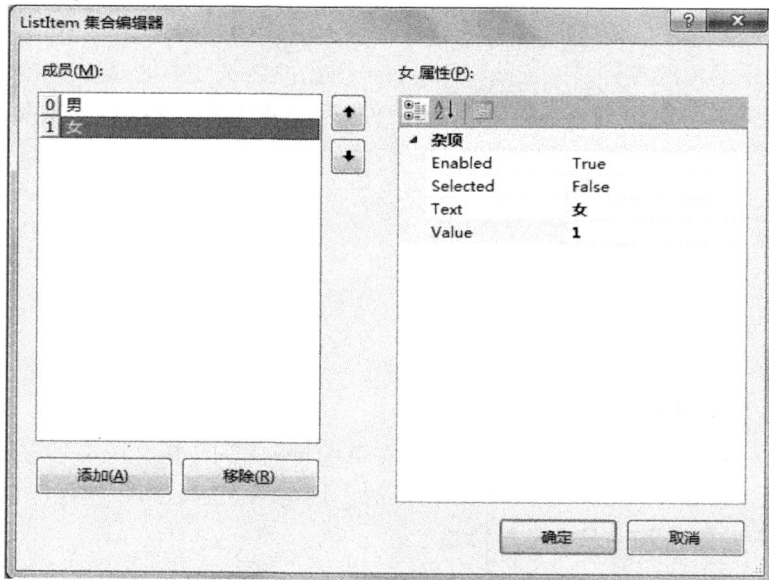

图 2-40 添加新项

前台代码如下：

```
< asp:Label ID = "Label1" runat = "server" Text = "请选择性别: "></asp:Label >
        < br/>
        < asp:RadioButtonList ID = "RadioButtonList1" runat = "server"
            Onselectedindexchanged = "RadioButtonList1_SelectedIndexChanged"
            RepeatDirection = "Horizontal">
            < asp:ListItem Value = "0">男</asp:ListItem >
            < asp:ListItem Value = "1">女</asp:ListItem >
        </asp:RadioButtonList >
        < br/>
        < asp:Label ID = "Label2" runat = "server" Text = "性别是: "></asp:Label >
        < asp:Label ID = "Label3" runat = "server" Text = "Label"></asp:Label >
```

后台代码（双击 RadioButtonList 控件将在后台产生 SelectedIndexChanged 事件）如下：

```
protected void RadioButtonList1_SelectedIndexChanged(object sender, EventArgs e)
{
    Label3.Text = RadioButtonList1.SelectedItem.Text.ToString();
}
```

图 2-41 所示为选择前的效果。

图 2-42 所示为选择后的效果。

第二种方法：利用 AutoPostBack 属性更改 Label 值。

（1）如图 2-43 所示，选择"启用 AutoPostBack"复选框。

请选择性别：
◎男 ◎女

性别是： Label

图 2-41　选择前

请选择性别：
◉男 ◎女

性别是： 男

图 2-42　选择后

asp:radiobuttonlist#RadioButtonList1

◎男 ◎女

RadioButtonList 任务

选择数据源...

编辑项...

☑ 启用 AutoPostBack

图 2-43　启用 AutoPostBack

（2）如图 2-44 所示，把第一项的 Selected 属性设为 True。

前台代码如下：

```
< asp:Label ID = "Label1" runat = "server" Text = "请选择性别: "></asp:Label >
        < br/>
        < asp:RadioButtonList ID = "RadioButtonList1" runat = "server" AutoPostBack = "True"
            RepeatDirection = "Horizontal">
            < asp:ListItem Selected = "True" Value = "0">男</asp:ListItem >
            < asp:ListItem Value = "1">女</asp:ListItem >
        </asp:RadioButtonList >
        < br />
        < asp:Label ID = "Label2" runat = "server" Text = "性别是: "></asp:Label >
        < asp:Label ID = "Label3" runat = "server" Text = "Label"></asp:Label >
```

图 2-44　设置 Selected 属性

后台代码如下：

```
protected void Page_Load(object sender, EventArgs e)
    {

        Label3.Text = RadioButtonList1.SelectedItem.Text.ToString();
    }
```

运行结果如图 2-45 所示。

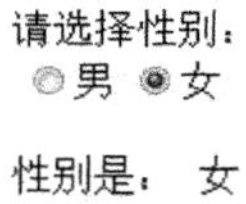

请选择性别：
◎男 ◉女

性别是：　女

图 2-45　运行结果

3. 复选框控件 CheckBox

复选框控件 CheckBox 用于实现多选功能，在实际应用中有时需要把一组复选框放在一起使用，即形成复选框列表 CheckBoxList，供用户在一组选项中进行选择，其功能比 CheckBox 更加强大，能支持以数据连接方式建立列表。

功能：CheckBox 控件用于在 Web 窗体页上创建复选框，该复选框允许用户在 True 和 False 状态之间进行切换。

语法：

```
< asp:CheckBox ID = "CheckBox1" AutoPostBack = "True|False" Text = "Label" TextAlign = "Right|
Left" Checked = "True|False" OnCheckedChanged = "OnCheckedChangedMethod" runat = "server"/>
```

CheckBox 控件的常用属性如下：

（1）Text。该属性可以指定要在控件中显示的标题。

（2）TextAlign。该属性以指定标题显示在复选框的右侧或左侧。

（3）Checked。该属性表示是否已经选中 CheckBox 控件（当 CheckBox 控件的状态在向服务器的各次发送过程间更改时将引发 CheckedChanged 事件，用户可以为 CheckedChanged 事件提供事件处理程序，以便当 CheckBox 控件的状态在向服务器的各次发送过程间更改时执行特定的任务）。

图 2-46 和图 2-47 所示为复选框的未选中及选中状态。

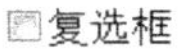

☑复选框   ☑复选框

图 2-46　未选中 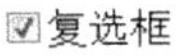　　　图 2-47　选中

前台代码如下：

```
< asp:CheckBox ID = "CheckBox1" runat = "server" Text = "复选框" />
```

4. 复选框列表控件 CheckBoxList

功能：提供创建多项选择的复选框，可以通过将控件绑定到数据源上动态创建，每一个子项都包含在集合 Items 中。

语法：

```
< asp:CheckBoxList ID = "CheckBoxList1" AutoPostBack = "True|False" CellPadding = "Pixels"
DataSource = '<% databindingexpression %>' DataTextField = "DataSourceField" DataValueField
= "DataSourceField" RepeatColumns = "ColumnCount" RepeatDirection = "Vertical|Horizontal"
RepeatLayout = " Flow | Table "  TextAlign = " Right | Left "  OnSelectedIndexChanged =
"OnSelectedIndexChangedMethod" runat = "server">
< asp:ListItem value = "value" selected = "True|False"> Text </asp:ListItem >
</asp:CheckBoxList >
```

其属性如下：

（1）CellPadding。该属性用于设置单元格边框和内容之间的距离。

（2）CellSpacing。该属性用于设置单元格之间的距离。

（3）RepeatColumns。该属性用于设置控件中显示的列数。

（4）RepeatDirection。该属性用于设置列显示的样式，包括垂直显示和水平显示两种样式。

（5）RepeatLayout。该属性用于设置控件的布局为 Flow 或 Table。

其事件为 SelectedIndexChanged。

图 2-48 所示为选中 CheckBoxList。

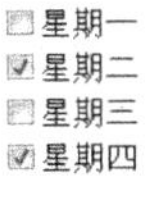

前台代码如下：

☐星期一
☑星期二
☐星期三
☑星期四

图 2-48　选中 CheckBoxList

```
< asp:CheckBoxList ID = "CheckBoxList1" runat = "server">
        < asp:ListItem Value = "0">星期一</asp:ListItem >
        < asp:ListItem Value = "1">星期二</asp:ListItem >
        < asp:ListItem Value = "2">星期三</asp:ListItem >
        < asp:ListItem Value = "3">星期四</asp:ListItem >
    </asp:CheckBoxList >
```

2.4.5 容器类控件

1. Table 控件

Table 控件是 Web 服务器控件中的主要容器控件之一,其主要功能是控制页面上元素的布局,可以根据不同的用户响应动态生成表格的结构。Table、TableRow、TableCell 控件之间的关系可以表示为:若干个 TableCell 构成一个 TableRow;若干个 TableRow 构成一个 Table。其中,TableRow 控件用于实现表格的每一行,TableCell 控件用于实现表格的行的每一个单元格。

【例 2-15】 利用 Table 控件制作课程表。

(1) 如图 2-49 所示,拖动 Table 控件至页面上。

(2) 如图 2-50 所示,在 Table 控件的属性窗口中选择 Rows,然后单击其右侧的按钮。

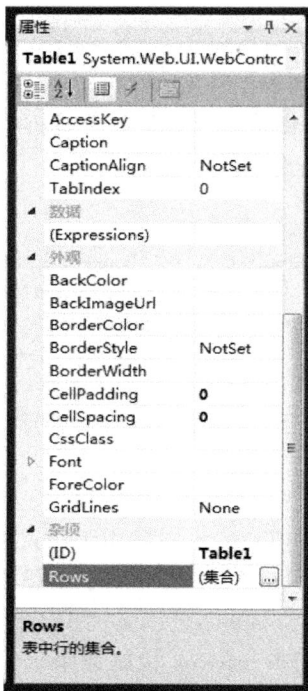

图 2-49 拖动 Table 控件至页面上　　图 2-50 单击 Rows 属性右侧的按钮

(3) 如图 2-51 所示,添加新行,并且在每一行里选择 Cells。

(4) 如图 2-52 所示,添加新列,并且在每一列的 Text 属性中输入显示的内容。

前台代码如下:

```
< asp:Table ID = "Table1" runat = "server"
          Width = "764px" CellPadding = "0" CellSpacing = "0" Height = "74px">
     < asp:TableRow runat = "server" Width = "78px" HorizontalAlign = "Center">
          < asp:TableCell runat = "server" BorderStyle = "Solid" BorderWidth = "1px" >星
期一</asp:TableCell>
          < asp:TableCell runat = "server" BorderStyle = "Solid" BorderWidth = "1px">星
```

图 2-51　添加新行并选择 Cells

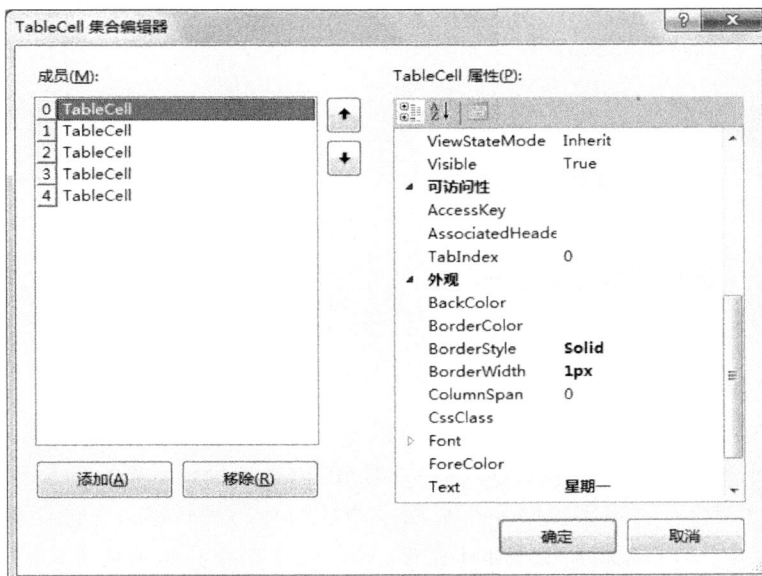

图 2-52　设置 Text 属性

期二</asp:TableCell>
```
            < asp:TableCell runat = "server" BorderStyle = "Solid" BorderWidth = "1px">星
期三</asp:TableCell>
            < asp:TableCell runat = "server" BorderStyle = "Solid" BorderWidth = "1px">星
期四</asp:TableCell>
            < asp:TableCell runat = "server" BorderStyle = "Solid" BorderWidth = "1px">星
期五</asp:TableCell>
        </asp:TableRow>
```

```
        < asp:TableRow runat = "server" HorizontalAlign = "Center">
            < asp:TableCell runat = "server" BorderStyle = "Solid" BorderWidth = "1px">
C#.NET Web 程序设计</asp:TableCell >
                < asp:TableCell runat = "server" BorderStyle = "Solid" BorderWidth = "1px">网
页设计与制作</asp:TableCell >
                < asp:TableCell runat = "server" BorderStyle = "Solid" BorderWidth = "1px">
C#.NET Web 程序设计</asp:TableCell >
                < asp:TableCell runat = "server" BorderStyle = "Solid" BorderWidth = "1px">网
页设计与制作</asp:TableCell >
                < asp:TableCell runat = "server" BorderStyle = "Solid" BorderWidth = "1px">
C#.NET Web 程序设计</asp:TableCell >
        </asp:TableRow >
        < asp:TableRow runat = "server" HorizontalAlign = "Center">
            < asp:TableCell runat = "server" BorderStyle = "Solid" BorderWidth = "1px">网
页设计与制作</asp:TableCell >
                < asp:TableCell runat = "server" BorderStyle = "Solid" BorderWidth = "1px">
XML</asp:TableCell >
                < asp:TableCell runat = "server" BorderStyle = "Solid" BorderWidth = "1px">
XML</asp:TableCell >
                < asp:TableCell runat = "server" BorderStyle = "Solid" BorderWidth = "1px">
jQuery + Ajax</asp:TableCell >
                < asp:TableCell runat = "server" BorderStyle = "Solid" BorderWidth = "1px">
jQuery + Ajax</asp:TableCell >
        </asp:TableRow >
    </asp:Table >
```

运行结果如图 2-53 所示。

星期一	星期二	星期三	星期四	星期五
C#.NET Web 程序设计	网页设计与制作	C#.NET Web 程序设计	网页设计与制作	C#.NET Web 程序设计
网页设计与制作	XML	XML	jQuery＋Ajax	jQuery＋Ajax

图 2-53　运行结果

2. 面板控件 Panel

Panel 控件就好像一个控件的大容器,可以将其他控件包含在其中,所以常用来包含一组控件,然后选择是否可视来显示或隐藏这组控件,以达到设计者特殊的设计效果。

使用 Panel 控件还可以实现同一个页面中的数据传递和转移。方法是使用几个 Panel 控件,先显示其中一个,隐藏其他 Panel 控件,通过程序控制数据流的方向指向并显示下一个 Panel 控件而隐藏上一个 Panel 控件。通过这个方法可以实现同一页面中的数据传递。

使用 Panel 控件,还可以在网页上创建以下自定义外观和行为的区域:

(1) 添加滚动条。Height 和 Width 属性将 Panel 控件约束到特定大小,可以设置 ScrollBars 属性添加滚动条。

(2) 创建一个带标题的分组框。用户可以设置 GroupingText 属性来显示标题。当呈现页面时,Panel 空间的周围将显示一个包含标题的框,其标题是用户指定的文本。

(3) 在页面上创建具有自定义颜色或其他外观的区域。Panel 控件支持外观属性(例如 BackColor 和 BorderWidth),用户可以设置外观属性为页面上的某个区域创建独特的外观。

【例 2-16】 选择显示或者不显示 Panel 控件。

(1) 如图 2-54 所示,从工具箱中拖入 Panel 控件。

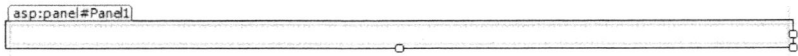

图 2-54　拖入 Panel 控件

(2) 如图 2-55 所示,向 Panel 控件中拖入 Label 控件、RadioButtonList 控件,在 Panel 控件外拖入 CheckBox 控件,并分别设置它们的 Text 值。

图 2-55　在 Panel 控件中拖入控件

前台代码如下:

```
< asp:CheckBoxList ID = "CheckBoxList1" runat = "server" AutoPostBack = "True">
        < asp:ListItem>显示 Panel1 控件</asp:ListItem>
    </asp:CheckBoxList>
     < br/>
< asp:Panel ID = "Panel1" runat = "server" Height = "130px" ScrollBars = "Both"
        Width = "182px">
     < asp:Label ID = "Label1" runat = "server" Text = "请选择今天是星期儿: "></asp:
Label >
        < asp:RadioButtonList ID = "RadioButtonList1" runat = "server">
            < asp:ListItem>星期一</asp:ListItem>
            < asp:ListItem>星期二</asp:ListItem>
            < asp:ListItem>星期三</asp:ListItem>
            < asp:ListItem>星期四</asp:ListItem>
            < asp:ListItem>星期五</asp:ListItem>
            < asp:ListItem>星期六</asp:ListItem>
            < asp:ListItem>星期日</asp:ListItem>
        </asp:RadioButtonList >
    </asp:Panel >
```

后台代码如下:

```
protected void CheckBox1_CheckedChanged(object sender, EventArgs e)
{

    if (CheckBox1.Checked == True)
    {
        Panel1.Visible = True;
    }
    else
```

43

第 2 章

```
        {
            Panel1.Visible = False;

        }
    }
```

运行结果 1：不选择显示，Panel 控件不可见，如图 2-56 所示。

运行结果 2：选择显示，Panel 控件可见，如图 2-57 所示。

☑显示Panel1控件

请选择今天是星期几：
◉ 星期一
◉ 星期二
◉ 星期三
◉ 星期四

☐显示Panel1控件

图 2-56　运行结果 1　　　　　图 2-57　运行结果 2

3. MultiView 控件

MultiView 控件和 View 控件可以制作出选项卡的效果，MultiView 控件是一组 View 控件的容器，使用它可以定义一组 View 控件，其中每个 View 控件都包含子控件。

如果要切换视图，可以使用控件的 ID 或者 View 控件的索引值。在 MultiView 控件中，一次只能将一个 View 控件定义为活动视图。如果将某个 View 控件定义为活动视图，它所包含的子控件会呈现到客户端。用户可以使用 ActiveViewIndex 属性或 SetActiveView 方法定义活动视图。如果 ActiveViewIndex 属性为空，则 MultiView 控件不向客户端呈现任何内容。如果活动视图设置为 MultiView 控件中不存在的 View，则会在运行时引发 ArgumentOutOfRangeException。

ActiveViewIndex 属性用于获取或设置当前被激活显示的 View 控件的索引值，其默认值为－1，表示没有 View 控件被激活。

SetActiveView 方法用于激活显示特定的 View 控件。

该控件有 4 个静态只读字段，若允许用户在 MultiView 控件中的 View 控件之间进行导航，可将 LinkButton 或 Button 控件添加到每个 View 控件；若要利用 MultiView 控件对当前活动 View 进行自动更新，将按钮或链接按钮的 CommandName 属性设置为与所需导航行为对应的命令名字段的值，这些命令名字段为 PreviousViewCommandName、NextViewCommandName、SwitchViewByIDCommandName 或 SwitchViewByIndexCommandName。

该控件的 ActiveViewChanged 事件当视图切换时被激发。

【例 2-17】　利用 MultiView、View 控件实现视图切换，切换时可以利用单选按钮组或 View 控件上的按钮。本例实现对单选题、多选题的切换。

(1) 如图 2-58 所示，拖动 Label 控件、RadioButtonList 控件至页面上，并进行相应的设置，然后拖动 MultiView 控件至页面上。

(2) 如图 2-59 所示，在 MultiView 控件中拖入两个 View 控件。

(3) 如图 2-60 所示，分别在两个 View 控件中添加相应的控件。

请选择考试的题型

○ 单选题 ○ 多选题

MultiView1

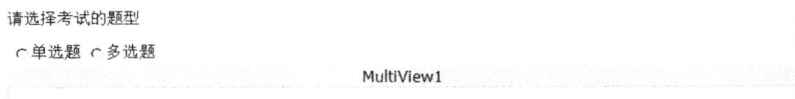

图 2-58　拖动 MultiView 控件

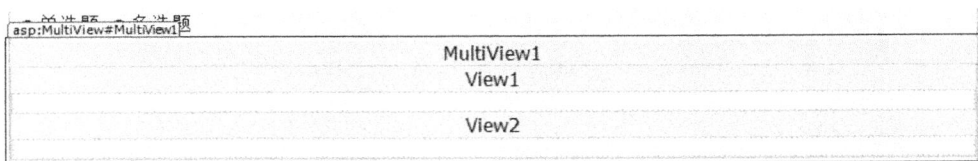

asp:MultiView#MultiView1

| MultiView1 |
| View1 |
| View2 |

图 2-59　在 MultiView 控件中拖入 View 控件

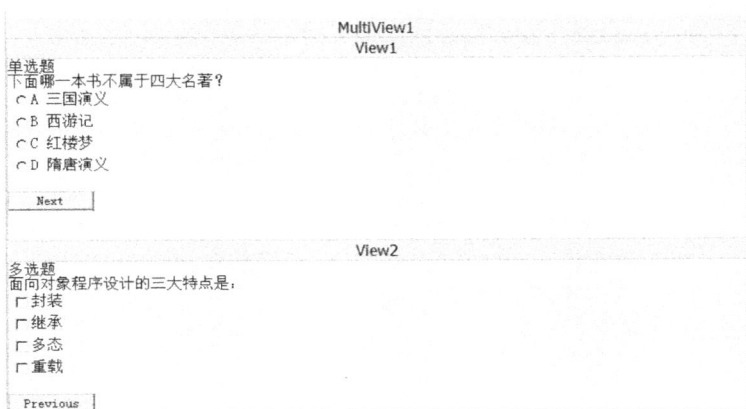

MultiView1

View1

单选题
下面哪一本书不属于四大名著？
○ A 三国演义
○ B 西游记
○ C 红楼梦
○ D 隋唐演义

Next

View2

多选题
面向对象程序设计的三大特点是：
□ 封装
□ 继承
□ 多态
□ 重载

Previous

图 2-60　分别在 View 控件中拖入控件

（4）如图 2-61 所示，设置 View1 中的 Button 的 CommandArgum 属性为 View2、CommandName 属性为 NextView。

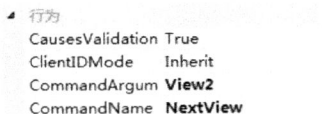

　　◢ 行为
　　CausesValidation　True
　　ClientIDMode　　　Inherit
　　CommandArgum　　**View2**
　　CommandName　　**NextView**

图 2-61　设置 View1 控件中的 Button 控件的属性

（5）如图 2-62 所示，设置 View2 中的 Button 的 CommandArgum 属性为 View1、CommandName 属性为 PrevView。

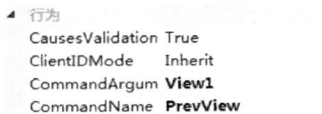

　　◢ 行为
　　CausesValidation　True
　　ClientIDMode　　　Inherit
　　CommandArgum　　**View1**
　　CommandName　　**PrevView**

图 2-62　设置 View2 控件中的 Button 控件的属性

前台代码如下:

```
< asp:Label ID = "Label1" runat = "server" Text = "请选择考试的题型"  ></asp:Label >
        < br/>
        < br/>
        < asp:RadioButtonList ID = "RadioButtonList1" runat = "server" AutoPostBack = "True"
            RepeatDirection = "Horizontal"
            Onselectedindexchanged = "RadioButtonList1_SelectedIndexChanged">
            < asp:ListItem Value = "0">单选题</asp:ListItem >
            < asp:ListItem Value = "1">多选题</asp:ListItem >
        </asp:RadioButtonList >
        < br/>
        < asp:MultiView ID = "MultiView1" runat = "server" ActiveViewIndex = "0">
            < asp:View ID = "View1" runat = "server">
                < asp:Label ID = "Label2" runat = "server" Text = "单选题"></asp:Label >
                < br/>
                < asp:Label ID = "Label3" runat = "server" Text = "下面哪一本书不属于四大名
著?"></asp:Label >
                < br/>
                < asp:RadioButtonList ID = "RadioButtonList2" runat = "server">
                    < asp:ListItem Value = "0"> A 三国演义</asp:ListItem >
                    < asp:ListItem Value = "1"> B 西游记</asp:ListItem >
                    < asp:ListItem Value = "2"> C 红楼梦</asp:ListItem >
                    < asp:ListItem Value = "3"> D 隋唐演义</asp:ListItem >
                </asp:RadioButtonList >
                < br/>
                < asp:Button ID = "Button1" runat = "server"  CommandArgument = "View2"
                    Text = "Next" CommandName = "NextView" Width = "87px" />
                < br/>
                < br/>
                < br/>
            </asp:View >
            < asp:View ID = "View2" runat = "server">
                < asp:Label ID = "Label4" runat = "server" Text = "多选题"></asp:Label >
                < br/>
                < asp:Label ID = "Label5" runat = "server" Text = "面向对象程序设计的三大特
点是: "></asp:Label >
                < br/>
                < asp:CheckBoxList ID = "CheckBoxList1" runat = "server">
                    < asp:ListItem Value = "0">封装</asp:ListItem >
                    < asp:ListItem Value = "1">继承</asp:ListItem >
                    < asp:ListItem Value = "2">多态</asp:ListItem >
                    < asp:ListItem Value = "3">重载</asp:ListItem >
                </asp:CheckBoxList >
                < br/>
                 < asp:Button ID = "Button2" runat = "server"  CommandArgument = "View1"
                    Text = "Previous" CommandName = "PrevView" Width = "87px" />
                < br/>
            </asp:View >
        </asp:MultiView >
```

后台代码如下：

```
protected void RadioButtonList1_SelectedIndexChanged(object sender, EventArgs e)
    {
        MultiView1.ActiveViewIndex = RadioButtonList1.SelectedIndex;
    }
```

方法一：利用单选按钮组来实现视图的切换，图 2-63 所示的是选择单选题。
图 2-64 所示的是选择多选题。

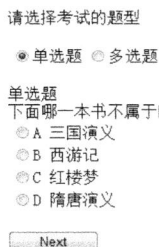

图 2-63　选择单选题　　　　　　图 2-64　选择多选题

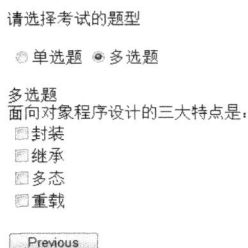

方法二：单击 View 控件上的 Button 控件实现视图的切换。

控件的生成页面如图 2-65 所示。

如图 2-66 所示，单击 View1 控件中的 Next 按钮后显示 View2 控件。

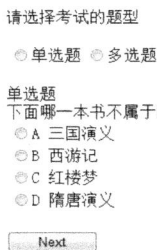

图 2-65　开始生成页面　　　图 2-66　单击 View1 控件中的 Next 按钮后显示 View2 控件

4. 占位控件 PlaceHolder

有时候，项目中需要在页面上动态生成一些控件，此时 PlaceHolder 控件是个不错的选择。

通常将 PlaceHolder 控件用作存储动态添加到网页的服务器控件的容器。PlaceHolder 控件不产生任何可见输出，并且只能用做网页上其他控件的容器。用户可以使用 Control.Controls 集合添加、插入或移除 PlaceHolder 控件中的控件。

【例 2-18】　在 TextBox 中输入控件组的数量生成相应数量的控件组。

（1）如图 2-67 所示，向页面上拖动 Label、TextBox、Button、PlaceHolder 控件，并设置相应控件的 Text 值。

前台代码如下：

请输入添加控件组的数量:

确定
[PlaceHolder "PlaceHolder1"]

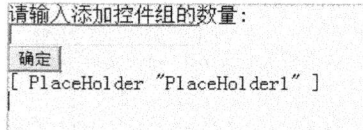

图 2-67　拖入控件

```
< asp:Label ID = "Label1" runat = "server" Text = "请输入添加控件组的数量:"></asp:Label>
    < br/>
    < asp:TextBox ID = "TextBox1" runat = "server"></asp:TextBox >
    < br/>
    < asp:Button ID = "Button1" runat = "server" Onclick = "Button1_Click" Text = "确定" />
    < br/>
    < asp:PlaceHolder ID = "PlaceHolder1" runat = "server"></asp:PlaceHolder >
```

后台代码如下:

```
protected void Button1_Click(object sender, EventArgs e)
{
            int num = int.Parse(TextBox1.Text);
            for (int i = 1; i <= num; i++)
            {
                Label a = new Label();
                a.ID = "Label" + i.ToString();
                a.Text = "Label" + i.ToString();

                TextBox b = new TextBox();
                b.ID = "Text" + i.ToString();
                b.Text = "Text" + i.ToString();

                Button c = new Button();
                c.ID = "Button" + i.ToString();
                c.Text = "Button" + i.ToString();

                PlaceHolder1.Controls.Add(a);
                PlaceHolder1.Controls.Add(b);
                PlaceHolder1.Controls.Add(c);
                PlaceHolder1.Controls.Add(new LiteralControl("< br>"));
            }
}
```

(2) 如图 2-68 所示,在 TextBox 控件中输入添加控件组的数量。

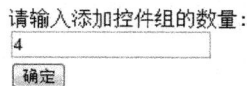

请输入添加控件组的数量:
4
确定

图 2-68　输入添加控件组的数量

(3) 如图 2-69 所示,在 TextBox 中输入 4 后单击"确定"按钮,则在页面中添加了 4 个控件组。

请输入添加控件组的数量：

```
4
```

确定

Label1	Text1	Button1
Label2	Text2	Button2
Label3	Text3	Button3
Label4	Text4	Button4

图 2-69　在页面中添加了 4 个控件组

2.5　Web 服务器列表类控件

1. DropDownList 控件

DropDownList 控件只支持单项选择，允许用户从多个选项中选择一项，并且在选择前用户只能看到第一个选项，其余的选项都将隐藏起来。由于 DropDownList 控件实际上是列表项的容器，所以这些列表项都属于 ListItem 类型。每一个 ListItem 对象都是带有自己的属性的单独对象。其常用的属性有 Text、Value 和 Selected。其中，Text 属性指定在列表中显示的文本；Value 属性包含了与某项相关联的值，设置此属性可使该值与特定的项关联而不显示该值，例如可以将 Text 属性设置为我国某个省的名称，而将 Value 属性设置为该省的邮政区名的缩写；Selected 属性则通过一个布尔值指示是否选择了该项。

功能：可以在一个控件框内为用户提供多个选项。

语法：

```
< asp:DropDownList ID = "DropDownList1" runat = "server" DataSource = "< % databindingexpression % >"
AutoPostBack = "True|False" OnSelectedIndexChanged = "OnSelectedIndexChangedMethod">
< asp:ListItem value = "value" selected = "True|False"> Text </asp:ListItem >
</asp:DropDownList >
```

【例 2-19】　生成一个 DropDownList 控件，其中各项为安徽省的部分城市名。

（1）如图 2-70 所示，拖动 DropDownList 控件至页面上，然后右击，选择"编辑项"命令。

图 2-70　选择"编辑项"命令

（2）如图 2-71 所示，在 ListItem 集合编辑器中添加各项，各项的 Text 值为城市名，Value 值为城市区号。

前台代码如下：

```
< asp:DropDownList ID = "DropDownList1" runat = "server">
        < asp:ListItem ></asp:ListItem >
        < asp:ListItem Value = "0551">合肥</asp:ListItem >
```

```
        < asp:ListItem Value = "0552">蚌埠</asp:ListItem >
        < asp:ListItem Value = "0553">芜湖</asp:ListItem >
        < asp:ListItem Value = "0554">淮南</asp:ListItem >
        < asp:ListItem Value = "0555">马鞍山</asp:ListItem >
        < asp:ListItem Value = "0561">淮北</asp:ListItem >
        < asp:ListItem Value = "0562">铜陵</asp:ListItem >
    </asp:DropDownList >
```

图 2-71　添加各项

（3）运行结果如图 2-72 和图 2-73 所示。

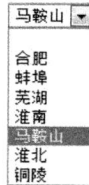

图 2-72　运行结果 1　　　图 2-73　运行结果 2

2. ListBox 控件

ListBox 控件用于建立可单选或多选的下拉列表。它与 DropDownList 控件的区别在于，用户在选择操作前可看到所有的选项，并可进行多项选择。

其常用属性和事件类似于 ListBox 控件，这里介绍 Rows 和 SelectionMode 属性。Rows 用于控制要显示的可见行的数目，SelectionMode 用于控制列表的选择模式，有 Single（单项选择）模式和 Multiple（多项选择）模式两种。

【例 2-20】 生成一个 ListBox 控件，其中项目为星期一至星期天，可见的行数为 5 行，能够实现多选。

（1）如图 2-74 所示，向页面上拖入 ListBox 控件，并添加星期一至星期天共 7 项。

图 2-74　拖入 ListBox 控件

（2）如图 2-75 所示，设置 Rows 属性为 5。

图 2-75　设置 Rows 属性为 5

（3）如图 2-76 所示，设置 SelectionMode 属性为 Multiple。

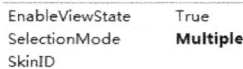

图 2-76　设置 SelectionMode 属性为 Multiple

前台代码如下：

```
<asp:ListBox ID = "ListBox1" runat = "server" SelectionMode = "Multiple"
             Rows = "5" >
             <asp:ListItem Value = "0">星期一</asp:ListItem>
             <asp:ListItem Value = "1">星期二</asp:ListItem>
             <asp:ListItem Value = "2">星期三</asp:ListItem>
             <asp:ListItem Value = "3">星期四</asp:ListItem>
             <asp:ListItem Value = "4">星期五</asp:ListItem>
             <asp:ListItem Value = "5">星期六</asp:ListItem>
             <asp:ListItem Value = "6">星期天</asp:ListItem>
</asp:ListBox>
```

运行结果如图 2-77 所示。

3．BulletedList 控件

该控件可呈现项目符号或编号，具体取决于 BulletedList 属性的设置（ASP. NET 2.0 新增的控件）。

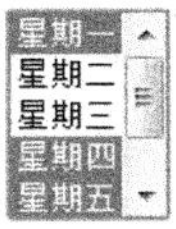

BulletedList 控件可以通过以下一种方式显示列表项：

图 2-77　运行结果

（1）静态文本。由控件显示的文本不能交互。

（2）Link 控件。用户可以单击链接定位到其他页面，但是必须提供一个目标 URL 作为单个项的 Value 属性。

（3）LinkButton 控件。用户可以单击各个项，然后控件将执行一次回发。

BulletedList 控件的常用属性如下：

（1）BulletStyle。该属性用于设置项目编号的样式值。

（2）DisplayMode。该属性用于设置项目样式。

（3）Items。该属性对应 ListItem 对象集合，项目符号编号列表中的每一项均对应一个

ListItem 对象。

【例 2-21】 生成一个 BulletedList 控件,项目为星期一至星期天。

前台代码如下:

```
< asp:BulletedList ID = "BulletedList1" runat = "server"
        style = "margin - bottom: 108px" BulletStyle = "Square" DisplayMode = "HyperLink">
        < asp:ListItem >星期一</asp:ListItem >
        < asp:ListItem >星期二</asp:ListItem >
        < asp:ListItem >星期三</asp:ListItem >
        < asp:ListItem >星期四</asp:ListItem >
        < asp:ListItem >星期五</asp:ListItem >
        < asp:ListItem >星期六</asp:ListItem >
        < asp:ListItem >星期天</asp:ListItem >
    </asp:BulletedList >
```

运行结果如图 2-78 所示。

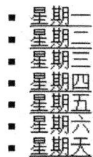

图 2-78　运行结果

2.6　高 级 控 件

1. 日历控件 Calendar

其常用属性如下:

(1) DayHeaderStyle。该属性用于设置在月历中显示一周中每一天的名称的部分样式。

(2) DayStyle。该属性用于设置所显示月份中各天的样式。

(3) NextPrevStyle。该属性用于设置标题栏左、右两端的月导航中 LinkButton 控件所在部分的样式,有 CustomText、ShortMonth 和 FullMonth 三种样式可以选择。

(4) OtherMonthDayStyle。该属性用于设置显示在当前月视图中上一个月和下一个月的日期样式。

(5) SelectedDayStyle。该属性用于设置选定日期的样式,如果未设置此属性,则由 DayStyle 属性指定的样式将用于显示选定的日期。

(6) SelectedStyle。该属性用于设置位于 Calendar 控件左侧、包含用于选择一周或整个月的链接的列的样式。

(7) SelectionMode。该属性用于设置选择的模式(日、周、月)。

(8) ShowDayHeader。该属性用于设置显示或隐藏显示一周中的每一天的部分。

(9) ShowGridLines。该属性用于设置是否显示或隐藏一个月中每一天之间的网格线。

(10) ShowNextPrevMonth。该属性用于设置显示或隐藏到下一个月或上一个月的导航控件。

（11）ShowTitle。该属性用于设置显示或隐藏标题部分。

（12）TitleStyle。该属性用于设置位于月历顶部、包含月份名称和月导航链接的标题栏的样式。

（13）TodayDayStyle。该属性用于设置当前日期的样式。如果未设置此属性，则使用由 DayStyle 属性指定的样式来显示当前日期。

（14）WeekendDayStyle。该属性用于设置周末日期的样式。如果未设置此属性，则使用由 DayStyle 属性指定的样式来显示当前日期。

当然，用户也可以直接选择 VS. NET 中内置的日历样式，然后选择"自动套用格式"命令。

Calendar 常用的事件如下：

（1）DayRender。该事件当日期显示的时候触发。在创建 Calendar 控件中的每个日期单元格时均会触发该事件，通过在 DayRender 事件的事件处理程序中提供代码，可以在创建日期单元格时控制其内容和格式设置。DayRender 事件处理程序接收 DayRenderEventArgs 参数，该参数有 Cell 和 Day 两个属性，里面包含了自定义单元格中需要的所有内容。

（2）SelectionChanged。该事件当日期被用户选择（单击）的时候触发。

（3）VisibleMonthChanged。该事件当所显示的月份被更改（前一个/后一个链接）的时候触发。对当前月份的更换，将会触发 VisibleMonthChanged 事件。其接收 MonthChangedEventArgs 参数，该参数的重要属性为 NewDate 和 PreviousDate，分别表示当前显示的月份和以前显示的月份。

【例 2-22】 在日历控件上选择某一日后单击 Button 控件，在 Label 控件上显示这一日的年、月、日。

（1）如图 2-79 所示，向页面中拖动一个 Calendar 控件，并选择"自动套用格式"命令。

图 2-79　拖动 Calendar 控件

（2）如图 2-80 所示，选择套用格式。

（3）如图 2-81 所示，拖入 Button 控件和 Label 控件。

前台代码如下：

```
< asp:Calendar ID = "Calendar1" runat = "server" BackColor = "White"
        BorderColor = "#3366CC" BorderWidth = "1px" CellPadding = "1"
        DayNameFormat = "Shortest" Font - Names = "Verdana" Font - Size = "8pt"
```

```
            ForeColor = "#003399" Height = "200px" Width = "220px">
            < DayHeaderStyle BackColor = "#99CCCC" ForeColor = "#336666" Height = "1px" />
            < NextPrevStyle Font - Size = "8pt" ForeColor = "#CCCCFF" />
            < OtherMonthDayStyle ForeColor = "#999999" />
             < SelectedDayStyle BackColor = "#009999" Font - Bold = "True" ForeColor = "#
CCFF99" />
            < SelectorStyle BackColor = "#99CCCC" ForeColor = "#336666" />
            < TitleStyle BackColor = "#003399" BorderColor = "#3366CC" BorderWidth = "1px"
                Font - Bold = "True" Font - Size = "10pt" ForeColor = "#CCCCFF" Height = "25px" />
            < TodayDayStyle BackColor = "#99CCCC" ForeColor = "White" />
            < WeekendDayStyle BackColor = "#CCCCFF" />
        </asp:Calendar >
        < br/>

    < asp:Button ID = "Button1" runat = "server" Onclick = "Button1_Click" Text = "确定" />
    
    < asp:Label ID = "Label1" runat = "server" Text = "Label"></asp:Label >
```

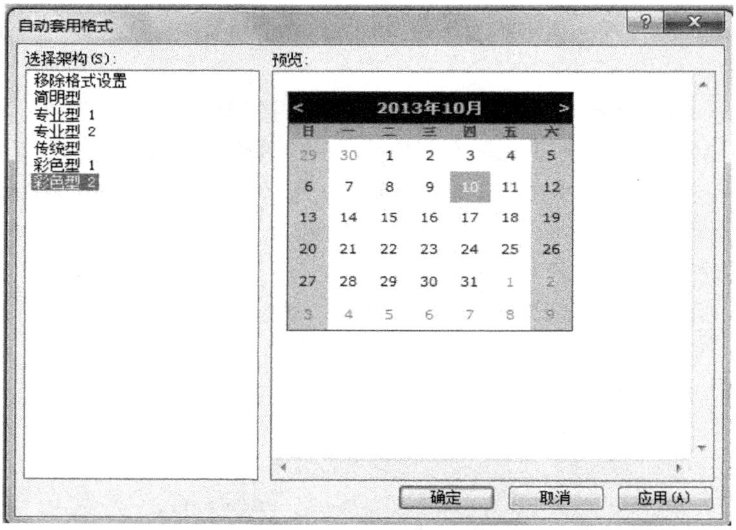

图 2-80　选择套用格式

图 2-81　拖入 Button 控件和 Label 控件

后台代码如下：

```
protected void Button1_Click(object sender, EventArgs e)
{
    Label1.Text = Calendar1.SelectedDate.Year.ToString() + "年" + Calendar1.SelectedDate
.Month.ToString() + "月" + Calendar1.SelectedDate.Day.ToString();
}
```

运行结果如图 2-82 所示。

图 2-82　运行结果

2. 广告控件 AdRotator

使用 AdRotator 控件可以在每次加载页面时在该页面上显示一组广告横幅中的一个广告，广告内容往往从一个固定的数据源（通常为 XML 文件或数据库表）提供的广告列表中自动读取广告信息，例如图形文件名和目标 URL。

AdRotator 控件自动进行循环处理，每刷新一次页面改变一次显示内容，还可以对广告进行加权以控制横幅的优先级，从而使某些广告的显示频率高于其他广告。

AdRotator 控件放在 Form 或 Panel 控件内，或放在模板内。AdRotator 控件需要包含图像 URL 的 XML 文件，该文件用来指定每个广告的导航链接。

AdRotator 控件最常用的属性是 AdvertisementFile，它用来与相应的 XML 文件关联。

如果要使用该控件，需要先建立一个 XML 文件（广告清单文件）。

(1) 创建一个新文本文件。

(2) 对于每一个要包含在广告清单中的广告，在 ＜Advertisements＞ 元素中插入一个新的＜Ad＞ 元素。

从下列属性中为每一个广告设置必要的属性：

```
< ImageUrl >...</ ImageUrl > < NavigateUrl >...</ NavigateUrl > < AlternateText >...</ AlternateText >
< Keyword >...</ Keyword > < Impressions >...</ Impressions >
```

(3) 保存文件，其扩展名为.xml。

- ImageUrL。该属性用于设置要显示图像的 URL。
- NavigateUrL。该属性用于设置单击 AdRotator 控件时定位到的页面的 URL。
- AlternateText。该属性用于设置图像不可用时显示的文本。
- Keyword。该属性用于设置筛选特定广告的广告类别。
- Impressions。该属性用于设置广告的可能显示频率的数值。

注：以上所有属性均为可选。

【例 2-23】 生成一个 AdRotator 控件，单击控件中的广告能链接到相应的网站。该控件中共有两个广告，加载页面时将随机生成其中的一个广告，并且两个广告的显示频率一样高。

（1）如图 2-83 所示，拖动广告控件至相应的页面上。

请单击广告

图 2-83 拖动广告控件

（2）如图 2-84 所示，单击 AdvertisementFile 属性右侧的按钮。

图 2-84 单击 AdvertisementFile 属性右侧的按钮

（3）如图 2-85 所示，选择 XMLFile1. xml 文件。

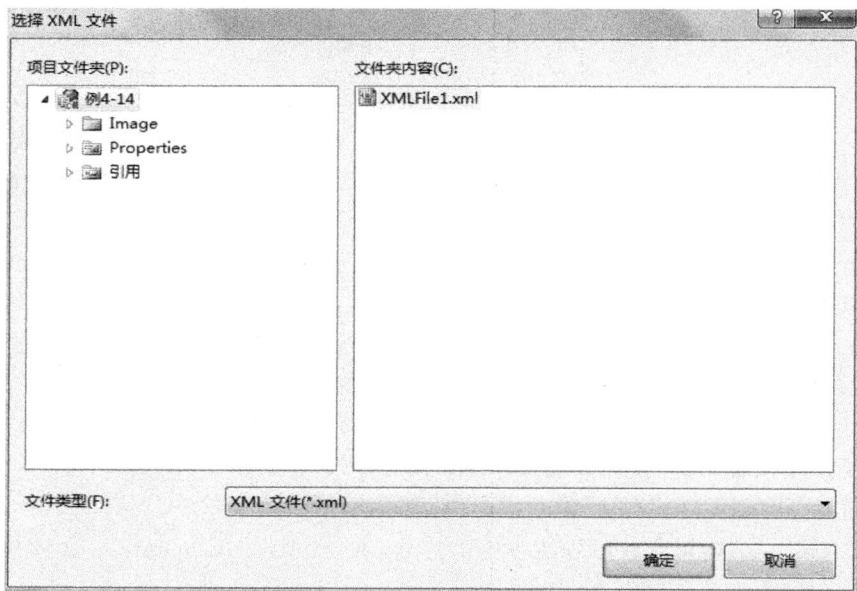

图 2-85 选择 XMLFile1. xml 文件

XMLFile1. xml 文件的代码如下：

```xml
<?xml version = "1.0" encoding = "utf - 8"?>
< Advertisements >
    < Ad >
        < ImageUrl >～/Image/微信支付.jpg</ImageUrl >
        < NavigateUrl > http://action.tenpay.com/2013/weixin_pay/index.shtml</NavigateUrl >
        < AlternateText >微信支付</AlternateText >
        < Impressions > 50 </Impressions >
        < Keyword > Category1 </Keyword >
```

```
    </Ad>
    <Ad>
        <ImageUrl>~/Image/小米手机.jpg</ImageUrl>
        <NavigateUrl>http://www.1yyg.com/?src = gdtgz02</NavigateUrl>
        <AlternateText>1元云购</AlternateText>
        <Impressions>50</Impressions>
        <Keyword>Category1</Keyword>
    </Ad>
</Advertisements>
```

前台代码如下：

```
请单击广告<br/>
    <asp:AdRotator ID = "AdRotator1" runat = "server" AdvertisementFile = "~/XMLFile1.xml"
Target = "_blank"
        OnAdCreated = "AdCreated_Event" />
```

图 2-86 所示为运行控件后页面上显示的广告图片。

图 2-86　广告图片

图 2-87 所示为单击图片后链接到的网站。

图 2-87　链接网站

图 2-88 所示的是运行控件后页面上显示的广告图片。

图 2-88　广告图片

图 2-89 所示的是单击图片后链接到的网站。

第
2
章

服务器控件

图 2-89　链接网站

3. 向导控件 Wizard

Wizard 控件为用户提供了呈现一连串步骤的基础架构,从而可以访问所有步骤中包含的数据,并且方便地进行前后导航。

Wizard 控件使用多个步骤来描绘用户输入的信息,该控件内的每个步骤均会给一个 StepType,可以在步骤到 Complete 时对所有的数据进行处理。Wizard 控件导航包括线性导航(从一步转到下一步或上一步)和非线性导航(从一步转到任意其他步)。该控件能够自动创建合适的按钮,例如 Next、Previous 以及 Finish。注意,第一步没有 Previous 按钮,最后一步没有 Next 按钮。通过设置可以使一些步骤只能被导航一次。默认情况下,Wizard 控件显示一个包含导航链接的工具栏,这让用户可以从当前步骤转到其他步骤。

Wizard 包含一个 WizardStep 对象集合,所有 WizardStep 中的控件都位于页面控件树中,而且无论哪个 WizardStep 可见,都可以在运行时通过代码实现控件访问。当用户单击一个导航按钮或链接时,页面将被提交到服务器。

TemplateWizardStep 提供了一个允许用户自定义模板生成步骤的方法。对它的访问,不能通过和其他步骤一样的直接访问方式,而是要通过它的模板 ID 来访问。所以,如果 Wizard 中的步骤采用这个方式,在访问数据的时候要注意。

表 2-2 显示了 WizardStepType 的成员和说明。

表 2-2　WizardStepType 的成员和说明

成　　员	说　　明
Auto	声明步骤时的顺序决定了导航的界面,这是默认值
Complete	要显示的最后步骤,它不呈现导航按钮
Finish	最后的数据采集步骤,它只呈现被动完成和上一步两个按钮
Start	第一步,只呈现一个下一步按钮
Step	Start、Finish 和 Complete 之外的任何步骤,它呈现上一步和下一步按钮

表 2-3 显示了 Wizard 的事件和说明。

表 2-3　Wizard 的事件和说明

事　　件	说　　明
ActiveStepChanged	显示新步骤时触发
CancelButtonClick	单击取消按钮时触发
FinishButtonClick	单击完成按钮时触发
NextButtonClick	单击下一步按钮时触发
PreviousButtonClick	单击上一步按钮时触发
SideBarButtonClick	单击侧栏区域中的按钮时触发

【例 2-24】　利用 Wizard 控件完成个人信息的收集,用户在每一步都输入一条个人信息,全部输完之后显示输入的所有信息。

(1) 如图 2-90 所示,拖动 Wizard 控件至页面上并选择"自动套用格式"命令。

图 2-90　拖动 Wizard 控件

(2) 如图 2-91 所示,选择"传统型"格式。

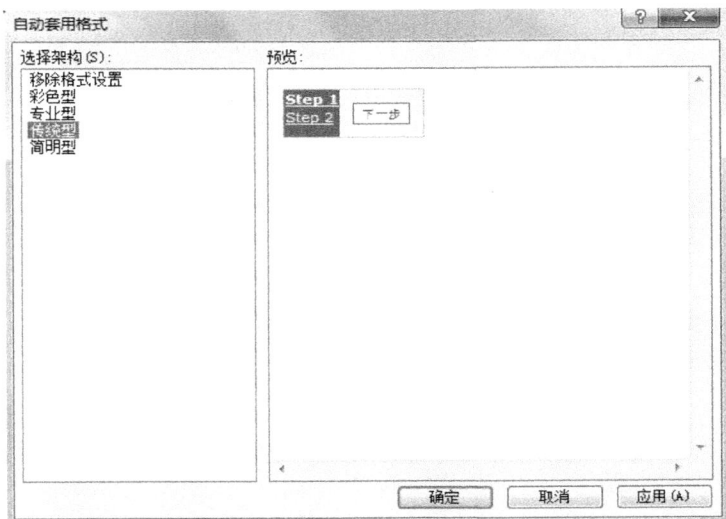

图 2-91　选择"传统型"格式

（3）如图 2-92 所示，拖动 Wizard 控件的边框调整 Wizard 控件的大小。

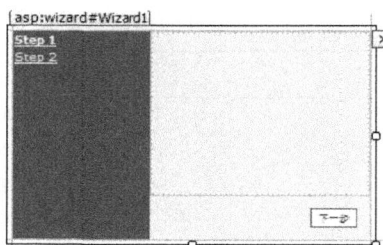

图 2-92　调整 Wizard 的大小

（4）如图 2-93 所示，设置 Wizard 控件的 Font 属性中的 Size 属性为 X-Large。

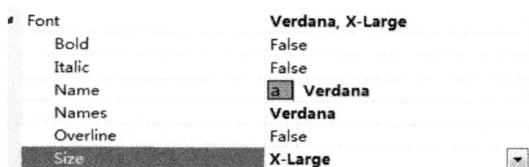

图 2-93　设置 Size 属性

（5）如图 2-94 所示，单击"添加/移除 WizardSteps"超链接。

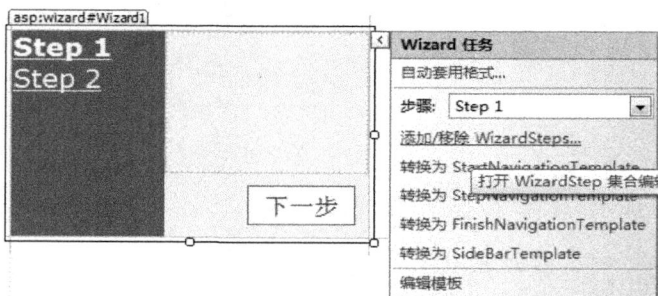

图 2-94　单击"添加/移除 WizardSteps"超链接

（6）如图 2-95 所示，将 Step 1、Step 2 的 Title 属性修改为"姓名"、"年龄"，并单击"添加"按钮右侧的下三角按钮，选择 WizardStep，添加新项，新项的 Title 属性为"籍贯"，默认 Step 1、Step 2 为 WizardStep 型。

（7）如图 2-96 和图 2-97 所示，单击"添加"按钮右侧的下三角按钮，选择 TemplatedWizardStep，添加新项，新项的 Title 属性为"院系"、ID 为 yx。

（8）如图 2-98 所示，添加新项，将新项的 Title 属性设置为"完成"、StepType 属性设置为 Complete，并单击"确定"按钮。

（9）如图 2-99 和图 2-100 所示，单击"编辑模板"，在 HeaderTemplate 中输入"填写个人信息"，并结束模板的编辑。

（10）如图 2-101 所示，为"姓名"、"年龄"、"籍贯"、"院系"各添加一个 TextBox 控件，ID 分别为 TextBox1、TextBox2、TextBox3、TextBox4。

图 2-95　修改 Step1、Step2 的 Title 属性值

图 2-96　选择 TemplatedWizardStep

图 2-97 设置 Title 属性和 ID 属性

图 2-98 添加新项

图 2-99　单击"编辑模板"

图 2-100　在 HeaderTemplate 中输入"填写个人信息"，并结束模板的编辑

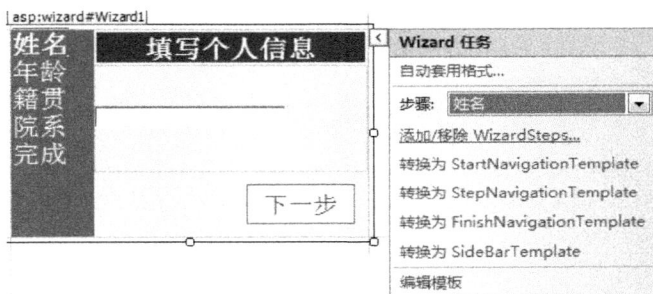

图 2-101　分别添加 TextBox 控件

（11）如图 2-102 所示，为"完成"添加 8 个 Label 控件，并设置部分 Label 控件的 Text 值。

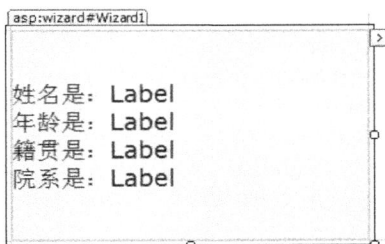

图 2-102　添加 8 个 Label 控件

（12）如图 2-103 所示，双击 ActiveStepChanged 事件，进入后台页面编写代码。
前台代码如下：

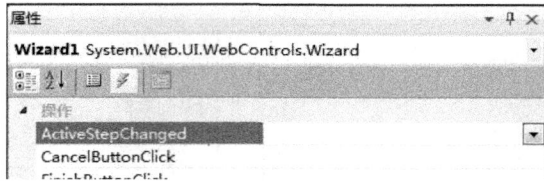

图 2-103　双击 ActiveStepChanged 事件

```
< asp:Wizard ID = "Wizard1" runat = "server" ActiveStepIndex = "3" BackColor = " # EFF3FB"
          BorderColor = " # B5C7DE" BorderWidth = "1px" Font - Names = "Verdana"
          Font - Size = "X - Large" Height = "174px"
          Onactivestepchanged = "Wizard1_ActiveStepChanged" Width = "276px">
      < HeaderStyle BackColor = " # 284E98" BorderColor = " # EFF3FB" BorderStyle =
"Solid"
              BorderWidth = "2px" Font - Bold = "True" Font - Size = "0.9em" ForeColor =
"White"
              HorizontalAlign = "Center" />
      < HeaderTemplate >
              填写个人信息
      </HeaderTemplate >
      < NavigationButtonStyle BackColor = "White" BorderColor = " # 507CD1"
              BorderStyle = "Solid" BorderWidth = "1px" Font - Names = "Verdana" Font - Size =
"0.8em"
              ForeColor = " # 284E98" />
      < SideBarButtonStyle BackColor = " # 507CD1" Font - Names = "Verdana"
              ForeColor = "White" />
      < SideBarStyle BackColor = " # 507CD1" Font - Size = "0.9em" VerticalAlign = "Top" />
      < StepStyle Font - Size = "0.8em" ForeColor = " # 333333" />
      < WizardSteps >
          < asp:WizardStep runat = "server" Title = "姓名">
              < asp:TextBox ID = "TextBox1" runat = "server"></asp:TextBox >
          </asp:WizardStep >
          < asp:WizardStep runat = "server" Title = "年龄">
              < asp:TextBox ID = "TextBox2" runat = "server"></asp:TextBox >
          </asp:WizardStep >
          < asp:WizardStep runat = "server" Title = "籍贯">
              < asp:TextBox ID = "TextBox3" runat = "server"></asp:TextBox >
          </asp:WizardStep >
          < asp:TemplatedWizardStep runat = "server" Title = "院系" ID = "yx">
              < ContentTemplate >
                  < asp:TextBox ID = "TextBox4" runat = "server"></asp:TextBox >
              </ContentTemplate >
          </asp:TemplatedWizardStep >
          < asp:WizardStep runat = "server" StepType = "Complete" Title = "完成">
              < asp:Label ID = "Label1" runat = "server" Text = "姓名是: "></asp:Label >
              < asp:Label ID = "Label2" runat = "server" Text = "Label"></asp:Label >
              < br/>
              < asp:Label ID = "Label3" runat = "server" Text = "年龄是: "></asp:Label >
              < asp:Label ID = "Label4" runat = "server" Text = "Label"></asp:Label >
              < br/>
```

```
        <asp:Label ID = "Label5" runat = "server" Text = "籍贯是："></asp:Label>
        <asp:Label ID = "Label6" runat = "server" Text = "Label"></asp:Label>
        <br/>
        <asp:Label ID = "Label7" runat = "server" Text = "院系是："></asp:Label>
        <asp:Label ID = "Label8" runat = "server" Text = "Label"></asp:Label>
        <br/>
    </asp:WizardStep>
  </WizardSteps>
</asp:Wizard>
```

后台代码如下：

```
protected void Wizard1_ActiveStepChanged(object sender, EventArgs e)
    {
        Label2.Text = TextBox1.Text;
        Label4.Text = TextBox2.Text.ToString();
        Label6.Text = TextBox3.Text;
        TextBox a = (TextBox)yx.ContentTemplateContainer.FindControl("TextBox4");
        Label8.Text = a.Text;


    }
```

由于"院系"为 TemplateWizardStep，所以需通过"院系"的 ID 号将其中的控件先取出来，再取值。

运行结果如图 2-104～图 2-107 所示，分别在"姓名"、"年龄"、"籍贯"、"院系"中输入信息。

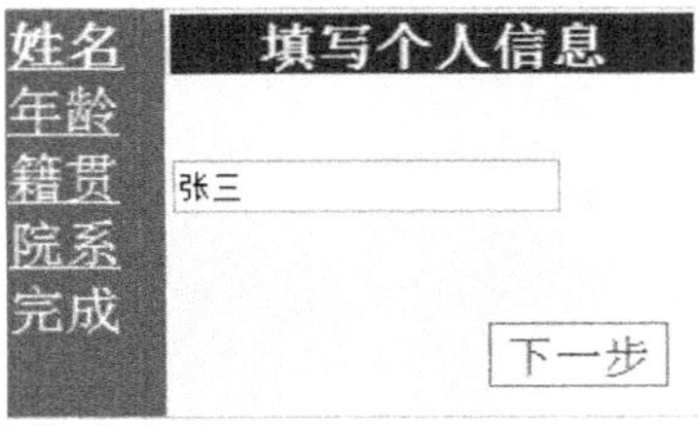

图 2-104　输入姓名

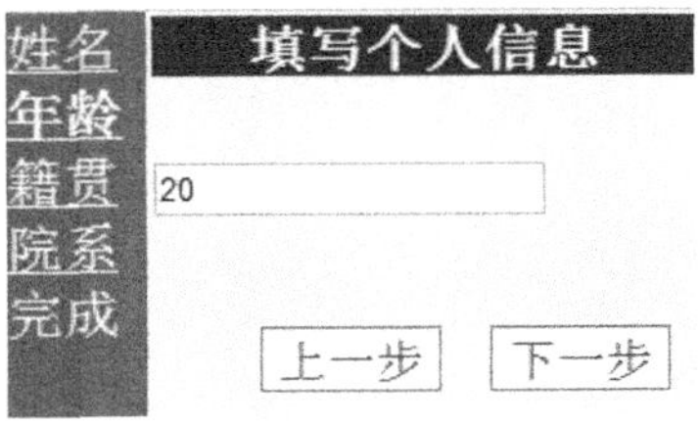

图 2-105　输入年龄

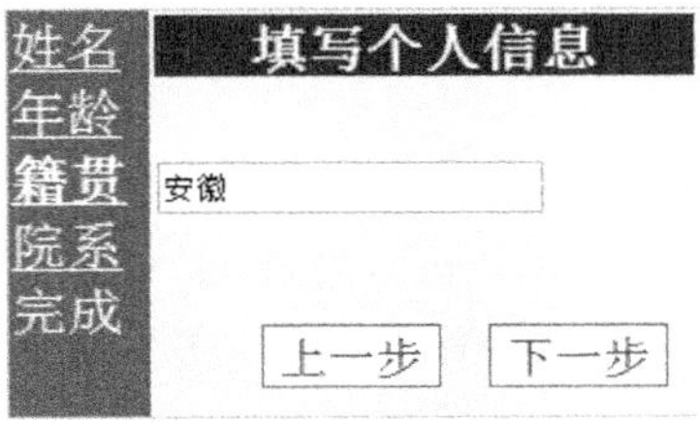

图 2-106　输入籍贯

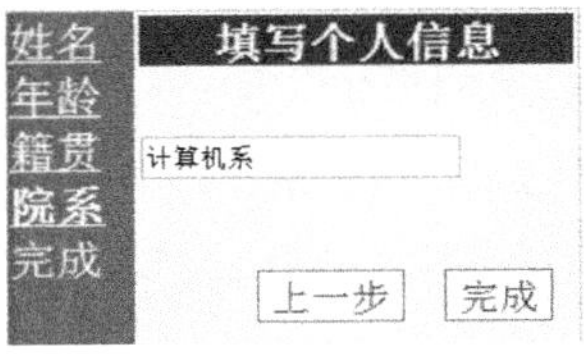

图 2-107　输入院系

如图 2-108 所示的是在"完成"中显示以上输入的所有信息。

姓名是： 张三
年龄是： 20
籍贯是： 安徽
院系是： 计算机系

图 2-108　显示以上输入的所有信息

2.7　典型案例及分析

典型案例一：个人情况调查表的制作

本案例制作一个个人情况调查表。输入姓名后选择性别、最喜欢的歌手名、家庭所在的城市、个人爱好，单击"提交"按钮将在表格下方显示这些信息，若没有输入姓名或进行选择，则显示没有输入或选择。

（1）如图 2-109 所示，拖动一个标准控件 Label 和一个 HTML 控件 Table 至页面上。

Label

图 2-109　拖动一个 Label 控件和一个 Table 控件

（2）如图 2-110 所示，更改 Label 控件的 Text 属性为"个人情况调查表"，并将 Table 控件修改为 5 行 2 列，修改方式为直接删除后一列。

Label
table

图 2-110　删除 Table 控件的最后一列

然后如图 2-111 和图 2-112 所示，在前台页面中复制表示两行表格的代码，并粘贴到</table>标签内。

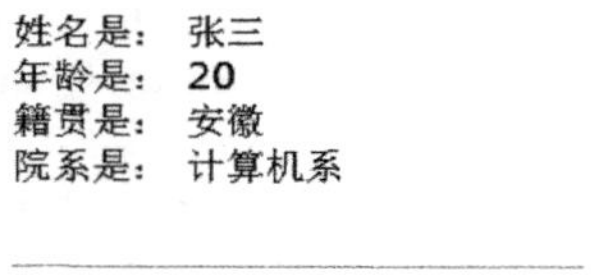

效果如图 2-113 所示。

（3）如图 2-114 和图 2-115 所示，设置 Table 控件的 Style 属性为"border-style：solid；border-width：thin；width：600px"，设置每一个单元格的 Style 属性为"border-style：solid；border-width：thin"。

（4）如图 2-116 所示，为 Table 控件拖入各个控件，在各单元格中输入相应的文字并对各个控件的 Text 属性进行设置，然后在 Table 控件后拖入 3 个 Label 控件。

注：如图 2-117 所示，需要将 RadioButtonList 控件的 RepeatDirection 属性设置为 Horizontal，以使排列方向为横向，需要将 RadioButtonList 控件的 RepeatLayout 属性设置

为 Flow，以使 RadioButtonList 控件可以和其他字符、控件等在同一行显示。

```
<table style="width:100%;">
    <tr>
        <td>
             </td>
        <td>
             </td>
    </tr>
    <tr>
        <td>
             </td>
        <td>
             </td>
    </tr>
    <tr>
        <td>
             </td>
        <td>
             </td>
    </tr>
</table>
```

图 2-111　复制代码

```
<table style="width:100%;">
    <tr>
        <td>
             </td>
        <td>
             </td>
    </tr>
    <tr>
        <td>
             </td>
        <td>
             </td>
    </tr>
    <tr>
        <td>
             </td>
        <td>
             </td>
    </tr>
    <tr>
        <td>
             </td>
        <td>
             </td>
    </tr>
    <tr>
        <td>
             </td>
        <td>
             </td>
    </tr>
</table>
```

图 2-112　粘贴到</table>标签内

个人情况调查表：

图 2-113　效果图

图 2-114　单击 Style 属性右侧的按钮

前台代码如下：

```
<asp:Label ID = "Label1" runat = "server" Font - Bold = "True" Font - Size = "Large"
        Text = "个人情况调查表"></asp:Label>
    <br/>
    <table style = "border - style: solid; border - width: thin; width: 600px">
        <tr>
            <td style = "border - style: solid; border - width: thin" class = "style1">
                姓名：<asp:TextBox ID = "TextBox1" runat = "server"
                    Width = "103px"></asp:TextBox>
            </td>
```

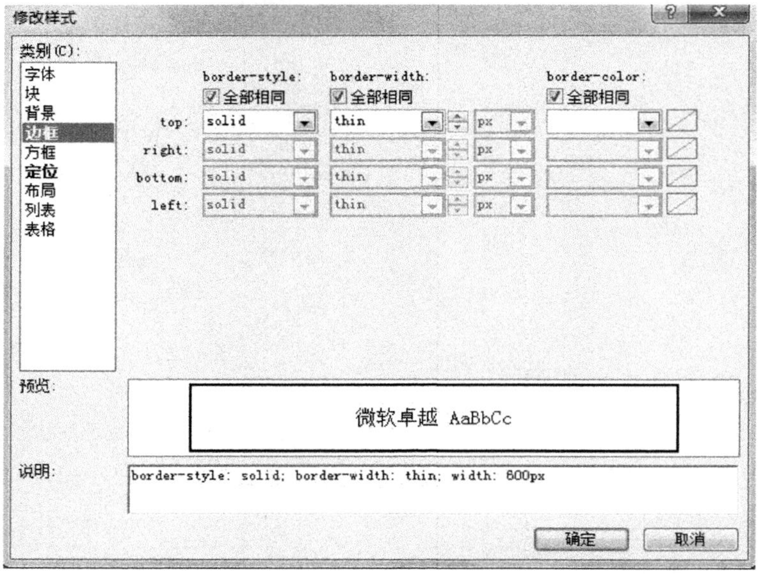

图 2-115　设置属性

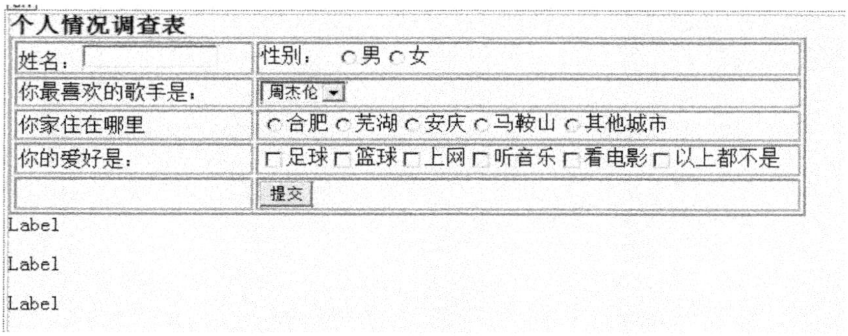

图 2-116　拖入控件

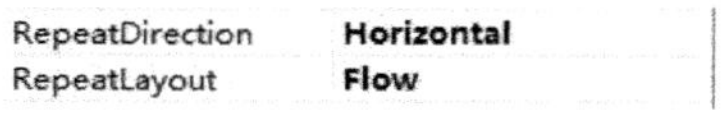

图 2-117　设置 RadioButtonList 控件的属性

```
< td style = "border - style: solid; border - width: thin" class = "style2">
    性别：
    < asp:RadioButtonList
        ID = "RadioButtonList1" runat = "server" RepeatLayout = "Flow"
        RepeatDirection = "Horizontal">
        < asp:ListItem Value = "0">男</asp:ListItem >
        < asp:ListItem Value = "1">女</asp:ListItem >
    </asp:RadioButtonList >
       
</td >
</tr >
```

```
        <tr>
            <td class = "style1" style = "border – style: solid; border – width: thin">
                你最喜欢的歌手是: </td>
            <td class = "style2" style = "border – style: solid; border – width: thin">
                < asp:DropDownList ID = "DropDownList1" runat = "server">
                    < asp:ListItem Value = "0">周杰伦</asp:ListItem >
                    < asp:ListItem Value = "1">那英</asp:ListItem >
                    < asp:ListItem Value = "2">陈奕迅</asp:ListItem >
                    < asp:ListItem Value = "3">孙楠</asp:ListItem >
                </asp:DropDownList >
            </td>
        </tr>
        <tr>
            <td class = "style1" style = "border – style: solid; border – width: thin">
                你家住在哪里</td>
            <td class = "style2" style = "border – style: solid; border – width: thin">
                < asp:RadioButtonList ID = "RadioButtonList2" runat = "server"
                    RepeatDirection = "Horizontal" RepeatLayout = "Flow">
                    < asp:ListItem Value = "0">合肥</asp:ListItem >
                    < asp:ListItem Value = "1">芜湖</asp:ListItem >
                    < asp:ListItem Value = "2">安庆</asp:ListItem >
                    < asp:ListItem Value = "3">马鞍山</asp:ListItem >
                    < asp:ListItem Value = "4">其他城市</asp:ListItem >
                </asp:RadioButtonList >
            </td>
        </tr>
         <tr>
            <td class = "style1" style = "border – style: solid; border – width: thin">
                你的爱好是: </td>
            <td class = "style2" style = "border – style: solid; border – width: thin">
                < asp:CheckBoxList ID = "CheckBoxList1" runat = "server"
                    RepeatDirection = "Horizontal" RepeatLayout = "Flow">
                    < asp:ListItem Value = "0">足球</asp:ListItem >
                    < asp:ListItem Value = "1">篮球</asp:ListItem >
                    < asp:ListItem Value = "2">上网</asp:ListItem >
                    < asp:ListItem Value = "3">听音乐</asp:ListItem >
                    < asp:ListItem Value = "4">看电影</asp:ListItem >
                    < asp:ListItem Value = "5">以上都不是</asp:ListItem >
                </asp:CheckBoxList >
            </td>
        </tr>
        <tr>
            <td class = "style1" style = "border – style: solid; border – width: thin">
                 </td>
            <td class = "style2" style = "border – style: solid; border – width: thin">
                < asp:Button ID = "Button1" runat = "server" Onclick = "Button1_Click"
Text = "提交" />
            </td>
        </tr>

    </table >
```

```
< asp:Label ID = "Label2" runat = "server" Text = "Label"></asp:Label >
< br/>
< br/>
< asp:Label ID = "Label3" runat = "server" Text = "Label"></asp:Label >
< br/>
< br/>
< asp:Label ID = "Label4" runat = "server" Text = "Label"></asp:Label >
```

后台代码以下：

```
protected void Button1_Click(object sender, EventArgs e)
    {
        if(TextBox1.Text == "")
        {
            Label2.Text = "您没有输入姓名";
        }
        else if (RadioButtonList1.SelectedIndex == -1)
        {
            Label2.Text = "您没有选择性别";
        }
        else
        {
            Label2.Text = TextBox1.Text + "," + RadioButtonList1.SelectedItem.Text.
ToString() + "," + "你最喜欢的歌手是：" + DropDownList1.SelectedItem.Text.ToString();
        }

        if (RadioButtonList2.SelectedIndex == -1)
        {
            Label3.Text = "您没有选择居住的城市";
        }
        else
        {
            Label3.Text = "你家住在：" + RadioButtonList2.SelectedItem.Text.ToString();
        }

        if (CheckBoxList1.SelectedIndex == -1)
        {
            Label4.Text = "您没有选择爱好";

        }
        else
        {
        Label4.Text = "";
        int i;
        for (i = 0; i < Convert.ToInt32(CheckBoxList1.Items.Count); i++)
        {
            if (CheckBoxList1.Items[i].Selected)
            {
                Label4.Text = "您的爱好是：" + Label4.Text + CheckBoxList1.Items[i].
Text + " ";
```

```
                }
            }
        }
    }
```

运行结果如图 2-118 和图 2-119 所示。

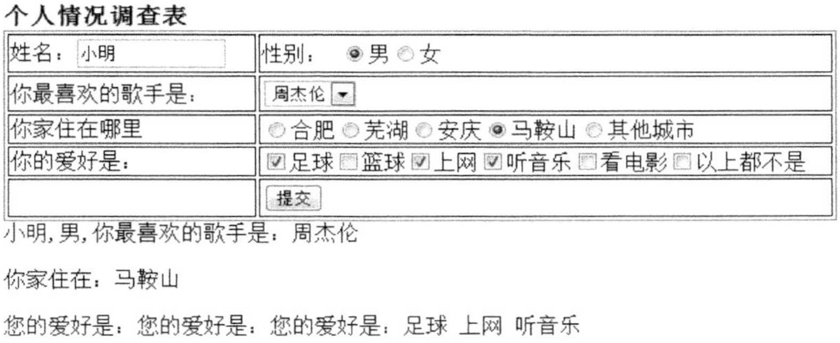

图 2-118　个人情况调查表

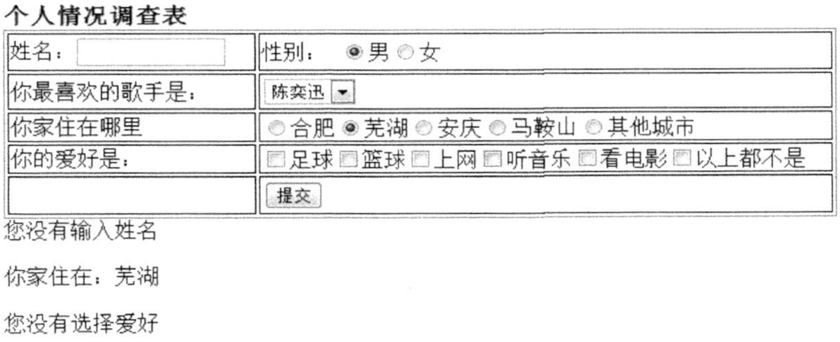

图 2-119　单击"提交"按钮后的效果

典型案例二：图片导航的制作

本案例利用 ImageMap 控件生成一个导航条,单击不同的区域将显示相应的内容。

(1)如图 2-120 所示,拖动一个 ImageMap 控件至相应的页面上,并设置 ImageUrl 属性为相应的图片。

图 2-120　拖动 ImageMap 控件

(2)如图 2-121 所示,在 ImageMap 控件下拖入 4 个 Panel 控件,分别对应导航条中的"生活专栏"、"新闻专栏"、"微小说"、"通告栏"4 个版块。然后向每个 Panel 控件拖入一个 HTML 控件中的 Table 控件用于定位,每个 Table 控件为 2 行 4 列,并在每个单元格中拖入一个 HyperLink 控件,分别链接对应的网站。

服务器控件

图 2-121　拖入 4 个 Panel 控件

（3）如图 2-122 所示，在 ImageMap 控件中分别根据 4 个版块的位置设置 4 个 HotSpot 成员的区域，把 HotSpotMode 设置为 PostBack，并分别给 4 个区域设置不同的 PostBack Value 名称。在本项目中，4 个 PostBackValue 分别为 shzl、xwzl、wxs、tgl。

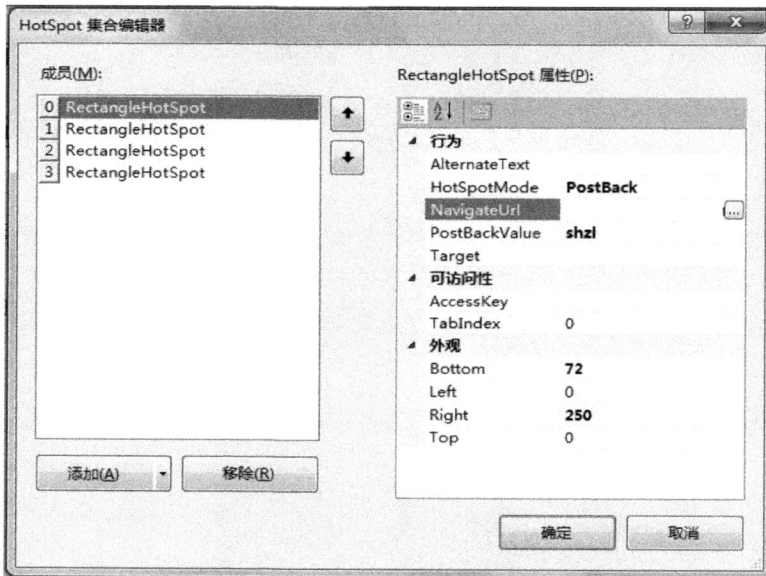

图 2-122　编辑 HotSpot

前台代码如下：

```
< asp:ImageMap ID = "ImageMap1" runat = "server" ImageUrl = "~/image/导航条.jpg"
        Width = "1000px" Onclick = "ImageMap1_Click">
        < asp:RectangleHotSpot Bottom = "72" HotSpotMode = "PostBack"
            NavigateUrl = "http://www.sina.com.cn/" PostBackValue = "shzl" Right = "250" />
        < asp:RectangleHotSpot Bottom = "72" HotSpotMode = "PostBack" Left = "250"
            NavigateUrl = "http://sports.qq.com/" PostBackValue = "xwzl" Right = "500" />
        < asp:RectangleHotSpot Bottom = "72" HotSpotMode = "PostBack" Left = "500"
            PostBackValue = "wxs" Right = "750" />
        < asp:RectangleHotSpot Bottom = "72" HotSpotMode = "PostBack" Left = "750"
            PostBackValue = "tgl" Right = "1000" />
    </asp:ImageMap >
    < asp:Panel ID = "Panel1" runat = "server">
        < table style = "width: 1000px">
```

```
                < tr >
                    < td style = "width: 250px">
                        < asp:HyperLink ID = "HyperLink1" runat = "server"
                            NavigateUrl = "http://lady. people. com. cn/GB/8223/69485/index.
html">生活话题</asp:HyperLink >
                    </td >
                    < td style = "width: 250px">
                        < asp:HyperLink ID = "HyperLink2" runat = "server"
                            NavigateUrl = "http://lady. people. com. cn/GB/8223/59684/index.
html">芬达和美年达饮料可能致癌</asp:HyperLink >
                    </td >
                    < td style = "width: 250px">
                        < asp:HyperLink ID = "HyperLink3" runat = "server"
                            NavigateUrl = "http://lady. people. com. cn/GB/8223/59420/index.
html">养老提示</asp:HyperLink >
                    </td >
                    < td >
                        < asp:HyperLink ID = "HyperLink4" runat = "server"
                            NavigateUrl = "http://lady. people. com. cn/GB/8223/59956/index.
html"> 3.15 消费与环境</asp:HyperLink >
                    </td >

                </tr >
                < tr >
                    < td >
                        < asp:HyperLink ID = "HyperLink5" runat = "server"
                            NavigateUrl = "http://lady. people. com. cn/GB/8223/57637/index.
html">百花深处</asp:HyperLink >
                    </td >
                    < td >
                        < asp:HyperLink ID = "HyperLink6" runat = "server"
                            NavigateUrl = "http://lady. people. com. cn/GB/8223/36449/index.
html">美食天地</asp:HyperLink >
                    </td >
                    < td >
                        < asp:HyperLink ID = "HyperLink7" runat = "server"
                            NavigateUrl = "http://lady. people. com. cn/GB/8223/36487/index.
html">幽默调侃</asp:HyperLink >
                    </td >
                    < td >
                        < asp:HyperLink ID = "HyperLink8" runat = "server"
                            NavigateUrl = "http://lady. people. com. cn/GB/8223/47919/index.
html">健康提醒</asp:HyperLink >
                    </td >
                </tr >
            </ table >
        </asp:Panel >
    < asp:Panel ID = "Panel2" runat = "server" Visible = "False">
        < table style = "width:1000px;">
            < tr >
                < td style = "width: 250px">
```

```
                    < asp:HyperLink ID = "HyperLink9" runat = "server"
                        NavigateUrl = "http://news. sina. com. cn/pl/2013 - 11 - 13/
181528700852. shtml">专家：财税改革是重头戏</asp:HyperLink >
                </td>
                < td style = "width: 250px">
                    < asp:HyperLink ID = "HyperLink10" runat = "server"
                        NavigateUrl = "http://news. sina. com. cn/c/2013 - 11 - 13/
203528701608. shtml">刘奇葆：宣传全会精神</asp:HyperLink >
                </td>
                < td style = "width: 250px">
                    < asp:HyperLink ID = "HyperLink11" runat = "server"
                        NavigateUrl = "http://news. sina. com. cn/pc/2013 - 11 - 13/27/
7997. html">经济体制改革是重点</asp:HyperLink >
                </td>
                < td style = "width: 250px">
                    < asp:HyperLink ID = "HyperLink12" runat = "server"
                        NavigateUrl = "http://news. sina. com. cn/pc/2013 - 11 - 13/27/
7998. html">制度反腐</asp:HyperLink >
                </td>

            </tr>
            < tr >
                < td >
                    < asp:HyperLink ID = "HyperLink13" runat = "server"
                        NavigateUrl = "http://news. sina. com. cn/z/sbjszqh/">习近平：改
革由问题倒逼而来</asp:HyperLink >
                </td>
                < td >
                    < asp:HyperLink ID = "HyperLink14" runat = "server"
                        NavigateUrl = "http://news. sina. com. cn/c/2013 - 11 - 13/
210528701661. shtml">李克强督战年度改革任务落实</asp:HyperLink >
                </td>
                < td >
                    < asp:HyperLink ID = "HyperLink15" runat = "server"
                        NavigateUrl = "http://news. sina. com. cn/c/2013 - 11 - 14/
051028704030. shtml">让发展成果惠及全民</asp:HyperLink >
                </td>
                < td >
                    < asp:HyperLink ID = "HyperLink16" runat = "server"
                        NavigateUrl = "http://news. sina. com. cn/c/2013 - 11 - 14/
153828710319. shtml">城镇居民收入增长 10.5 倍</asp:HyperLink >
                </td>
            </tr>
        </table>
    </asp:Panel>
    < asp:Panel ID = "Panel3" runat = "server" Visible = "False">
        < table style = "width:1000px;">
            < tr >
                < td style = "width: 250px">
                    < asp:HyperLink ID = "HyperLink17" runat = "server"
                        NavigateUrl = "http://www. vshuo. cc/Type - 1. aspx">爱情微小说</
```

```
asp:HyperLink >
                                </td >
                                < td style = "width: 250px">
                                    < asp:HyperLink ID = "HyperLink18" runat = "server"
                                        NavigateUrl = "http://www.vshuo.cc/Type - 2.aspx">亲情微小说</
asp:HyperLink >
                                </td >
                                < td style = "width: 250px">
                                    < asp:HyperLink ID = "HyperLink19" runat = "server"
                                        NavigateUrl = "http://www.vshuo.cc/Type - 3.aspx">感人微小说</
asp:HyperLink >
                                </td >
                                < td style = "width: 250px">
                                    < asp:HyperLink ID = "HyperLink20" runat = "server"
                                        NavigateUrl = "http://www.vshuo.cc/Type - 6.aspx">诡异微小说</
asp:HyperLink >
                                </td >
                        </tr >
                        < tr >
                            < td >
                                < asp:HyperLink ID = "HyperLink21" runat = "server"
                                    NavigateUrl = "http://www.vshuo.cc/Type - 7.aspx">科幻微小说</
asp:HyperLink >
                                </td >
                            < td >
                                < asp:HyperLink ID = "HyperLink22" runat = "server"
                                    NavigateUrl = "http://www.vshuo.cc/Type - 8.aspx">古风微小说</
asp:HyperLink >
                                </td >
                            < td >
                                < asp:HyperLink ID = "HyperLink23" runat = "server"
                                    NavigateUrl = "http://www.vshuo.cc/Type - 9.aspx">爆笑微小说</
asp:HyperLink >
                                </td >
                             < td >
                                    < asp:HyperLink ID = "HyperLink24" runat = "server"
                                        NavigateUrl = "http://www.vshuo.cc/Type - 5.aspx">感悟微小说
</asp:HyperLink >
                                </td >
                        </tr >
                    </table >
                </asp:Panel >
                < asp:Panel ID = "Panel4" runat = "server" Visible = "False">
                    < table style = "width:1000px;">
                        < tr >
                            < td style = "width: 250px">
                                < asp:HyperLink ID = "HyperLink25" runat = "server"
                                    NavigateUrl = "http://www.sxau.edu.cn/info/1022/19665.htm">关
于举办教职工乒乓球比赛的通知</asp:HyperLink >
                                </td >
```

```
                    < td style = "width: 250px">
                        < asp:HyperLink ID = "HyperLink26" runat = "server"
                            NavigateUrl = "http://www.sxau.edu.cn/info/1022/19428.htm">我
校 2013 年冬季供暖通知</asp:HyperLink >
                    </td >
                    < td style = "width: 250px">
                        < asp:HyperLink ID = "HyperLink27" runat = "server"
                            NavigateUrl = "http://www.sxau.edu.cn/info/1022/19401.htm">关
于统一灌装液氮的通知</asp:HyperLink >
                    </td >
                    < td style = "width: 250px">
                        < asp:HyperLink ID = "HyperLink28" runat = "server"
                            NavigateUrl = "http://www.sxau.edu.cn/info/1022/19200.
htm">农学院学术报告会通知</asp:HyperLink >
                    </td >
                </tr >
                < tr >

                    < td >
                        < asp:HyperLink ID = "HyperLink29" runat = "server"
                            NavigateUrl = "http://www.sxau.edu.cn/info/1022/19170.htm">数
学建模培训通知</asp:HyperLink >
                    </td >
                    < td >
                        < asp:HyperLink ID = "HyperLink30" runat = "server"
                            NavigateUrl = "http://www.sxau.edu.cn/info/1022/19132.htm">学
术报告会通知</asp:HyperLink >
                    </td >
                    < td >
                        < asp:HyperLink ID = "HyperLink31" runat = "server"
                            NavigateUrl = "http://www.sxau.edu.cn/info/1022/19093.htm">棚
户区改造分房安排</asp:HyperLink >
                    </td >
                    < td >
                        < asp:HyperLink ID = "HyperLink32" runat = "server"
                            NavigateUrl = "http://www.sxau.edu.cn/info/1022/19051.htm">毕
业典礼会议的通知</asp:HyperLink >
                    </td >
                </tr >

            </table >
        </asp:Panel >
```

后台代码如下：

```
protected void ImageMap1_Click(object sender, ImageMapEventArgs e)
    {
        switch (e.PostBackValue)
        {
            case "shzl":
                Panel1.Visible = True;
                Panel2.Visible = False;
                Panel3.Visible = False;
                Panel4.Visible = False;
```

```
                break;
        case "xwzl":
                Panel1.Visible = False;
                Panel2.Visible = True;
                Panel3.Visible = False;
                Panel4.Visible = False;

                break;
        case "wxs":
                Panel1.Visible = False;
                Panel2.Visible = False;
                Panel3.Visible = True;
                Panel4.Visible = False;
                break;
        case "tgl":
                Panel1.Visible = False;
                Panel2.Visible = False;
                Panel3.Visible = False;
                Panel4.Visible = True;
                break;

    }
}
```

运行结果如图 2-123 和图 2-124 所示。

图 2-123　单击"生活专栏"显示"生活专栏"的超链接

图 2-124　单击"新闻专栏"显示"新闻专栏"的超链接

2.8　项 目 实 训

项目实训 2-1：制作图片浏览器

1. 实训目的

（1）掌握 Image 控件的使用。

（2）掌握 DropDownList 控件的使用。

服务器控件

2. 实训内容及要求

本实训练习使用 Image 控件和 DropDownList 控件,在下拉列表中有若干列表项表示图片的名称,当选中某个图片的名称时,将该图片显示在图像控件上。用户可以自由选择并切换列表项,以显示相应的图片,运行结果如图 2-125 和图 2-126 所示。

图 2-125　在 Image 控件中显示所选项(1)　　图 2-126　在 Image 控件中显示所选项(2)

3. 实训步骤

(1) 新建一个 ASP.NET 空网站,在其中添加新项,并添加一个 Web 窗体。

(2) 在网站中新建一个名为 image 的文件夹。

(3) 在 image 文件夹中放置 3 张图片,分别为地球图片、太阳图片、流星雨图片。

(4) 在 Web 窗体文件中拖入一个 Image 控件和一个 DropDownList 控件。

(5) 在 DropDownList 控件中添加 3 个新项,分别为地球、太阳、流星雨。

(6) 在 DropDownList 控件中启用 AutoPostBack。

(7) 在 DropDownList1_SelectedIndexChanged 中编写代码,使得 Image1 的 ImageUrl 即为 DropDownList1 中所选项对应的图片。

项目实训 2-2：复选框的应用

1. 实训目的

(1) 掌握 CheckBox 控件的使用。

(2) 掌握 CheckBoxList 控件的使用。

(3) 掌握 Label 控件的使用。

(4) 掌握 Button 控件的使用。

2. 实训内容及要求

分别使用 CheckBox 控件和 CheckBoxList 控件完成相同的功能,比较这两个控件的异同,运行结果如图 2-127 所示。

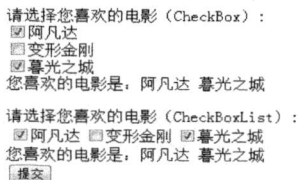

图 2-127　分别在 CheckBox 和 CheckBoxList 中选择项目

3. 实训步骤

（1）在 Default. aspx 中拖入 4 个 CheckBox 控件、一个 CheckBoxList 控件、6 个 Label 控件和一个 Button 控件，按照图 2-127 布局，并分别设置各个控件的 Text 属性，其中有两个 Label 控件的 Text 属性不用设置，分别用来表示 CheckBox 和 CheckBoxList 控件中的所选项。

（2）在 Button1_Click 中编写代码，使得两个 Label 的 Text 分别为 CheckBox 和 CheckBoxList 中的所选项。

项目实训 2-3：单选按钮的应用

1. 实训目的

（1）掌握 RadioButtonList 控件的使用。

（2）掌握 RadioButtonList 控件的横向和纵向排列。

（3）掌握 Label 控件的使用。

（4）掌握 Button 控件的使用。

（5）掌握 CheckBox 控件的使用。

2. 实训内容及要求

使用单选按钮列表控件 RadioButtonList 实现单选功能，并且可以设置不同的布局和显示方式，一种是横向显示，一种是纵向显示，运行结果如图 2-128 和图 2-129 所示。

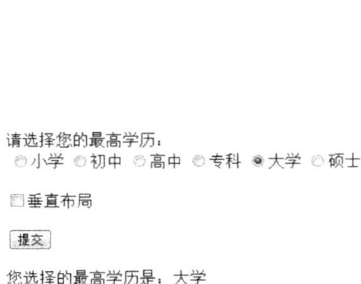

图 2-128　未选择复选框　　　　　　图 2-129　选择了复选框

3. 实训步骤

（1）在 Default. aspx 中拖入 RadioButtonList 控件、CheckBox 控件、Button 控件和 Label 控件，按照图 2-128 设置各个控件的 Text 属性，并使 RadioButtonList 控件横向排列。

（2）在 Button1_Click 中编写代码，使得"垂直布局"复选框如果被选择，则 RadioButtonList 控件为纵向排列。

项目实训 2-4：制作网站浏览器

1. 实训目的

（1）掌握 DropDownList 控件的使用。

（2）掌握 HyperLink 控件的使用。

2. 实训内容及要求

在 DropDownList 控件中选择网站名称，HyperLink 控件的 Text 值更改为该网站名称,单击后可以链接到该网站上,如图 2-130 和图 2-131 所示。

图 2-130　在 DropDownList 控件中未选择项目

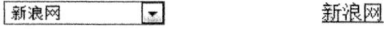

图 2-131　在 DropDownList 控件中选择了项目

3. 实训步骤

（1）在 Default. aspx 中拖入 DropDownList 控件、HyperLink 控件。

（2）在 DropDownList 控件中添加一些新项，分别为一些网站名，并启用 AutoPostBack。

（3）在 DropDownList1_SelectedIndexChanged 中编写代码，使得 HyperLink 控件的 Text 值为 DropDownList 中的所选项，并可以超链接到对应的网站中。

第3章 验证控件

教学提示：本章主要介绍验证控件的原理、创建方法、使用方法等，内容包括必填字段验证控件、范围验证控件、比较验证控件、正则表达式控件、自定义验证控件、验证总结控件等。通过学习本章，有助于用户掌握验证控件的灵活使用。

教学要求：

- 掌握必填字段验证控件的使用。
- 掌握范围验证控件的使用。
- 掌握比较验证控件的使用。
- 掌握正则表达式控件的使用。
- 掌握自定义验证控件的使用。
- 掌握验证总结控件的使用。

建议学时：4 个学时。

ASP.NET 中有 6 种验证控件，如表 3-1 所示。

表 3-1 ASP.NET 的 6 种验证控件

控 件 名	功 能 描 述
RequiredFieldValidator(必填字段验证)控件	用于检查是否有输入值
CompareValidator(比较验证)控件	按设定比较两个输入
RangeValidator(范围验证)控件	验证输入是否在指定范围
RegularExpressionValidator(正则表达式验证)控件	构造验证方式
CustomValidator(自定义验证)控件	自定义验证
ValidationSummary(验证总结)控件	收集所有验证错误信息

3.1 RequiredFieldValidator 控件

RequiredFieldValidator 控件使用的标准代码如下：

```
< asp:RequiredFieldValidator runat = "server"
      ControlToValidate = "要检查的控件名"
      ErrorMessage = "出错信息"
      Display = "Static|Dymatic|None" > 占位符
</asp: RequiredFieldValidator >
```

在以上标准代码中，ControlToValidate 表示要进行检查控件 ID。ErrorMessage 表示当检查不合法时出现的错误信息。Display 表示错误信息的显示方式，其中，Static 表示控件的错误信息在页面中占有位置；Dymatic 表示控件错误信息出现时才占用页面控件；None 表示错误出现时不显示，但是可以在 ValidatorSummary 中显示。占位符表示 Display 为 Static 时，错误信息占有"占位符"那么大的页面空间。

【例 3-1】 在 TextBox 控件中必须输入姓名，单击"提交"按钮后，若没有输入则显示没有输入姓名。

（1）如图 3-1 所示，拖动 Label 控件、TextBox 控件、RequriedFieldValidator 控件、Button 控件至相应的页面，并设置 Label 控件和 Button 控件的 Text 值。

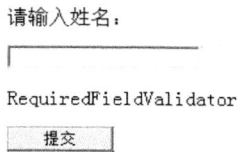

请输入姓名：

RequiredFieldValidator

提交

图 3-1　拖动 Label 控件、TextBox 控件、RequiredFieldValidator 控件、Button 控件

（2）如图 3-2 和图 3-3 所示，设置 RequriedFieldValidator 控件的 ControlToValidate 属性为 TextBox1、ErrorMessage 属性为"姓名不能为空"。

ControlToValidate **TextBox1**

图 3-2　设置 ControlToValidate 属性

ErrorMessage **姓名不能为空**

图 3-3　设置 ErrorMessage 属性

前台代码如下：

```
<asp:Label ID = "Label1" runat = "server" Text = "请输入姓名:"></asp:Label>
    <br/>
    <br/>
    <asp:TextBox ID = "TextBox1" runat = "server"></asp:TextBox>
    <br/>
    <br/>
    <asp:RequiredFieldValidator ID = "RequiredFieldValidator1" runat = "server"
         ControlToValidate = "TextBox1" ErrorMessage = "姓名不能为空"></asp:
RequiredFieldValidator>
    <br/>
    <br/>
    <asp:Button ID = "Button1" runat = "server" Text = "提交"
Width = "81px" />
```

运行结果如图 3-4～图 3-6 所示。

请输入姓名：

提交

图 3-4　生成的界面

请输入姓名：

小明

提交

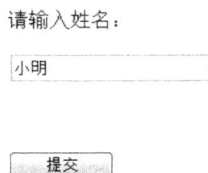

图 3-5 在 TextBox 中输入姓名并单击"提交"按钮后 RequiredFieldValidator 控件不显示错误

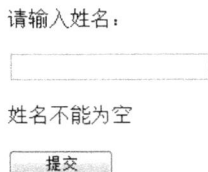

请输入姓名：

姓名不能为空

提交

图 3-6 在 TextBox 中没有输入姓名单击"提交"按钮后 RequiredFieldValidator 控件显示错误

3.2 RangeValidator 控件

RangeValidator 控件用来验证输入是否在一定的范围，范围用 MaximumValue（最大值）和 MinimumValue（最小值）来确定，其标准代码如下：

```
< asp:RangeValidator runat = "server"
ControlToValidate = "要验证的控件 ID"
Type = "Integer"
MinimumValue = "最小值"
MaximumValue = "最大值"
ErrorMessage = "错误信息"
Display = "Static|Dymatic|None">占位符
</asp:RangeValidator >
```

在以上代码中，用 MinimumValue 和 MaximumValue 界定控件输入值的范围，用 Type 定义控件输入值的类型。

【例 3-2】 在 TextBox 中输入年龄，范围为 1～150，否则 RangeValidator 控件显示错误。

（1）如图 3-7 所示，拖动 TextBox 控件、Button 控件、Label 控件、RangeValidator 控件至页面，设置 Button 控件的 Text 属性，并在页面的相应位置输入文字。

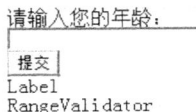

请输入您的年龄：

提交
Label
RangeValidator

图 3-7 拖入 TextBox、Button、Label 和 RangeValidator 控件

（2）如图 3-8 和图 3-9 所示，设置 RangeValidator 控件的 MaximumValue 属性值为

150、MinimumValue 属性值为 1。

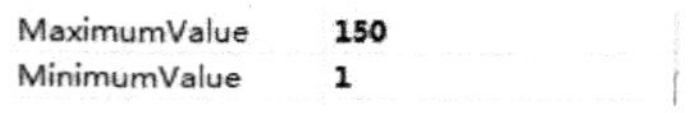

| MaximumValue | **150** |
| MinimumValue | **1** |

图 3-8　设置 MaximumValue 值和 MinimumValue 值

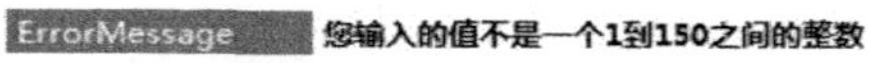

| ErrorMessage | 您输入的值不是一个1到150之间的整数 |

图 3-9　设置 ErrorMessage 值

前台代码如下：

```
请输入您的年龄: < br/>
        < asp:TextBox ID = "TextBox1" runat = "server"></asp:TextBox>
        < br/>
        < asp:Button ID = "Button1" runat = "server" Text = "提交" Onclick = "Button1_Click" />
        < br/>
        < asp:Label ID = "Label1" runat = "server" Text = ""></asp:Label>
        < br/>
        < asp:RangeValidator ID = "RangeValidator1" runat = "server"
            ControlToValidate = "TextBox1" Display = "Dynamic"
            ErrorMessage = "您输入的值不是一个 1 到 150 之间的整数" ForeColor = "Red"
MaximumValue = "150"
            MinimumValue = "1" Type = "Integer"></asp:RangeValidator>
```

后台代码如下：

```
protected void Button1_Click(object sender, EventArgs e)
        {
            if (RangeValidator1.IsValid)
            {
                Label1.Text = "恭喜您,通过了验证!";
            }
            else
            {
                Label1.Text = "";
            }
        }
```

输入正确的年龄，单击"提交"按钮后，Label 控件显示"恭喜您，通过了验证！"，RangeValidator 控件不显示错误，如图 3-10 所示。

输入错误的年龄，单击"提交"按钮后，RangeValidator 控件显示错误，如图 3-11 所示。

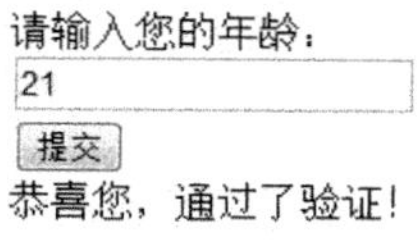

请输入您的年龄:
21
提交
恭喜您，通过了验证！

请输入您的年龄:
210
提交
您输入的值不是一个1到150之间的整数

图 3-10　输入正确 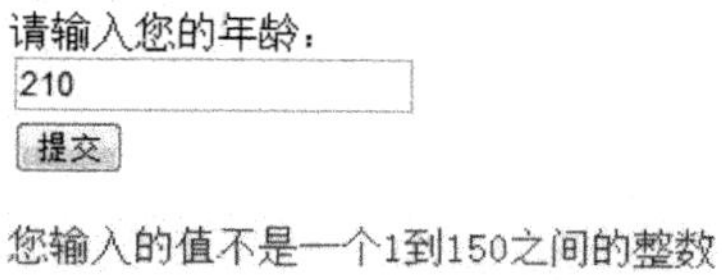　　　　　　　　　图 3-11　输入错误

3.3 CompareValidator 控件

CompareValidator(比较验证)控件用于比较两个控件的输入是否符合程序设定,注意不能把比较仅仅理解为"相等",尽管相等是用得最多的,这里的比较包括的范围其实很广。

比较控件的标准代码如下:

```
< asp:CompareValidator runat = "server"
ControlToValidate = "要验证的控件 ID"
ErrorMessage = "错误信息"
ControlToCompare = "要比较的控件 ID"
Type = "String|Integer|Double|DateTime|Currency"
Operator = " Equal | NotEqual | GreaterThan | GreaterThanEqual | LessThan | LessThanEqual |
DataTypeCheck"
Display = "Static|Dymatic|None">
占位符
</asp:CompareValidator >
```

在以上标准代码中,Type 表示要比较的控件的数据类型,Operator 表示比较操作,共有 7 种方式,其他属性和 RequiredFieldValidator 相同。

ControlToValidate 和 ControlToCompare 的区别在于,如果 Operator 为 GreateThan,那么,ControlToCompare 必须大于 ControlToValidate 才是合法的。

【例 3-3】 向两个 TextBox 中分别输入密码和再次输入密码,若两次输入的密码不同,则 CompareValidator 控件显示错误。

(1) 如图 3-12 所示,拖动 TextBox 控件、CompareValidator 控件、Button 控件至目标页面,设置 Button 控件的 Text 值,并在页面的相应位置输入文字。

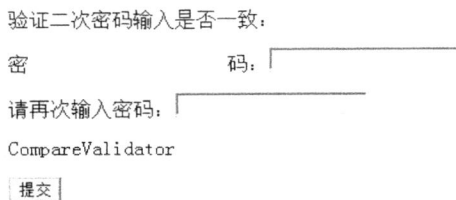

图 3-12 拖入 TextBox、CompareValidator、Button 控件

(2) 如图 3-13 和图 3-14 所示,设置 CompareValidator 控件的 MaximumValue 属性为 150、MinimumValue 属性为 1,设置 ErrorMessage 为"两次输入密码不一致"。

图 3-13 设置 MaximumValue、MinimumValue 值

图 3-14 设置 ErrorMessage 值

验 证 控 件

前台代码如下：

```
</asp:CompareValidator>
验证两次密码输入是否一致: < br/>
    < br/>
    密                   码: < asp: TextBox ID =
"TextBox1" runat = "server"></asp:TextBox>
    < br/>
    < br/>
    请再次输入密码: < asp:TextBox ID = "TextBox2" runat = "server"></asp:TextBox>
    < br/>
    < br/>
    < asp:CompareValidator ID = "CompareValidator1" runat = "server"
        ControlToCompare = "TextBox1" ControlToValidate = "TextBox2"
        ErrorMessage = "两次输入密码不一致"></asp:CompareValidator>
    < br/>
    < br/>
    < asp:Button ID = "Button1" runat = "server" Text = "提交" />
```

图 3-15 所示的是两次密码输入一致的运行结果。

图 3-16 所示的是两次密码输入不一致的运行结果。

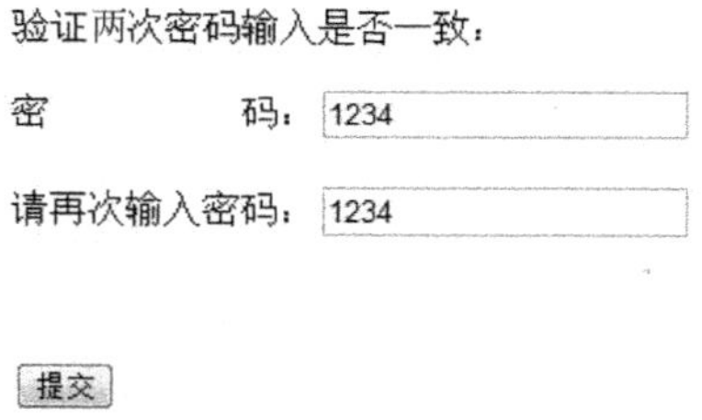

图 3-15   两次输入一致

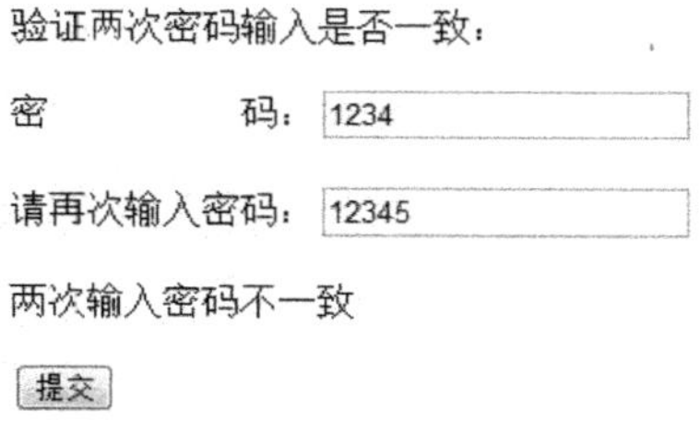

图 3-16   两次输入不一致

3.4   RegularExpressionValidator 控件

RegularExpressionValidator(正则表达式验证)控件的功能非常强大,可以构造验证方式,其标准代码如下:

```
< asp:RegularExpressionValidator runat = "server"
ControlToValidate = "要验证控件名"
ValidationExpression = "正则表达式"
ErrorMessage = "错误信息"
Display = "Static">占位符
</asp:RegularExpressionValidator>
```

在 ValidationExpression 中,不同的字符表示不同的含义。其中,"."表示任意字符, "*"表示和其他表达式一起,"[A-Z]"表示任意大写字母,"\d"表示一个数字。

注意：在以上表达式中,引号不包括在内。

例如：正则表达式".＊[A-Z]"表示以数字开头的任意字符组合其后接一个大写字母。
正则表达式示例如表 3-2 所示。

表 3-2　正则表达式示例

表　达　式	匹　配
/^\s＊$/	匹配空行
/\d{2}−\d{5}/	验证由两位数字、一个连字符再加 5 位数字组成的 ID 号
/<\s＊(\S＋)(\s[^>]＊)?＞>[\s\S]＊	匹配 HTML 标记
＜\s＊\/\1\s＊>/	

字符在正则表达式中的含义如表 3-3 所示。

表 3-3　正则表达式中的字符

字　符	说　明
\	将下一个字符标记为特殊字符、文本、反向引用或八进制转义符。例如，"n"匹配字符"n"，"\n"匹配换行符，序列"\\"匹配"\"、"\("匹配"("
^	匹配输入字符串开始的位置。如果设置了 RegExp 对象的 Multiline 属性，^还会与"\n"或"\r"之后的位置匹配
$	匹配输入字符串结尾的位置。如果设置了 RegExp 对象的 Multiline 属性，$还会与"\n"或"\r"之前的位置匹配
＊	零次或多次匹配前面的字符或子表达式。例如，zo＊匹配"z"和"zoo"，＊等效于{0,}
＋	一次或多次匹配前面的字符或子表达式。例如，"zo＋"与"zo"和"zoo"匹配，但与"z"不匹配，＋等效于{1,}
?	零次或一次匹配前面的字符或子表达式。例如，"do(es)?"匹配"do"或"does"中的"do"，? 等效于 {0,1}
{n}	n 是非负整数，表示正好匹配 n 次。例如，"o{2}"与"Bob"中的"o"不匹配，但与"food"中的两个"o"匹配
{n,}	n 是非负整数，表示至少匹配 n 次。例如，"o{2,}"不匹配"Bob"中的"o"，而匹配"fooooood"中的所有"o"。"o{1,}"等效于"o＋"，"o{0,}"等效于"o＊"
{n,m}	m 和 n 是非负整数，其中 n <=m，表示至少匹配 n 次，最多匹配 m 次。例如，"o{1,3}"匹配"foooooood"中的前 3 个"o"。"o{0,1}"等效于"o?"。注意，不能将空格插入逗号和数字之间
?	当此字符紧随任何其他限定符(＊、＋、?、{n}、{n,}、{n,m})之后时，匹配模式是"非贪心的"。"非贪心的"模式匹配搜索到的、尽可能短的字符串，而默认的"贪心的"模式匹配搜索到的、尽可能长的字符串。例如，在字符串"oooo"中，"o＋?"只匹配单个"o"，而"o＋"匹配所有"o"
.	匹配除"\n"之外的任何单个字符。若要匹配包括"\n"在内的任意字符，请使用诸如"[\s\S]"之类的模式
(pattern)	匹配 pattern 并捕获该匹配的子表达式，可以使用 $0…$9 属性从结果"匹配"集合中检索捕获的匹配。若要匹配括号字符（ ），请使用"\("或者"\)"

字　符	说　明
（?：pattern）	匹配 pattern 但不捕获该匹配的子表达式，即它是一个非捕获匹配，不存储供以后使用的匹配。这对于用"or"字符（|）组合模式部件的情况很有用。例如，'industr（?：y|ies）' 是比 'industry|industries' 更经济的表达式
（?＝pattern）	执行正向预测先行搜索的子表达式，该表达式匹配处于匹配 pattern 的字符串的起始点的字符串。它是一个非捕获匹配，即不能捕获供以后使用的匹配。例如，'Windows（?＝95|98|NT|2000）' 匹配"Windows 2000"中的"Windows"，但不匹配"Windows 3.1"中的"Windows"。预测先行不占字符，即发生匹配后，下一匹配的搜索紧随上一匹配之后，而不是在组成预测先行的字符后
（?！pattern）	执行反向预测先行搜索的子表达式，该表达式匹配不处于匹配 pattern 的字符串的起始点的搜索字符串。它是一个非捕获匹配，即不能捕获供以后使用的匹配。例如，'Windows（?！95|98|NT|2000）' 匹配"Windows 3.1"中的 "Windows"，但不匹配"Windows 2000"中的"Windows"。预测先行不占用字符，即发生匹配后，下一匹配的搜索紧随上一匹配之后，而不是在组成预测先行的字符后
x|y	匹配 x 或 y。例如，'z|food' 匹配"z"或"food"，'(z|f)ood' 匹配"zood"或"food"
［xyz］	字符集，匹配包含的任一字符。例如，"[abc]"匹配"plain"中的"a"
［^xyz］	反向字符集，匹配未包含的任何字符。例如，"[^abc]"匹配"plain"中的"p"
［a—z］	字符范围，匹配指定范围内的任何字符。例如，"[a—z]"匹配"a"到"z"范围内的任何小写字母
［^a—z］	反向范围字符，匹配不在指定范围内的任何字符。例如，"[^a—z]"匹配不在"a"到"z"范围内的任何字符
\b	匹配一个字边界，即字与空格间的位置。例如，"er\b"匹配"never"中的"er"，但不匹配"verb"中的"er"
\B	非字边界匹配。例如，"er\B"匹配"verb"中的"er"，但不匹配"never"中的"er"
\cx	匹配 x 指示的控制字符。例如，\cM 匹配 Control—M 或回车符。注意，x 的值必须在 A—Z 或 a—z 之间，否则假定 c 就是"c"字符本身
\d	数字字符匹配，等效于 [0—9]
\D	非数字字符匹配，等效于 [^0—9]
\f	换页符匹配，等效于\x0c 和 \cL
\n	换行符匹配，等效于\x0a 和 \cJ
\r	匹配一个回车符，等效于 \x0d 和 \cM
\s	匹配任何空白字符，包括空格、制表符、换页符等，与 [\f\n\r\t\v] 等效
\S	匹配任何非空白字符，与 [^ \f\n\r\t\v] 等效
\t	制表符匹配，与 \x09 和 \cI 等效
\v	垂直制表符匹配，与 \x0b 和 \cK 等效
\w	匹配任何字类字符，包括下划线，与"[A—Za—z0—9_]"等效
\W	与任何非单词字符匹配，与"[^A—Za—z0—9_]"等效
\xn	匹配 n，此处的 n 是一个十六进制转义码，且十六进制转义码必须正好是两位数长。例如，"\x41"匹配"A"，"\x041"与"\x04"&"1"等效。注意，允许在正则表达式中使用 ASCII 代码
\num	匹配 num，此处的 num 是一个正整数。例如，"(.)\1"匹配两个连续的相同字符
\n	标识一个八进制转义码或反向引用。如果\n 前面至少有 n 个捕获子表达式，那么 n 是反向引用。否则，如果 n 是八进制数（0—7），那么 n 是八进制转义码

字　符	说　明
\nm	标识一个八进制转义码或反向引用。如果\nm 前面至少有 nm 个捕获子表达式,那么 nm 是反向引用。如果\nm 前面至少有 n 个捕获,则 n 是反向引用,后面跟有字符 m。如果前面的两种情况都不存在,则\nm 匹配八进制值 nm,其中,n 和 m 是八进制数字(0—7)
\nml	当 n 是八进制数(0—3)、m 和 l 是八进制数(0—7)时,匹配八进制转义码 nml
\un	匹配 n,其中,n 是以 4 位十六进制数表示的 Unicode 字符。例如,\u00A9 匹配版权符号(©)

【例 3-4】　向 TextBox 中输入格式正确的身份证号码。

(1) 如图 3-17 所示,向目标页面上拖入 TextBox 控件、Button 控件、Label 控件、RegularExpressionValidator 控件,设置 Button 控件的 Text 属性值,并在页面的相应位置输入文字。

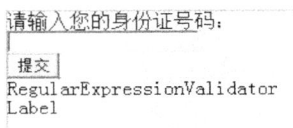

图 3-17　拖入 TextBox、Button、Label 和 RegularExpressionValidator 控件

(2) 如图 3-18～图 3-20 所示,单击 ValidationExpression 属性,设置验证表达式为"中华人民共和国身份证号码(ID 号)",设置 ErrorMessage 为"您输入的身份证号码输入格式有误"。

图 3-18　单击 ValidationExpression 属性右侧的按钮

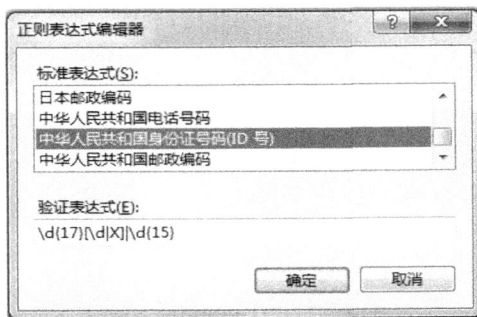

图 3-19　选择"中华人民共和国身份证号码(ID 号)"选项

图 3-20　设置 ErrorMessage 属性

前台代码如下：

请输入您的身份证号码：< br/>
   < asp:TextBox ID = "TextBox1" runat = "server"></asp:TextBox >
   < br/>
   < asp:Button ID = "Button1" runat = "server" Text = "提交" Onclick = "Button1_Click" />

   < br/>
   < asp:RegularExpressionValidator ID = "RegularExpressionValidator1" runat = "server"
    ControlToValidate = "TextBox1" Display = "Dynamic" ErrorMessage = "您输入的身
证号码输入格式有误"
     ForeColor = " Red" ValidationExpression = "\d{17}[\d|X]|\d{15}" > </asp:
RegularExpressionValidator >
   < br/>
   < asp:Label ID = "Label1" runat = "server" Text = ""></asp:Label >

后台代码如下：

```
protected void Button1_Click(object sender, EventArgs e)
    {
        if (RegularExpressionValidator1.IsValid)
        {
            Label1.Text = "恭喜您,输入的身份证号码正确!";
        }
        else
        {
            Label1.Text = "";
        }


    }
```

图 3-21 所示为输入格式正确的身份证号码。

图 3-22 所示为输入格式错误的身份证号码。

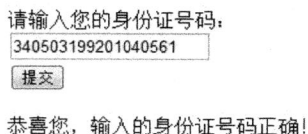

请输入您的身份证号码:	请输入您的身份证号码:
340503199201040561	A40503199201040561
提交	提交
恭喜您，输入的身份证号码正确!	您输入的身份证号码输入格式有误
图 3-21 输入正确格式	图 3-22 输入错误格式

3.5 CustomValidator 控件

CustomValidator 控件用自定义的函数界定验证方式,其标准代码如下：

```
< asp:CustomValidator runat = "server"
ControlToValidate = "要验证的控件"
OnServerValidateFunction = "验证函数"
ErrorMessage = "错误信息"
```

```
Display = "Static|Dymatic|None">
占位符
</asp: CustomValidator >
```

在以上代码中,用户必须定义一个函数来验证输入。

【例 3-5】 在 TextBox 中输入正确的时间格式。

(1) 如图 3-23 所示,向页面中拖入 TextBox 控件、Button 控件、CustomValidator 控件、Label 控件,设置 Button 控件的 Text 值,并在页面的相应位置输入文字。

图 3-23 拖入 TextBox、Button、CustomValidator 控件

(2) 如图 3-24 所示,设置 CustomValidator 控件的 ControlToValidate 属性为 TextBox1。

图 3-24 设置 ControlToValidate 属性

前台代码如下:

```
请输入注册的时间: < br/>
        < asp:TextBox ID = "TextBox1" runat = "server"></asp:TextBox >
        < br/>
        < asp:Button ID = "Button1" runat = "server" Text = "提交" />

        < br/>
        < asp:CustomValidator ID = "CustomValidator1" runat = "server"
            ControlToValidate = "TextBox1" Display = "Dynamic"
             ForeColor = "Red" Onservervalidate = "CustomValidator1_ServerValidate"></asp:
CustomValidator >
        < br/>
        < asp:Label ID = "Label1" runat = "server" Text = ""></asp:Label >
```

后台代码(双击 CustomValidator 控件进入后台的 CustomValidator1_ServerValidate 方法)如下:

```
protected void CustomValidator1_ServerValidate(object source, ServerValidateEventArgs args)
    {
        string str = args.Value;
        try
        {
            DateTime date = Convert.ToDateTime(str);
            Label1.Text = "您输入的时间格式正确!";
            args.IsValid = True;
        }
        catch
        {
```

验 证 控 件

```
                    CustomValidator1.ErrorMessage = "您输入的时间格式有误!";
                    args.IsValid = False;
                }

            }
```

图 3-25 所示为输入正确的时间格式。

图 3-26 所示为输入错误的时间格式。

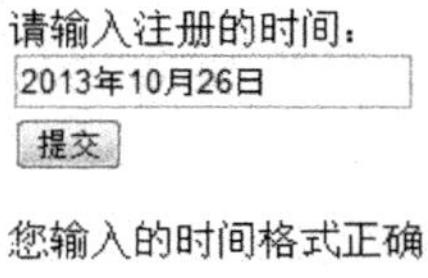

请输入注册的时间:
2013年10月26日
提交

您输入的时间格式正确!

请输入注册的时间:
555666777
提交
您输入的时间格式有误!

图 3-25　输入正确格式 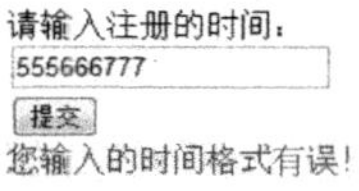　　　　　　　图 3-26　输入错误格式

3.6　ValidationSummary 控件

ValidationSummary(验证总结)控件用于收集本页的所有验证错误信息,并可以将它们组织后再显示出来。其标准代码如下:

```
< asp:ValidationSummary runat = "server"
HeaderText = "头信息"
ShowSummary = "True|False"
DiaplayMode = "List|BulletList|SingleParagraph">
</asp: ValidationSummary >
```

在以上标准代码中,HeadText 相当于表的 HeadText; DisplayMode 表示错误信息的显示方式,其中,List 相当于 HTML 中的
,BulletList 相当于 HTML 中的<li>,SingleParegraph 表示错误信息之间不做分割。

【例 3-6】　使用 ValidationSummary 控件收集用户注册页面中其他验证控件的错误提示信息并统一显示处理,要求用户名必填、密码填写"123456"、E-mail 填写必须格式正确。

(1) 如图 3-27 所示,拖动 TextBox 控件、RequiredFieldValidator 控件、CompareValidator 控件、RegularExpressionValidator 控件、Button 控件、Label 控件、ValidationSummary 控件至页面,设置 Button 控件的 Text 值,并在页面的相应位置输入文字。

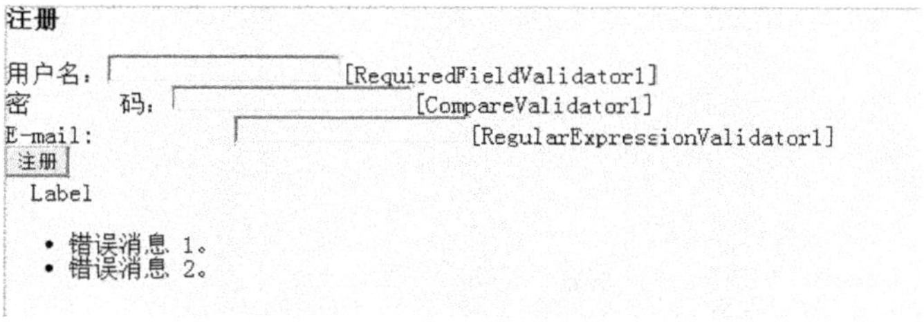

注册

用户名: _____ [RequiredFieldValidator1]
密　　码: _____ [CompareValidator1]
E-mail: _____ [RegularExpressionValidator1]
注册
　Label

• 错误消息 1。
• 错误消息 2。

图 3-27　拖入相应的控件至页面

（2）如图 3-28～图 3-37 所示，设置 RequiredFieldValidator 控件的 ControlToValidate 属性为 TextBox1、ErrorMessage 属性为"用户名必填"；设置 CompareValidator 控件的 ControlToValidate 属性为 TextBox2、ValueToCompare 属性为"123456"、ErrorMessage 属性为"密码输入错误"；设置 RegularExpressionValidator 控件的 ValidationExpression 属性为"Internet 电子邮件地址"、ErrorMessage 属性为"格式错误"；设置 ValidationSummary 控件的 BorderColor 属性为 red、HeaderText 属性为"所有的错误提示信息"。

ControlToValidate **TextBox1**

图 3-28　设置 ControlToValidate 属性

ErrorMessage **用户名必填**

图 3-29　设置 ErrorMessage 属性

ControlToValidate **TextBox2**

图 3-30　设置 ControlToValidate 属性

ValueToCompare **123456**

图 3-31　设置 ValueToCompare 属性

ErrorMessage **密码输入错误**

图 3-32　设置 ErrorMessage 属性

ValidationExpression …

图 3-33　单击 ValidationExpression 属性右侧的按钮

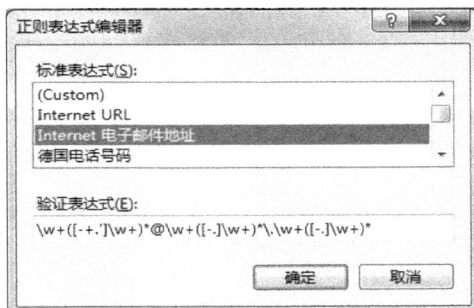

图 3-34　选择"Internet 电子邮件地址"选项

ErrorMessage **格式错误**

图 3-35　设置 ErrorMessage 属性

BorderColor **Red**

图 3-36　设置 BorderColor 属性

HeaderText **所有的错误信息提示**

图 3-37　设置 HeaderText 属性

前台代码如下：

```
<strong>注册<br/>
        <br/>
    </strong>用户名：<asp:TextBox ID = "TextBox1" runat = "server"></asp:TextBox>
    <asp:RequiredFieldValidator ID = "RequiredFieldValidator1" runat = "server"
```

```
                ControlToValidate = "TextBox1" ErrorMessage = "用户名必填" Display = "None"></
asp:RequiredFieldValidator >
            < br/>
            密   码: < asp:TextBox ID = "TextBox2"
                runat = "server" TextMode = "Password"  ></asp:TextBox>
            < asp:CompareValidator ID = "CompareValidator1" runat = "server"
                ControlToValidate = "TextBox2" ErrorMessage = "密码输入错误" ValueToCompare =
"123456"
                Display = "None"></asp:CompareValidator >
            < br/>
            E - mail: < asp:TextBox ID = "TextBox3" runat = "server"></asp:TextBox >
            < asp:RegularExpressionValidator ID = "RegularExpressionValidator1" runat = "server"
                ControlToValidate = "TextBox3" ErrorMessage = "格式错误"
                ValidationExpression = "\w + ([ - + . ']\w + ) * @\w + ([ - . ]\w + ) * \. \w + ([ - . ]\w + ) * "
                Display = "None"></asp:RegularExpressionValidator >
            < br/>
            < asp:Button ID = "Button1" runat = "server" Text = "注册" Onclick = "Button1_Click" />
             < br/>
 < asp:Label ID = "Label1" runat = "server" Text = ""></asp:Label >
            < asp:ValidationSummary ID = "ValidationSummary1" runat = "server" BorderColor = "Red"
                BorderStyle = "Solid" BorderWidth = "1px" ForeColor = " # 404040"
                HeaderText = "所有的错误信息提示"  Width = "196px" />
```

后台代码如下:

```
protected void Button1_Click(object sender, EventArgs e)
        {
            Label1.Text  = "恭喜您,注册成功!";
        }
```

如图 3-38 所示为输入正确的用户名、密码、E-mail 之后的效果。

如图 3-39 所示为没有输入用户名、密码输入错误、E-mail 输入格式不对时的效果。

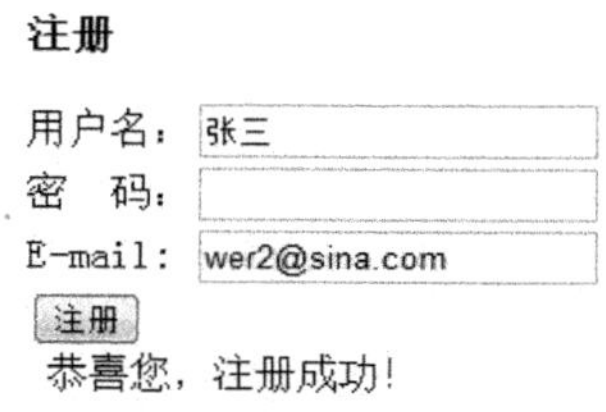

图 3-38 输入正确 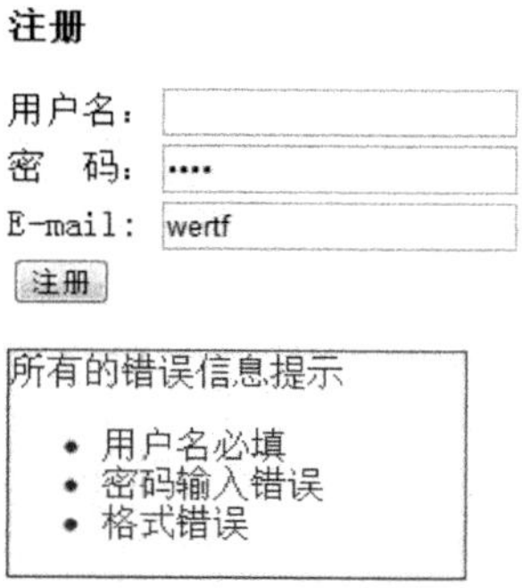   图 3-39 输入错误

3.7 典型案例及分析

典型案例一：必填字段验证、范围验证和正则表达式验证

本案例创建一个用户预定的酒店页面,该页面提示用户输入预定的日期、人数和电子邮

件地址,利用 RequiredFieldValidator 控件、RangeValidator 控件、RegularExpression Validator 控件进行验证,提示验证错误的信息。

(1) 如图 3-40 所示,拖动一个表示预定人数的 TextBox 控件至页面,在其后放置一个 RequiredFieldValidator 控件、一个 RangeValidator 控件;拖动一个表示预定日期的 TextBox 控件至页面,在其后放置一个 RegularExpressionValidator 控件;拖动一个表示电子邮件的 TextBox 控件至页面,在其后放置一个 RegularExpressionValidator 控件、一个 RequiredFieldValidator 控件;拖动一个 Button 控件和一个 Label 控件至页面。

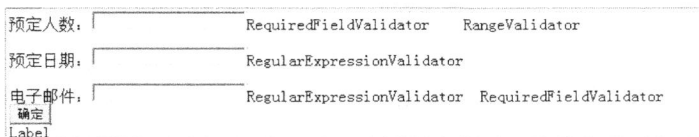

图 3-40　拖入相应控件

(2) 如图 3-41～图 3-43 所示,设置表示预定人数的 TextBox 控件(TextBox1)后的 ControlToValidate 属性为 TextBox1、ErrorMessage 属性为"请输入预定的人数"、ForeColor 属性为 Red。

图 3-41　设置 ControlToValidate 属性

图 3-42　设置 ErrorMessage 属性　　　图 3-43　设置 ForeColor 属性

(3) 如图 3-44 和图 3-45 所示,设置表示预定日期的 TextBox 控件(TextBox2)后的 RegularExpressionValidator 控件的 ValidationExpression 属性为"(((0[1-9]|[12][0-9]|3 [01])/((0[13578]|1[02]))|((0[1-9]|[12][0-9]|30)/(0[469]|11))|(0[1-9]|[1][0-9]|2 [0-8])/(02))/([0-9]{3}[1-9]|[0-9]{2}[1-9][0-9]{1}|[0-9]{1}[1-9][0-9]{2}|[1-9][0-9]{3}))|(29/02/(([0-9]{2})(0[48]|[2468][048]|[13579][26])|((0[48]|[2468][048]|[3579][26])00))))"。

图 3-44　单击 ValidationExpression 属性右侧的按钮

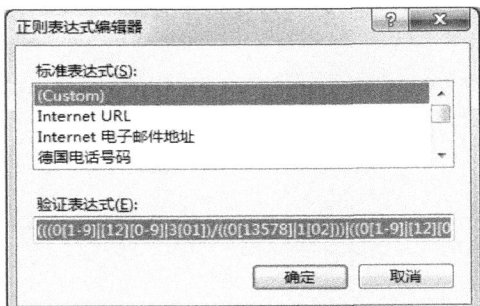

图 3-45　设置正则表达式的值

（4）如图 3-46 和图 3-47 所示，设置表示预定人数的 TextBox 控件（TextBox3）后的 RegularExpressionValidator 控件的 ValidationExpression 属性为"Internet 电子邮件地址"、ErrorMessage 属性为"请填写正确的格式"。

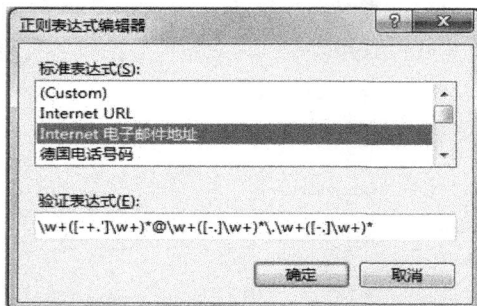

图 3-46　选择"Internet 电子邮件地址"选项　　　　图 3-47　设置 ErrorMessage 属性

如图 3-48 所示的是输入正确的情况。

图 3-48　输入正确的情况

如图 3-49 所示的是输入错误的情况。

图 3-49　输入错误的情况（1）

如图 3-50 所示的是输入错误的另一种情况。

图 3-50　输入错误的情况（2）

前台代码如下：

预定人数：< asp:TextBox ID = "TextBox1" runat = "server"></asp:TextBox>
        < asp:RequiredFieldValidator ID = "RequiredFieldValidator1" runat = "server"
            ControlToValidate = "TextBox1" ErrorMessage = "请输入预定的人数" ForeColor =
"Red"></asp:RequiredFieldValidator>
        < asp:RangeValidator ID = "RangeValidator1" runat = "server"
            ControlToValidate = "TextBox1" ErrorMessage = "输入一个在 1 到 20 之间的数字"
ForeColor = "Red"
            MaximumValue = "20" MinimumValue = "1" Type = "Integer"></asp:RangeValidator>
        < br/>
        < br/>
        预定日期：< asp:TextBox ID = "TextBox2" runat = "server"></asp:TextBox>
        < asp:RegularExpressionValidator ID = "RegularExpressionValidator2" runat = "server"
            ControlToValidate = " TextBox2" ErrorMessage = "请输入 dd/mm/yyyy 的格式"
ForeColor = "Red"
            ValidationExpression = "(((0[1-9]|[12][0-9]|3[01])/((0[13578]|1[02]))|((0
[1-9]|[12][0-9]|30)/(0[469]|11))|(0[1-9]|[1][0-9]|2[0-8])/(02))/([0-9]{3}[1-9]|
[0-9]{2}[1-9][0-9]{1}|[0-9]{1}[1-9][0-9]{2}|[1-9][0-9]{3}))|(29/02/(([0-9]
{2})(0[48]|[2468][048]|[13579][26])|((0[48]|[2468][048]|[3579][26])00)))"></asp:
RegularExpressionValidator>
        < br/>
        < br/>
        电子邮件：< asp:TextBox ID = "TextBox3" runat = "server"></asp:TextBox>
        < asp:RegularExpressionValidator ID = "RegularExpressionValidator1" runat = "server"
            ControlToValidate = "TextBox3" ErrorMessage = "请填写正确的格式" ForeColor =
"Red"
            ValidationExpression = "\w+([-+.']\w+)*@\w+([-.]\w+)*\.\w+([-.]\w+)
*"></asp:RegularExpressionValidator>
        < asp:RequiredFieldValidator ID = "RequiredFieldValidator2" runat = "server"
            ControlToValidate = "TextBox3" ErrorMessage = "电子邮件必须填写" ForeColor =
"Red"></asp:RequiredFieldValidator>
        < br/>
        < asp:Button ID = "Button1" runat = "server" Text = "确定" Onclick = "Button1_Click" />
< br/>
        < asp:Label ID = "Label1" runat = "server" Text = ""></asp:Label>

后台代码如下：

```
protected void Button1_Click(object sender, EventArgs e)
    {
        if (Page.IsValid)
        {
            Label1.Text = "您的预定已经成功通过";
        }
        else
        {
            Label1.Text = "页面验证没有通过";
        }
    }
```

典型案例二：比较验证

本案例验证用户在第 2 个文本框内输入的数字小于在第一个文本框中输入的数字。

（1）如图 3-51 所示，拖动 TextBox 控件、CompareValidator 控件至页面，并在页面的相应位置填写字符。

图 3-51 拖入相应的控件

（2）如图 3-52～图 3-54 所示，设置 CompareValidator 控件的 ControlToCompare 属性为 TextBox1、ControlToValidate 属性为 TextBox2、Operator 属性为 LessThan、ErrorMessage 属性为"最小值不能大于最大值"。

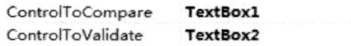

图 3-52 设置 ControlToCompare、ControlToValidate 属性

图 3-53 设置 Operator 属性 　　　　　图 3-54 设置 ErrorMessage 属性

前台代码如下：

```
最大值: <asp:TextBox ID = "TextBox1" runat = "server"></asp:TextBox>
    <br/>
    最小值: <asp:TextBox ID = "TextBox2" runat = "server"></asp:TextBox>
    <asp:CompareValidator ID = "CompareValidator1" runat = "server"
        ControlToCompare = "TextBox1" ControlToValidate = "TextBox2"
        ErrorMessage = "最小值不能大于最大值" ForeColor = "Red" Operator = "LessThan" Type
= "Integer"></asp:CompareValidator>
```

图 3-55 所示为输入正确的情况。

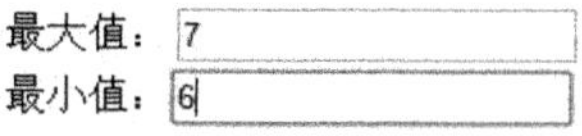

图 3-55 输入正确的情况

图 3-56 所示为输入错误的情况。

图 3-56 输入错误的情况

3.8 项 目 实 训

项目实训 3-1：用户注册验证

1. 实训目的

（1）掌握 RequiredFieldValidator 控件的使用。

（2）掌握 CompareValidator 控件的使用。

（3）掌握 RangeValidator 控件的使用。

（4）掌握 RegularExpressionValidator 控件的使用。

2. 实训内容及要求

实现通过验证控件在网站上注册用户信息的功能，通过不同的验证控件对用户名、密码、重复密码、年龄、电子邮件进行验证，运行结果如图 3-57 所示。

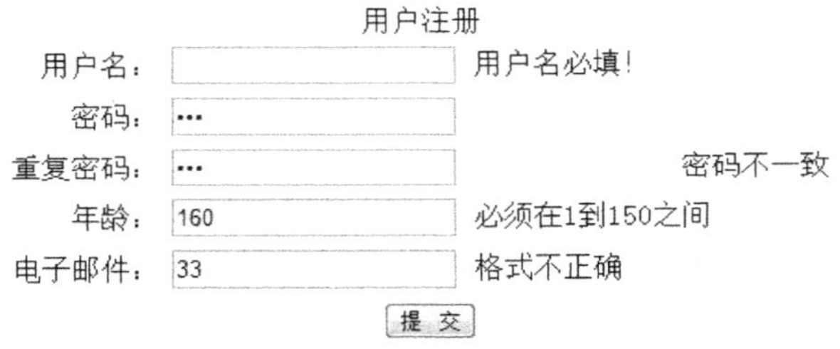

图 3-57　用户注册界面

3. 实训步骤

（1）在 Default.aspx 中拖入 Label 控件、TextBox 控件、RequiredFieldValidator 控件、CompareValidator 控件、RangeValidator 控件、RegularExpressionValidator 控件、Button 控件，并按图 3-57 布局和设置各控件的 Text 属性和 ErrorMessage 属性。

（2）分别设置各个验证控件的 ControlToValidate 属性、ControlToCompare 属性为各个 TextBox 控件，各个验证条件为用户名必填、两次输入密码需一致、年龄需为 1 至 150 之间的整数、必须为电子邮件格式。

项目实训 3-2：验证摘要控件的使用

1. 实训目的

掌握 ValidationSummary 控件的使用。

2. 实训内容及要求

在项目实训 3-1 的基础上不使用单个验证控件的错误信息提示，而使用验证摘要控件来实现验证错误的集中显示，运行结果如图 3-58 所示。

3. 实训步骤

（1）在项目实训 3-1 的基础上拖入 ValidationSummary 控件。

（2）设置 ValidationSummary 控件的 BorderStyle 属性为 Double、ForeColor 属性为 Red。

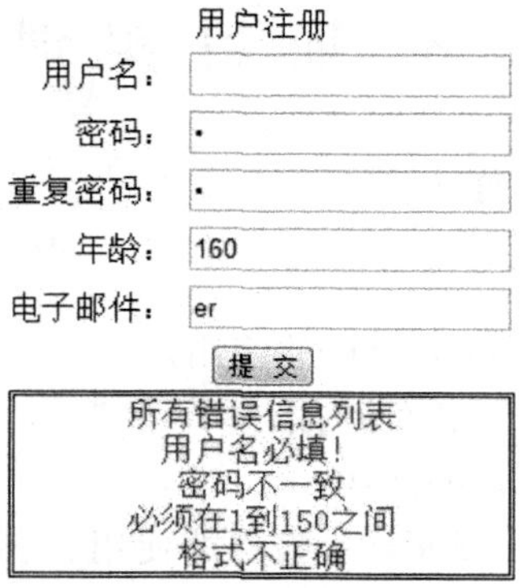

用户注册

用户名：

密码： ·

重复密码： ·

年龄： 160

电子邮件： er

提 交

所有错误信息列表
用户名必填！
密码不一致
必须在1到150之间
格式不正确

图 3-58　用户注册界面

第4章 ASP.NET 常用对象

教学提示：本章主要介绍 ASP.NET 基本内置对象。ASP.NET 应用程序是在服务器端运行的程序，客户端使用无状态的 HTTP 协议对 ASP.NET 应用程序发出请求，ASP.NET 应用程序响应用户的请求，向客户端发送请求的 HTML 代码，服务器并不维护任何客户端状态。

ASP.NET 解决状态维护依靠 ASP.NET 的基本内置对象，本章详细介绍如何使用比较常用的 ASP.NET 内置对象来解决应用程序状态管理的问题。

教学要求：

- 掌握 ASP.NET 内置对象的使用。
- 掌握跨页传递消息。
- 掌握 Cookie、Session 的设置和使用。
- 掌握视图状态的使用。
- 掌握 Page 类和窗体页指令。

建议学时：8 个学时。

4.1 Response 对象

4.1.1 Response 对象概述

Response 对象用于向客户端浏览器发送数据，告诉浏览器回应内容的报头、服务器端的信息以及输出指定的内容。用户可以使用该对象将浏览器的数据以 HTML 的格式发送到用户的浏览器，不仅可以在页面中输入数据、在页面中跳转，还可以传递各个页面的参数。Response 对象和 Request 对象是相对应的。

Response 对象是 System.Web.HttpResponse 类的实例，CLR 会根据用户的请求信息建立一个 Response 对象。

4.1.2 Response 对象的常用属性和方法

Response 对象的常用属性如表 4-1 所示。

表 4-1　Response 对象的常用属性

属　　性	描　　述
Buffer	获取一个设置值，该值指示是否缓冲输出，并在处理整个响应之后将其发送
Cache	获取 Web 页的缓存策略，例如过期、保密性、变化子句等

续表

属　　性	描　　述
CharSet	获取和设置输出流的 HTTP 字符集
ContentType	获取和设置输出流的 MIME 类型,其默认值为 text/html
Cookies	获取当前请求的 Cookie
Expires	获取和设置浏览器缓存超时的时间
IsClientConnected	获取客户端是否与服务器连接
Status	设置返回给客户端的状态
StatusCode	获取和设置返回给客户端的状态的字符串
StatusDescription	获取和设置状态说明

Response 对象的常用方法如表 4-2 所示。

表 4-2　Response 对象的常用方法

方　　法	描　　述
Write	向客户端发送指定的 HTTP 流
End	停止页面的执行并输出相应的结果
Clear	清除页面缓冲区中的数据
Flush	将页面缓冲区中的数据立即显示
Redirect	客户端浏览器的 URL 地址的重定向
AddHeader	将一个 HTTP 头添加到输出流
AppendToLog	将自定义日志信息添加到 IIS 日志文件
WriteFile	将指定的文件直接写到 HTTP 内容输出流

4.1.3　在页面中输出数据

【例 4-1】　在页面中输出数据。

该例主要用 Write 方法在页面中输出数据,运行结果如图 4-1 所示。

图 4-1　在页面中输出数据

在页面的 Page_Load 事件中添加如下代码:

```
protected void Page_Load(object sender, EventArgs e)
    {
        char c = 'a';
        string s = "Hello World!";
        char[] cArray = { 'H', 'e', 'l', 'l', 'o', ',', ' ', 'w', 'o', 'r', 'l', 'd' };
        Response.Write("输出单个字符");
        Response.Write(c);
        Response.Write("< br >");
        Response.Write("输出一个字符串" + s + "< br >");
        Response.Write("输出字符数组");
        Response.Write(cArray, 0, cArray.Length);
        Response.Write("< br >");
        Response.Write("输出一个对象");
        Response.Write("< br >");
    }
```

4.1.4 页面跳转并传递参数

使用 Response 对象的 Redirect 方法可以实现页面的重定向功能,并且在重定向到新的 URL 时可以传递参数。

例如将页面重定向到 welcome.aspx 页,代码如下:

```
Response.Redirect("welcome.aspx");
```

在页面重定向 URL 时传递参数,使用"?"分隔页面的链接地址和参数,当有多个参数时,参数与参数之间使用"&"分隔。

例如将页面重定向到 welcome.aspx 页面并传递参数,代码如下:

```
Response.Redirect("welcome.aspx?Parameter = one");
Response.Redirect("welcome.aspx?Parameter1 = one&Parameter2 = other");
```

【例 4-2】 页面跳转并传递参数。

该例主要通过 Response 对象的 Redirect 方法实现页面跳转并传递参数。当前页面执行程序,在 TextBox 中输入姓名,单击单选按钮选择性别,然后单击"确定"按钮跳转到 welcome.aspx 页,运行结果如图 4-2 和图 4-3 所示。

图 4-2 页面跳转并传递参数

ASP. NET 常用对象

图 4-3　重定向的新页

在"确定"按钮的 btn_Click 事件中实现跳转到 welcome. aspx 页面并传递 Name 和 Sex 参数,代码如下:

```
protected void btnOK_Click(object sender, EventArgs e)
{
    string name = this.txtName.Text;
    string sex = "先生";
    if (rbtnSex2.Checked)
        sex = "女士";
    Response.Redirect("welcome.aspx?Name=" + name + "&Sex=" + sex);
}
```

在新的 welcome. aspx 页面的初始化事件中获取 Response 对象传递过来的参数,并将其输出在页面上,代码如下:

```
protected void Page_Load(object sender, EventArgs e)
    {
        string name = Request.Params["Name"];
        string sex = Request.Params["Sex"];
        Response.Write("欢迎" + name + sex + "!");
    }
```

4.2　Request 对象

4.2.1　Request 对象概述

Request 对象是 ASP. NET 中最有用的对象之一,与 Response 对象一起使用,可以达到沟通客户端与服务器端的作用,使它们直接可以简单地交换数据。

Request 对象接收客户端通过表单或 URL 地址串发来的变量,同时也可以接收其他客户端发来的环境变量,所有从前端浏览器通过 HTTP 送往后端 Web 服务器的数据都是借助于 Request 对象完成的。

Request 对象是 System. Web. HttpRequest 类的实例,当用户请求页面时,ASP. NET 将自动创建 Request 对象。

4.2.2 Request 对象的常用属性和方法

Request 对象的常用属性如表 4-3 所示。

表 4-3 Request 对象的常用属性

属　　性	描　　述
ApplicationPath	获取 ASP.NET 应用程序虚拟目录的根目录
Browser	获取和设置客户端浏览器的兼容信息
ContentEncoding	获取 Request 对象的编码方式
ContentLength	获取客户端发送信息的字节数
Cookies	获取客户端 Cookie
FilePath	当前请求的虚拟路径
Files	获取客户端上传的文件集合
Form	获取表单变量集合
Headers	获取 HTTP 头信息
HttpMethod	HTTP 数据的传输方法，例如 Get、Post
Path	获取当前请求的虚拟路径
PhysicalPath	获取请求的 URL 物理路径
QueryString	获取查询字符串集合
ServerVariables	获取服务器变量集合
TotalBytes	获取输入文件流的总大小
Url	获取当前请求的 URL
UrlReferer	获取当前请求的上一次请求页面
UserAgent	客户端浏览器信息
UserHostAddress	客户端 IP 地址
UserHostName	客户端 DNS 名称
UserLanguage	客户端语言

Request 对象的常用方法如表 4-4 所示。

表 4-4 Request 对象的常用方法

方　　法	描　　述
BinaryRead	以二进制方式读取指定字节的输入流
MapPath	为当前请求将请求的 URL 中的虚拟路径映射到物理路径
SaveAs	保存 HTTP 到硬盘
ValidateInput	验证客户端输入的数据，如果有潜在的风险，将会引发一个异常

4.2.3 使用 Form 和 QueryString 集合传递数据

ASP.NET 是使用表单来实现用户数据的提交的。对于 HTML 表单，可以使用 Get、Post 方法来实现数据的提交。如果使用 Get 方法，就要使用 Request 对象的 QueryString 集合来得到相关信息。如果使用 Post 方法，就要使用 Request 对象的 Form 集合来得到相关信息。下面对其使用做具体介绍。

（1）Get 方法。在使用 Get 方法进行数据提取时，用户要提交的信息往往是作为查询字符串加在 URL 后面传给接收程序的,例如 http://www. market. com/test. aspx? name＝myName& password＝myPassword,这样在服务器端就可以使用 QueryString 集合对象获取数据:

```
Request.QueryString["name"]
Request.QueryString["password"]
```

（2）Post 方法。在使用 Post 方法时,用户浏览器的地址栏中不会显示相关的查询字符串。因此,如果要提交的数据很多,应使用 Post 方法,这是由于它对数据的大小和长度没有限制。另外,由于地址栏不显示相关的查询字符串,该方法适合用来传递保密信息,例如传递来的用户账号和密码。使用 Post 方法传递的数据在服务器端可以使用 Form 集合对象获取,其语法格式如下:

```
Request.Form
Request.Form["name"]
Request.Form.Get(Index)
```

4.3 Application 对象

4.3.1 Application 对象概述

Application 对象用于共享应用程序级信息,即多个用户共享一个 Application 对象。当第一个用户请求 ASP. NET 文件时,将启动应用程序并创建 Application 对象。一旦 Application 对象创建,它就可以共享和管理整个应用程序的信息。在应用程序关闭之前, Application 对象将一直存在。所以,Application 对象是用于启动和管理 ASP. NET 应用程序的主要对象。

4.3.2 Application 对象的常用属性和方法

Application 对象的常用属性如表 4-5 所示。

表 4-5 Application 对象的常用属性

属　　性	描　　述
AllKey	获取 HttpApplicationState 集合中的访问键
Count	获取 HttpApplicationState 集合中的对象数
Contents	获取 HttpApplicationState 对象的引用
Item	通过名称和索引访问 HttpApplicationState 集合
Keys	获取访问 HttpApplicationState 集合的所有键
StaticObjects	获取所有使用<object>标签声明的应用程序集对象

Application 对象的常用方法如表 4-6 所示。

表 4-6　Application 对象的常用方法

方　　法	描　　述
Add	新增一个 Application 对象变量
Clear	清除所有的 Application 对象变量
Get	通过索引关键字或变量名称得到变量的值
GetKey	通过索引关键字获取变量名称
Lock	锁定所有的 Application 对象变量
UnLock	解锁所有的 Application 对象变量
Remove	使用变量名移除一个 Application 对象变量
RemoveAll	移除所有的 Application 对象变量
Set	使用变量名更新一个 Application 对象变量

4.3.3　Application 对象的使用

无论有多少位用户同时浏览网站,在服务器端都只保留一个 Application 变量。用户可以使用以下语法格式来设置或读取 Application 变量,其中,valName 是变量名。

```
Application["valName"] = 值;
Application.Set("count", (int)Application["count"] + 1);
```

ASP.NET 在同一时间只允许一位用户修改 Application 变量,这就需要在修改 Application 对象之前先使用 Lock 方法进行锁定,在修改完以后再使用 UnLock 方法解锁。例如:

```
Application.Lock();
Application["Name"] = "小雪";
Application.UnLock();
Response.Write("Application[\"Name\"]的值为: " + Application["Name"].ToString());
```

4.4　Session 对象

4.4.1　Session 对象概述

Session 对象用于存储多个页面调用之间特定用户的信息。Session 对象只针对单一网站的使用者,不同客户端无法互相访问。Session 对象终止于联机机器离线时,也就是当网站使用者关掉浏览器或超过设定的 Session 对象的有效时间时,Session 对象变量就会关闭。

4.4.2　Session 对象的常用属性和方法

Session 对象的常用属性如表 4-7 所示。

表 4-7　Session 对象的常用属性

属　性	描　述
Content	获取当前 Session 状态对象引用
Count	获取 Session 对象集合总数
Item	通过索引获取或者设置单个 Session 值
Keys	获取 Session 集合的所有键
SessionID	获取 Session 的唯一编号，为了区别每一个会话，系统会自动为每一个会话创建一个唯一的 ID
TimeOut	传回或设置 Session 对象变量的有效时间，如果在有效时间内没有任何客户端动作，则会自动注销。如果不设置 TimeOut 属性，则系统默认超时时间为 20 分钟

Session 对象的常用方法如表 4-8 所示。

表 4-8　Session 对象的常用方法

方　法	描　述
Add	创建一个 Session 对象添加到 HttpSessionState 集合
Clear	该方法将清除所有的 Session 对象变量，但不结束会话
Abandon	该方法用来结束当前会话并清除对话中的所有信息，如果用户重新访问页面，则可以创建新会话
Remove	从 HttpSessionState 集合中移除一个对象
RemoveAll	移除所有的 HttpSessionState 集合中的对象
RemoveAt	根据索引从 HttpSessionState 集合中移除一个对象

4.4.3　使用 Session 对象存储和读取数据

使用 Session 对象定义的变量为会话变量。会话变量只能由用户会话中的特定用户访问和修改，应用程序的其他用户不能访问和修改这个变量，而应用程序变量可以由应用程序的其他用户访问和修改。Session 对象定义变量的方法与 Application 对象相同，都是通过"键/值"对的方式来保存数据。其语法如下：

```
Session[varName] = 值;
```

其中，varName 为变量名。例如：

```
//将 TextBox 控件中的文本存储到 Session["name"]中
Session["name"] = TextBox1.Text;
//将 Session["name"]的值读取到 TextBox 控件中
TextBox1.Text = Session["name"].ToString();
```

4.5　Cookie 对象

4.5.1　Cookie 对象概述

Cookie 对象用于保存客户端浏览器请求的服务器页面，也可以用来保存非敏感性的用户信息,信息保存的时间可以根据用户的需要进行设置。并非所有的浏览器都支持Cookie,并且数据信息是以文本形式保存在客户端计算机中的。

4.5.2　Cookie 对象的常用属性和方法

Cookie 对象的常用属性如表 4-9 所示。

表 4-9　Cookie 对象的常用属性

属　　性	描　　述
Name	获取或设置 Cookie 的名称
Value	获取或设置 Cookie 的 Value
Expires	获取或设置 Cookie 过期的日期和事件
Version	获取或设置 Cookie 符合 HTTP 维护状态的版本
Path	获取或设置 Cookie 适用的 URL

Cookie 对象的常用方法如表 4-10 所示。

表 4-10　Cookie 对象的常用方法

方　　法	描　　述
Add	增加 Cookie 变量
Clear	清除 Cookie 集合中的变量
Get	通过变量名或索引得到 Cookie 的变量值
Remove	通过 Cookie 变量名或索引删除 Cookie 对象

4.5.3　使用 Cookie 对象保存和读取客户端信息

如果要存储一个客户端 Cookie 变量,可以通过 Response 对象的 Cookies 集合,其使用语法如下:

```
Response.Cookies["varName"].Value = 值
```

其中,varName 为变量名。

如果要取回 Cookie,使用 Request 对象的 Cookies 集合,并将指定的 Cookies 集合返回,其使用语法如下:

```
变量名 = Request.Cookies["varName"].Value;
```

【例 4-3】　使用 Cookie 对象保存和读取客户端信息。

该例通过 Response 对象和 Request 对象的 Cookies 属性对客户端的数据进行保存和读取。

该例的主要步骤如下:

(1) 在页面中添加一个 Label、一个 TextBox 和两个 Button 控件,在文本框中输入数据,然后单击"提交"按钮将数据保存到 Cookie 对象,单击"读取"按钮将读出的数据显示在Label 中。执行程序,运行结果如图 4-4 所示。

图 4-4 存储和读取 Cookie 值

（2）在后台代码中分别添加两个按钮的 Click 事件来处理 Cookie 值的存储和读取，具体代码如下：

```
protected void btnSave_Click(object sender, EventArgs e)
    {
        if (TextBox1.Text == "")
        {
            Label1.Text = "请在下面的文本框中输入新的 Cookie 值!";
            return;
        }
        HttpCookie cookie = Request.Cookies["user"];
        if (cookie == null)
            cookie = new HttpCookie("name");
        cookie.Value = TextBox1.Text;
        //设定 Cookie 变量的生命周期
        cookie.Expires = DateTime.Now.AddDays(7);
        Response.Cookies.Add(cookie);
    }
    protected void btnRead_Click(object sender, EventArgs e)
    {
        HttpCookie cookie = Request.Cookies["name"];
        if (cookie == null)
            Label1.Text = "无 Cookie 信息";
        else
            Label1.Text = cookie.Value;
    }
```

4.6 Server 对象

4.6.1 Server 对象概述

Server 对象定义了一个与 Web 服务器相关的类，用于对服务器上的资源进行访问。

4.6.2 Server 对象的常用属性和方法

Server 对象的常用属性如表 4-11 所示。

表 4-11 Server 对象的常用属性

属　　性	描　　述
MachineName	获取远程服务器的名称
ScriptTimeout	设置请求超时

Server 对象的常用方法如表 4-12 所示。

表 4-12 Server 对象的常用方法

方　　法	描　　述
CreatObject	创建 COM 对象的一个服务器实例
Execute	使用另一个页面执行当前请求
Transfer	终止当前页面的执行，并为当前请求执行新页面
HtmlDecode	对已被编码的消除 HTML 无效字符的字符串进行解码
HtmlEncode	对要在浏览器中显示的字符串进行编码
MapPath	返回与 Web 服务器上的执行虚拟路径相对应的物理文件路径
UrlDecode	对字符串进行解码,该字符串为了进行 HTTP 传输而进行编码,并在 URL 中发送到服务器
UrlEncode	编码字符串,以便通过 URL 从 Web 服务器到客户端浏览器传输字符串

4.6.3　使用 Execute 和 Transfer 方法重定向页面

Execute 方法用于将执行从当前页面转移到另一个页面,并将执行返回到当前页面。执行所转移的页面在同一个浏览器窗口中执行,然后原始页面继续执行。故执行 Execute 方法后,原始页面保留控制权。

Transfer 方法用于将执行完全转移到指定页面,与 Execute 方法不同的是,执行该方法时主调页面将失去控制权。

【例 4-4】　重定向页面。

该例实现的主要功能是通过 Server 对象的 Execute 方法和 Transfer 方法重定向页面。执行程序,单击"Execute 方法"按钮,运行结果如图 4-5 所示;单击"Transfer 方法"按钮,运行结果如图 4-6 所示。

图 4-5　单击"Execute 方法"按钮时的结果

该例的主要步骤如下:

(1) 在 Default.aspx 页面上添加两个 Button 控件,单击"Execute 方法"按钮,利用

图 4-6　单击"Transfer 方法"按钮时的结果

Server 对象的 Execute 方法从 Default. aspx 页重定向到 newPage. aspx 页，之后控制权返回到主调页面（"Default. aspx"）并执行其他操作。其代码如下：

```
protected void btnExecute_Click(object sender, EventArgs e)
{
    Server.Execute("newPage.aspx?message = Execute");
    Response.Write("Default.aspx 页");
}
```

（2）单击"Transfer 方法"按钮，利用 Server 对象的 Transfer 方法从 Default. aspx 页重定向到 newPage. aspx 页，之后控制权完全转移到 newPage. aspx 页面。其代码如下：

```
protected void btnTransfer_Click(object sender, EventArgs e)
  {
    Server.Transfer("newPage.aspx?message = Transfer");
    Response.Write("Default.aspx 页");
  }
```

4.6.4　使用 Server. MapPath 方法获取服务器的物理地址

MapPath 方法用来返回与 Web 服务器上指定虚拟路径相对应的物理文件路径。其语法如下：

```
Server.MapPath(path);
```

其中，path 表示 Web 服务器上的虚拟路径，如果 path 值为空，则该方法返回包含当前应用程序的完整物理路径。例如下列代码在浏览器中输出指定文件 Default. aspx 的物理文件路径：

```
Response.Write(Server.MapPath("Default.aspx"));
```

4.6.5　解决传递汉字丢失或乱码问题

UrlEncode 方法用于对通过 URL 传递到服务器的数据进行编码。其语法如下：

```
Server.UrlEncode(string);
```

其中，string 为将要进行编码的数据。

UrlDecode 方法用于对字符串进行 URL 解码并返回已解码的字符串。其语法如下：

Server.UrlDecode(string);

其中，string 为要解码的文本字符串。

4.7 ViewState 对象

4.7.1 ViewState 对象概述

ViewState 对象是 Page 对象的一个属性，是状态管理中常用的一种对象，可以用来保存页和控件的值。程序员可以通过使用页面的 ViewState 属性将往返的数据保存到 Web 服务器端，然后利用自己的代码访问视图状态。ViewState 对象保存的数据只在本页面中有效，因为它的有效期为页面的生存期。

4.7.2 ViewState 对象的使用

【例 4-5】 使用 ViewState 对象保存和读取页面数据。

(1) 创建页面如图 4-7 所示，添加的两个 Button 按钮用来控制保存和读取操作，运行结果如图 4-8 所示。

图 4-7 读取视图状态的初值   图 4-8 读取 ViewState 中的新值

(2) 添加 Load 事件和两个按钮的 Click 事件，然后执行程序。程序的实现代码如下：

```
protected void Page_Load(object sender, EventArgs e)
{
    if (!Page.IsPostBack)
    {
        ViewState.Add("user", "赵艳铎");
        ViewState.Add("vocation", "工程师");
    }
}
protected void Button1_Click(object sender, EventArgs e)
{
```

```
        if (TextBox2.Text != "")
            ViewState["user"] = TextBox1.Text;
        if (TextBox2.Text != "")
            ViewState["vocation"] = TextBox2.Text;
    }
    protected void Button2_Click(object sender, EventArgs e)
    {
        Label3.Text = "ViewState 信息如下:< br >姓名: ";
        Label3.Text += ViewState["user"];
        Label3.Text += "< br >职业: ";
        Label3.Text += ViewState["vocation"];
    }
```

4.8　Page 类与 Web 窗体页指令

Page 类为 ASP. NET 应用程序文件所构建的对象提供基本行为,该类保存在 System . Web. UI 命名空间中。

4.8.1　Page 对象

Page 对象对应 Web 窗体,主要用来设置与网页有关的各种属性、方法和事件。Page 对象充当页面中所有服务器空间的命名容器。

在页面工作的过程中,每个页面都被编译为一个类,当有请求时就会对这个类进行实例化。对于页面的生存期,Page 对象关注以下 5 个阶段:

(1)页面初始化阶段。在这个阶段,页面及其控件被初始化,页面确定是一个新的请求还是一个回传请求。页面事件处理器 Page_PreInit 和 Page_Init 被调用,另外,所有服务器控件的 PriInit 和 Init 被调用。

(2)载入阶段。经过初始化之后,页面进入载入阶段。在该阶段,如果当前页面的请求是一个回传请求,则该页面将从视图状态和控件状态中加载控件的属性。在此过程中,页面将引发 Load 事件。

(3)回送事件处理阶段。如果请求是一个回传请求,任何控件的回发事件处理过程都将被调用。

(4)呈现阶段。在页面呈现阶段,视图状态被保存到页面,页面和控件的 PreRender 和 Render 方法先后被调用,最后,呈现的结果通过 HTTP 响应发送到客户端。

(5)卸载阶段。该阶段对页面使用过的资源进行清除处理,控件或页面的 UnLoad 方法将被调用。

4.8.2　Page 类的常用属性、方法和事件

Page 类的常用属性如表 4-13 所示。

表 4-13　Page 类的常用属性

属　　性	描　　述
Application	为当前 Web 请求获取 HttpApplicationState 对象
Cache	获取与该页驻留的应用程序关联的 Cache 对象
EnableViewState	获取或设置一个值,该值指示当前页请求结束时该页是否保持其视图状态以及它所包含的任何服务器控件的视图状态
IsPostBack	获取一个值,该值指示该页是否正为响应客户端回发而加载,或者它是否正被首次加载和访问
IsValid	获取一个值,该值指示页验证是否成功
Request	获取请求页的 HttpRequest 对象
Response	获取与该 Page 对象关联的 HttpResponse 对象
Server	获取 Server 对象,它是 HttpServerUtility 类的实例
Session	获取 ASP.NET 提供的当前 Session 对象
Validators	获取请求页上包含的所有验证控件的集合
ViewState	获取状态信息的字段,这些信息使得用户可以在同一页的多个请求间保存和还原服务器控件的视图状态

Page 类的常用方法和事件如表 4-14 所示。

表 4-14　Page 类的常用方法和事件

方法和事件	描　　述
DataBind 方法	将数据源绑定到被调用的服务器控件及其所有子控件
Dispose 方法	使服务器控件得以在从内存中释放之前执行最后的清理操作
FindControl 方法	在页命名容器中搜索指定的服务器控件
HasControls 方法	确定服务器控件是否包含任何子控件
MapPath 方法	检索虚拟路径(绝对的或相对的)或应用程序相关的路径映射到的物理路径
Init 事件	当服务器控件初始化时发生,初始化是控件生存期的第一个阶段
PreInit 事件	在页初始化开始时发生
Load 事件	当服务器控件加载到 Page 对象中时发生
PreRender 事件	在加载 Control 对象之后、呈现之前发生
Unload 事件	当服务器控件从内存中卸载时发生

4.8.3　Web 窗体页指令

ASP.NET 应用 Web 窗体页指令指定设置,以便在页和用户控件编译器处理 ASP.NET Web 窗体页(.aspx)和用户控件(.ascx)文件时使用。ASP.NET 将任何不包含显式指令名称的指令块(<%@ %>)当作 @ Page 指令(对于页)或 @ Control 指令(对于用户控件)进行处理。

常用的 Web 窗体页指令如表 4-15 所示。

表 4-15　常用的 Web 窗体页指令

指　　令	描　　述
@Page	定义 ASP. NET 页分析器和编译器使用的页的特定属性,只能包含在扩展名为 . aspx 的文件中
@Control	定义 ASP. NET 页分析器和编译器使用的控件的特定属性,只能包含在扩展名为. ascx 的文件中(用户控件)
@Assembly	通过声明将一个程序集链接到当前页或月用户控件
@Implements	通过声明指示页或用户控件实现指定的. NET Framework 接口
@Import	将命名空间显式地导入到页或用户控件
@OutputCache	通过声明控制页或用户控件的输出缓存策略
@Reference	通过声明将页或用户控件链接到当前页或用户控件
@Register	将别名与命名空间和类名相关联,以便在用户控件和自定义服务器控件被引入到请求页或用户控件中时得以呈现

4.9　典型案例及分析

典型案例一：获取客户端浏览器信息

用户能够使用 Request 对象的 Browser 属性访问 HttpBrowserCapabilities 属性获得当前正在使用哪种类型的浏览器浏览网页,并且可以获得该浏览器的一些其他信息,下面通过一个示例进行介绍。

该例主要通过 Request 对象的 Browser 属性获取客户端浏览器信息。执行程序,运行结果如图 4-9 所示。

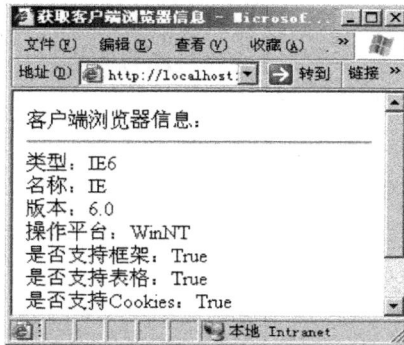

图 4-9　获取客户端浏览器信息

该例的实现是在页面的 Page_Load 事件中先定义 HttpBrowserCapabilities 的类对象用于获取 Request 对象的 Browser 属性的返回值,代码如下:

```
protected void Page_Load(object sender, EventArgs e)
    {
        HttpBrowserCapabilities b = Request.Browser;
        Response.Write("客户端浏览器信息：");
```

```
Response.Write("< hr >");
Response.Write("类型: " + b.Type + "< br >");
Response.Write("名称: " + b.Browser + "< br >");
Response.Write("版本: " + b.Version + "< br >");
Response.Write("操作平台: " + b.Platform + "< br >");
Response.Write("是否支持框架: " + b.Frames + "< br >");
Response.Write("是否支持表格: " + b.Tables + "< br >");
Response.Write("是否支持 Cookies: " + b.Cookies + "< br >");
Response.Write("< hr >");
}
```

获取客户端的 IP 地址的代码如下:

```
Response.Write("客户端 IP: " + Request.UserHostAddress);
```

典型案例二: 设计访问计数器

访问计数器主要是用来记录应用程序曾经被访问次数的组件,用户可以通过 Application 对象和 Session 对象实现这一功能。

本案例主要在 Global.asax 文件中对访问人数进行统计,并在 Default.aspx 文件中将统计结果显示出来。执行程序,运行结果如图 4-10 所示。

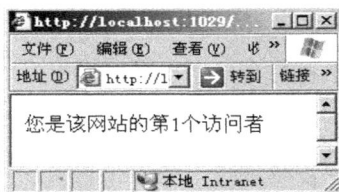

图 4-10　访问计数器

该例的实现步骤如下:

(1) 在网站中添加一个全局应用程序类文件 Global.asax,并在该文件的 Application_ Start 事件中把访问数初始化为 0。其代码如下:

```
void Application_Start(object sender, EventArgs e)
    {
        //在应用程序启动时运行的代码
        Application["count"] = 0;
    }
```

当有新的用户访问网站时,将建立一个新的 Session 对象,并在 Session 对象的 Session _Start 事件中对 Application 对象加锁,以防止因为多个用户同时访问页面造成并行,并且将访问人数加 1;当用户退出该网站时,将关闭该用户的 Session 对象,同理对 Application 解锁,然后将访问人数减 1。其代码如下:

```
void Session_Start(object sender, EventArgs e)
    {
        //在新会话启动时运行的代码
        Application.Lock();
```

```
            Application["count"] = (int)Application["count"] + 1;
            Application.UnLock();
        }
        void Session_End(object sender, EventArgs e)
        {
            //在会话结束时运行的代码
            //注意: 只有在将 Web.config 文件中的 sessionstate 模式设置为
            //InProc 时才会引发 Session_End 事件,如果将会话模式
            //设置为 StateServer 或 SQLServer,则不会引发该事件
            Application.Lock();
            Application["count"] = (int)Application["count"] - 1;
            Application.UnLock();
        }
```

（2）对 Global. asax 进行设置后，需要将访问人数在网站的默认页 Default. aspx 中显示出来，在该页面中添加一个 Label 控件，用于显示访问人数。其代码如下：

```
    protected void Page_Load(object sender, EventArgs e)
        {
            Label1.Text = "您是该网站的第" + Application["count"].ToString() + "个访问者";
        }
```

典型案例三：登录时使用 Session 对象保存用户信息

用户登录后通常会记录该用户的相关信息，而该信息是其他用户不可见并且不可访问的，这就要使用 Session 对象来保存。下面通过案例来介绍如何使用 Session 对象保存当前登录用户的信息。执行程序，运行结果如图 4-11 和图 4-12 所示。

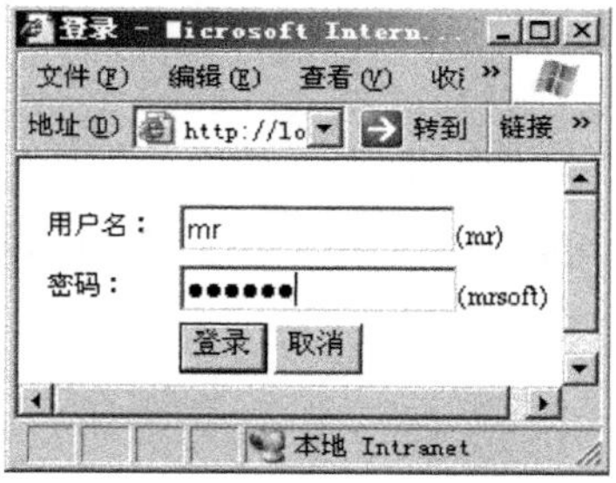

图 4-11　登录页面

图 4-12　跳转的欢迎页面

该例的实现步骤如下：

（1）创建 Login. aspx 页面，在其中添加两个 TextBox 和两个 Button 控件实现登录页面。然后添加“登录”按钮的 Click 事件，在该事件中使用 Session 对象记录用户名和用户登录的时间，并跳转到 Welcome. aspx 页面，其代码如下：

```
    if (txtUserName.Text == "mr" && txtPwd.Text == "mrsoft")
        {
            Session["UserName"] = txtUserName.Text;        //使用 Session 变量记录用户名
            Session["LoginTime"] = DateTime.Now;
                                                //使用 Session 变量记录用户登录系统的时间
```

```
        Response.Redirect("Welcome.aspx");              //跳转到主页
    }
    else
    {
        Response.Write("< script > alert('登录失败!');location = 'Login.aspx'</script >");
    }
```

（2）添加一个新页面 Welcome.aspx，将 Session 对象保存的用户登录信息显示在该页面上，代码如下：

```
Response.Write("欢迎用户" + Session["UserName"].ToString () + "登录本系统!< br >");
Response.Write("您登录的时间为: " + Session["LoginTime"].ToString ());
```

典型案例四：解决传递汉字丢失或乱码问题

使用 Response.Redirect 方法传递汉字时，用户有时候会发现传递的内容与接收的内容不一致，例如接收的值丢失了几个字或乱码。为了解决这一问题，可以在传递值之前用 Server 对象的 UrlEncode 方法对所传递的汉字进行 URL 编码。在接收值时，使用 Server 对象的 UrlDecode 方法对所接收的汉字进行 URL 解码，运行结果如图 4-13 和图 4-14 所示。

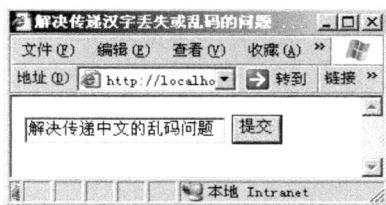

图 4-13　输入传递的值并编码　　　　图 4-14　接收传递的值并解码

该例的实现步骤如下：

（1）在 Default.aspx 页面中输入要传递的值，然后用 Server 对象的 UrlEncode 方法进行编码并传递给 newPage.aspx 页面，代码如下：

```
protected void Button1_Click(object sender, EventArgs e)
    {
        Response.Redirect("newPage.aspx?key = " + Server.UrlEncode(txtkey.Text.Trim()));
    }
```

（2）在 newPage.aspx 页面中接收传递过来的值，并使用 Server 对象的 UrlDecode 方法进行解码，代码如下：

```
protected void Page_Load(object sender, EventArgs e)
    {
        Response.Write(Server.UrlDecode(Request.QueryString["key"].ToString()));
    }
```

119

第 4 章

ASP.NET 常用对象

4.10   本 章 小 结

ASP. NET 的基本内置对象包括 Response 对象、Request 对象、Application 对象、Session 对象、ViewState 对象、Cookie 对象和 Server 对象，可以使用这些对象检索浏览器请求中发送的信息并将输出的结果发送到浏览器，还可以存储有关的用户信息等。本章前面介绍了相关知识，后面列举了典型案例并进行了详细分析，而且通过项目实训强化，前后呼应、相辅相成。

本章主要介绍了 ASP. NET 的内置对象，首先讲解了 Request 对象和 Response 对象，通过这两个对象可以实现客户端向服务器端的请求以及服务器端向客户端的响应；然后介绍了使用 Request 对象获取跨页面传递参数的技术以及使用 Response 对象实现页面重定向的技术。

本章接着介绍了 Cookie 对象、Session 对象，这些对象分别用来保存不同位置和级别的应用程序状态数据，并且介绍了 Cookie 对象的数据保存和修改方法，以及 Session 对象的存储和获取操作。

在本章中还学习了 Global. asax 文件在 ASP. NET 中的作用，通过实例介绍如何使用 Application 对象保存应用程序信息、实现网站的访问计数器等功能。另外，本章介绍了 ViewState 对象和 Server 对象以及这些对象的使用和在状态管理中的作用，最后介绍了页面的 Page 类以及 ASP. NET 的窗体指令。

4.11   项 目 实 训

项目实训 4-1：使用 Request 对象传递数据

1. 实训目的

（1）锻炼利用 ASP. NET 基本对象在页面之间传递信息的能力。

（2）熟悉 ListBox 控件的数据绑定。

2. 实训内容及要求

（1）在超链接中使用"？"传递参数。

（2）使用 Request 对象获取页面请求中传递的参数。

3. 实训步骤

（1）启动 VS2010，创建网站 request。

（2）创建一个数据库，并在数据库中添加一个 student 表，在表中添加 student 的信息。解决方案的目录如图 4-15 所示。

（3）在 request 中添加相应的 Web 窗体页，并设计 requestExpand. aspx 页面，在页面上设计一个超链接，在页面跳转的过程中使用"？"向请求页发送参数。设计页面的内容如图 4-16 所示。

（4）在 request 中添加相应的 Web 窗体页 getinfo1. aspx，并在页面中放一个 ListBox 控件用于显示数据。getinfo1. aspx 页面的设计如图 4-17 所示。

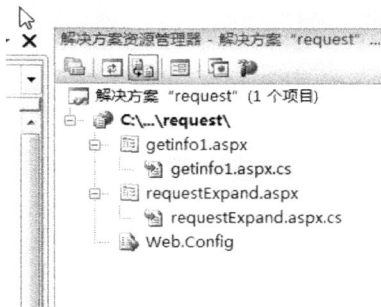

图 4-15　解决方案的目录

图 4-16　requestExpand.aspx 页面的源代码

图 4-17　getinfo1.aspx 页面设计

（5）编辑 getinfo1.aspx.cs 的代码，使用 Request 对象的 QueryString 属性获取请求页面传递过来的参数，利用该参数进行数据库查询，将获取的信息绑定到 DataList 控件。其具体实现代码如图 4-18 所示。

```
using System;
using System.Data;
using System.Configuration;
using System.Collections;
using System.Web;
using System.Web.Security;
using System.Web.UI;
using System.Web.UI.WebControls;
using System.Web.UI.WebControls.WebParts;
using System.Web.UI.HtmlControls;
using System.Data.SqlClient;

public partial class getinfo1 : System.Web.UI.Page
{
    protected void Page_Load(object sender, EventArgs e)
    {
        string connectionstring = "Server=.\\SqlExpress;DataBase=sztest;Trusted_Connection=true";
        SqlConnection con = new SqlConnection(connectionstring);
        con.Open();
        string cid = Request.QueryString["student_id"].ToString();
        string outtext = "select * from student where student_id='" + cid + "'";
        SqlDataAdapter sda1 = new SqlDataAdapter(outtext, con);
        DataSet ds = new DataSet();
        sda1.Fill(ds, "student");
        this.ListBox1.DataSource = ds.Tables["student"].DefaultView;
        this.ListBox1.DataTextField = "student_name";
        ListBox1.DataBind();
        con.Close();
    }
}
```

图 4-18　getinfo1.aspx 页面的后台代码

项目实训 4-2：使用 Session 对象

1. 实训目的

（1）锻炼学生对 Session 对象的使用。

（2）使用 Session 对象保存用户登录的信息。

（3）在页面中获取 Session 对象保存的用户信息。

2. 实训内容及要求

（1）读取用户输入，使用 Session 对象保存用户登录的信息。

（2）在页面中获取 Session 对象保存的用户信息并显示在欢迎界面上。

（3）当用户输入正确的用户名和密码时才实现跳转，否则重新定位到登录界面。

3. 实训步骤

（1）在网站中创建一个 login.aspx 页面和一个 welcome.aspx 页面，login.aspx 页面的设计如图 4-19 所示。

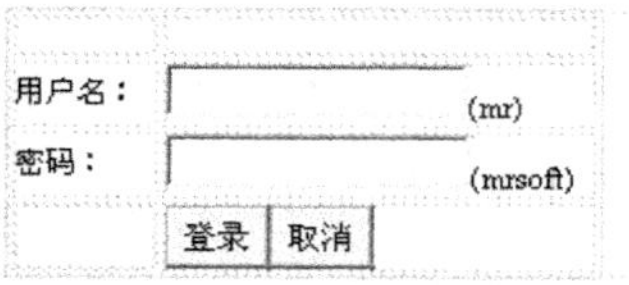

图 4-19　login.aspx 页面设计

（2）在文本框中输入用户名和密码，然后单击"登录"按钮。

① 当输入正确的用户名"mr"和密码"mrsoft"时，Session 对象保存用户的信息，页面跳

转到 welcome. aspx 页面。在 welcome. aspx 页面中获取 Session 对象保存的值,并显示"欢迎＃＃＃进入本网站!"。

② 当输入错误的用户名时,提示"登录失败,请重新登录!",并且页面重新定位到 login. aspx 页面,不实现跳转,也不记录任何信息。

③ 单击"取消"按钮,清空文本框的内容。

项目实训 4-3:使用 Application 对象实现网站访问计数器

1. 实训目的

(1) 锻炼学生对 Application 对象的使用。

(2) 掌握全局应用程序 Globa. asax 的使用。

2. 实训内容及要求

(1) 在项目实训 4-2 的基础上使用 Application 对象实现网站访问计数器。

(2) 在全局应用程序 Globa. asax 文件中配置 Application 对象。

(3) 当用户输入正确的用户名和密码时跳转到欢迎页面,并显示网站的第几位访问用户。

3. 实训步骤

(1) 创建一个全局应用程序 Globa. asax,然后设计 Application 对象实现网站访问计数器。

在该文件的 Application_Start 事件中把访问数初始化为 0,其代码如下:

```
void Application_Start(object sender, EventArgs e)
    {
        // 在应用程序启动时运行的代码
        Application["count"] = 0;
    }
```

(2) 当有新的用户访问网站时,将建立一个新的 Session 对象,并在 Session 对象的 Session_Start 事件中对 Application 对象加锁,以防止因为多个用户同时访问页面造成并行,并且将访问人数加 1;当用户退出该网站时,将关闭该用户的 Session 对象,同理对 Application 解锁,然后将访问人数减 1。其代码如下:

```
void Session_Start(object sender, EventArgs e)
    {
        //在新会话启动时运行的代码
        Application.Lock();
        Application["count"] = (int)Application["count"] + 1;
        Application.UnLock();
    }
    void Session_End(object sender, EventArgs e)

    {
        //在会话结束时运行的代码
        //注意:只有在将 Web.config 文件中的 sessionstate 模式设置为
```

ASP. NET 常用对象

```
                //InProc 时才会引发 Session_End 事件,如果将会话模式
                //设置为 StateServer 或 SQLServer,则不会引发该事件
                Application.Lock();
                Application["count"] = (int)Application["count"] - 1;
                        Application.UnLock();
            }
```

（3）在用户输入正确的用户名"mr"和密码"mrsoft"时跳转到 welcome. aspx 页面,并用 Session 对象保存用户名和密码,用 Application 对象保存网站用户访问人数。在 welcome. aspx 页面中获取 Session 对象保存的值,并显示"欢迎＃＃＃进入本网站！您是该网站的第＃＃ 个访问者"。其代码如下：

```
        Label1.Text = "您是该网站的第" + Application["count"].ToString() + "个访问者";
```

第 5 章　数据访问技术

教学提示：ASP. NET 应用程序的数据访问是通过 ADO. NET 进行的，ADO. NET 可以使 Web 应用程序从各种数据源中快速访问数据。本章首先介绍通过 ADO. NET 访问 SQL Server 数据库的方法，然后介绍了数据连接的对象和数据访问对象、数据源控件的使用、数据绑定技术和数据控件的使用。通过本章的学习，读者应该掌握如何在 ASPX 页面中访问和操作数据源，以及数据信息的显示和更新。

教学要求：

- 了解 ADO. NET 的基本知识。
- 掌握 ADO. NET 访问数据库的方法。
- 掌握 ADO. NET 数据访问对象的使用。
- 掌握单值和列表控件的数据绑定。
- 理解数据源控件的工作原理。
- 掌握数据控件的使用方法和技巧。

建议学时：20 个学时。

5.1　ADO. NET 数据库访问

5.1.1　ADO. NET 概述

ADO. NET 是. NET Framework 提供的数据访问类库，它对 Microsoft SQL Server、Oracle 和 XML 等数据源提供了一致的访问。应用程序可以使用 ADO. NET 连接到这些数据源，并检索和更新所包含的数据。

ADO. NET 是数据库应用程序与数据源之间沟通的"桥梁"，主要提供一个面向对象的数据库访问架构，用来开发数据库的应用程序。ADO. NET 数据访问架构如图 5-1 所示。

5.1.2　ADO. NET 数据提供者

ADO. NET 数据提供者提供了用于访问特定数据库、执行 SQL 语句并接收数据库的命令，数据提供者在数据库和 ASP. NET 应用程序之间提供了一座"桥梁"。

ADO. NET 的数据提供者由 Connection、Command、DataReader、DataSet 和 DataAdapter 5 个对象组成，通过这些对象可以对数据库进行查询、添加、修改以及删除等处理操作。ADO. NET 的对象模型如图 5-2 所示，下面对这 5 个对象分别进行介绍。

（1）Connection 对象。该对象主要提供与数据库的连接功能。

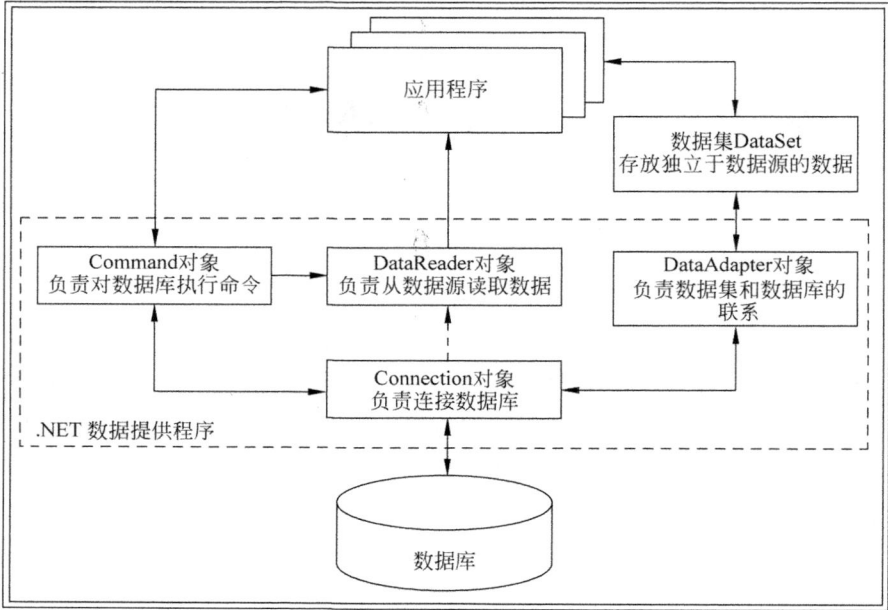

图 5-1　ADO. NET 数据访问架构

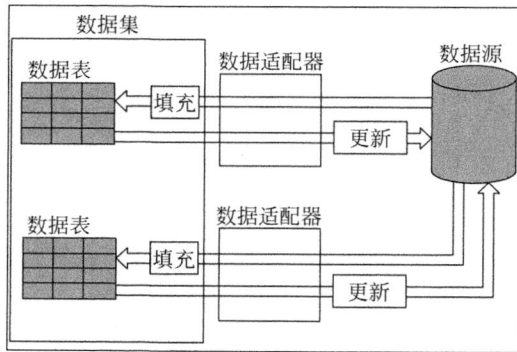

图 5-2　ADO. NET 对象模型图

（2）Command 对象。该对象用于返回数据、修改数据、运行存储过程以及发送（或检索）参数信息的数据命令。

（3）DataReade 对象。该对象通过 Command 对象提供从数据库检索信息的功能。DataReader 对象是一种只读的、向前的、快速的数据库访问方式。

（4）DataSet 对象。该对象是 ADO. NET 的中心概念，是支持 ADO. NET 断开式、分布式数据方案的核心对象。DataSet 是一个数据库容器，可以把它当作存在于内存中的数据库。DataSet 是数据库内存驻留的表示形式。无论数据源是什么，它都会提供一致的关系编程模型。

（5）DataAdpater 对象。该对象提供连接 DataSet 对象和数据源的"桥梁"，DataAdapter 使用 Command 对象在数据源中执行 SQL 命令以便将数据加载到 DataSet 中，并确保 DataSet 中数据的更改与数据源一致。

5.1.3　建立数据库连接

所有数据库的访问操作都是从建立数据库连接开始的。Connection 对象用于连接数据库和管理数据库的事务，它的一些属性描述数据源和用户身份验证。Connection 对象还提供了一些方法允许程序员与数据源建立连接或者断开连接。

微软公司提供了 4 种数据提供程序的连接对象，以便针对不同的数据库提供最佳的访问效能。

- SQL Server. NET 数据。该种数据提供程序的 SqlConnection 连接对象，命名空间为 System. Data. SqlClient. SqlConnection。
- OLEDB. NET 数据。该种数据提供程序的 OleDbConnection 连接对象，命名空间为 System. Data. OleDb. OleDbConnection。
- ODBC. NET 数据。该种数据提供程序的 OdbcConnection 连接对象，命名空间为 System. Data. Odbc. OdbcConnection。
- Oracle. NET 数据。该种数据提供程序的 OracleConnection 连接对象，命名空间为 System. Data. OracleClient. OracleConnection。

本章所有实例都以 SQL Server 数据库为例，引用的命名空间都为 System. Data . SqlClient. SqlConnection。

1. SQL Server 数据连接字符串

为了让 SqlConnection 数据库连接对象知道所要访问的数据文件在哪里，用户必须将这些信息用一个字符串加以描述。

连接字符串通常由分号隔开的名称和值组成，用于指定数据库的设置。在连接数据库时只要使用几个主要的参数就可以完成连接数据库的操作，其中 SQL Server 数据连接必须提供的参数如表 5-1 所示。

表 5-1　特定数据库连接字符串参数

参　　数	描　　述
Initial Catalog 或 Database	要连接的数据库的名称
Data Source 或 Server	设置要连接的 SQL Server 服务器的名称
Integrated Security 或 Trusted_Connection	指定是否使用信任连接
Password 或 pwd	SQL Server 账户的登录密码
User ID 或 uid	SQL Server 登录账户
Connection Timeout	连接超时

SQL Server 数据库有两种连接模式，下面对这两种连接模式进行介绍。

1）以混合模式连接

使用此连接模式必须输入登录名和登录口令。其基本格式如下：

```
string conString = "server = DONET\DONET2008;database = news;uid = sa;pwd = sa";
    SqlConnection conn = new SqlConnection(conString);
```

其中，DONET 为计算机名称，DONET2008 为数据库服务器的实例名。如果使用 Visual Studio

2010 自带的数据库,只要把服务器名填为"计算机名\SQLEXPRESS"就可以连接了。

2) 以 windows 模式连接

以 windows 模式连接必须将 Trusted_Connection 设置为 true,或者将 Integrated Security 设置为 true。其格式如下:

```
string conString = "server = DONET\DONET2008;database = news; Trusted_Connection = true";
    SqlConnection conn = new SqlConnection(conString);
```

在平常的开发中,最好把连接信息保存在 Web.config 配置文件中,以便维护和修改,并且在 Web.config 配置文件的<configuration>节中添加以下代码:

```
< configuration >
  < connectionStrings >
    < add name = "myConnection" connectionString = "database = news; Integrated Security = true;"
providerName = "System.Data.SqlClient"/>
  </connectionStrings >
</configuration >
```

2. 连接数据库

ADO.NET 专门提供了 SQL Server.NET 数据提供程序用于连接 SQL Server 数据库的类 SqlConnection。在打开数据库连接之前,必须先设置好数据库连接字符串,否则 SqlConnection 对象不知道要与哪一个数据库建立连接,然后再调用其 Open()方法打开连接,此时便可以对数据库进行访问,最后调用 Close()方法关闭连接。

【例 5-1】 创建一个数据库连接字符串,并通过 SqlConnection 对象连接到 SQL Server 2008 Express 数据库中的 rsgl 数据库,同时应用 SqlConnection 对象的 State 属性判断数据库的连接状态,运行结果如图 5-3 所示(代码位置:ch5/01)。

图 5-3　用 State 状态判断连接状态

本例的实现步骤如下:

(1) 新建一个网站,默认页为 Default.aspx。

(2) 将数据库连接字符串写到 Web.config 中。

```
< connectionStrings >
< add name = "myConn" connectionString = "server = .\SQLEXPRESS; database = rsgl; Integrated
Security = true;" providerName = "System.Data.SqlClient"/>
    </connectionStrings >
```

(3) 在 Default.aspx 页面的 Page_Load 事件中应用 SqlConnection 对象的 State 属性判断数据库的连接状态,代码如下:

```
protected void Page_Load(object sender, EventArgs e)
    {
        //获取连接数据库的字符串
        string SqlStr = ConfigurationManager.ConnectionStrings["myConn"].ToString();
        //创建 SqlConnection 对象
        //设置 SqlConnection 对象连接数据库的字符串
        SqlConnection con = new SqlConnection(SqlStr);
        //打开数据库的连接
        con.Open();
        if (con.State == System.Data.ConnectionState.Open)
        {
            Response.Write("SQL Server 数据库连接开启!<p/>");
            //关闭数据库的连接
            con.Close();
        }
        if (con.State == System.Data.ConnectionState.Closed)
        {
            Response.Write("SQL Server 数据库连接关闭!<p/>");
        }
    }
```

5.1.4 执行数据库命令

使用 Connection 对象与数据源建立连接后,可以使用 Command 对象读数据源执行查询、添加、修改和删除等各种操作,操作实现的方式可以是使用 SQL 语句,也可以是使用存储过程。对于 SQL Server 数据库,使用的是 SqlCommand 类。

1. SqlCommand 的常用属性和方法

Command 最主要的功能就是对数据库执行 SQL 语句,它是 ADO.NET 中操作数据库的最基本的对象,也是查询数据库不可缺少的对象之一。

SqlCommand 对象的常用属性如表 5-2 所示。

表 5-2 SqlCommand 对象的常用属性

属　性	描　述
CommandText	获取或设置要对数据源执行的 Transact-SQL 语句、表名或存储过程
CommandTimeout	获取或设置在终止执行命令的尝试并生成错误之前的等待时间
CommandType	获取或设置一个值,该值指示如何解释 CommandText 属性
Connection	获取或设置 SqlCommand 的此实例使用的 SqlConnection
Parameters	获取 SqlParameterCollection
Transaction	获取或设置将在其中执行 SqlCommand 的 SqlTransaction
UpdatedRowSource	获取或设置命令结果在由 DbDataAdapter 的 Update 方法使用时如何应用于 DataRow

SqlCommand 对象的常用方法如表 5-3 所示。

表 5-3　SqlCommand 对象的常用方法

方　　法	描　　述
Cancel	尝试取消 SqlCommand 的执行
CreateParameter	创建 SqlParameter 对象的新实例
ExecuteReader	将 CommandText 发送到 Connection 并生成一个 SqlDataReader
ExecuteNonQuery	对连接执行 Transact-SQL 语句并返回受影响的行数
ExecuteScalar	执行查询,并返回查询所返回的结果集中第一行的第一列,忽略其他列或行
ExecuteXmlReader	将 CommandText 发送到 Connection 并生成一个 XmlReader 对象

为了使读者更好地理解 Command 对象如何执行 SQL 语句,下面通过一个简单的联系人管理系统为例系统地应用面向对象编程思想,以加深读者对 ADO. NET 数据库操作技术以及面向对象编程思想的认识。

【例 5-2】　简单的联系人管理系统,主要通过 SQL 语句实现联系人信息的修改和删除等操作(代码位置:ch5/02)。

本例实现的主要步骤如下:

(1) 新建一个网站并命名为 02,其默认主页为 Default. aspx,用来作为联系人管理系统的登录界面。

(2) 创建一个名为 OperateDataBase 的公共类,在该类的默认构造函数中定义连接 SQL Server 数据库的字符串,然后分别定义私有方法 Open() 调用 SqlConnection 对象的 Open() 方法打开数据库连接,定义一个公有 Close() 方法调用 SqlConnection 对象的 Close() 方法关闭数据库连接。同时在该类中定义一个 ExecSql(),主要应用 SqlCommand 对象的 ExecuteNonQuery() 方法执行 INSERT、DELETE 或 UPDATE 的 SQL 命令,以便实现数据库的添加、修改和删除操作。其主要代码如下:

```
public class OperateDataBase
{
    protected SqlConnection conn;
    protected string conStr;
    public OperateDataBase()                    //构造函数
    {
        conStr = "server = .\\SQLEXPRESS;DataBase = db_05;Trusted_Connection = true";
    }
    private void Open()                         //定义一个私有方法,防止外界访问
    {
        if (conn == null)                       //判断数据库连接是否存在
        {
            conn = new SqlConnection(conStr);   //不存在,新建数据库连接
            conn.Open();                        //打开数据库连接
        }
        else
        {
            if (conn.State.Equals(ConnectionState.Closed))          //存在,判断是否关闭
```

```
            conn.Open();                          //连接处于关闭状态,重新打开
        }
    }
    public void Close()                            //定义一个公有方法,关闭数据库连接
    {
        if (conn.State.Equals(ConnectionState.Open))
        {
            conn.Close();                          //连接处于打开状态,关闭连接
        }
    }
    /// <summary>
    /// 此方法用来执行 SQL 语句
    /// </summary>
    /// <param name = "SqlCom">要执行的 SQL 语句</param>
    /// <returns></returns>
    public bool ExceSql(string strSqlCom)
    {
        Open();
        SqlCommand sqlcom = new SqlCommand(strSqlCom, conn);
        try
        {
            sqlcom.ExecuteNonQuery();              //执行添加操作的 SQL 语句
            return true;
        }
        catch
        {
            return false;                          //执行 SQL 语句失败,返回 false
        }
        finally
        {
            Close();
        }
    }
}
```

(3) 选择网站名称,然后右击,在弹出的快捷菜单中创建一个名为 LinkManage 的文件夹,然后在该文件夹中创建 3 个 Web 窗体,分别为添加联系人信息操作页面 LinkManManage.aspx、修改联系人信息页面 UpdateLinkMan.aspx 和删除联系人信息页面 DeleteLinkMan。

2. 使用 Command 对象添加联系人信息

在例 5-2 中创建了一个名为 LinkManManage.aspx 的 Web 窗体,主要用来添加联系人信息,例如联系人的姓名、昵称和性别等信息,运行结果如图 5-4 所示。

(1) 在 LinkManManage.aspx 前台页面中添加一个 ID 为 imgAdd 的 ImageButton 控件,用来执行添加操作。

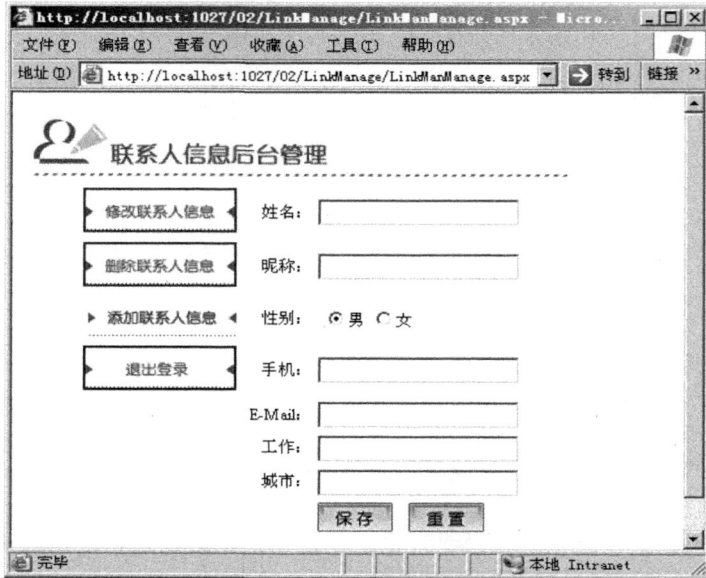

图 5-4　使用 Command 对象添加联系人管理数据

（2）双击"保存"按钮触发其 Click 事件，实现添加联系人详细信息的功能，其代码如下：

```
protected void imgAdd_Click(object sender, ImageClickEventArgs e)
    {
        string userName = this.txtName.Text;            //获取用户名
        string nickName = this.txtNickName.Text;        //获取昵称
        string sex = "";
        if (radlistSex.SelectedValue.Trim() == "男")    //获取联系人性别
        {
            sex = "男";
        }
        else
        {
            sex = "女";
        }
        string phone = this.txtphone.Text;              //获取手机号
        string email = this.txtMail.Text;               //获取邮件地址
        string work = this.txtWork.Text;                //获取地址信息
        string city = this.txtCity.Text;                //获取所在城市
        //创建 SQL 语句,用来添加用户的详细信息
        string sqlInsert = "insert into AddLinkMen values('" + userName + "','" + nickName + "
','" + sex + "','" + phone + "','" + email + "','" + work + "','" + city + "')";
        OperateDataBase odb = new OperateDataBase();     //实例化类对象
        bool add = odb.ExceSql(sqlInsert);
        if (add == true)
        {
            Response.Write("< script language = javascript > alert('添加成功!');location =
'LinkManManage.aspx'</script >");
```

```
    }
    else
    {
        Response.Write("<script language = javascript > alert('添加失败!');location =
'javascript:history.go(-1)'</script>");
    }
}
```

3. 使用 Command 对象修改联系人信息

下面使用 Command 对象实现对联系人信息的修改操作。在例 5-2 中创建一个名为 UpdateLinkMan.asxp 的页面,其执行结果如图 5-5 所示。

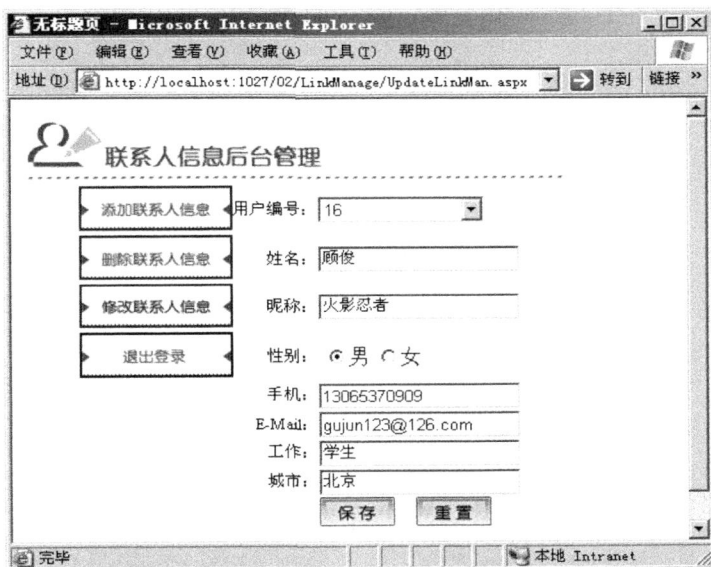

图 5-5　使用 Command 对象修改联系人信息

（1）在 UpdateLinkMan.asxp 前台页面中添加一个 DropDownList 控件和一个 ImageButton 控件,分别用于选择用户编号和执行修改操作。

（2）双击"保存"按钮触发其 Click 事件,主要代码如下:

```
protected void imgUpdate_Click(object sender, ImageClickEventArgs e)
{
    //省略代码与实现添加联系人处获取控件信息的代码相同
    string update_sql = "update AddLinkMen set userName = '" + userName + "',UserNickName = '
" + nickName + "',UserSex = '" + sex + "',UserPhone = '" + phone + "'"
        + ",UserEmail = '" + email + "',UserAddress = '" + work + "',UserCity = '" + city +
"'";
    bool update_data = odb.ExceSql(update_sql);
    if (update_data == true)
    {
        Response.Write("<script language = javascript > alert('修改成功!');location =
'UpdateLinkMan.aspx'</script>");
    }
```

```
else
{
    Response. Write ("< script language = javascript > alert ('修改失败!'); location =
'javascript:history.go( - 1)'</script>");
}
}
```

ADO. NET 在修改数据库记录时首先创建 SqlConnection 对象连接数据库，然后返回定义修改数据库的 SQL 字符串，最后调用 SqlCommand 对象的 ExecuteNonQuery 方法执行记录的修改操作。

4. 使用 Command 对象删除联系人信息

在例 5-2 中创建一个 DeleteLinkMan. aspx 页面，用来执行删除联系人信息的操作，其运行结果如图 5-6 所示。

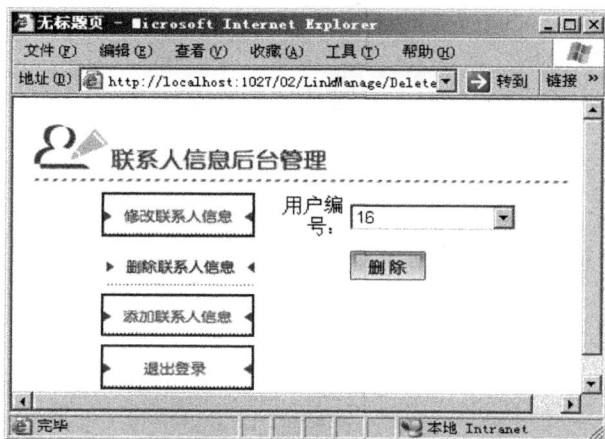

图 5-6　使用 Command 对象删除联系人信息

（1）在 DeleteLinkMan. aspx 页面中添加一个 DropDownList 控件和一个 ImageButton 控件，分别用于选择用户编号和执行删除操作。

（2）双击"删除"按钮触发其 Click 事件，根据所选择的用户编号对联系人信息进行删除，其主要代码如下：

```
protected void imgDel_Click(object sender, ImageClickEventArgs e)
{
    if (DropDownList1. SelectedValue != "" && DropDownList1. SelectedIndex != 0)
    {
        string delete_sql = "delete from AddLinkMen where UserID = '" + Convert. ToInt32
(DropDownList1. SelectedValue) + "'";
        bool delete_data = odb. ExceSql(delete_sql);
        if (delete_data == true)
        {
            Response. Write("< script language = javascript > alert ('删除成功!'); location
= 'DeleteLinkMan. aspx'</script >");
        }
        else
```

```
        {
            Response.Write("< script language = javascript > alert('删除失败!');location
= 'DeleteLinkMan.aspx'</script>");
        }
    }
    else
    {
        Response.Write("< script language = javascript > alert('暂无数据!');location =
'DeleteLinkMan.aspx'</script>");
    }
}
```

5. 调用存储过程管理联系人

调用存储过程可以使管理数据库和显示数据库信息等操作变得非常容易,它是 SQL 语句和可选控制流语言的预编译集合。存储过程保存在数据库中,在程序中可以通过 SqlCommand 对象来调用,其执行速度比 SQL 语句快,并且保证了数据的安全性和完整性。下面的例 5-3 使用存储过程来完成例 5-2 中的联系人管理操作。

【例 5-3】 使用存储过程实现对联系人的添加、修改和删除等操作(代码位置:ch5/03)。

使用存储过程实现添加联系人信息的代码如下:

```
Create PROCEDURE [dbo].[procInsertPerson]
    (@userName [nvarchar](50),
    @UserNickName [nvarchar](50),
    @UserSex   [nvarchar](50),
    @UserPhone [nvarchar](50),
    @UserEmail [nvarchar](50),
    @UserAdress [nvarchar](50),
    @UserCity [nvarchar](50))
AS INSERT INTO [db_05].[dbo].[AddLinkMen](
[userName],
[UserNickName],
[UserSex],
[UserPhone],
[UserEmail],
[UserAddress],
[UserCity])
VALUES(
@userName,
@UserNickName,
@UserSex,
@UserPhone,
@UserEmail,
@UserAddress,
@UserCity)
```

实现添加操作的运行结果如图 5-7 所示。

本例实现的主要步骤如下:

(1) 新建一个网站,然后新建一个页面并将其命名为 AddLinkMan.aspx,用于使用存储过程实现添加联系人信息的操作。

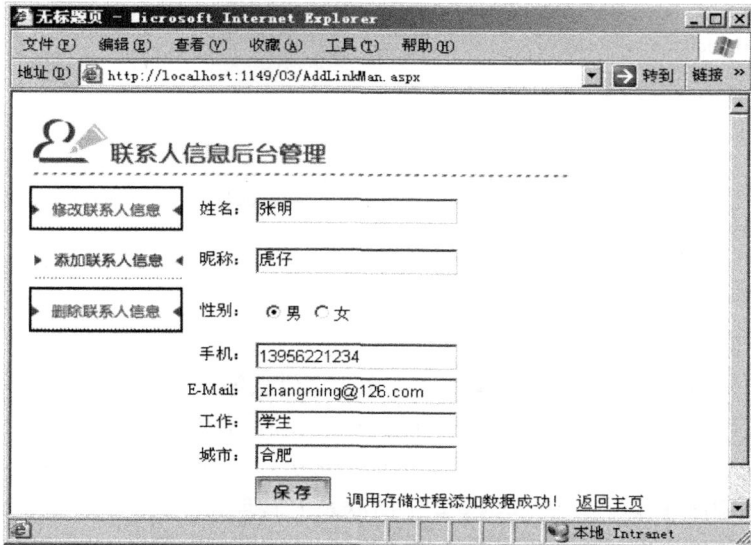

图 5-7　使用存储过程添加联系人信息

（2）双击"保存"按钮触发其 Click 事件，使用存储过程实现对联系人信息的添加。其代码如下：

```
SqlConnection mycon = new SqlConnection(ConfigurationManager.ConnectionStrings["conn"].
ConnectionString);
        if (mycon.State == ConnectionState.Closed)
        {
            mycon.Open();
        }
SqlCommand pro_str = new SqlCommand("procInsertPerson", mycon);
//指定命令类型为存储过程
pro_str.CommandType = CommandType.StoredProcedure;
//先清空参数数组，然后再逐项为存储过程中的变量赋值
pro_str.Parameters.Clear();
SqlParameter[] prams = {
                        new SqlParameter("@userName", SqlDbType.NVarChar, 50),
                        new SqlParameter("@UserNickName", SqlDbType.NVarChar, 50),
                        new SqlParameter("@UserSex", SqlDbType.NVarChar, 50),
                        new SqlParameter("@UserPhone", SqlDbType.NVarChar, 50),
                        new SqlParameter("@UserEmail", SqlDbType.NVarChar, 50),
                        new SqlParameter("@UserAddress", SqlDbType.NVarChar, 50),
                        new SqlParameter("@UserCity", SqlDbType.NVarChar, 50)
                    };
prams[0].Value = txtName.Text;
prams[1].Value = txtNickName.Text;
prams[2].Value = radlistSex.SelectedValue;
prams[3].Value = txtphone.Text;
prams[4].Value = txtMail.Text;
prams[5].Value = txtWork.Text;
```

```
prams[6].Value = txtCity.Text;
//添加参数
foreach (SqlParameter parameter in prams)
{
    pro_str.Parameters.Add(parameter);
}
int count = Convert.ToInt32(pro_str.ExecuteNonQuery());
if (count > 0)
{
    lbMessage.ForeColor = System.Drawing.Color.Blue;
    lbMessage.Text = "调用存储过程添加数据成功!";
}
else
    Response.Write("信息提示:添加失败!");
mycon.Close();
}
```

5.1.5 连线模式下的数据访问

   DataReader 对象是一个简单的数据集,用于从数据源中读取只读的数据集,常用于检索大量数据。在 SQL Server 数据库中使用的是 SqlDataReader 对象。DataReader 对象每次只能在内存中保留一行,所以开销非常小。

   如果只需要将数据读出并显示,那么 DataReader 对象是最适合的工具,它的读取速度比之后要讲的 DataSet 快,占用的资源也比 DataSet 少。但是 DataReader 对象在读取数据时要求数据库一直保持连线状态,只有在读完数据后才可以断开。

   程序可以通过 Command 对象的 ExecuteReader 方法从数据源中检索数据来创建 DataReader 对象。

1. DataReader 对象的常用属性和方法

DataReader 对象的常用属性如表 5-4 所示。

表 5-4   DataReader 对象的常用属性

属　　性	描　　述
HasRows	判断数据库中是否有数据
FieldCount	获取当前行的列数
RecordsAffected	获取执行 SQL 语句所更新、添加和删除的行数

DataReader 对象的常用方法如表 5-5 所示。

表 5-5   DataReader 对象的常用方法

方　　法	描　　述
Close	关闭 DataReader 实例
Read	使高级读取器到下一个块数据,该读取器包含多的一个块数据
Get	用来读取数据集的当前行的某一列数据

说明:若要判断是否有数据可供读取,可以先用 DataReader 对象的 HasRows 属性判

断是否有数据可以回传,若有数据回传 true,否则回传 false,接着再调用 DataReader 的 Read 方法,它往下读取一条数据,如果有就回传 true,否则回传 false。

2. 使用 DataReader 对象获取数据

DataReader 对象可以称为数据阅读器,它以基于连接的、快速的、未缓冲的、只向前移动的方式读取数据,一次只读取一条记录,然后遍历整个结果集。

在前面的例 5-2 中使用 Command 对象修改联系人的信息,当选择用户编号时就会自动显示出相应的用户信息。如图 5-8 所示,在此根据用户编号显示用户信息的操作就是通过 DataReader 对象来实现的(代码位置:ch5/02)。

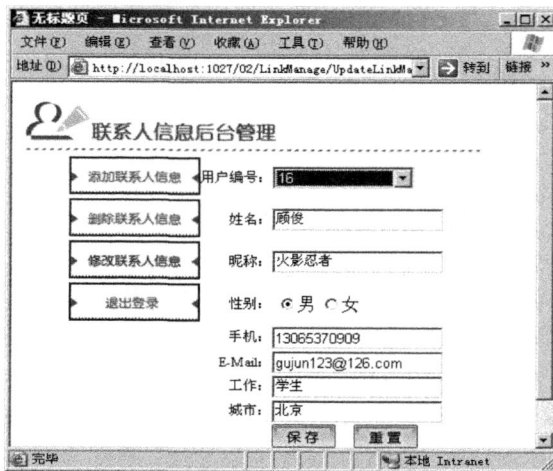

图 5-8　通过 DataReader 以流方式读取数据

其主要步骤如下:

(1) 在创建的公共类 OperateDataBase 中定义一个 SqlDataReader 类型的 ExecRead() 方法,然后在该方法中通过 SqlCommand 对象的 ExecuteReader() 方法创建一个 SqlDataReader 对象。其代码如下:

```
public SqlDataReader ExceRead(string sqlCom)
    {
        Open();                                      //打开数据库连接
        SqlCommand com = new SqlCommand(sqlCom, conn);  //创建命令对象
        SqlDataReader read = com.ExecuteReader();
        return read;
    }
```

(2) 在创建的 UpdataLinkMan. aspx 页面的后台代码中触发绑定用户信息的 DropDownList 控件的 SelectedIndexChanged 事件,该事件用于实现选择用户编号时自动显示该编号的用户联系信息。其代码如下:

```
protected void  DropDownList1_SelectedIndexChanged(object sender, EventArgs e)
{
    if (DropDownList1.SelectedValue != null && DropDownList1.SelectedIndex!= 0)
        {
```

```
                string cmdsql = "select * from AddLinkMen where UserID = '" + Convert.ToInt32
    (DropDownList1.SelectedValue) + "'";
                SqlDataReader myRead = odb.ExceRead(cmdsql);          //调用公共类中的 ExceRead 方
                                                                       //法创建数据阅读器
                if (myRead.HasRows)                                   //判断是否有数据
                {
                    while (myRead.Read())                            //读取数据
                    {
                        txtName.Text = myRead["UserName"].ToString();
                        txtNickName.Text = myRead["UserNickName"].ToString();
                        txtphone.Text = myRead["UserPhone"].ToString();
                        txtMail.Text = myRead["UserEmail"].ToString();
                        txtWork.Text = myRead["UserAddress"].ToString();
                        txtCity.Text = myRead["UserCity"].ToString();
                    }
                    myRead.Close();                                  //关闭数据阅读器
                }
            }
            else
            {
        txtName.Text = txtNickName.Text = txtphone.Text = txtMail.Text = txtWork.Text =
    txtCity.Text = "";
            }
    }
```

5.1.6 离线模式下的数据访问

DataSet 对象是 ADO. NET 最核心的成员之一,它是支持 ADO. NET 断开式、分布式数据库方案的核心对象,也是实现基于非连接的数据库查询的核心组件。对于 DataSet 对象而言,可以将其看作是在内存中创建的一个小型关系数据库,它将数据库中的数据复制了一份放到用户本地的内存中,供用户在不连接数据库的情况下读取数据,充分利用了客户端资源,大大降低了数据库服务器的压力。

当把 SQL Server 数据库的数据通过起"桥梁"作用的 SqlDataAdapter 对象(主要为该对象的 Fill 方法)填充到 DataSet 数据集中后,就可以对数据库进行一个断开连接(离线状态)的操作。

5.1.7 数据"桥梁"——DataAdapter 对象

DataAdapter 对象又称数据适配器,它是一种充当 DataSet 对象与实际数据之间"桥梁"的对象,可以说只要有 DataSet 对象就有它,它也是专门为 DataSet 服务的。

DataAdapter 对象的工作步骤一般有两种,一种是通过 Command 对象执行 SQL 语句从数据源中检索数据,将获取的结果集填充到 DataSet 对象的表中;另一种是把用户对 DataSet 对象做出的更改写入到数据源中。对于 SQL Server 数据库而言,使用的适配器对象为 SqlDataAdapter。

1. DataAdapter 对象的常用属性和方法

DataAdapter 对象的常用属性如表 5-6 所示。

表 5-6　DataAdapter 对象的常用属性

属　　　性	描　　　述
DeleteCommand	获取或设置一个 Transact-SQL 语句或存储过程,以从数据集中删除记录
InsertCommand	获取或设置一个 Transact-SQL 语句或存储过程,以在数据源中插入新记录
SelectCommand	获取或设置一个 Transact-SQL 语句或存储过程,用于在数据源中选择记录
UpdateCommand	获取或设置一个 Transact-SQL 语句或存储过程,用于更新数据源中的记录

之前讲的 DataSet 对象是一个非连接对象,它与数据源无关,也就是说该对象并不直接跟数据源产生联系,而这里所介绍的 DataAdapter 则正好负责填充它并把它的数据提交给一个特定的数据源,只有当它与 DataSet 配合使用时才可以执行添加、修改和删除操作。

以下代码用于对 DataAdapter 对象的 SelectCommand 属性赋值:

```
SqlConnection con = new SqlConnection(strCon);           //创建数据库连接对象
    SqlDataAdapter sda = new SqlDataAdapter();           //创建 SqlDataAdapter 对象
    //给 SqlDataAdapter 的 SelectCommand 赋值
    sda.SelectCommand = new SqlCommand("select * from student",con);
    …//省略后继代码
```

同样可以使用上述方式给其他的 InsertCommand、UpdateCommand 和 DeleteCommand 属性赋值,以下代码用于对 DataAdapter 对象的 UpdateCommand 属性赋值执行更新操作:

```
SqlConnection con = new SqlConnection(strCon);           //创建数据库连接对象
SqlDataAdapter sda = new SqlDataAdapter();               //创建 SqlDataAdapter 对象
//给 SqlDataAdapter 的 UpdateCommand 赋值
sda.UpdateCommand = new SqlCommand("update tb_book set bookName = @bookName where id = @id",
con);
sda.UpdateCommand.Parameters.Add("@Name", sqlDbType.NVarchar, 900);
SqlParameter prams_ID = sda.UpdateCommand.Parameters.Add("@id", sqlDbType.Int);
…//省略后继代码
```

DataAdapter 对象的常用方法如表 5-7 所示。

表 5-7　DataAdapter 对象的常用方法

方　　　法	描　　　述
Fill	从数据源中提取数据以填充数据集
Update	更新数据源

当 SqlDataAdapter 调用 Fill 方法时,它将向数据存储区传输一条 SQL SELECT 语句,该方法主要用来填充或刷新 DataSet,返回值是影响 DataSet 的行数。该方法的常用定义如下:

(1) int Fill(DataSet dataset)。该方法用于添加或更新参数所指定的 DataSet,返回值是影响的行数。

(2) int Fill(DataTable datatable)。该方法用于将数据填充到一个数据表中。

(3) Int Fill(DataSet dataset,String tableName)。该方法用于填充指定的 DataSet 中的特定表。

2. 填充并访问 DataSet 中的数据

通过 DataAdapter 对象查询数据之后，需要把数据填充到 DataSet 中。

具体操作流程是，首先使用 DataAdapter 取出数据，然后调用 DataAdapter 的 Fill 方法，将取得的数据导入 DataSet 中。

【例 5-4】 使用 DataAdapter、DataSet 对象访问 db_05 数据库中的 tb_book 表，并将该表中的数据读取出来，运行结果如图 5-9 所示（代码位置：ch5/04）。

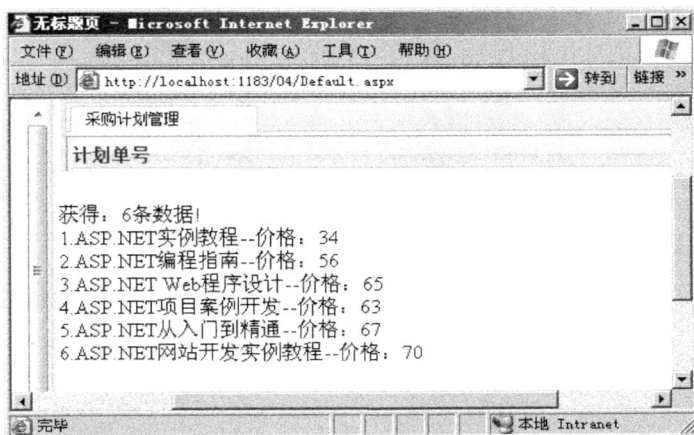

图 5-9 使用 SqlDataAdapter 对象以只读方式读取 DataSet 表中的数据

本例实现的主要步骤如下：

(1) 新建网站并命名为 04，其默认主页为 Default.aspx。

(2) 当页面加载时，在 Default.aspx 页面的 Page_Load 事件下应用一个 foreach 循环，声明 DataRow 类型的变量 mydr，将数据集 ds 中名称为 book 的表中的 Rows 集合的内容逐一读取并把它们显示在前台页面的 Label 控件中。其代码如下：

```
protected void Page_Load(object sender, EventArgs e)
    {
        string strCon = @"server = .\SQLEXPRESS;database = db_05;Trusted_Connection =
true;";
        //创建数据库连接对象
        SqlConnection mycon = new SqlConnection(strCon);
        //创建 SqlDataAdapter 对象
        SqlDataAdapter ada = new SqlDataAdapter("select * from tb_book", mycon);
        //创建 DataSet 对象
        DataSet ds = new DataSet();
        //填充数据集
        int counter = ada.Fill(ds, "tb_book");
        lblNum.Text = "获得：" + counter.ToString() + "条数据!";
        foreach (DataRow mydr in ds.Tables["tb_book"].Rows)
        {
        Label1.Text += mydr["bookID"].ToString() + "."
            + mydr["bookName"].ToString() + "--价格："
            + mydr["bookPrice"].ToString() + "<br/>";
        }
    }
```

141

第 5 章

数据访问技术

3. 修改 DataSet 并更新数据源(批量更新)

DataAdapter 不仅可以用来填充 DataSet,还可以调用其 Update()方法将 DataSet 中的更改解析回数据库,从而更新数据库,包括插入、更新和删除。DataAdapter 对象的 Update()方法有以下定义:

(1) Update(DataSet)。该定义根据指定的数据集中的数据表更新数据源。

(2) Update(DataTable)。该定义根据数据表更新数据源。

(3) Update(DataRows)。该定义根据指定的数据行数组更新数据源。

当调用 Update()方法时,DataAdapter 将分析已做出的更改并执行相应的命令(Insert、Update 或 Delete)。当 DataAdapter 遇到 DataRow 的更新时,它将使用 InsertCommand、UpdateCommand 和 DeleteCommand 来处理更新。

【例 5-5】 使用 DataAdapter 从数据库中读取 tb_book 表中的内容填充到数据集 DataSet 中,并使用 CommandBuilder 对象和 Update 方法修改数据集中的每本书的名称,为它们添加系统的当前时间,然后将最终结果以表格形式输出到页面,最后将 DataSet 的更改保存到 SQL Server 数据库中。页面的执行结果如图 5-10 所示(代码位置:ch5/05)。

图 5-10   使用 DataAdapter 对象的 Update 方法修改数据集

如果 DataTable 映射到单个数据表或者从单个数据表生成,则可以利用 CommandBuilder 对象自动生成 DataAdapter 的 DeleteCommand、UpdateCommand 和 InsertCommand,之后便可以调用 Update()方法执行更新。在使用 CommandBuilder 时,数据库表必须定义主键,否则执行时会出现异常。

本例的主要步骤如下:

(1) 新建网站并命名为 05,其默认主页为 Default. aspx。

(2) 在页面的 Page_Load 事件下应用 CommandBuilder 对象及 Update 方法修改 DataSet 并更新到数据源的数据表中。具体实现代码如下:

```
protected void Page_Load(object sender, EventArgs e)
    {
        string strCon = @"server = . \SQLEXPRESS; database = db_05; Trusted_Connection =
```

```
true;";
        //创建数据库连接对象
        SqlConnection mycon = new SqlConnection(strCon);
        //创建数据适配器
        SqlDataAdapter sda = new SqlDataAdapter("select bookID,bookName,bookPrice from tb_
book", mycon);
        DataSet ds = new DataSet();                        //创建数据集
        sda.Fill(ds, "tb_book");                           //填充数据集
        ShowDsTable(ds.Tables[0]);                         //显示未更新前的数据信息
        //更改数据操作
        for (int i = 0; i <= ds.Tables["tb_book"].Rows.Count - 1; i++)
        {
            ds.Tables["tb_book"].Rows[i]["bookName"] += DateTime.Today.ToShortDateString();
        }
        //使用 SqlCommandBuilder 对象并和 SqlDataAdapter 关联,自动创建 UpdateCommand
        SqlCommandBuilder builder = new SqlCommandBuilder(sda);
        sda.Update(ds, "tb_book");                    //应用 SqlDataAdapter 的 Update 方法更新数据
        ShowDsTable(ds.Tables[0]);                    //调用自定义方法 ShowDsTable 显示更新后的数据
        sda.Dispose();
        ds.Dispose();
    }
```

说明:如果想使用最新的数据,必须重新调用 Fill()方法刷新 DataSet,更新的信息将并入现有行。Fill()方法通过检查 DataSet 中行的主键值及 SelectCommand 返回来的行来确定是添加一个新行还是更新现有行。

在上述事件代码中调用一个自定义方法 ShowDsTable,用于将更改前的原始数据及更改后的数据分别显示在页面中,该方法的具体代码如下:

```
public void ShowDsTable(DataTable dataTable)
    {
        //输出表格
        Response.Write("< table border = 1 align = 'center'");
        Response.Write("< tr >< th >编号</th>< th >词典名称</th>< th >词典价格</th></tr>");
        foreach (DataRow row in dataTable.Rows)
        {
          Response.Write("< tr >");
            for (int i = 0; i < dataTable.Columns.Count; i++)
            {
                //按照顺序以列名指定要读取的项
                Response.Write("< td align = 'center'>" + row[i] + "</td>");
            }
            Response.Write("</tr>");
        }
        Response.Write("</table>");
    }
}
```

数据访问技术

再次强调：在使用 CommandBuilder 时，DataSet 中的数据必须至少存在一个主键或者唯一的列，如果不存在，在调用 Update 方法时将产生 InvalidOperation 异常，不会生成自动更新数据库的 Insert、Update 和 Delete 命令。

5.2 ASP. NET 数据绑定

ASP. NET 具有强大的数据绑定功能，所谓的数据绑定是指数据与控件如何相互结合的方式。在 ASP. NET 中，开发人员可以有选择性地绑定到简单的属性、集合、表达式或者方法。根据所绑定控件的不同或绑定的属性不同，ASP. NET 中的数据绑定分为单值绑定和重复值绑定两种类型，如果有需要，开发人员还可以定义自己的绑定。

5.2.1 单值绑定

单值绑定允许为控件的某个属性指定一个绑定表达式，可以在声明代码中直接使用绑定表达式进行绑定。单值绑定通常使用以下语句指定数据绑定表达式：

```
< % ♯数据绑定表达式 % >
```

使用数据绑定并不只限于绑定到数据库中的数据，还可以是一个变量、一个表达式或者是一个函数，它们都可以在表达式中进行指定。但是用户必须注意，如果是绑定类级别的变量或者是函数，则必须指定其访问方式为 public 或者 protected 类型。

【例 5-6】 使用 Label 控件的 Text 属性绑定数据，页面的运行结果如图 5-11 所示（代码位置：ch5/06）。

图 5-11 绑定到属性的运行结果

该例通过 3 个 Label 控件分别绑定系统当前的日期、用户自定义的函数以及当前网页文件的路径，其具体实现步骤如下：

（1）新建网站并命名为 06，然后在其默认页 Default. aspx 中添加一个控件 Label1，用于绑定系统当前的时间。其代码如下：

```
< asp:Label ID = "Label1" runat = "server" Text = "< % ♯ DateTime. Now. ToString( ) % >"></asp:
Label >
```

运行该页面发现没有任何效果。为了计算数据绑定的表达式，必须显式地调用 Page. DataBind()方法。在调用此方法时，ASP. NET 将检测页面上的绑定表达式并计算相应的值，因此在 Page_Load 事件中添加以下代码：

```
protected void Page_Load(object sender, EventArgs e)
{
    Page.DataBind();
}
```

使用 Page.DataBind()方法将对页面上所有的绑定表达式进行计算,也可以只调用 Label1.DataBind()方法来计算特定控件的表达式。

(2) 在页面的后台代码中添加一个 GetWeek 方法,该方法必须是 public 或者 protected 类型的方法。其代码如下:

```
//这个函数将绑定到页面上的 Label2 控件中
    protected string GetWeeks()
    {
        DayOfWeek dayofweek = DateTime.Now.DayOfWeek;
        string chineseweek = null;
        switch (dayofweek)
        {
            case DayOfWeek.Monday:
                chineseweek = "星期一,项目跟踪模块启动";
                break;
            case DayOfWeek.Tuesday:
                chineseweek = "星期二,架构师设计架构";
                break;
            case DayOfWeek.Wednesday:
                chineseweek = "星期三,与客户沟通项目的架构";
                break;
            case DayOfWeek.Thursday:
                chineseweek = "星期四,修改架构以适应客户需求";
                break;
            case DayOfWeek.Friday:
                chineseweek = "星期五,需求工程师评估软件构想";
                break;
            case DayOfWeek.Saturday:
                chineseweek = "星期六,开发人员准备设计框架";
                break;
            case DayOfWeek.Sunday:
                chineseweek = "星期天,编码与报表测试";
                break;
            default:
                chineseweek = "未知";
                break;
        }
        return chineseweek;
    }
```

在前台页面中添加一个 Label2 控件,并为其 Text 属性指定以下表达式:

数据访问技术

```
< asp:Label ID = "Label2" runat = "server" Text = "<% #GetWeeks() %>"></asp:Label>
```

（3）在后台代码中添加一个属性，用于显示当前的文件路径。其代码如下：

```
//定义一个属性,用于进行数据绑定
    private string _path = null;
    public string Path
    {
        get { return _path; }
        set { _path = value; }
    }
    protected void Page_Load(object sender, EventArgs e)
    {
        _path = Server.MapPath(Request.Url.LocalPath);
        Page.DataBind();
    }
```

在页面中添加一个新的 Label3，并使用绑定语法绑定该属性到页面上，声明代码如下：

```
< asp:Label ID = "Label3" runat = "server" Text = "<% #Path %>"></asp:Label>
```

5.2.2 重复值绑定

在前面介绍 ADO. NET 数据访问时，我们曾使用 SqlDataReader 将记录绑定到 DropDownList 控件来显示联系人的编号。在这种绑定中，可以看到数据绑定显示的不是一个单值，而是一个列表，这种绑定方式称为重复值绑定。

ASP. NET 中的 ListBox、DropDownList、CheckBoxList 和 RadioButtonList 几个列表控件支持列表数据源，但在同一时刻只能显示单一的属性值在列表中。除此之外，ASP. NET 还提供了一些功能强大的重复值绑定控件，例如 GridView、DatailsView 和 FormView 等，这些控件可以绑定集合中的多个值或所有值。重复值绑定控件通常具有表 5-8 中的属性，用来绑定数据源。

表 5-8　重复值绑定控件的数据绑定属性

属　　性	描　　述
DataSource	包含要显示的数据的数据对象，该对象必须实现 ASP. NET 数据绑定支持的集合，通常是 ICollection
DataSourceID	使用该属性连接到一个数据源控件，使开发人员能用声明方式编程而不用编写程序代码
DataTextField	指定列表控件将显示为控件文本的值，数据源集合通常包含多个列或者多个属性，使用 DataTextField 属性可以指定哪一列或哪种属性数据进行显示
DataTextFormatString	指定 DataTextField 属性将显示的格式
DataValueField	该属性与 DataTextField 属性类似，但该属性的值是不可见的，可以使用代码对该属性的值进行访问，例如列表控件的 SelectedValue 属性

【例 5-7】　使用控件进行重复值绑定，运行结果如图 5-12 所示。

该例的实现步骤如下：

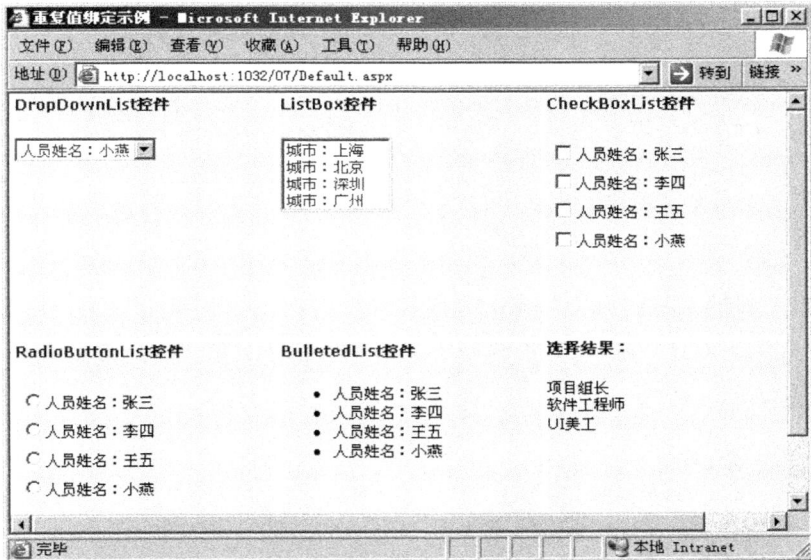

图 5-12　重复值绑定示例的运行结果

（1）新建一个网页，在该网页中添加 DropDownList、ListBox、CheckBoxList、RadioButtonList 以及 BulletedList 控件。声明代码如下：

```
< body >
    < form id = "form1" runat = "server">
    < div id = "content">
    < div id = "repeat1" class = "divstyle">
    < h5 > DropDownList 控件</h5 >
        < asp:DropDownList ID = "DropDownList1" runat = "server" AutoPostBack = "True"
                onselectedindexchanged = "DropDownList1_SelectedIndexChanged">
        </asp:DropDownList >
    </div>
    < div id = "Div1" class = "divstyle">
    < h5 > ListBox 控件</h5 >
        < asp:ListBox ID = "ListBox1" runat = "server"></asp:ListBox >
    </div>
    < div id = "Div2" class = "divstyle">
    < h5 > CheckBoxList 控件 </h5 >
    < asp:CheckBoxList ID = "CheckBoxList1" runat = "server">
        </asp:CheckBoxList >
    </div>
    < div id = "Div3" class = "divstyle">
    < h5 > RadioButtonList 控件</h5 >
    < asp:RadioButtonList ID = "RadioButtonList1" runat = "server">
    </asp:RadioButtonList >
    </div>
    < div id = "Div4" class = "divstyle">
    < h5 > BulletedList 控件</h5 >
    < asp:BulletedList ID = "BulletedList1" runat = "server">
```

数据访问技术

```
                </asp:BulletedList>
            </div>
            <div id = "Div5" class = "divstyle">
            <h5>选择结果: </h5>
                <asp:Label ID = "lblInfo" runat = "server" ></asp:Label>
            </div>
        </div>
    </form>
</body>
```

（2）本例的目的是将代码中列出的列表控件绑定到一个 List<Personal>泛型集合类，因此新建一个名为 Personal 的类，该类简单地表示公司职员的个人信息。其代码如下：

```
public class Personal
{
    //使用自动属性定义 5 个属性
    public string Name { get; set; }
    public string City { get; set; }
    public int Age { get; set; }
    public string Gender { get; set; }
    public string Position { get; set; }
    public Personal()
    { }
    public Personal(string name, string city, int age, string gender, string position)
    {
        Name = name;
        City = city;
        Age = age;
        Gender = gender;
        Position = position;
    }
}
```

（3）在页面的后台代码中添加函数 GetPersonals，该函数初始化一个泛型集合类作为列表控件的数据源。其代码如下：

```
protected List<Personal> GetPersonals()
    {
        List<Personal> personals = new List<Personal>()
        {
            new Personal()
            {
                Name = "张三", Age = 27, City = "上海", Gender = "男", Position = "软件工程师"
            },
            new Personal()
            {
                Name = "李四", Age = 28, City = "北京", Gender = "男", Position = "软件工程师"
            },
            new Personal()
            {
                Name = "王五", Age = 30, City = "深圳", Gender = "男", Position = "项目组长"
```

```
                },
                new Personal()
                {
                    Name = "小燕",Age = 23,City = "广州",Gender = "女",Position = "UI美工"
                }
            };
            return personals;
        }
```

（4）在页面的 Page_Load 事件中添加数据绑定代码，为每个列表控件的几个数据绑定属性进行赋值，最后调用 Page. DataBind 方法将页面上所有的控件进行数据绑定计算。其代码如下：

```
protected void Page_Load(object sender, EventArgs e)
    {
        if (!Page. IsPostBack)
        {
            //获取数据源信息
            List < Personal > personals = GetPersonals();
            //----------------------------------------------------------
            //绑定到 DropDownList1 控件
            DropDownList1. DataSource = personals;
            DropDownList1. DataTextField = "Name";
            DropDownList1. DataTextFormatString = "人员姓名:{0}";
            DropDownList1. DataValueField = "Position";
            //----------------------------------------------------------
            //绑定到 ListBox 控件
            ListBox1. DataSource = personals;
            ListBox1. DataTextField = "City";
            ListBox1. DataTextFormatString = "城市:{0}";
            ListBox1. DataValueField = "Name";
            //----------------------------------------------------------
            //绑定到 CheckBoxList 控件
            CheckBoxList1. DataSource = personals;
            CheckBoxList1. DataTextField = "Name";
            CheckBoxList1. DataTextFormatString = "人员姓名:{0}";
            CheckBoxList1. DataValueField = "Gender";
            //----------------------------------------------------------
            //绑定到 RadioButtonList 控件
            RadioButtonList1. DataSource = personals;
            RadioButtonList1. DataTextField = "Name";
            RadioButtonList1. DataTextFormatString = "人员姓名:{0}";
            RadioButtonList1. DataValueField = "Gender";
            //----------------------------------------------------------
            //绑定到 BulletedList 控件
            BulletedList1. DataSource = personals;
            BulletedList1. DataTextField = "Name";
            BulletedList1. DataTextFormatString = "人员姓名:{0}";
            BulletedList1. DataValueField = "Gender";
            Page. DataBind();
        }
    }
```

（5）为了获取 DataValueField 的值，这里为 DropDownList 控件添加一个 SelectedChanged 事件，该事件在 DropDownList 控件中的选项发生改变时触发。其代码如下：

```
protected void DropDownList1_SelectedIndexChanged(object sender, EventArgs e)
    {
        lblInfo.Text += DropDownList1.SelectedValue + "<br/>";
    }
```

5.3　ASP.NET 数据源控件

在开发 ASP.NET 应用程序时，可以直接使用 ADO.NET 访问数据库获取数据源并绑定到 ASP.NET 服务器控件，这个过程需要开发人员编写大量的程序代码。ASP.NET 2.0以后的版本提供了一系列的数据源控件，采用声明式编程的方式指定数据源，大大简化了编写 ASP.NET 数据库应用程序的复杂性。ASP.NET 4.0 中主要有 6 种数据源控件：

- SqlDataSource 控件。该控件允许开发人员连接到任何具有 ADO.NET 提供者的数据源，包括 SQL Server、Oracle、OLE DB 以及 ODBC 数据源。
- LinqDataSource 控件。该控件提供语言集成查询(Linq To SQL)数据源。
- ObjectDataSource 控件。该控件允许连接到一个自定义的数据访问类，对于大型的可伸缩性应用程序使用 ObjectDataSource 是一个较好的办法。
- AccessDataSource 控件。该控件读取写入 Access 数据库文件(.mdb)。
- XmlDataSource 控件。该控件允许连接到 XML 文件，提供 XML 文件的层次结果信息。
- SiteMapDataSource 控件。该控件用于连接到站点地图。

大多数 ASP.NET 服务器控件都具有 DataSourceID 属性，使用该属性指定一个数据源控件便建立了数据源与控件之间的联系。使用数据源控件的方法很简单，只需要拖动一个数据源控件到 Web 页面上，使用 VS2010 就能完成大多数配置工作。

5.3.1　数据绑定的页面生存期

当使用 ADO.NET 编写代码绑定到数据源时可以控制绑定的时机，在使用 DataSource 控件后，了解数据绑定的页面生存期是很有必要的。数据源控件能完成的两大任务是向连接控制提供数据源数据以及向数据源更新在控件中所做的更改。

数据绑定控件的产生顺序如下：

（1）创建 Page 对象。

（2）开始页面生存期，Page.Init 和 Page.Load 事件触发。

（3）所有控件事件触发。

（4）如果数据源控件中有任何更新，则完成更新行为，并触发数据源控件的 Updating 和 Updated 事件；如果插入了新行，则触发 Inserting 和 Inserted 事件；如果删除了行，则触发 Deleting 和 Deleted 事件。

（5）Page.PreRender 事件触发。

（6）数据源控件完成查询,并将查询数据发送到相连接的控件中。

（7）页面输出完成并被释放。

每当有页面请求产生时都将重复这个过程,这也意味着数据源控件每次 PostBack 时都会查询数据库。

5.3.2　SqlDataSource 控件

1. SqlDataSource 控件的常用属性和事件

SqlDataSource 控件的常用属性如表 5-9 所示。

表 5-9　SqlDataSource 控件的常用属性

属　　性	描　　述
ConnectionString	获取或设置特定于 ADO. NET 提供程序的连接字符串,SqlDataSource 控件使用该字符串连接基础数据库
SelectCommand	获取或设置 SqlDataSource 控件从基础数据库检索数据所用的 SQL 字符串
SelectCommandType	获取或设置一个值,该值指示 SelectCommand 属性中的文本是 SQL 查询还是存储过程的名称
SelectParameters	从与 SqlDataSource 控件相关联的 SqlDataSourceView 对象获取包含 SelectCommand 属性所使用参数的集合
SortParameterName	获取或设置存储过程参数的名称,在使用存储过程执行数据检索时,该存储过程参数用于对检索到的数据进行排序
UpdateCommand	获取或设置 SqlDataSource 控件更新基础数据库中的数据所用的 SQL 字符串
UpdateCommandType	获取或设置一个值,该值指示 UpdateCommand 属性中的文本是 SQL 语句还是存储过程的名称
UpdateParameters	从与 SqlDataSource 控件相关联的 SqlDataSourceView 控件获取包含 UpdateCommand 属性所使用参数的集合
InsertCommand	获取或设置 SqlDataSource 控件将数据插入基础数据库所用的 SQL 字符
InsertCommandType	获取或设置一个值,该值指示 InsertCommand 属性中的文本是 SQL 语句还是存储过程的名称
InsertParameters	从与 SqlDataSource 控件相关联的 SqlDataSourceView 对象获取包含 InsertCommand 属性所使用参数的集合
DeleteCommand	获取或设置 SqlDataSource 控件从基础数据库删除数据所用的 SQL 字符串
DeleteCommandType	获取或设置一个值,该值指示 DeleteCommand 属性中的文本是 SQL 语句还是存储过程的名称
DeleteParameters	从与 SqlDataSource 控件相关联的 SqlDataSourceView 对象获取包含 DeleteCommand 属性所使用参数的集合

SqlDataSource 控件的常用事件如表 5-10 所示。

表 5-10　SqlDataSource 控件的常用事件

事　　件	描　　述
DataBinding	当服务器控件绑定到数据源时发生
Deleted	完成删除操作后发生
Deleting	执行删除操作前发生

事　　件	描　　述
Inserted	完成插入操作后发生
Inserting	执行插入操作前发生
Selected	数据检索操作完成后发生
Selecting	执行数据检索操作前发生
Updated	完成更新操作后发生
Updating	执行更新操作前发生

【例 5-8】 SqlDataSource 控件的使用（代码位置：ch5/08）。

该例的实现步骤如下：

（1）新建一个网站，在其默认页中添加一个 SqlDataSource 控件和一个 GridView 控件，并在 SqlDataSource 控件自动弹出的任务窗口中选择"配置数据源"命令，如图 5-13 所示。

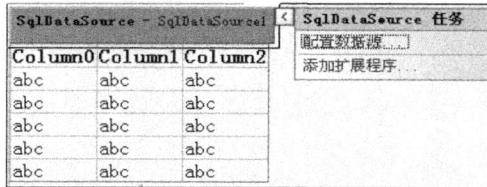

图 5-13　SqlDataSource 任务窗口

（2）此时将弹出选择数据源的对话框，在该对话框中新建一个指向 db_05 数据库的连接，如图 5-14 和图 5-15 所示。然后选中该连接，单击"下一步"按钮，将弹出将连接字符串保存到 Web. config 配置文件中的确认框，在其中指定 Web. config 中的连接字符串的名称。

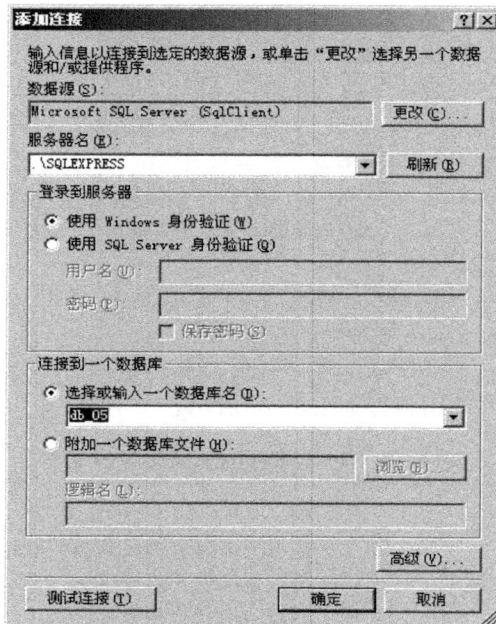

图 5-14　新建数据连接

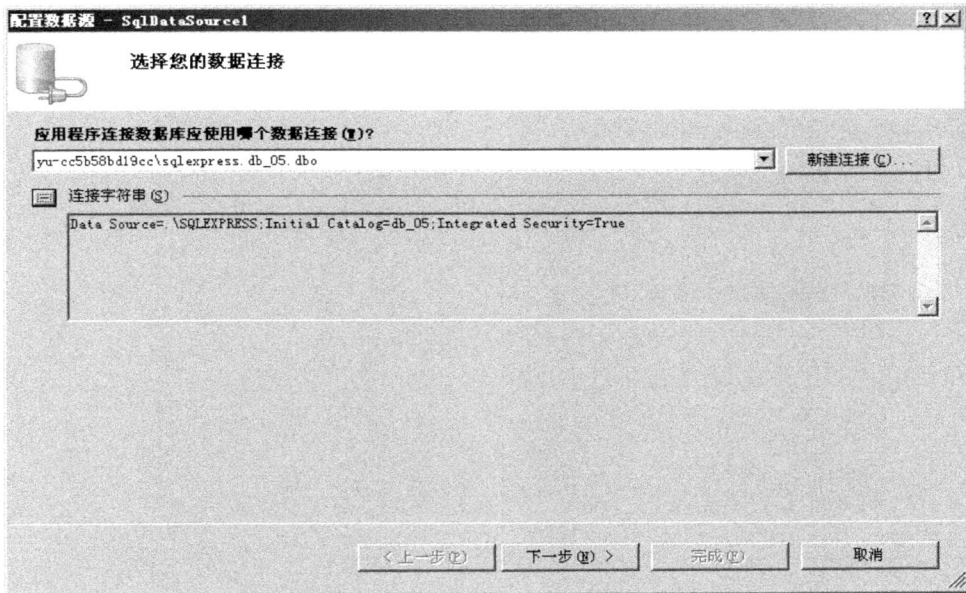

图 5-15　选择数据连接

（3）单击"下一步"按钮，进入配置 Select 语句的对话框，该对话框是配置 SqlDataSource 的重要对话框，如图 5-16 所示。

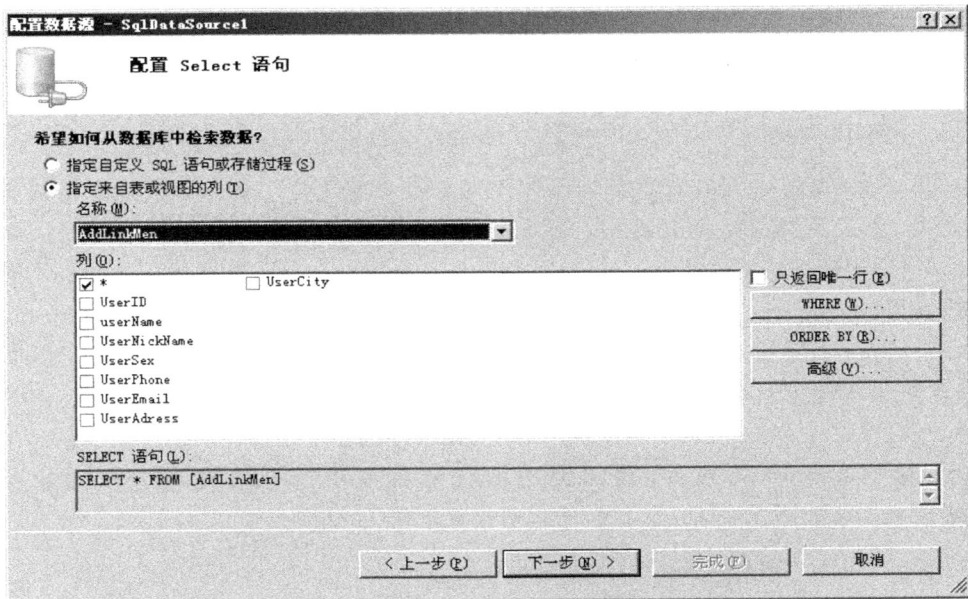

图 5-16　配置 Select 语句

在该对话框中可以指定 SqlDataSource 将要执行的 SQL 语句或者存储过程名称，也可以指定表名或表列信息来查询数据库，选择"只返回唯一行"复选框将对 SQL 语句使用 DISTINCT 查询。

用户可以单击 WHERE 按钮为 SQL 语句指定查询条件,单击该按钮后将弹出如图 5-17 所示的对话框,使用该对话框可以为特定的列指定查询参数。另外,ORDER BY 按钮让开发人员可以为指定的 SQL 语句指定一个或多个排序方式,"高级"按钮可以让 SqlDataSource 具有并发处理的特性。

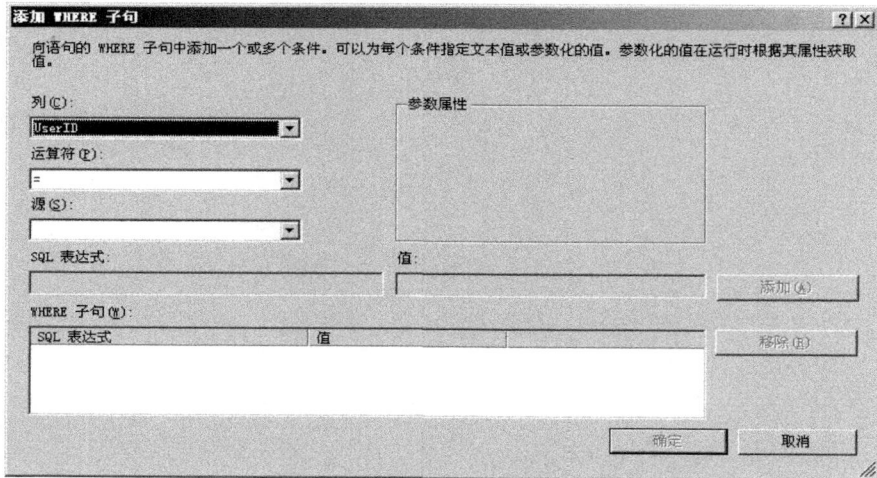

图 5-17　指定查询条件

（4）本例要显示 AddLinkMan 表中的所有数据,因此在列中选择"＊",单击"下一步"按钮,完成数据源配置。VS2010 将生成以下代码:

```
< asp:SqlDataSource ID = "SqlDataSource1" runat = "server"
    ConnectionString = "<% $ ConnectionStrings:db_05ConnectionString %>"
    SelectCommand = "select * from [AddLinkMen]"></asp:SqlDataSource>
```

其中,ConnectionString 是在配置数据源时生成的连接字符串。如果开发人员不希望将连接字符串放置到 Web. config 中,或者是需要指定特定的连接字符串,也可以为 ConnectionString 属性直接指定一个连接字符串。SqlCommand 属性指定要执行的查询命令。在 SqlDataSource 中可以指定 4 个 SQL 查询命令,分别是 SelectCommand、UpdateCommand、DeleteCommand 和 InsertCommand。分别为这 4 个 SQL 命令属性指定 4 个命令对象或者 SQL 语言、存储过程,SqlDataSource 就能完成查询、更新、插入和删除的操作。

（5）选中 GridView 控件,在其弹出的任务窗口中选择数据源为刚刚配置好的 SqlDataSource1,如图 5-18 所示,页面的运行结果如图 5-19 所示。

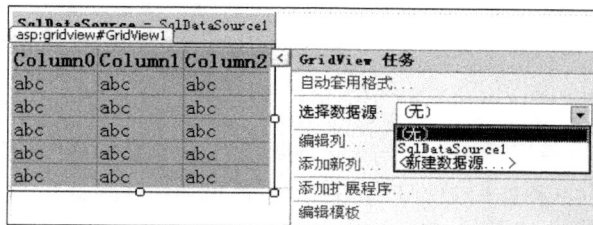

图 5-18　绑定数据源控件

图 5-19　运行结果

由运行结果可知 GridView 控件实现了数据绑定,却没有写一行代码,只是使用向导工具设置了几个属性而已,这大大降低了工作的复杂性,也降低了开发人员编写 ASP.NET 数据库应用程序的"门槛"。

2. 使用参数过滤数据

应用程序通常需要根据用户的响应来动态地组建数据库查询,例如在产品数据表中可能需要根据用户的选择只查询指定 ID 的信息,再如应用程序需要一个主从表式表格,根据用户在主表中的选择动态地显示从表中与主表相关的记录。SqlDataSource 提供了多种类型的命令参数,简化了开发人员创建这类应用时的复杂性,使开发人员可以通过声明的方式来创建动态查询。

【例 5-9】　为例 5-8 的基础上添加一个联系人 ID 来选择联系人信息(代码位置:ch5/09)。该例的实现步骤如下:

(1) 新建网站,并在网站的默认页中添加两个 SqlDataSource、一个 DropDownList 和一个 GridView 控件。

(2) 配置 SqlDataSource1 控件,使其查询出联系人信息的 UserID 和 UserName 两个字段,设置方法参照例 5-8。然后将 DropDownList 控件的 DataSourceID 属性设置为 SqlDataSource1、DataTextField 属性设置为 UserName、DataValueField 属性设置为 UserID。声明代码如下:

```
< asp:SqlDataSource ID = "SqlDataSource1" runat = "server"
        ConnectionString = "<% $ ConnectionStrings:db_05ConnectionString %>"
        SelectCommand = "select [UserID], [userName] from [AddLinkMen]">
    </asp:SqlDataSource>
    < br/>
    < asp:DropDownList ID = "DropDownList1" runat = "server"
        DataSourceID = "SqlDataSource1" DataTextField = "userName" DataValueField =
"UserID">
    </asp:DropDownList>
```

(3) 选择 SqlDataSource2 控件,配置数据源,进入到配置 Select 语句的对话框,在该对话框中单击 WHERE 按钮,弹出如图 5-20 所示的对话框。然后设置列为 UseID、源为 Control、控件 ID 为 DropDownList1,单击"添加"按钮将其添加到"WHERE 子句"列表框中。

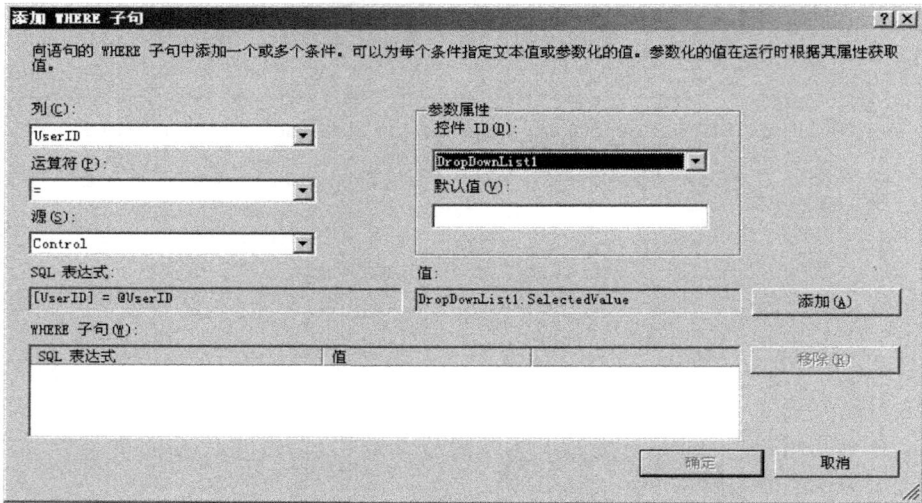

图 5-20　添加 WHERE 子句

当在"源"下拉列表框中选择 Control 之后，VS2010 将在＜SelectParameters＞集合中添加一个＜asp:ControlParameter＞的参数声明。页面生成的代码如下：

```
< asp:SqlDataSource ID = "SqlDataSource2" runat = "server"
        ConnectionString = "<% $ ConnectionStrings:db_05ConnectionString %>"
        SelectCommand = "select * from [AddLinkMen] where ([UserID] = @UserID)">
    < SelectParameters >
        < asp:ControlParameter ControlID = "DropDownList1" Name = "UserID"
            PropertyName = "SelectedValue" Type = "Int32" />
    </SelectParameters >
</asp:SqlDataSource >
```

（4）将 GridView 控件的数据源设置为 SqlDataSource2，测试程序，结果如图 5-21 所示。

图 5-21　控件参数示例

注意：在配置 DropDownList 控件时需要设置其 autoPostBack 属性为 True，这样在下拉列表框中的值改变时后台的代码才会执行。

3. 更新数据

对于 SqlDataSource 控件，可以使用它的 4 个 Command 属性来执行 SQL 命令或者存储过程,从而完成查询、新增、更新和删除操作。

在例 5-9 中,当开发人员在配置数据源的 Select 语句时单击"高级"按钮后,将会弹出图 5-22 所示的对话框,选择"生成 INSERT、UPDATE 和 DELETE 语句"复选框,VS2010 将自动生成插入、更新和删除的代码。SqlDataSource2 控件的声明代码如下:

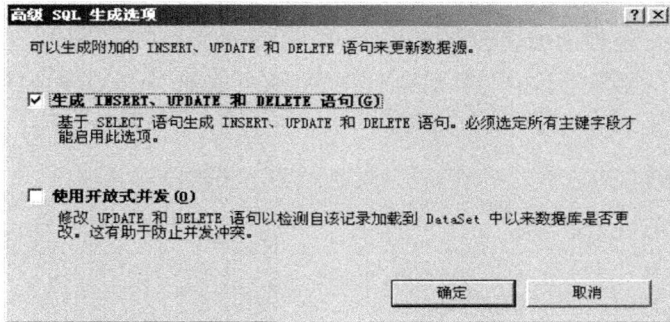

图 5-22 "高级 SQL 生成选项"对话框

```
< asp:SqlDataSource ID = "SqlDataSource2" runat = "server"
          ConnectionString = "< % $ ConnectionStrings:db_05ConnectionString % >"
          SelectCommand = "select * from [AddLinkMen] where ([UserID] = @UserID)"
          DeleteCommand = "delete from [AddLinkMen] where [UserID] = @UserID"
              InsertCommand = " insert  into [AddLinkMen] ([userName], [UserNickName],
[UserSex], [UserPhone], [UserEmail], [UserAdress], [UserCity]) values (@ userName, (@
UserNickName, @UserSex, @UserPhone, @UserEmail, @UserAdress, @UserCity)"
          UpdateCommand = "update [AddLinkMen] set [userName] = @userName, [UserNickName] = @
UserNickName, [UserSex] = @ UserSex, [UserPhone] = @ UserPhone, [UserEmail] = @ UserEmail,
[UserAddress] = @UserAddress, [UserCity] = @UserCity where [UserID] = @UserID">
          < DeleteParameters >
              < asp:Parameter Name = "UserID" Type = "Int32" />
          </DeleteParameters >
          < InsertParameters >
              < asp:Parameter Name = "userName" Type = "String" />
              < asp:Parameter Name = "UserNickName" Type = "String" />
              < asp:Parameter Name = "UserSex" Type = "String" />
              < asp:Parameter Name = "UserPhone" Type = "String" />
              < asp:Parameter Name = "UserEmail" Type = "String" />
              < asp:Parameter Name = "UserAddress" Type = "String" />
              < asp:Parameter Name = "UserCity" Type = "String" />
          </InsertParameters >
          < SelectParameters >
              < asp:ControlParameter ControlID = "DropDownList1" Name = "UserID"
                  PropertyName = "SelectedValue" Type = "Int32" />
          </SelectParameters >
          < UpdateParameters >
              < asp:Parameter Name = "userName" Type = "String" />
              < asp:Parameter Name = "UserNickName" Type = "String" />
              < asp:Parameter Name = "UserSex" Type = "String" />
              < asp:Parameter Name = "UserPhone" Type = "String" />
```

```
                    < asp:Parameter Name = "UserEmail" Type = "String" />
                    < asp:Parameter Name = "UserAddress" Type = "String" />
                    < asp:Parameter Name = "UserCity" Type = "String" />
                    < asp:Parameter Name = "UserID" Type = "Int32" />
                </UpdateParameters >
            </asp:SqlDataSource >
```

打开 GridView 控件的编辑和删除特性,首先选择 GridView 控件,在任务窗口中选择"启用编辑"和"启用删除"复选框,然后执行程序,就可以在 GridView 控件中更新或删除记录,执行结果如图 5-23 所示。

图 5-23　使用 SqlDataSource 更新数据库

5.3.3　ObjectDataSource 控件

使用 SqlDataSource 控件对数据库进行访问非常简单,但是有很多缺陷,一个主要的问题是 SqlDataSource 与 UI 曾过于紧密,造成以后的维护和修改很困难。ASP. NET 提供了另外一个功能强大的数据源控件——ObjectDataSource,该控件并不直接与数据库进行绑定,而是绑定到一个业务对象上。

1. ObjectDataSource 控件的常用属性和事件

ObjectDataSource 控件的常用属性如表 5-11 所示。

表 5-11　ObjectDataSource 控件的常用属性

属　　性	描　　述
Adapter	获取控件的浏览器特定适配器
DeleteMethod	获取或设置 ObjectDataSource 控件调用删除数据方法或函数的名称
DeleteParameters	获取包含参数 DeleteMethod 方法使用的参数集合
InsertMethod	获取或设置 ObjectDataSource 控件调用插入数据方法或函数的名称
InsertParameters	获取包含参数 InsertMethod 属性使用的参数集合
SelectMethod	获取或设置 ObjectDataSource 控件调用检索数据方法或函数的名称
SelectParameters	获取 SelectMethod 属性指定的方法使用的参数集合
UpdateMethod	获取或设置 ObjectDataSource 控件调用更新数据方法或函数的名称
UpdateParameters	获取包含参数的方法使用由 UpdateMethod 属性指定的参数集合
TypeName	获取或设置 ObjectDataSource 对象表示类的名称

ObjectDataSource 控件的常用事件如表 5-12 所示。

表 5-12　ObjectDataSource 控件的常用事件

事　　件	描　　述
DataBinding	当服务器控件绑定到数据源时发生
Deleted	完成删除操作后发生
Deleting	执行删除操作前发生
Inserted	完成插入操作后发生
Inserting	执行插入操作前发生
Selected	数据检索操作完成后发生
Selecting	执行数据检索操作前发生
Updated	完成更新操作后发生
Updating	执行更新操作前发生

ObjectDataSource 控件通过提供一种将页面上的数据控件绑定到中间业务层对象的方法为三层结构提供支持。

2. 创建业务对象类

在 ObjectDataSource 控件中绑定与之绑定的类需要注意以下规则：

(1) 所有的逻辑必须包含在单一类中。

(2) 类中必须有一个方法用于提供查询结果。

(3) 如果查询结果有多个记录，必须被描述为一个集合或者是数组、DataSet、DataTable、DataView，也可以是一个实现 IEnumerable 的列表对象。每条记录应该是一个由 Public 属性公开其信息的自定义对象。

(4) 类中可以使用静态方法或实例方法，但是必须注意，如果使用实例方法，那么必须为类提供一个无参数的构造函数，ObjectDataSource 将在需要时调用该函数实例化该类。

(5) 对象必须是无状态的，ObjectDataSource 控件仅在需要时实例化该对象，在请求结束时销毁对象，因此应尽量避免对象的状态。

【例 5-10】　ObjectDataSource 控件的使用(代码位置：ch5/10)。

该例的实现步骤如下：

(1) 新建网站，在网站中新建一个 User 类，并在该类中创建一个方法 GetUser()。User 类的创建代码如下：

```
public class User
{
    public User()
    {
    }
        public SqlDataReader GetUser()
    {
            string connectionStr = WebConfigurationManager. ConnectionStrings [ " conn"]
.ConnectionString;
        SqlDataReader reader = null;
        SqlConnection conn = new SqlConnection(connectionStr);
        //打开连接
        conn. Open();
        SqlCommand cmd = new SqlCommand("select * from AddLinkMen", conn);
        reader = cmd. ExecuteReader();
```

数据访问技术

```
            //返回一个 SqlDataReader 对象
            return reader;
    }
}
```

（2）从工具箱中拖动一个 ObjectDataSource 控件，然后在弹出的任务窗口中选择"配置数据源"命令，在选择对象的下拉列表框中选择 User 对象，接下来在定义数据方法时选择 4 个方法，如图 5-24 所示。

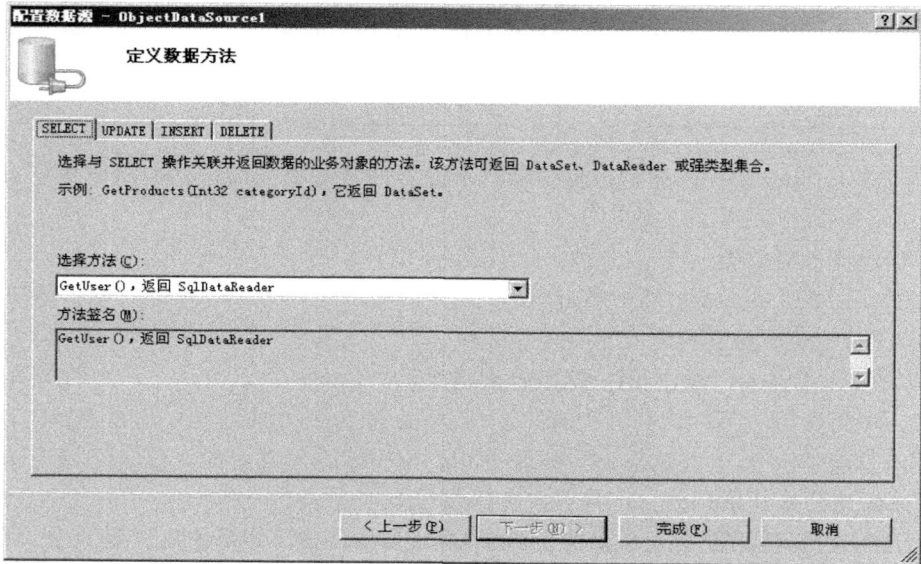

图 5-24　定义数据方法

ObjectDataSource 控件的 4 个方法和 SqlDataSource 控件的 4 个 Command 属性类似，分别用于指定查询、更新、插入和删除的方法。

```
< asp:ObjectDataSource ID = "ObjectDataSource1" runat = "server"
        SelectMethod = "GetUser" TypeName = "User"></asp:ObjectDataSource >
```

（3）在页面中添加一个 GridView 控件，并设置其数据源为 ObjectDataSource1，执行程序，结果如图 5-25 所示。

UserID	userName	UserNickName	UserSex	UserPhone	UserEmail	UserAdress	UserCity
11	李一鸣	小辣椒	女	15488991234	lliming@163.com	学生	天津
12	王雷	霹雳侠	男	13905517788	wanglei@126.com	老师	南京
14	张小燕	小叶子	女	15856568989	xiaoyanyy@sina.com	学生	北京
16	顾俊	火影忍者	男	13065370909	gujun123@126.com	学生	北京
18	张明	虎仔	男	13956221234	zhangming@126.com	学生	合肥

图 5-25　ObjectDataSource 数据源控件的执行结果

3. 在 ObjectDataSource 中使用参数

【例 5-11】 ObjectDataSource 控件参数的使用（代码位置：ch5/10/Search.aspx）。

该例的实现步骤如下：

（1）在例 5-10 的网站中新建一个 Search.aspx 页面，然后在页面中添加一个 DropdownList、两个 ObjectDataSource 和一个 GridView 控件，在 User 类中添加一个方法 GetUserById()。代码如下：

```
public SqlDataReader GetUserById(string userID)
{
            string connectionStr = WebConfigurationManager.ConnectionStrings["conn"]
.ConnectionString;
        SqlDataReader reader = null;
        SqlConnection conn = new SqlConnection(connectionStr);
        //打开连接
        conn.Open();
        SqlCommand cmd = new SqlCommand("select * from AddLinkMen where UserID = @
UserID", conn);
        cmd.Parameters.AddWithValue("@UserID", userID);

        reader = cmd.ExecuteReader();
        //返回一个 SqlDataReader 对象
        return reader;
}
```

（2）配置 ObjectDataSource2 控件，使其绑定到 User 类，SelectMethod 方法选择 GetUser()。将该数据源控件作为 DropDownList 控件的数据源，设置 DropDownList 控件 的 DataTextField 和 DataValueField 均为 UserID，并启用 DropDownList 控件的 autoPostBack 属性。

（3）配置 ObjectDataSource1 控件，使其绑定到 User 类，SelectMethod 方法选择 GetUserById()，则单击"下一步"按钮会弹出如图 5-26 所示的对话框，在其中定义参数，与 SqlDataSource 类似，这里选择 DropDownList 控件。

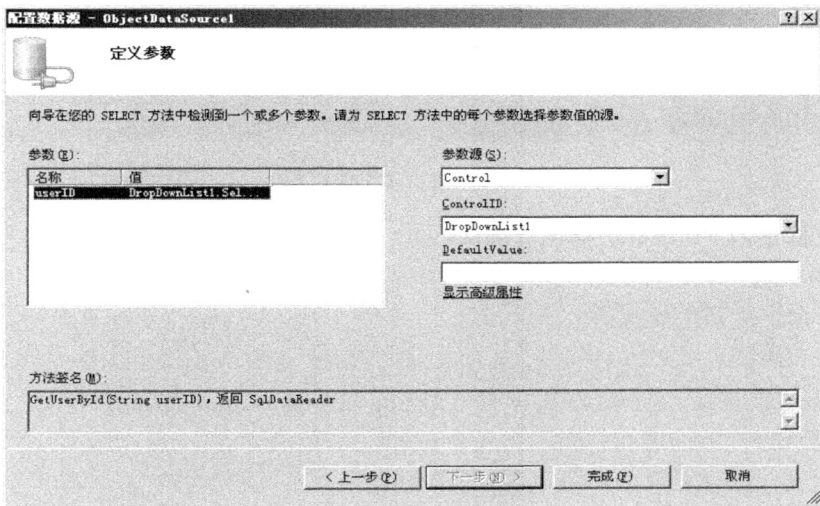

图 5-26 定义参数

数据访问技术

（4）将 GridView 控件的数据源设置为 ObjectDataSource1，执行程序，结果如图 5-27 所示。

图 5-27　程序执行结果

4. 强类型 DataSet 与 ObjectDataSource

DataSet 数据集是数据表 DataTable 的集合，而强类型的 DataSet 是继承自 DataTable 的强类型的 DataTable 的集合。在 VS2010 中添加强类型 DataSet 后会自动生成强类型的数据表 DataTable 以及 Adapter 用于添加、删除数据等，可以直接供 ObjectDataSource 使用。

添加强类型的 DataSet 方法是在解决方案中选择"添加新项"，然后在提供的模板中选择"数据集"，具体操作如图 5-28 所示。

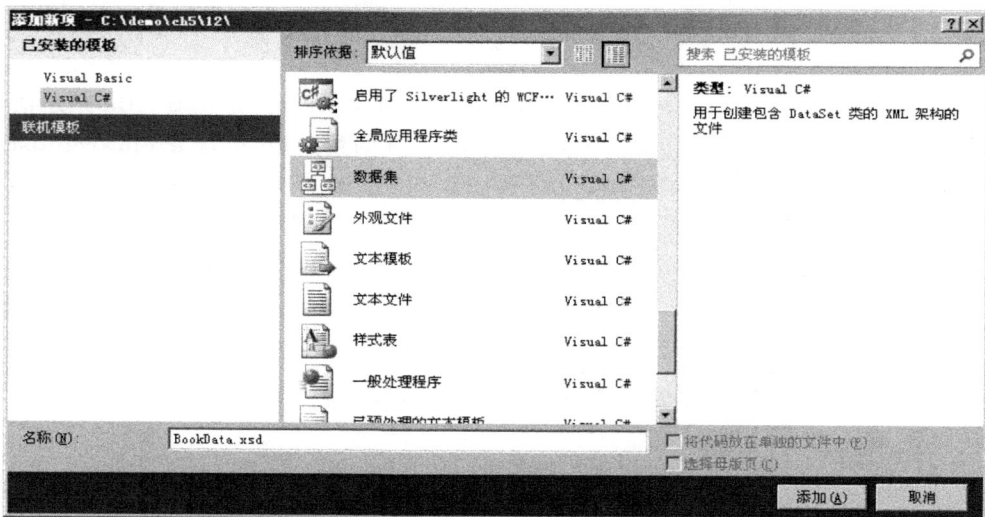

图 5-28　创建强类型数据集

打开数据集，在工具箱中拖曳 TableAdapter，当项目无数据库连接时会提示创建数据库连接，具体操作如图 5-29～图 5-33 所示，生成的数据集如图 5-34 所示。

单击查询生成器生成查询。

通过上面的操作，VS2010 已经自动生成了强类型的数据表，以及一些相关事件和 TableAdapter，并且给相应的方法标注了 DataObjectMethodAttribute，用户可以直接在 ObjectDataSource 中使用这些方法。

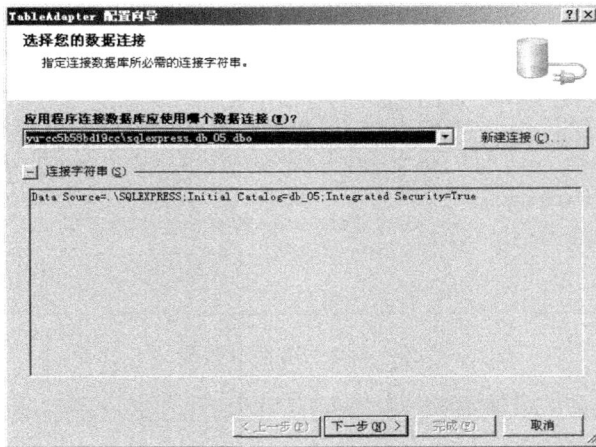

图 5-29　选择数据库连接

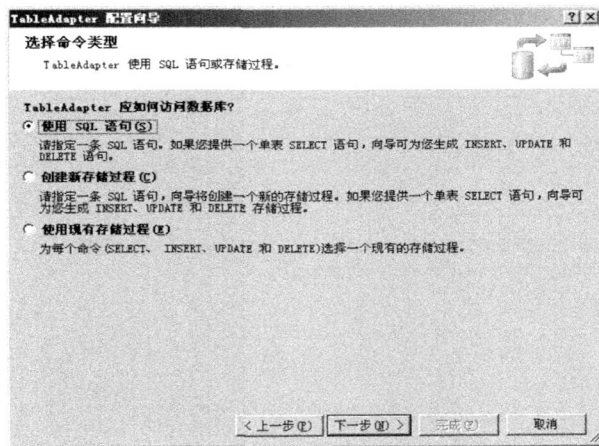

图 5-30　TableAdapter 配置

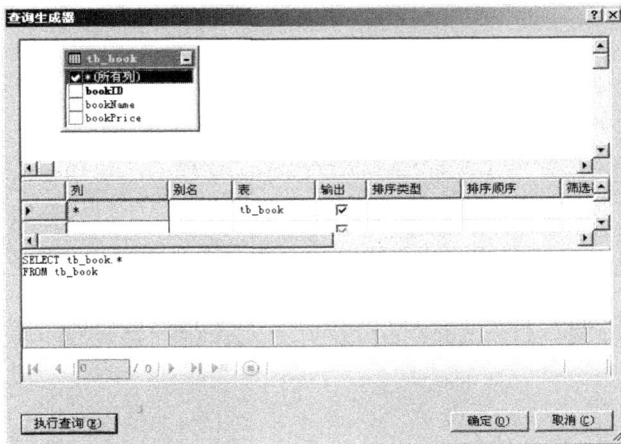

图 5-31　查询生成器

数据访问技术

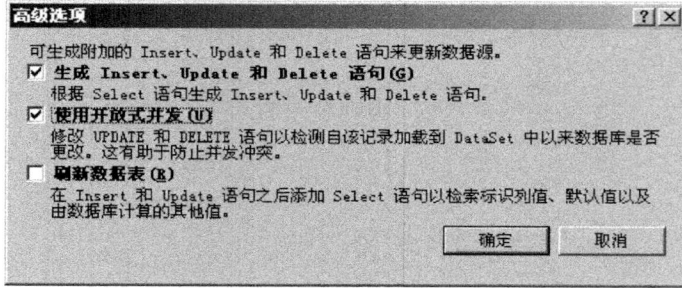

图 5-32　设置高级选项

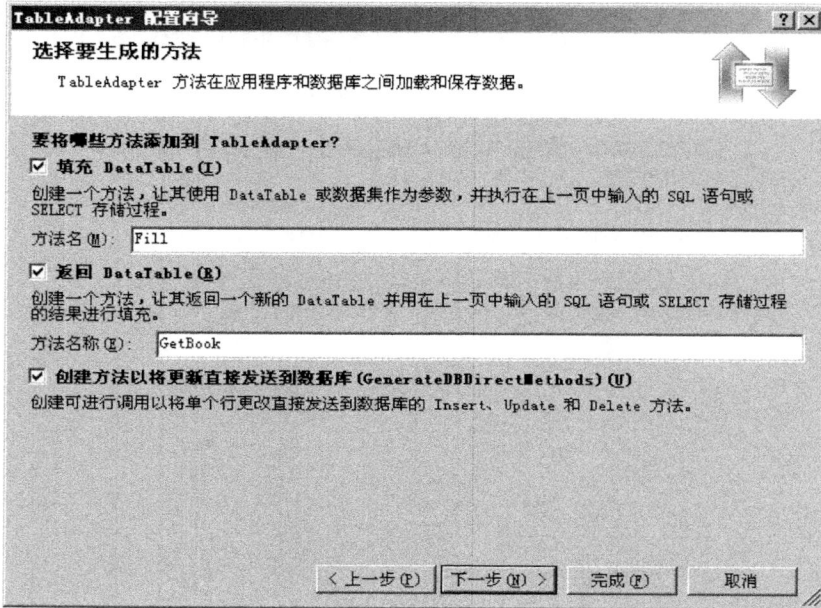

图 5-33　选择生成方法

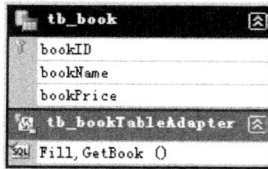

图 5-34　数据集生成

5.4　ASP. NET 数据绑定控件

5.4.1　GridView 控件

GridView 是一个显示表格数据的控件,它也是 ASP. NET 服务器控件中功能最强大、最实用的控件。GridView 控件显示一个二维表格式数据,每列表示一个字段,每行表示一条记录。GridView 控件支持下面的功能:

- 绑定至数据源控件,例如 SqlDataSource、ObjectDataSource。
- 内置了排序功能。
- 内置了更新和删除记录的功能。
- 内置了数据分页功能。
- 内置了行选择功能。
- 提供了使用编程方式访问 GridView 对象模型以动态设置属性、处理事件等。
- 可以指定多个键字段。
- 用于超链接列的多个数据字段。
- 可以通过主题和样式自定义外观。

1. GridView 控件的常用属性、方法和事件

若想使用 GridView 控件完成更高级的效果,那么在程序中一定要应用 GridView 控件的事件与方法,通过它们才能更好地进行事件与属性的设置。

GridView 控件的常用属性如表 5-13 所示。

表 5-13　GridView 控件的常用属性

属　　性	描　　述
AllowPaging	获取或设置一个值,该值指示是否启用分页功能
AllowSorting	获取或设置一个值,该值指示是否启用排序功能
AutoGenerateColumns	获取或设置一个值,该值指示是否为数据源中的每个字段自动创建绑定字段
CssClass	获取或设置由 Web 服务器控件在客户端呈现的级联样式表类
DataKeyNames	获取或设置一个数组,该数组包含了显示在 GridView 控件中的项的主键字段的名称
DataKeys	获取一个 DataKey 对象集合,这些对象表示 GridView 控件中的每一行的数据键值
DataMember	当数据源包含多个不同的数据项列表时获取或设置数据绑定控件绑定到的数据列表的名称
DataSource	获取或设置数据的数据源列表数据项的对象
DataSourceID	获取或设置控件的 ID,数据绑定控件从该控件中检索其数据项列表
HorizontalAlign	获取或设置 GridView 控件在页面上的水平对齐方式
ID	获取或设置该编程标识符分配给服务器控件
Page	具有引用包含服务器控件的 Page 实例
PageCount	获取在 GridView 控件中显示数据源记录所需的页数
PageIndex	获取或设置当前显示页的索引
PageSize	获取或设置 GridView 控件在每页上显示的记录的数目

数据访问技术

续表

属　　性	描　　述
Rows	获取表示 GridView 控件中数据行的 GridViewRow 对象的集
SortDirection	获取正在排序的列的排序方向
SortExpression	获取与正在排序的列关联的排序表达式

GridView 控件的常用方法如表 5-14 所示。

表 5-14　GridView 控件的常用方法

方　　法	描　　述
CreateRow	在 GridView 控件中创建行
DataBind	将数据源绑定到 GridView 控件
DeleteRow	从数据源中删除位于指定索引位置的记录
FindControl	搜索当前的命名容器使用指定的服务器控件
GetType	获取当前实例的 Type
HasControls	确定服务器控件是否包含任何子控件
SelectRow	选择要在 GridView 控件中编辑的行
Sort	根据指定的排序表达式和方向对 GridView 控件进行排序
UpdateRow	使用行的字段值更新位于指定行索引位置的记录

GridView 控件的常用事件如表 5-15 所示。

表 5-15　GridView 控件的常用事件

事　　件	描　　述
DataBinding	当服务器控件绑定到数据源时发生
DataBound	在服务器控件绑定到数据源后发生
PageIndexChanged	在单击某一页的导航按钮时，但在 GridView 控件处理分页操作之后发生
PageIndexChanging	在单击某一页的导航按钮时，但在 GridView 控件处理分页操作之前发生
RowCancelingEdit	单击编辑模式中某一行的"取消"按钮以后，在该行退出编辑模式之前发生
RowCommand	在单击 GridView 控件中的按钮时发生
RowCreated	在 GridView 控件中创建行时发生
RowDataBound	在 GridView 控件中将数据行绑定到数据时发生
RowDeleted	在单击某一行的"删除"按钮时，但在 GridView 控件删除该行之后发生
RowDeleting	在单击某一行的"删除"按钮时，但在 GridView 控件删除该行之前发生
RowEditing	发生在单击某一行的"编辑"按钮以后，并且 GridView 控件进入编辑模式之前
RowUpdated	发生在单击某一行的"更新"按钮以后，并且 GridView 控件对该行进行更新之后
RowUpdating	发生在单击某一行的"更新"按钮以后，并且 GridView 控件对该行进行更新之前
SelectedIndexChanged	发生在单击某一行的"选择"按钮以后，并且 GridView 控件对相应的选择操作进行处理之后

事　　件	描　　述
SelectedIndexChanging	发生在单击某一行的"选择"按钮以后,并且 GridView 控件对相应的选择操作进行处理之前
Sorted	在单击用于列排序的超链接时,但在 GridView 控件对相应的排序操作进行处理之后发生
Sorting	在单击用于列排序的超链接时,但在 GridView 控件对相应的排序操作进行处理之前发生

2. 使用 GridView 控件

GridView 控件呈现表格的数据,在默认情况下会将数据源中的数据输出一个 HTML 表格,每一条记录输出一个表格式。

【例 5-12】　GridView 控件的演示(代码位置:ch5/05/13)。

该例的实现步骤如下:

(1) 新建一个网站,在其默认页面中添加一个 SqlDataSource,将数据源控件设置成绑定到 db_05 数据库的 tb_book 表。声明代码如下:

```
< asp:SqlDataSource ID = "SqlDataSource1" runat = "server"
        ConnectionString = "< % $ ConnectionStrings:db_05ConnectionString %>"
        SelectCommand = "select * from [tb_book]"></asp:SqlDataSource >
```

(2) 从工具箱中拖动一个 GridView 控件,在设计视图中将弹出控件的任务窗口,如图 5-35 所示。如果数据源控件指定了插入、更新、删除命令,还会显示"启用编辑"、"启用删除"两个复选框。

图 5-35　GridView 任务窗口

在指定了数据源后,GridView 控件为数据源中的每一列创建了一个默认列。声明代码如下:

```
< asp:GridView ID = "GridView1" runat = "server" AutoGenerateColumns = "False"
        DataKeyNames = "bookID" DataSourceID = "SqlDataSource1">
        < Columns >
                < asp:BoundField DataField = "bookID" HeaderText = "bookID" InsertVisible =
"False"
```

167

第 5 章

```
                    ReadOnly = "True" SortExpression = "bookID" />
        < asp:BoundField DataField = "bookName" HeaderText = "bookName"
                    SortExpression = "bookName" />
        < asp:BoundField DataField = "bookPrice" HeaderText = "bookPrice"
                    SortExpression = "bookPrice" />
        </Columns >
        </asp:GridView>
```

VS2010 自动为 GridView 控件指定了 DataKeyNames 属性,这是一个数组类型的属性,该数组包含了显示在 GridView 控件中的主键字段名称,可以为 DataKeyNames 指定多个主键字段,字段之间用逗号分开。例如:

```
DataKeyNames = "UserID,UserName"
```

在设定 DataKeyNames 属性时, GridView 控件会自动将指定字段的值填入其 DataKeys 集合,以便取出每个数据列的主键。例如,为了获取第一个主键值,可以按以下代码进行操作:

```
Object key = GridView1.DataKey[0].Value;
```

3. 定制 GridView 控件的列

GridView 可以让开发人员轻松地定义列样式、列的显示格式等。GridView 控件的每一列都是一个 DataControlField 类,GridView 从该类中派生了多个子类,让 GridView 控件列的呈现方式更具有选择性。表 5-16 列出了 GridView 控件可以使用的列类型。默认情况下,GridView 控件将根据源的数据类型来设定自动,但是开发人员可以通过设置这些列的属性对这些列进行更精确的控制。

表 5-16　GridView 控件的列类型

列字段类型	描　　述
BoundField	显示数据源中某个字段的值,这是 GridView 控件的默认列类型
ButtonField	为 GridView 控件中的每个项显示一个命令按钮,这使用户可以创建一列自定义按钮控件,例如"添加"按钮或"移除"按钮
CheckBoxField	为 GridView 控件中的每一项显示一个复选框,此列字段类型通常用于显示具有布尔值的字段
CommandField	显示用来执行选择、编辑或删除操作的预定义命令按钮
HyperLinkField	将数据源中某个字段的值显示为超链接,此列字段类型使用户可以将另一个字段绑定到超链接的 URL
ImageField	为 GridView 控件中的每一项显示一个图像
TemplateField	根据指定的模板为 GridView 控件中的每一项显示用户定义的内容,此列字段类型使用户可以创建自定义的列字段

BoundField 是默认的列类型,该列将数据库中的数据自动显示为纯文本。默认情况下,VS2010 将为数据源中的列生成这种字段类型,VS2010 提供了一个可视化的列编辑器,大大简化了开发人员创建列的工作。对于大多数 GridView 控件的应用,只需要使用该字段编辑器就可以完成工作,如图 5-36 所示。

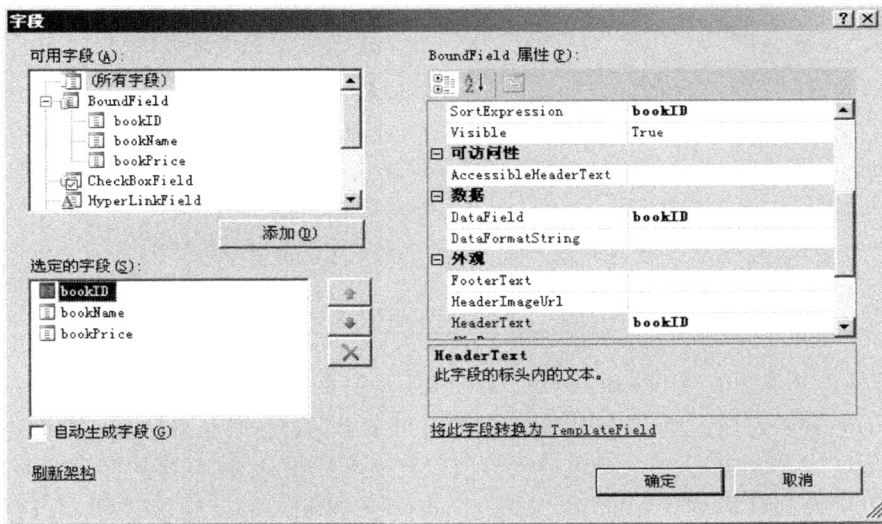

图 5-36　GridView 控件的列字段编辑器

图 5-36 右侧显示的是 BoundField 字段的属性，该字段类型的属性描述如表 5-17 所示。

表 5-17　BoundField 字段的常用属性描述

属　　　性	描　　　述
ApplyFormatInEditMode	获取或设置一个值，该值指示字段处于编辑模式时是否将 DataFormatString 属性指定的格式字符串应用于字段值
DataField	获取或设置数据字段的名称绑定到 BoundField 对象
DataFormatString	获取或设置一个字符串，该字符串指定字段值的显示格式
Control	与数据绑定控件 DataControlField 关联的对象
HeaderText、FooterText	获取或设置在数据绑定控件的标头或列尾中显示的文本
ReadOnly	获取或设置一个值，该值可以修改字段的值编辑器状态
InsertVisible	获取一个值，该值指示 DataControlField 对象在其父数据绑定控件处于插入模式时是否可见
SortExpression	获取或设置数据源控件对数据进行排序的表达式
HeaderImageUrl	获取或设置在数据控件字段的标题项中显示的图像的 URL
ControlStyle、FooterStyle、HeaderStyle、ItemStyle	用于设置列的呈现样式

4. 使用模板列

在有些情况下，默认的列并不能满足显示的要求，此时可以考虑使用模板列。

模板列让开发人员有机会去处理列的显示细节，提供预定义的列不能提供的功能。GridView 控件使用 TemplateField 创建自定义的模板列，当用户在 GridView 控件中使用模板列时需要根据不同的 GridView 位置来编辑不同的模板列。如果想自定义 GridView 控件的表头，可以编辑 HeadTemplate 模板，对于每一行可以编辑 ItemTemplate 模板。GridView 控件提供了如表 5-18 所示的模板列。

表 5-18　GridView 控件提供的模板列

模　　板	描　　述
AlternatingItemTemplate	指定该目录为 TemplateField 对象的交替项显示
EditItemTemplate	指定该目录为项目显示在 TemplateField 对象的编辑模式
FooterTemplate	指定的内容在 TemplateField 对象的页脚部分显示
HeaderTemplate	指定的内容在 TemplateField 对象的标题部分显示
InsertItemTemplate	在插入模式下指定该目录为一个项显示 TemplateField 对象，此模板由 DetailsView 控件支持
ItemTemplate	指定该目录为 TemplateField 对象的项

在例 5-12 中添加一个 Template. aspx 页面，并在页面中添加一个 SqlDataSource 控件和一个 GridView 控件。单击 GridView 任务窗口中的"编辑列"任务项，在弹出的对话框中选择 UserID 列，单击右下角的蓝色链接将该列转换为模板列，同样将产品分类页转换为模板列，然后切换到代码视图，用户会发现<asp：BoundField>已经被移除，取而代之的是<asp：TemplateField>字段。其代码如下：

```
< asp:GridView ID = "GridView1" runat = "server" AutoGenerateColumns = "False"
            DataKeyNames = "bookID" DataSourceID = "SqlDataSource1">
    < Columns >
        < asp:TemplateField HeaderText = "图书编号" InsertVisible = "False" SortExpression =
"bookID">
            < EditItemTemplate >
                < asp:Label ID = "Label1" runat = "server" Text = '<% # Eval("bookID") %>'></
asp:Label >
            </EditItemTemplate>
            < ItemTemplate >
                < asp:Label ID = "Label1" runat = "server" Text = '<% # Bind("bookID") %>'></
asp:Label >
            </ItemTemplate >
        </asp:TemplateField >
        < asp:TemplateField HeaderText = "图书名称" SortExpression = "bookName">
            < EditItemTemplate >
                < asp:TextBox ID = "TextBox1" runat = "server" Text = '<% # Bind("bookName") %>'></
asp:TextBox >
            </EditItemTemplate >
            < ItemTemplate >
                < asp:Label ID = "Label2" runat = "server" Text = '<% # Bind("bookName") %>'></
asp:Label >
            </ItemTemplate >
        </asp:TemplateField >
        < asp:TemplateField HeaderText = "图书价格" SortExpression = "bookPrice">
            < EditItemTemplate >
                < asp:TextBox ID = "TextBox2" runat = "server" Text = '<% # Bind("bookPrice") %>'></
asp:TextBox >
            </EditItemTemplate >
            < ItemTemplate >
                < asp:Label ID = "Label3" runat = "server" Text = '<% # Bind("bookPrice") %>'></
```

```
asp:Label >
            </ItemTemplate >
        </asp:TemplateField >
    </Columns >
</asp:GridView>
```

VS2010 为每个模板分别定义了 EidtItemTemplate 和 ItemTemplate,在编辑模式下的模板中放置一个 TextBox 控件,在浏览模式下放置一个 Label 控件,用户可以分别在这两个模板中添加代码来手工编辑模板。

在 GridView 任务窗口中选择"编辑模板"命令,将 VS2010 切换到模板编辑窗口,如图 5-37 所示。

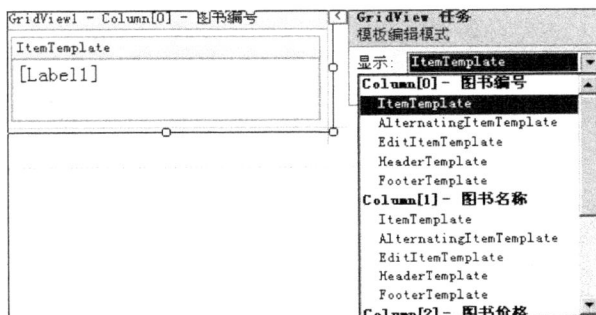

图 5-37　GridView 模板编辑窗口

用户可以向左侧的模板窗口添加控件,编辑数据绑定,单击智能标签,在弹出的对话框中可以选择要显示的模板进行编辑,如图 5-38 所示。

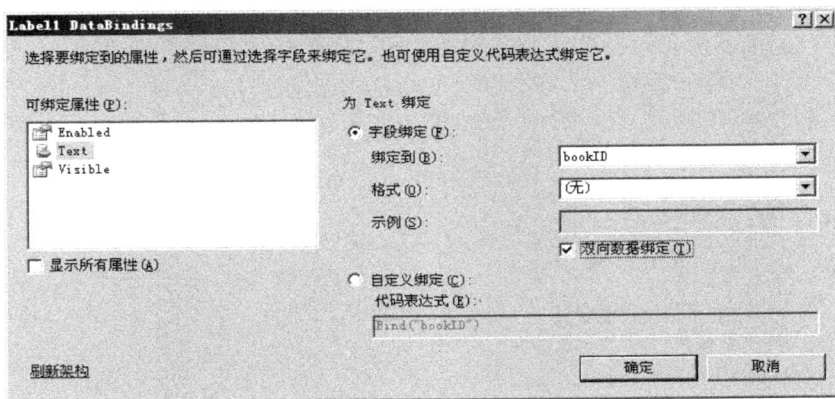

图 5-38　编辑数据绑定

ASP.NET 中的数据绑定分为双向绑定和单向绑定两种类型。在控件的 DataBinding 属性中提供了一个"双向数据绑定"复选框,选择该复选框,绑定表达式使用的是 Bind(字段名),如果取消选择,则会变成 Eval(字段名)。

- 单向数据绑定使用 Eval 方法,它只对数据源中的数据进行显示。Eval 方法是 Page 类的一个受保护的方法,Page.Eval 在幕后调用静态的 DataBinder.Eval 方法。
- 双向数据绑定使用 Bind 方法,它能自动提取模板列的 UI 中的输入值传递回数据

数据访问技术

源,因此使用双向数据绑定能进行更新、修改操作。

5. GridView 控件分页绑定数据

GridView 控件有一个内置分页功能,可以支持基本的分页功能。在启用其分页功能前需要设置 AllowPaging 和 PageSize 属性,其中,AllowPaging 用于决定是否启用分页功能,PageSize 用于决定分页时显示几条数据。

【例 5-13】 利用 GridView 控件的内置分页功能实现分页显示数据的功能,程序执行结果如图 5-39 所示(代码位置:ch5/14)。

编号	姓名	性别	年龄	住址
1	红尘倒影	男	29	安徽省马鞍山市
2	洪杰	女	28	安徽省马鞍山市
4	小梅	女	27	安徽省马鞍山市
5	小安	男	32	安徽省马鞍山市
6	玲玲	女	26	安徽省马鞍山市

1 2

图 5-39 使用 GridView 分页显示数据

该例的实现步骤如下:

(1) 新建网站,在默认页中添加一个 GridView 控件,并设置控件的 AllowPaging 属性为 true,表示允许分页;设置 PageSize 属性为 5,表示每页最多显示 5 条数据,然后在页面的 Page_Load 事件中对页面进行初始化,将数据表中的数据绑定到 GridView 控件。代码如下:

```
protected void Page_Load(object sender, EventArgs e)
    {
        //获取数据库连接字符串
        string strCon = ConfigurationManager.ConnectionStrings["conn"].ConnectionString;
        //定义执行查询操作的 SQL 语句
        string sqlstr = "select * from tb_user";
        //创建数据库连接对象
        SqlConnection con = new SqlConnection(strCon);
        //创建数据适配器
        SqlDataAdapter da = new SqlDataAdapter(sqlstr, con);
        //创建数据集
        DataSet ds = new DataSet();
        //填充数据集
        da.Fill(ds);
        //设置 GridView 控件的数据源为创建的数据集 ds
        GridView1.DataSource = ds;
        //将数据库表中的主键字段放入 GridView 控件的 DataKeyNames 属性中
        GridView1.DataKeyNames = new string[] { "ID" };
        //绑定数据库表中的数据
        GridView1.DataBind();
    }
```

如果要对 GridView 控件进行自定义,必须先取消 GridView 自动产生字段的功能,这里只需要将 GridView 控件的 AutoGenerateColumns 属性设置为 False 即可。

（2）在 GridView 控件的属性窗口中单击事件图标，找到 PageIndexChanging 事件，并双击右边框的任意空白处使其产生 GridView1_PageIndexChanging 事件处理程序。在事件处理程序中主要是设置当前页的索引值，并重新绑定 GridView 控件，具体代码如下：

```
protected void GridView1_PageIndexChanging(object sender, GridViewPageEventArgs e)
    {
        //获取当前分页的索引值
        GridView1.PageIndex = e.NewPageIndex;
        //重新绑定数据
        GridView1.DataBind();
    }
```

页面生成的 GridView 控件代码如下：

```
< asp:GridView ID = "GridView1" runat = "server" AllowPaging = "True"
            AutoGenerateColumns = "False" BackColor = "White" BorderColor = "#336666"
            BorderStyle = "Double" BorderWidth = "3px" CellPadding = "4" GridLines = "Horizontal"
            Height = "198px" onpageindexchanging = "GridView1_PageIndexChanging" PageSize = "5"
            Width = "440px">
            < FooterStyle BackColor = "White" ForeColor = "#333333" />
            < RowStyle BackColor = "White" ForeColor = "#333333" />
            < Columns >
                < asp:BoundField DataField = "ID" HeaderText = "编号" />
                < asp:BoundField DataField = "name" HeaderText = "姓名" />
                < asp:BoundField DataField = "sex" HeaderText = "性别" />
                < asp:BoundField DataField = "age" HeaderText = "年龄" />
                < asp:BoundField DataField = "addr" HeaderText = "住址" />
            </Columns >
                < PagerStyle BackColor = "#336666" ForeColor = "White" HorizontalAlign =
"Center" />
                < SelectedRowStyle BackColor = "#339966" Font - Bold = "True" ForeColor = "White" />
                < HeaderStyle BackColor = "#336666" Font - Bold = "True" ForeColor = "White" />
            </asp:GridView >
```

6. 以编程方式实现 GridView 数据项的选中、编辑和删除

在 GridView 控件中包括编辑、更新、取消的按钮，这 3 个按钮分别触发 GridView 控件的 RowEditing、RowUpdating、RowCanceling 事件，从而完成对指定项的编辑、更新和取消操作。

【例 5-14】 利用 GridView 控件对指定项信息进行编辑和删除操作，程序执行结果如图 5-40 所示（代码位置：ch5/15）。

图 5-40　在 GridView 控件中对数据进行编辑和删除操作

数据访问技术

该例的实现步骤如下：

(1) 新建一个网站，在默认页中添加一个 GridView 控件，并分别为 GridView 控件添加一个编辑列和一个"潜入"ImageButton 控件（执行删除操作）的模板列，如图 5-41 所示。

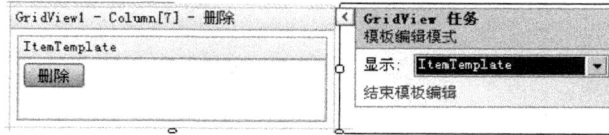

图 5-41　在模板列中添加一个 ImageButton 控件用于执行删除操作

GridView 控件的声明代码如下：

```
< asp:GridView ID = "GridView1" runat = "server" AutoGenerateColumns = "False"
          BackColor = "White" BorderColor = "#336666" BorderStyle = "Double" BorderWidth =
"3px"
          CellPadding = "4" GridLines = "Horizontal"
          onrowcancelingedit = "GridView1_RowCancelingEdit"
          onrowdeleting = "GridView1_RowDeleting" onrowediting = "GridView1_RowEditing"
          onrowupdating = "GridView1_RowUpdating" PageSize = "5"
          style = "font - size: small" AllowPaging = "True"
          onpageindexchanging = "GridView1_PageIndexChanging" DataKeyNames = "ID">
     < RowStyle BackColor = "White" ForeColor = "#333333" />
     < Columns >
          < asp:BoundField DataField = "ID" HeaderText = "编号" ReadOnly = "True" />
          < asp:BoundField DataField = "name" HeaderText = "姓名" />
          < asp:BoundField DataField = "sex" HeaderText = "性别" />
          < asp:BoundField DataField = "age"
               HeaderText = "年龄" />
          < asp:BoundField DataField = "addr" HeaderText = "住址" />
          < asp:CommandField HeaderText = "选择" ShowSelectButton = "True" />
          < asp:CommandField ButtonType = "Image" CancelImageUrl = "~/Images/
BtnCancel.gif"
                         EditImageUrl = "~/Images/BtnUpdate.gif" HeaderText = "编 辑"
ShowEditButton = "True"
                         UpdateImageUrl = "~/Images/BtnSave.gif" />
          < asp:TemplateField HeaderText = "删除" ShowHeader = "False">
               < ItemTemplate >
                    < asp:ImageButton ID = "ImageButton1" runat = "server" CommandName =
"Delete"
                         ImageUrl = "~/Images/BtnDelete.gif"  onclientclick = "return confirm(
'确定删除吗?');" />
                    </ItemTemplate >
               </asp:TemplateField >
          </Columns >
          < FooterStyle BackColor = "White" ForeColor = "#333333" />
          < PagerStyle BackColor = "#336666" ForeColor = "White" HorizontalAlign = "Center" />
          < SelectedRowStyle BackColor = "#339966" Font - Bold = "True" ForeColor = "White"
     />
```

```
<HeaderStyle BackColor = "#336666" Font-Bold = "True" ForeColor = "White" />
</asp:GridView>
```

（2）在页面的后台 Page_Load 事件中调用一个自定义的 BindData()，该方法主要用来将查询结果绑定到 GridView 控件上。编写的具体代码如下：

```
protected void Page_Load(object sender, EventArgs e)
    {
        if (!IsPostBack)
        {
            BindData();                             //调用自定义方法绑定数据到控件上
        }
    }
    public void BindData()
    {
        //获取数据库连接字符串
        string strCon = ConfigurationManager.ConnectionStrings["conn"].ConnectionString;
        //定义执行查询操作的 SQL 语句
        string sqlstr = "select * from tb_user";
        //创建数据库连接对象
        SqlConnection con = new SqlConnection(strCon);
        //创建数据适配器
        SqlDataAdapter da = new SqlDataAdapter(sqlstr, con);
        //创建数据集
        DataSet ds = new DataSet();
        //填充数据集
        da.Fill(ds);
        //设置 GridView 控件的数据源为创建的数据集 ds
        GridView1.DataSource = ds;
        //将数据库表中的主键字段放入 GridView 控件的 DataKeyNames 属性中
        GridView1.DataKeyNames = new string[] { "ID" };
        //绑定数据库表中的数据
        GridView1.DataBind();
    }
```

注意：在自定义的 BindData 方法中要设置 GridView 控件的 DataKeyNames 属性，只有设置了该属性才能够通过 DataKeys 属性获取每行关键字段的值，读者可以参考下面的代码来掌握 DataKeyNames 属性的用法。

（3）当用户单击"编辑"按钮时将触发 GridView 控件的 RowEditing 事件，在该事件的程序代码中将 GridView 控件的编辑项索引设置为当前选择项的索引，并重新绑定数据。代码如下：

```
protected void GridView1_RowEditing(object sender, GridViewEditEventArgs e)
    {
        GridView1.EditIndex = e.NewEditIndex;
        BindData();              //绑定数据
    }
```

（4）在编辑状态下，当用户单击"更新"按钮时将触发 GridView 控件的 RowUpdating 事件，在该事件的程序代码中首先获得编辑行的关键字段的值并取得各文本框的值，然后将

数据访问技术

数据更新至数据库,最后重新绑定数据。代码如下:

```
protected void GridView1_RowUpdating(object sender, GridViewUpdateEventArgs e)
    {
        //取得编辑行的关键字段的值
        string id = GridView1.DataKeys[e.RowIndex].Value.ToString();
        //取得在文本框中输入的内容
        string Nname = ((TextBox)(GridView1.Rows[e.RowIndex].Cells[1].Controls[0])).Text
.ToString().Trim();
        string Nsex = ((TextBox)(GridView1.Rows[e.RowIndex].Cells[2].Controls[0])).Text
.ToString().Trim();
        string Nage = ((TextBox)(GridView1.Rows[e.RowIndex].Cells[3].Controls[0])).Text
.ToString().Trim();
        string Naddr = ((TextBox)(GridView1.Rows[e.RowIndex].Cells[4].Controls[0])).Text
.ToString().Trim();
        //定义更新操作的 SQL 语句
        string update_sql = "update tb_user set name = '" + Nname + "',sex = '" + Nsex +
"',age = '" + Nage + "',addr = '" + Naddr + "' where ID = '" + id + "'";
        bool update = ExceSQL(update_sql);          //调用 ExceSQL 执行更新操作
        if (update)
        {
            Response.Write("< script language = javascript > alert('修改成功!')</script >");
            //设置 GridView 控件的编辑项的索引为 -1,即取消编辑
            GridView1.EditIndex = -1;
            BindData();
        }
        else
        {
            Response.Write("< script language = javascript > alert('修改失败!');</script >");
        }
    }
```

在更新操作中使用"GridView1.DataKeys[e.RowIndex].Value"获取编辑行的关键字段的值,例如将 GridView 控件的 DataKeyNames 属性设置为 ID,那么"GridView1.DataKeys[e.RowIndex].Value"获取的是编辑行的数据在数据表中的 ID 值。

在 GridView 控件的更新操作中调用了一个自定义的 ExecSql 方法,用来执行本例中为了更新和删除数据所定义的 SQL 语句,数据库的连接字符串放在 Web.config 中。代码如下:

```
public bool ExceSQL(string strSqlCom)
    {
        //获取数据库的连接字符串
        string strCon = ConfigurationManager.ConnectionStrings["conn"].ConnectionString;
        //创建数据库连接对象
        SqlConnection sqlcon = new SqlConnection(strCon);
        SqlCommand sqlcom = new SqlCommand(strSqlCom, sqlcon);
        try
        {
            //判断数据库是否为连接状态
```

```
            if (sqlcon.State == System.Data.ConnectionState.Closed)
            { sqlcon.Open(); }
            //执行 SQL 语句
            sqlcom.ExecuteNonQuery();
            //SQL 语句执行成功,返回 true 值
            return true;
        }
        catch
        {
            //SQL 语句执行失败,返回 false 值
            return false;
        }
        finally
        {
            //关闭数据库连接
            sqlcon.Close();
        }
    }
```

（5）在 GridView 控件的 RowDeleting 删除事件中首先获取删除行关键字段的值,然后编写一条 delete 语句,最后调用自定义的 ExecSql 执行 SQL 语句,并重新调用 BindData 方法绑定数据。代码如下:

```
protected void GridView1_RowDeleting(object sender, GridViewDeleteEventArgs e)
    {
        string delete_sql = "delete from tb_user where ID = '" + GridView1.DataKeys[e.
RowIndex].Value.ToString() + "'";
        bool delete = ExceSQL(delete_sql);    //调用 ExceSQL 执行删除操作
        if (delete)
        {
            Response.Write("< script language = javascript > alert('删除成功!')</script>");
            BindData();                        //调用自定义方法重新绑定控件中的数据
        }
        else
        {
            Response.Write("< script language = javascript > alert('删除失败!')</script>");
        }
    }
```

5.4.2 DataList 控件

1. DataList 控件概述

DataList 控件可以使用模板和定义样式来显示数据,并进行数据的选择、删除以及编辑。DataList 最大的特点就是一定要通过模板来定义数据的显示格式,如果想设计出美观的界面需要花费一番心思。正因为如此,DataList 控件显示数据时更加灵活,开发人员个人发挥的空间比较大。DataList 支持的模板如表 5-19 所示。

表 5-19　DataList 控件支持的模板

模　板	描　述
AlternatingItemTemplate	如果已定义，则为 DataList 中的交替项提供内容和布局；如果未定义，则使用 ItemTemplate
EditItemTemplate	如果已定义，则为 DataList 中当前编辑的项提供内容和布局；如果未定义，则使用 ItemTemplate
FooterTemplate	如果已定义，则为 DataList 的脚注部分提供内容和布局；如果未定义，将不显示脚注部分
HeaderTemplate	如果已定义，则为 DataList 的页眉节提供内容和布局；如果未定义，将不显示页眉节
SelectedItemTemplate	如果已定义，则为 DataList 中当前选定的项提供内容和布局；如果未定义，则使用 ItemTemplate
ItemTemplate	为 DataList 中的项提供内容和布局所要求的模板
SeparatorTemplate	如果已定义，则为 DataList 中各项之间的分隔符提供内容和布局；如果未定义，将不显示分隔符

2. 使用 DataList 绑定数据源

使用 DataList 控件绑定数据源的方法与使用 GridView 控件基本相似，但是要将所绑定数据源的数据显示出来则需要通过设计 DataList 控件的模板来完成。

【例 5-15】 使用 DataList 控件绑定数据源(代码位置：ch5/20)。

本例介绍了如何使用 DataList 控件的模板显示绑定的数据源数据，执行程序，结果如图 5-42 所示。

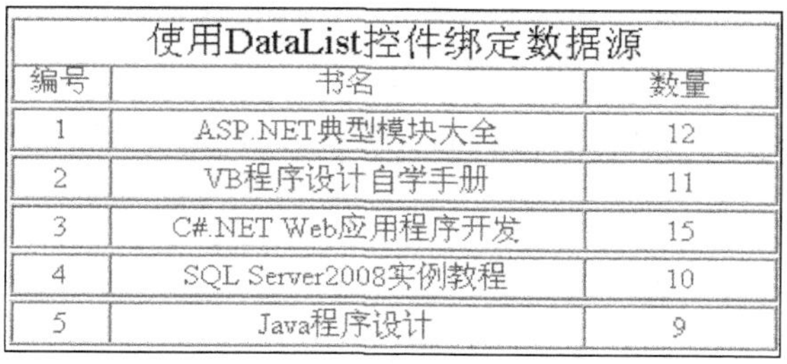

使用DataList控件绑定数据源		
编号	书名	数量
1	ASP.NET典型模块大全	12
2	VB程序设计自学手册	11
3	C#.NET Web应用程序开发	15
4	SQL Server2008实例教程	10
5	Java程序设计	9

图 5-42　使用 DataList 控件绑定数据源

该例的实现步骤如下：

(1) 新建网站，在默认页中添加一个 DataList 控件，并在弹出的任务窗口中选择“编辑模板”命令进行模板的编辑。首先在 ItemTemplate 模板中添加一个表格，在每个单元格中放一个 Label 控件，然后单击每个 Label，选择“编辑 DataBindings”，弹出如图 5-43 所示的对话框。

(2) 编辑 DataList 的头模板 HeadTemplate，在其中放一个表格用于显示数据表的表头，操作如图 5-44 所示。

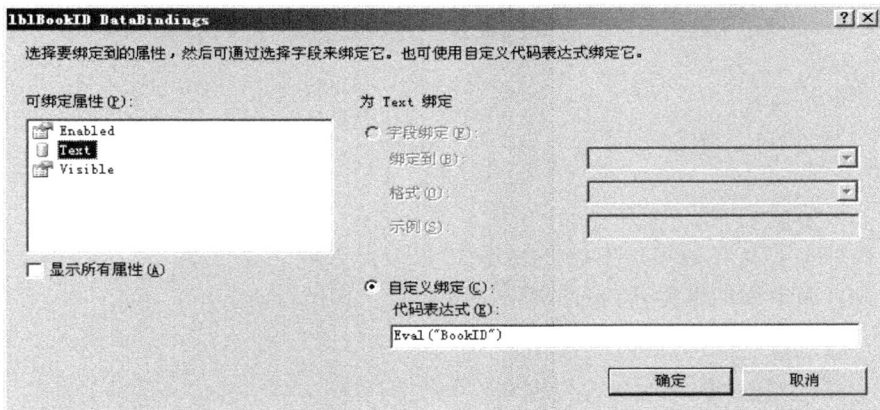

图 5-43 编辑控件的数据绑定

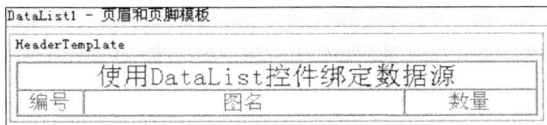

图 5-44 编辑头模板

DataList 控件的具体声明代码如下：

```
< asp:DataList ID = "DataList1" runat = "server" Width = "239px">
    < HeaderTemplate >
        < table border = "1" style = "width: 400px; text - align: center;" cellpadding = "0"
cellspacing = "0">
            < tr >
                < td colspan = "3" style = "font - size: 16pt; color: #006600; text - align:
center">
                                        使用 DataList 控件绑定数据源</td>
            </tr>
            < tr >
                < td style = "height: 19px; width: 50px; color: #669900;"> 编号</td>
                < td style = "height: 19px; width: 250px; color: #669900;">书名</td>
                < td style = "height: 19px; width: 100px; color: #669900;">数量</td>
            </tr>
        </table>
    </HeaderTemplate >
  < ItemTemplate >
    < table border = "1" style = "width: 400px; color: #000000; text - align: center;"
cellpadding = "0" cellspacing = "0">
        < tr >
            < td style = "height: 21px; width: 50px; color: #669900;">
            < asp:Label ID = "lblBookID" runat = "server" Text = '<% # Eval("BookID") %>'></asp:
Label ></td>
            < td style = "height: 21px; width: 250px; color: #669900;">
            < asp:Label ID = "lblBookName" runat = "server" Text = '<% # Eval("BookName") %>'></asp:
Label ></td>
```

```
        < td style = "height: 21px; width: 100px; color: #669900;">
            < asp:Label ID = "lblNum" runat = "server" Text = '<% # Eval("Num") %>'></asp:
Label ></td >
        </tr >
        </table >
    </ItemTemplate >
</asp:DataList >
```

（3）在 DataList 任务窗口中选择"结束模板编辑"结束模板的编辑。

（4）在页面中添加事件，将控件绑定至数据源。其代码如下：

```
protected void Page_Load(object sender, EventArgs e)
    {
        if (!IsPostBack)
        {
            //实例化 SqlConnection 对象
            SqlConnection sqlCon = new SqlConnection();
            //实例化 SqlConnection 对象连接数据库的字符串
            sqlCon. ConnectionString = ConfigurationManager. ConnectionStrings [ "conn"].
ConnectionString;
            //定义 SQL 语句
            string SqlStr = "select * from tb_book";
            //实例化 SqlDataAdapter 对象
            SqlDataAdapter da = new SqlDataAdapter(SqlStr, sqlCon);
            //实例化数据集 DataSet
            DataSet ds = new DataSet();
            da. Fill(ds, "tb_book");
            //绑定 DataList 控件
            DataList1.DataSource = ds;    //设置数据源,用于填充控件中的项的值列表
            DataList1.DataBind();              //将控件及其所有的子控件绑定到指定的数据源
        }
    }
```

3. 查看 DataList 控件中数据的详细信息

显示被选择记录的详细信息可以通过 SelectedItemTemplate 模板来完成，在使用 SelectedItemTemplate 模 板 显 示 信 息 时 需 要 有 一 个 控 件 激 发 DataList 控 件 的 ItemCommand 事件。

【例 5-16】 查看 DataList 控件中数据的详细信息（代码位置：ch5/21）。

该例介绍了如何使用 SelectedItemTemplate 模板显示 DataList 控件中数据的详细信息，执行程序，结果如图 5-45 所示。

该例的主要步骤如下：

（1）新建网站，在默认页 Default. aspx 中添加一个 DataList 控件。然后打开 DataList 控件的项模板编辑模式，在 ItemTemplate 模板中添加一个 LinkButton 控件，用于显示用户选择的数据项；在 SelectedItemTemplate 模板中添加一个 LinkButton 控件和 4 个 Label 控件，分别用来取消对该数据项的选择和该数据项详细信息的显示，设计效果如图 5-46 所示。

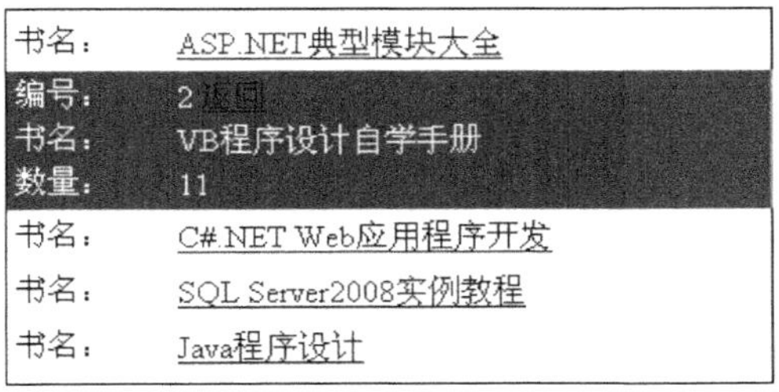

图 5-45 DataList 控件中数据的详细信息

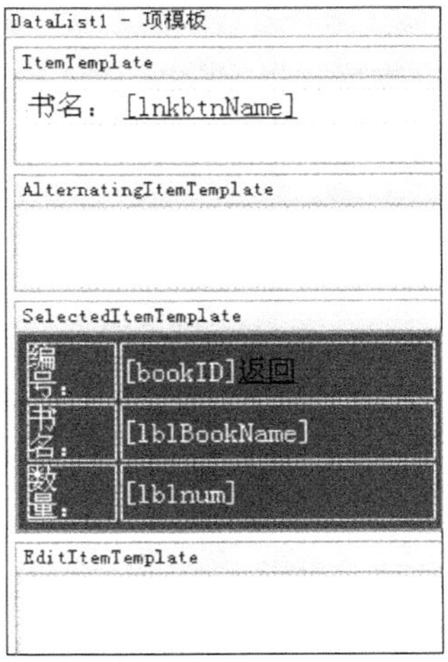

图 5-46 DataList 控件的模板设计效果

（2）当用户单击模板中的按钮时将触发 DataList 控件的 ItemCommand 事件，在该事件的程序代码中根据不同按钮的 CommandName 属性设置 DataList 控件的 SelectedIndex 属性的值，决定显示详细信息或者不显示详细信息，最后重新将控件绑定到数据源。其代码如下：

```
protected void DataList1_ItemCommand(object source, DataListCommandEventArgs e)
    {
        if (e.CommandName == "select")
        {
            //设置选中行的索引为当前选择行的索引
            DataList1.SelectedIndex = e.Item.ItemIndex;
            //绑定数据
            Bind();
        }
        if (e.CommandName == "back")
        {
            //设置选中行的索引为－1,取消该数据项的选择
            DataList1.SelectedIndex = －1;
            //绑定数据
            Bind();
        }
    }
```

4. 在 DataList 控件中对数据进行编辑操作

在 DataList 控件中也可以像在 GridView 控件中一样为特定项进行编辑操作，在 DataList 控件中是使用 EditTemplate 模板实现这一功能的。

【例 5-17】 在 DataList 控件中对数据进行编辑（代码位置：ch5/22）。

该例介绍了如何使用 EditItemTemplate 模板对 DataList 控件中的数据项进行编辑，执行程序，结果如图 5-47 所示。

数据访问技术

该例的实现步骤如下：

（1）新建一个网站，其默认主页为 Default. aspx，在该页面中添加一个 DataList 控件。然后打开 DataList 控件的项模板编辑模式，在 ItemTemplate 模板中添加一个 Label 控件和一个 Button 控件，在 EditItemTemplate 模板中添加两个 Button 控件、一个 Label 控件和 3 个 TextBox 控件。DataList 控件及各模板的设计如图 5-48 所示。

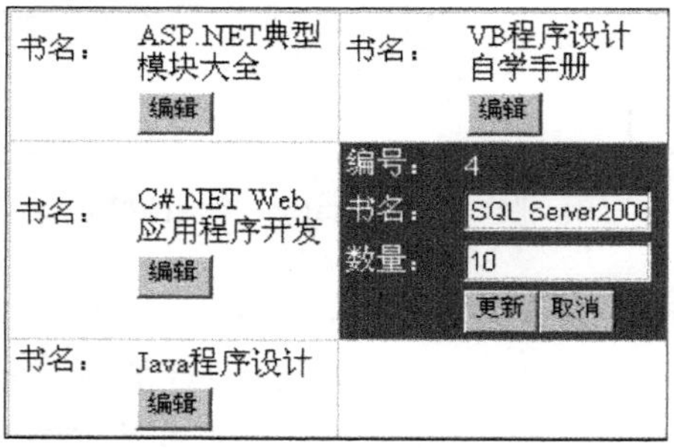

图 5-47　执行结果

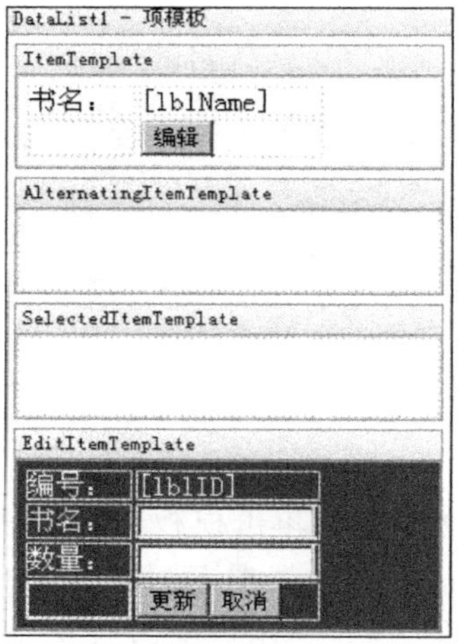

图 5-48　DataList 各模板的设计

页面实现代码如下：

```
< asp:DataList ID = "DataList1" runat = "server" OnCancelCommand = "DataList1_CancelCommand"
  OnEditCommand = "DataList1_EditCommand" OnUpdateCommand = "DataList1_UpdateCommand"
  CellPadding = "0" GridLines = "Both" RepeatColumns = "2" RepeatDirection = "Horizontal"
DataKeyField = "BookID">
    < ItemTemplate >
      < table >
        < tr >
          < td style = "width: 58px">书名：</td>
          < td style = "width: 100px">
    < asp:Label ID = "lblName" runat = "server" Text = '<% # Eval("BookName") %>'></asp:
Label ></td>
        </tr>
        < tr >
          < td style = "width: 58px"></td>
          < td style = "width: 100px">
            < asp:Button ID = "btnEdit" runat = "server" CommandName = "edit" Text = "编辑" />
</td>
        </tr>
      </table>
    </ItemTemplate>
    < EditItemTemplate >
      < table >
```

```
          < tr >
            < td style = "width: 57px">编号:</td>
            < td style = "width: 100px">
              < asp:Label ID = "lblID" runat = "server" Text = '<% # Eval("BookID") %>'></asp:
Label ></td>
          </tr>
          < tr >
            < td style = "width: 57px"> 书名:</td>
            < td style = "width: 100px">
              < asp:TextBox ID = "txtName" runat = "server" Text = '<% # Eval("BookName") %>'
Width = "90px"></asp:TextBox></td>
          </tr>
          < tr >
            < td style = "width: 57px">数量:</td>
            < td style = "width: 100px">
              < asp:TextBox ID = "txtNum" runat = "server" Text = '<% # Eval("Num") %>'Width = "
90px"></asp:TextBox></td>
          </tr>
          < tr >
            < td style = "width: 57px"></td>
            < td style = "width: 100px">
              < asp:Button ID = "btnUpdate" runat = "server" CommandName = "update" Text = "更
新" />
              < asp:Button ID = "btnCancel" runat = "server" CommandName = "cancel" Text = "取消"
/></td>
          </tr>
        </table>
    </EditItemTemplate >
      < EditItemStyle BackColor = "Teal" ForeColor = "White" />
</asp:DataList >
```

(2) 用户单击"编辑"按钮时将触发 DataList 控件的 EditCommand 事件,在该事件中将
用户选项设置为编辑模式。其代码如下:

```
//设置 DataList1 控件的编辑项的索引为选择的当前索引
    DataList1.EditItemIndex = e.Item.ItemIndex;
    //绑定数据
    Bind();
```

在编辑模式下,当用户单击"更改"按钮时将触发 UpdataCommand 事件,在该事件处理
程序中将用户的更改更新至数据库,并取消编辑状态。其代码如下:

```
//取得编辑行的关键字段的值
        string bookID = DataList1.DataKeys[e.Item.ItemIndex].ToString();
        //取得在文本框中输入的内容
        string bookName = ((TextBox)e.Item.FindControl("txtName")).Text;
        string num = ((TextBox)e.Item.FindControl("txtNum")).Text;
```

```
            string sqlStr = "update tb_book set BookName = '" + bookName + "',Num = '" + num +
"' where BookID = " + bookID;
            //更新数据库
            SqlConnection myConn = GetCon();
            myConn.Open();
            SqlCommand myCmd = new SqlCommand(sqlStr, myConn);
            myCmd.ExecuteNonQuery();
            myCmd.Dispose();
            myConn.Close();
            //取消编辑状态
            DataList1.EditItemIndex = -1;
            Bind();
```

当用户单击"取消"按钮时将触发 DataList 控件的 CancelCommand 事件,在该事件处理程序中取消处于编辑状态的项并重新绑定数据。其代码如下:

```
//设置 DataList1 控件的编辑项的索引为 -1,即取消编辑
            DataList1.EditItemIndex = -1;
            //绑定数据
            Bind();
```

注意:在使用 DataList 控件绑定数据时应先将 DataKeyField 属性设置为数据表的主键,在程序中可以由 DataKeys 集合利用索引值取出各数据项的主键值。

5.5 典型案例及分析

典型案例一:强类型 DataSet 与 ObjectDataSource

DataSet 数据集是数据表 DataTable 的集合,而强类型的 DataSet 是继承自 DataTable 的强类型的 DataTable 的集合。在 VS2010 中添加强类型 DataSet 后会自动生成强类型的数据表 DataTable 以及 Adapter 用于添加和删除数据等,可以直接供 ObjectDataSource 使用,下面通过一个例子进行介绍(代码位置:ch5/12)。

该例的实现步骤如下:

(1) 添加强类型的 DataSet。

① 在 Web 应用程序项目下添加名称为 BookData 的强类型 DataSet,如图 5-49 所示。

② 打开此数据集,从工具箱中拖曳 TableAdapter,当项目无数据库连接时会提示创建数据库连接,具体操作如图 5-50～图 5-54 所示,生成的数据集如图 5-55 所示。

此时,VS2010 已经自动生成了强类型的数据表以及一些相关事件和 TableAdapter,并且给相应的方法标注了 DataObjectMethodAttribute,我们可以直接在 ObjectDataSource 中使用。

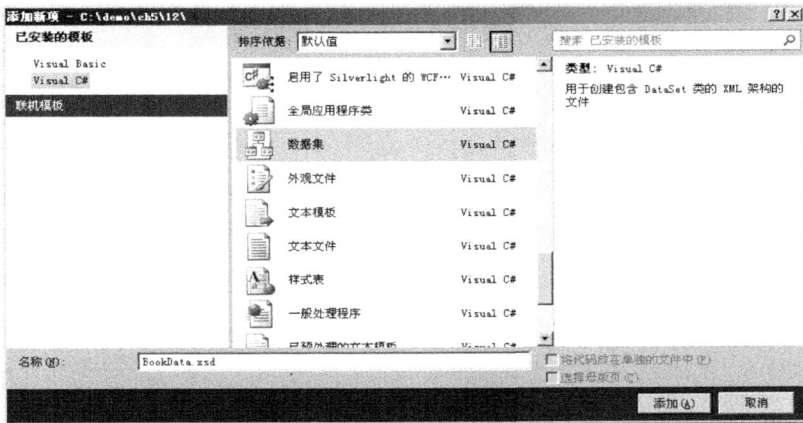

图 5-49 创建强类型 DataSet（数据集）

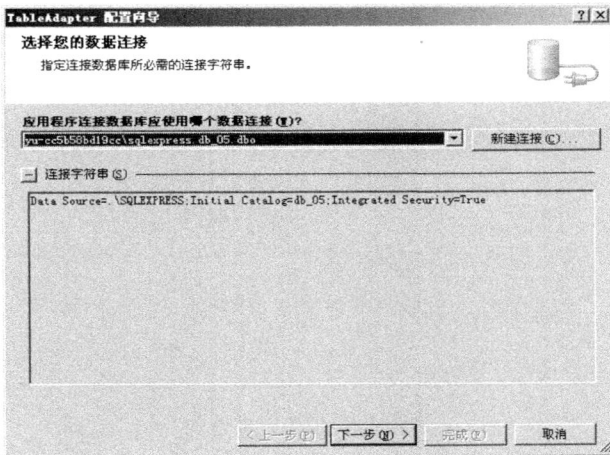

图 5-50 选择数据库连接

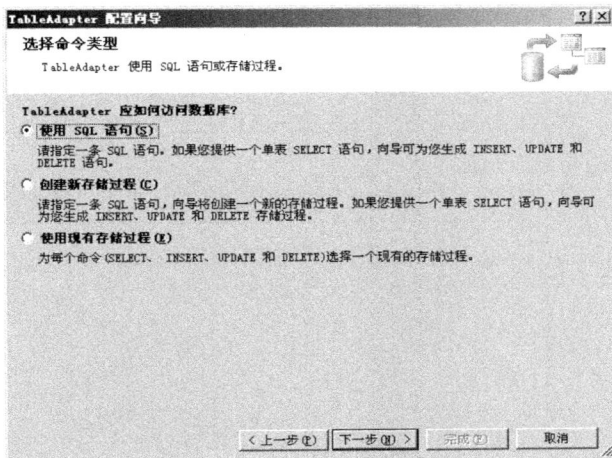

图 5-51 TableAdapter 配置

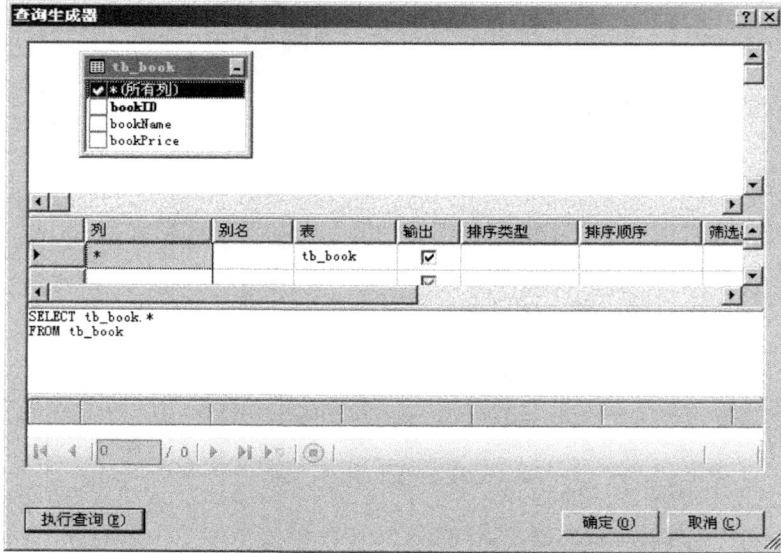

图 5-52　查询生成器

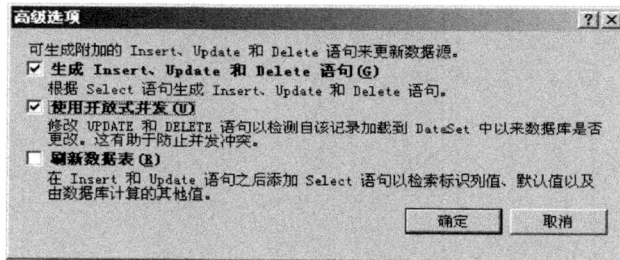

图 5-53　设置高级选项

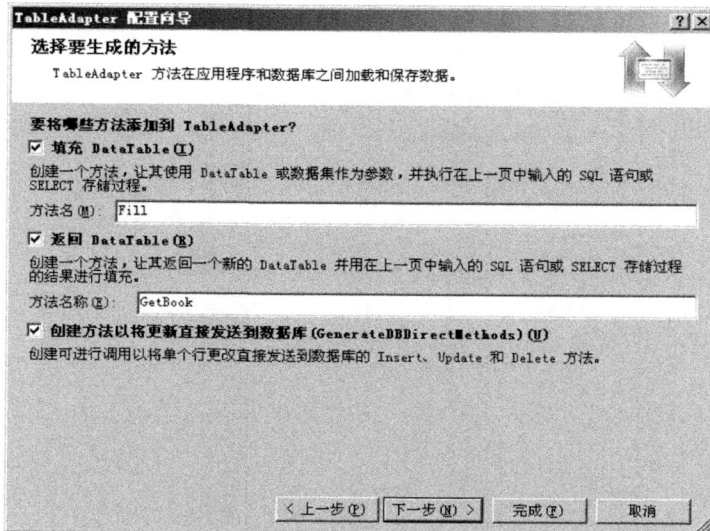

图 5-54　选择要生成的方法

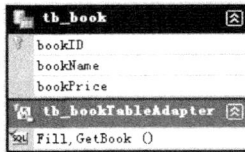

图 5-55　数据集生成

(2) 在 Default. aspx 中添加 ObjectDataSource. GridView 控件,并配置数据源(配置之前请记得生成项目),配置过程如图 5-56 和图 5-57 所示。

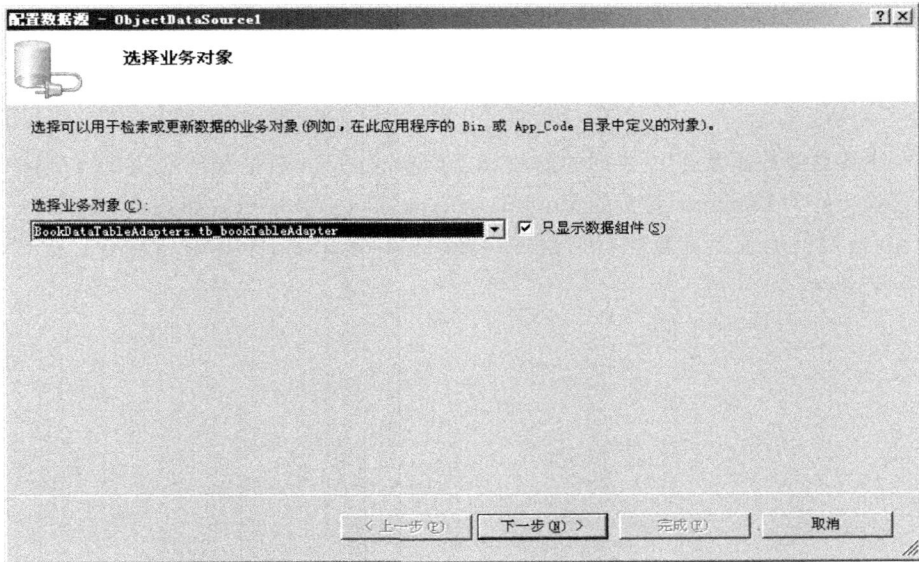

图 5-56　为 ObjectDataSource 控件选择业务对象

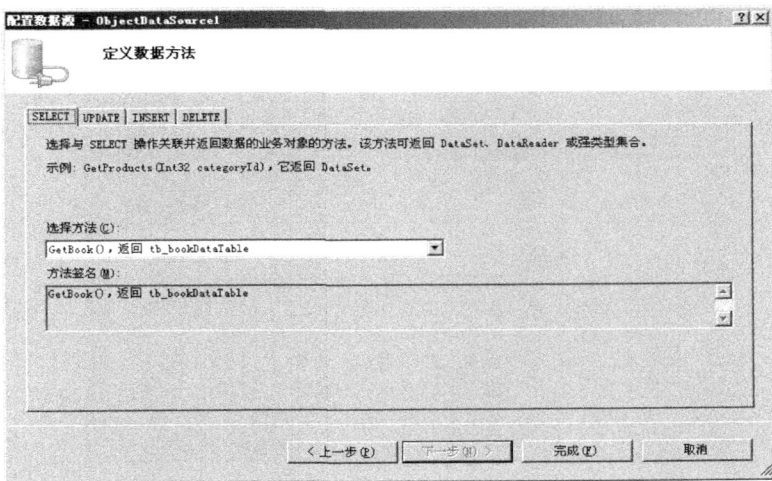

图 5-57　为 ObjectDataSource 控件选择方法

第
5
章

数据访问技术

然后将 GridView 控件的数据源设置为 ObjectDataSource1 控件,执行结果如图 5-58 所示。

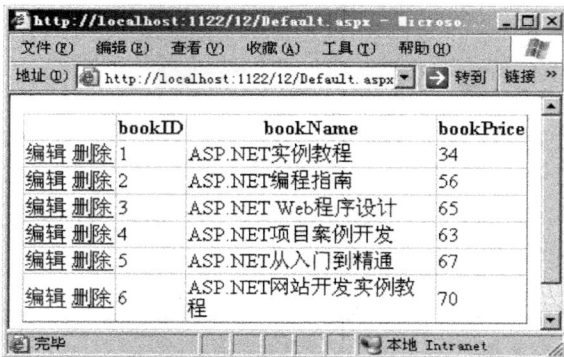

图 5-58　执行结果

(3) 对强类型数据集进行数据的修改和删除操作,打开数据集所对应的 TableAdapter,修改它们对应的 Command 下面的 CommandText 和 Parameters,如图 5-59 所示。然后启用 GridView 控件的编辑和删除,执行程序,修改第一本书名,为其添加"(第二版)",运行结果如图 5-60 所示。

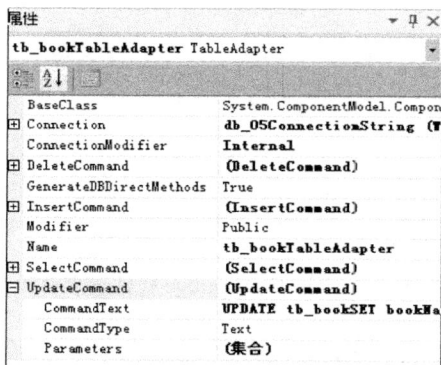

图 5-59　修改 TableAdapter 的 Command

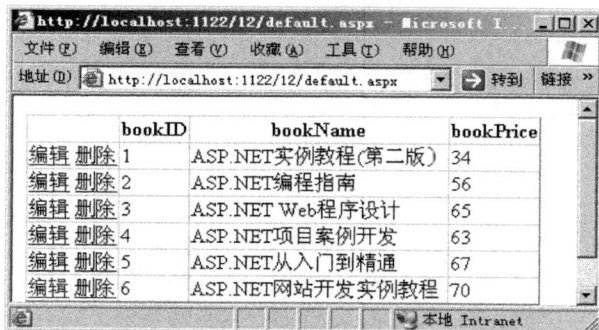

图 5-60　修改数据后的执行结果

典型案例二：在 GridView 控件中嵌入 DropDownList

通过使用 GridView 控件的模板列，可以知道在列中显示的控件，本例将把从数据库中提取的数据和 GridView 控件模板列中的 DropDownList 控件进行绑定。

在"在线考试系统"中添加 DropDownList 更改事件的状态，然后执行程序，结果如图 5-61 所示（代码位置：ch5/16）。

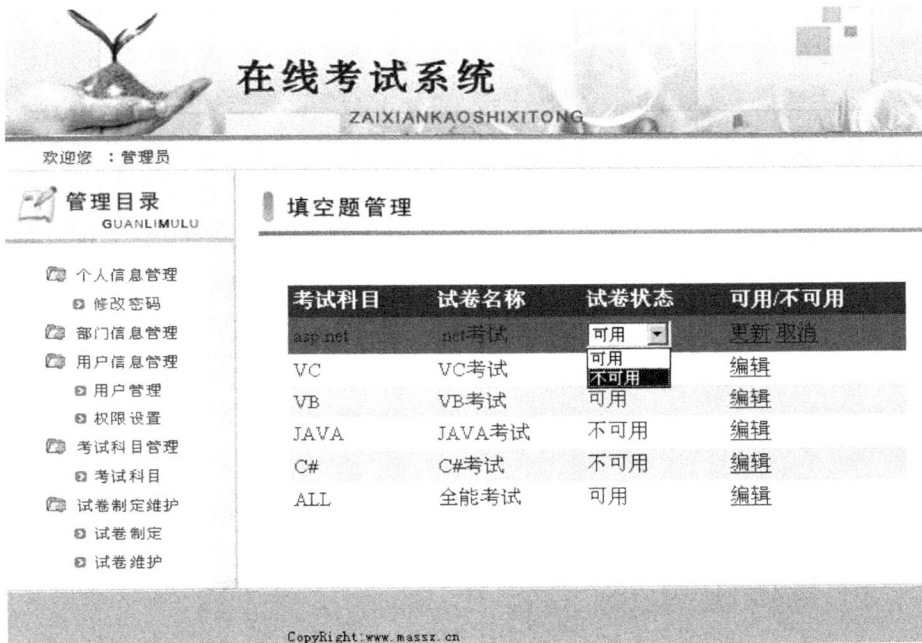

图 5-61　在 GridView 控件中应用 DropDownList 控件

该例的实现步骤如下：

（1）自定义一个 InitData 方法，用于对 GridView 控件进行数据绑定，同时通过 CASE 语句获取事件状态。代码如下：

```
public void InitData()
    {
    //编写检索数据的 SQL 语句
        string strsql = "select * ,case paperState when 1 then '可用' else '不可用' end as state
from Paper";
        SqlConnection conn = new SqlConnection(strCon);
        conn.Open();
        SqlDataAdapter myda = new SqlDataAdapter(strsql, conn);
        DataSet myds = new DataSet();
        myda.Fill(myds);
        if (myds.Tables[0].Rows.Count > 0) //当表格行数大于 0 时表示有数据,否则没有数据
        {
            GridView1.DataSource = myds;

            GridView1.DataBind();
```

```
        }
        else
        {
            lblMessage.Text = "没有试卷!";
            lblMessage.ForeColor = System.Drawing.Color.Red;
        }
    }
```

（2）在 GridView 控件的 RowUpdating 事件中选择试卷状态后，单击"更新"按钮进行更新操作。程序首先获得编辑行关键字段的值，然后编写 UPDATE 语句进行更新，最后调用 InitData 方法重新绑定数据。代码如下：

```
protected void GridView1_RowUpdating(object sender, GridViewUpdateEventArgs e)
{
//获取编辑行的索引
    int ID = int.Parse(GridView1.DataKeys[e.RowIndex].Values[0].ToString());
    Byte PaperState = byte.Parse(((DropDownList)GridView1.Rows[e.RowIndex].FindControl
("ddlPaperState")).SelectedValue);
    string strsql = "update Paper set PaperState = @PaperState where PaperID = @PaperID";
    SqlConnection conn = new SqlConnection(strCon);
    conn.Open();
    SqlCommand comm = new SqlCommand(strsql, conn);
     //设置参数值
    comm.Parameters.Add(new SqlParameter("@PaperID", SqlDbType.Int, 4));
    comm.Parameters["@PaperID"].Value = ID;
    comm.Parameters.Add(new SqlParameter("@PaperState", SqlDbType.Bit, 1));
    comm.Parameters["@PaperState"].Value = PaperState;
    if (Convert.ToInt32(comm.ExecuteNonQuery()) > 0)          //如果返回值大于 0
    {
        Response.Write("< script language = javascript > alert('试卷状态修改成功!');location
= 'Default.aspx'</script>");                            //表示修改成功
    }
    else
    {
        Response.Write("< script language = javascript > alert('试卷状态修改失败!');location
= 'Default.aspx'</script>");                            //表示修改失败
    }
    //取消编辑操作
    GridView1.EditIndex = -1;
    //调用自定义方法 InitData()重新绑定 GridView 控件中的信息
    InitData();

}
```

GridView 控件页面生成的代码如下：

```
< asp:GridView ID = "GridView1" runat = "server" AutoGenerateColumns = "False"
                            DataKeyNames = " PaperID" onrowcancelingedit = " GridView1 _
RowCancelingEdit"     onrowediting = " GridView1 _ RowEditing"  onrowupdating = " GridView1 _
```

```
RowUpdating"  Width = "475px" CellPadding = "4" ForeColor = "#333333" GridLines = "None">
    < FooterStyle BackColor = "#1C5E55" Font - Bold = "True" ForeColor = "White" />
    < RowStyle BackColor = "#E3EAEB" />
      < Columns >
          < asp:TemplateField HeaderText = "编号" Visible = "False">
              < ItemTemplate >
                  < asp:Label ID = "Label1" runat = "server" Text = '<% # Eval("PaperID") %>'>
</asp:Label >
              </ItemTemplate >
           </asp:TemplateField >
          < asp:TemplateField HeaderText = "考试科目">
              < ItemTemplate >
                  < asp:Label ID = "Label2" runat = "server" Text = '<% # Eval("Name") %>'></
asp:Label >
              </ItemTemplate >
          </asp:TemplateField >
          < asp:TemplateField HeaderText = "试卷名称">
              < ItemTemplate >
                < asp:Label ID = "Label3" runat = "server" Text = '<% # Eval("PaperName") %>'>
</asp:Label >
              </ItemTemplate >
          </asp:TemplateField >
          < asp:TemplateField HeaderText = "试卷状态">
              < EditItemTemplate >
                < asp:DropDownList ID = "ddlPaperState" runat = "server" AutoPostBack = "True">
                  < asp:ListItem Value = "1">可用</asp:ListItem >
                  < asp:ListItem Value = "0">不可用</asp:ListItem >
                </asp:DropDownList >
              </EditItemTemplate >
              < ItemTemplate >
                  < asp:Label ID = "Label4" runat = "server" Text = '<% # Eval("state") %>'>
</asp:Label >
              </ItemTemplate >
          </asp:TemplateField >
          < asp:CommandField HeaderText = "可用/不可用" ShowEditButton = "True" />
       </Columns >
    < PagerStyle BackColor = "#666666" ForeColor = "White" HorizontalAlign = "Center" />
    < SelectedRowStyle BackColor = "#C5BBAF" Font - Bold = "True" ForeColor = "#333333" />
    < HeaderStyle BackColor = "#1C5E55" Font - Bold = "True" ForeColor = "White" />
    < EditRowStyle BackColor = "#7C6F57" />
      < AlternatingRowStyle BackColor = "White" />
</asp:GridView >
```

典型案例三：在 GridView 控件中高亮显示数据

在开发网站的过程中，在对数据库的某行数据信息进行相关操作，例如删除操作时，有时需要高亮显示光标指定的行数据，下面通过一个例子演示其实现过程（代码位置：ch5/17）。

本例中主要应用到了 GridView 控件的 RowDataBound 事件，该事件呈现在 GridView

控件之前,在该事件中设置光标经过和离开数据行时该行的背景颜色,从而实现在 GridView 控件中高亮显示数据行,本例的运行结果如图 5-62 所示。

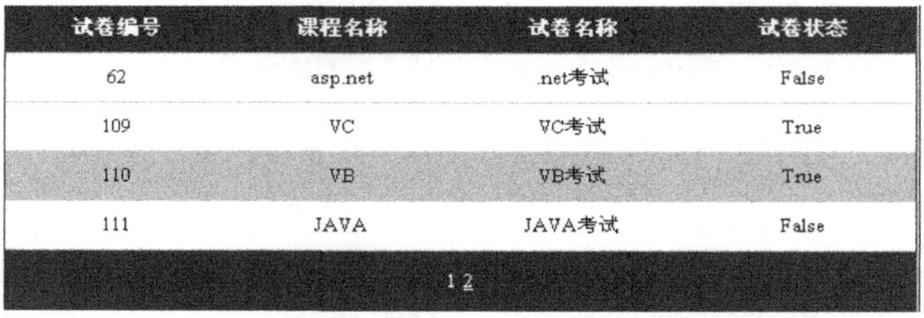

试卷编号	课程名称	试卷名称	试卷状态
62	asp.net	.net考试	False
109	VC	VC考试	True
110	VB	VB考试	True
111	JAVA	JAVA考试	False

1 2

图 5-62　在 GridView 控件中高亮显示数据行

该例的实现步骤如下:

(1) 自定义一个 BindData 方法,通过该方法将数据表中的数据绑定到 GridView 控件中。代码如下:

```
public void BindData()
    {
    //获取数据库连接字符串
        string strCon = ConfigurationManager.ConnectionStrings["conn"].ConnectionString;
        string sqlstr = "select * from Paper;";
        SqlConnection mycon = new SqlConnection(strCon);
        SqlDataAdapter myda = new SqlDataAdapter(sqlstr, strCon);
        DataSet myds = new DataSet();
        mycon.Open();
        myda.Fill(myds, "Paper");
        GridView1.DataSource = myds;
        GridView1.DataKeyNames = new string[] { "PaperID" };
        GridView1.DataBind();
        mycon.Close();
    }
```

(2) 在 GridView 控件的 RowDataBound 事件中设置光标经过和离开数据行时该行的背景颜色,从而实现在 GridView 控件中高亮显示行数据。代码如下:

```
protected void GridView1_RowDataBound(object sender, GridViewRowEventArgs e)
    {
        if (e.Row.RowType == DataControlRowType.DataRow)    //判断是否是数据行
        {
            //光标经过时的背景颜色
            e.Row.Attributes.Add("onMouseOver", "Color = this.style.backgroundColor;this.
style.backgroundColor = 'lightBlue'");
            //光标离开时的背景颜色
            e.Row.Attributes.Add("onMouseOut", "this.style.backgroundColor = Color;");
        }
    }
```

GridView 控件页面生成的代码如下:

```
< asp:GridView ID = "GridView1" runat = "server" AllowPaging = "True" AutoGenerateColumns =
"False"
CellPadding = "4" Font - Size = "10pt" GridLines = "Horizontal" Height = "209px" OnPageIndexChanging
= "GridView1_PageIndexChanging" OnRowDataBound = "GridView1_RowDataBound" PageSize = "4" Width =
"571px" BackColor = "White" BorderColor = "#336666" BorderStyle = "Double" BorderWidth = "3px">
        < FooterStyle BackColor = "White" ForeColor = "#333333" />
            < Columns >
                < asp:BoundField DataField = "PaperID" HeaderText = "试卷编号" />
                < asp:BoundField DataField = "Name" HeaderText = "课程名称" />
                < asp:BoundField DataField = "PaperName" HeaderText = "试卷名称" />
                < asp:BoundField DataField = "PaperState" HeaderText = "试卷状态" />
            </Columns >
        < RowStyle BackColor = "White" ForeColor = "#333333" />
        < SelectedRowStyle BackColor = "#339966" Font - Bold = "True" ForeColor = "White" />
        < PagerStyle BackColor = "#336666" ForeColor = "White" HorizontalAlign = "Center" />
        < HeaderStyle BackColor = "#336666" Font - Bold = "True" ForeColor = "White" />
    </asp:GridView >
```

典型案例四：在 GridView 控件中排列数据

GridView 控件还提供了内置排序功能，无须任何代码，只要为列设置自定义的 SortExpression 属性值，并使用 Sorting 和 Sorted 事件进一步自定义 GridView 控件的排序功能即可。

本例使用 GridView 控件的内置排序功能排序显示数据，执行程序，结果如图 5-63 所示（代码位置：ch5/18）。

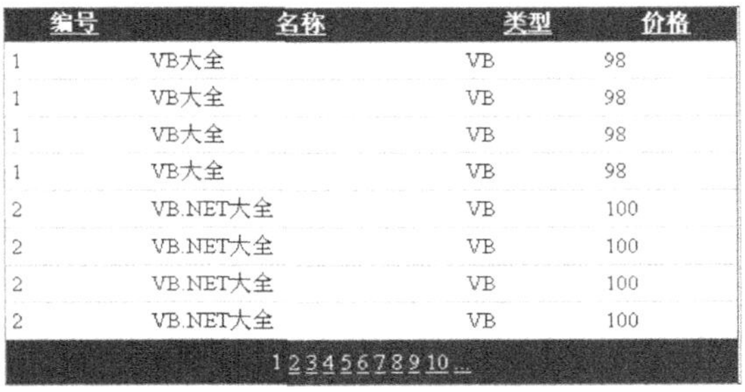

图 5-63　单击表头对数据进行排序

该例的实现步骤如下：

（1）新建网站，在默认页中添加一个 GridView 控件，然后在页面的 Page_Load 事件中用视图状态 ViewState 保存默认的排序表达式和排序顺序，并对 GridView 控件进行数据绑定。代码如下：

```
protected void Page_Load(object sender, EventArgs e)
    {
        if (!IsPostBack)
        {
```

```
        ViewState["SortOrder"] = "GoodsID";                //保存编号
        ViewState["OrderDire"] = "Asc";                    //保存排序规则
        GridViewBind();                                    //调用自定义的绑定方法
    }
}
```

（2）在 Page_Load 事件中调用自定义的方法 GridViewBind()，该方法用来从数据库中取得要绑定的数据源，并设置数据视图的 Sort 属性，最后把该视图和 GridView 控件进行绑定。代码如下：

```
public void GridViewBind()
    {
        //获取数据库连接字符串
        string strCon = ConfigurationManager.ConnectionStrings["conn"].ConnectionString;
            SqlConnection sqlCon = new SqlConnection(strCon);
                                                        //实例化 SqlConnection 对象
                string SqlStr = "select * from vb_GoodsInfo";        //定义 SQL 语句
        SqlDataAdapter da = new SqlDataAdapter(SqlStr, sqlCon);
                                                        //实例化 SqlDataAdapter 对象
        DataSet ds = new DataSet();          //实例化数据集 DataSet
        da.Fill(ds);
        DataView dv = ds.Tables[0].DefaultView;
          string sort = (string)ViewState["SortOrder"] + " " + (string)ViewState
["OrderDire"];
        dv.Sort = sort;
        //绑定 DataList 控件
        GridView1.DataSource = dv;            //设置数据源,用于填充控件中的项的值列表
        GridView1.DataBind();                //将控件及其所有子控件绑定到指定的数据源
    }
```

（3）在 GridView 控件的 Sorting 事件中首先取得指定的表达式，然后判断是否是当前的排序方式，如果是，改变当前的排序索引；如果不是，设置新的排序表达式，并重新进行数据绑定。代码如下：

```
protected void GridView1_Sorting(object sender, GridViewSortEventArgs e)
    {
        string sPage = e.SortExpression;                //获取排序方式
        if (ViewState["SortOrder"].ToString() == sPage)    //判断是否是当前的排序方式
        {
            if (ViewState["OrderDire"].ToString() == "Desc")        //如果排序方式是 Desc
                ViewState["OrderDire"] = "Asc";                //更改为 Asc
            else
                ViewState["OrderDire"] = "Desc";                //否则更改为 Desc
        }
        else                                //如果不是当前的排序方式,设置新的排序方式
        {
            ViewState["SortOrder"] = e.SortExpression;
        }
        GridViewBind();                                //重新绑定数据
    }
```

典型案例五：在 GridView 控件中实现全选和全不选功能

在 GridView 控件中添加一列 CheckBox 控件，通过复选框的选择实现全选和全不选功能，该功能在批量删除时经常用到。

本例使用 GridView 控件的模板列及 FindControl 方法实现全选和全不选的功能，执行程序，结果如图 5-64 所示（代码位置：ch5/19）。

图 5-64　使用 GridView 控件实现全选和全不选功能

该例的实现步骤如下：

（1）新建网站，在默认页中添加一个 GridView 控件，并为 GridView 控件添加一列模板列，然后在该列的 HeadTemplate 中添加一个 CheckBox 用于实现全选，在 ItemTemplate 模板中添加一个 CheckBox 用于每一行的复选。GridView 控件的声明代码如下：

```
< asp:GridView ID = "GridView1" runat = "server" AutoGenerateColumns = "False"
            Width = "491px" BackColor = "White" BorderColor = "#336666" BorderStyle =
"Double" BorderWidth = "3px" CellPadding = "4" GridLines = "Horizontal" Height = "175px"
            AllowPaging = "True" onpageindexchanging = "GridView1_PageIndexChanging"
            PageSize = "8">
    < FooterStyle BackColor = "White" ForeColor = "#333333" />
    < RowStyle BackColor = "White" ForeColor = "#333333" />
 < Columns >
    < asp:TemplateField >
        < HeaderTemplate >
            < asp:CheckBox ID = "chkcheckall" runat = "server" AutoPostBack = "True"
                oncheckedchanged = "chkcheckall_CheckedChanged" />
        </HeaderTemplate >
        < ItemTemplate >
            < asp:CheckBox ID = "chkCheck" runat = "server" />
        </ItemTemplate >
    </asp:TemplateField >
    < asp:BoundField DataField = "GoodsID" HeaderText = "编号" />
    < asp:BoundField DataField = "GoodsName" HeaderText = "名称" />
    < asp:BoundField DataField = "GoodsTypeName" HeaderText = "类型" />
    < asp:BoundField DataField = "GoodsPrice" HeaderText = "价格" />
 </Columns >
    < PagerStyle BackColor = "#336666" ForeColor = "White" HorizontalAlign = "Center" />
    < SelectedRowStyle BackColor = "#339966" Font – Bold = "True" ForeColor = "White" />
    < HeaderStyle BackColor = "#336666" Font – Bold = "True" ForeColor = "White" />
</asp:GridView >
```

（2）全选复选框时将循环访问 GridView 中的每一项，首先通过 FindControl 方法搜索到头模板中的全选框 chkcheckall，建立对其的引用，然后通过 FindControl 方法搜索 TemplateField 模板列中 ID 为 chkCheck 的 CheckBox 控件，并建立控件的引用，实现"全选/不全选"功能。代码如下：

```
protected void chkcheckall_CheckedChanged(object sender, EventArgs e)
    {
        for (int i = 0; i <= GridView1.Rows.Count - 1; i++)
        {
            //建立模板列中 CheckBox 控件的引用
            CheckBox chk = (CheckBox)GridView1.Rows[i].FindControl("chkCheck");
            //建立头模板中全选控件的引用
                CheckBox chkcheckall = (CheckBox) GridView1. HeaderRow. FindControl
("chkcheckall");
            if (chkcheckall.Checked == True)            //如果选中全选
            {
                chk.Checked = True;                     //将每一行复选框选中
            }
            else                                        //否则取消选中每一行复选框
            {
                chk.Checked = False;
            }
        }
    }
```

在对全选复选框 CheckBox 控件进行全选操作时，需要将 CheckBox 控件的 autoPostBack 属性设置为 True，否则当改变控件的选择状态时不能触发其 CheckdeChanged 事件。

典型案例六：分页绑定 DataList 控件中的数据

本例使用 PagedDataSource 类实现 DataList 控件的分页功能以及页面的跳转功能，程序运行结果如图 5-65 所示（代码位置：ch5/23）。

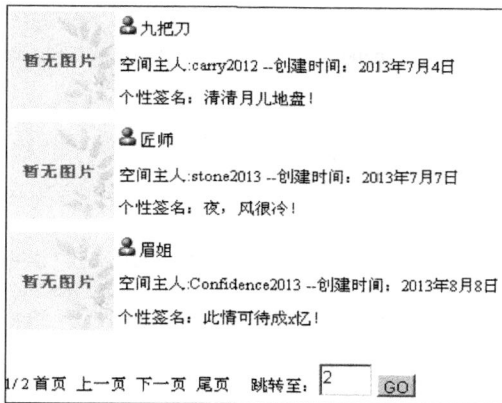

图 5-65　分页绑定 DataList 并实现跳转

该例的实现步骤如下：

（1）新建网站，在默认页 Default.aspx 中添加一个 DataList 控件，并打开模板编辑项，在 ItemTemplate 中添加显示效果和数据绑定。DataList 的项模板编辑如图 5-66 所示。

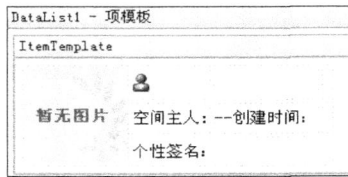

图 5-66　DataList 中的模板编辑效果

页面的实现代码如下：

```
<asp:DataList ID = "DataList1" runat = "server" Width = "693px" style = "font - size: small"
onitemcommand = "DataList1_ItemCommand"
onitemdatabound = "DataList1_ItemDataBound" DataKeyField = "PerHomeId">
    <ItemTemplate>
        <table>
          <tr style = "border - bottom - style: groove; border - bottom - width: medium; border -
bottom - color: #FFFFFF">
            <td rowspan = "3" align = "center" class = "style3">
                <a href = '#'>
                <img border = "0" height = "80" src = 'images/showimg.gif' width = "80"></img></a>

            </td>
            <td align = "left">
               <asp:Image ID = "Image4" runat = "server" ImageUrl = "~/images/ico2.gif" />
               <a><% #Eval("PerHomeName") %></a>
            </td>
           <td align = "left">  </td>
            <td>  </td>
        </tr>
        <tr>
          <td align = "left">空间主人:<a><% #Eval("PerHomeUser") %></a></td>
          <td align = "left">--创建时间:<a><% #Eval("PerHomeTime","{0:D}") %></a></td>
          <td>  </td>
        </tr>
        <tr>
          <td align = "left" colspan = "3">个性签名:<a><% #Eval("PerHomeSign").ToString()
.Length > 10 ? Eval("PerHomeSign").ToString().Substring(0, 10) + "..." : Eval
("PerHomeSign") %></a></td>
        </tr>
</table>
</ItemTemplate>
<FooterTemplate>
<div style = "text - align:left&gt; &lt; table id = "Page" border = "1" cellpadding = "0"
cellspacing = "0"
    <tr>
```

```
< td >
    < asp:Label ID = "labCurrentPage" runat = "server"></asp:Label >/
    < asp:Label ID = "labPageCount" runat = "server"></asp:Label >
    < asp:LinkButton ID = "lnkbtnFirst" runat = "server" CommandName = "first" Font -
Underline = "False"  ForeColor = "Black">首页</asp:LinkButton >
     < asp:LinkButton ID = "lnkbtnFront" runat = "server" CommandName = "pre" Font -
Underline = "False"  ForeColor = "Black">上一页</asp:LinkButton >
      < asp:LinkButton ID = "lnkbtnNext" runat = "server" CommandName = "next" Font -
Underline = "False" ForeColor = "Black">下一页</asp:LinkButton >
       < asp:LinkButton ID = "lnkbtnLast" runat = "server" CommandName = "last" Font -
Underline = "False"
        ForeColor = "Black">尾页</asp:LinkButton >
   跳 转 至: < asp:TextBox ID = "txtPage" runat = "server" Width = "35px" Height
 = "21px"></asp:TextBox >
        < asp:Button ID = "Button1" runat = "server" CommandName = "search" Text = "GO" Height =
"19px" />
    < br/>
        </td >
     </tr >
</table >
</div >
</FooterTemplate >
</asp:DataList >
```

（2）在"编辑模板"中选择 FootTemplate 模板，在该模板中添加两个 Label 控件和 4 个
LinkButton 控件，Label 控件的 ID 属性分别为 labPageCount 和 labCurrentPage，主要用于
显示总页数和当前页数；LinkButton 控件的 ID 属性分别为 lnkbtnFirst、lnkbtnFront、
lnkbtnNext、lnkbtnLast，分别用来显示首页、上一页、下一页、尾页，并设置按钮的
CommandName 属性为 first、pre、next、last。

在后台代码中首先定义两个全局变量对象，一个是分页数据源对象，另一个是数据连接
对象，数据连接的字符串在 Web. config 中定义。声明代码如下：

```
protected static PagedDataSource pds = new PagedDataSource();    //创建一个分页数据源的对
                                                                //象且一定要声明为静态
 public SqlConnection conn = new SqlConnection ( ConfigurationManager. ConnectionStrings
["conn"].ConnectionString);
```

注意：PagedDataSource 数据源分页对象一定要设置为 static 静态对象变量，否则将不
能保存当前页面的索引值。

（3）自定义一个 BindDataList 方法，在该方法中主要设置控件的分页及数据绑定，其参
数用于获取页面的索引值。代码如下：

```
private void BindDataList( int currentpage)
    {
        pds. AllowPaging = true;                        //允许分页
        pds. PageSize = 3;                              //每页显示 3 条数据
        pds. CurrentPageIndex = currentpage;            //当前页为传入的一个 int 型值
        string strSql = "select * from PerHomeDetail";  //定义一条 SQL 语句
```

```
conn.Open();                                              //打开数据库连接
SqlDataAdapter sda = new SqlDataAdapter(strSql, conn);
DataSet ds = new DataSet();
sda.Fill(ds);                                             //把执行得到的数据放在数据集中
pds.DataSource = ds.Tables[0].DefaultView;                //把数据集中的数据放入分页数据源中
DataList1.DataSource = pds;                               //绑定 DataList
DataList1.DataBind();
conn.Close();
}
```

（4）在 DataList 控件的 ItemCommand 事件中主要对用户单击"首页"、"上一页"、"下一页"和"尾页"按钮及在文本框中输入页数跳转到指定页面时发生的事件进行处理。代码如下：

```
protected void DataList1_ItemCommand(object source, DataListCommandEventArgs e)
    {
        switch(e.CommandName)
        {
            //以下为捕获用户单击"首页"、"上一页"、"下一页"等时发生的事件
            case "first"://首页
                pds.CurrentPageIndex = 0;
                BindDataList(pds.CurrentPageIndex);
                break;
            case "pre"://上一页
                pds.CurrentPageIndex = pds.CurrentPageIndex - 1;
                BindDataList(pds.CurrentPageIndex);
                break;
            case "next"://下一页
                pds.CurrentPageIndex = pds.CurrentPageIndex + 1;
                BindDataList(pds.CurrentPageIndex);
                break;
            case "last"://尾页
                pds.CurrentPageIndex = pds.PageCount - 1;
                BindDataList(pds.CurrentPageIndex);
                break;
            case "search"://页面跳转页
                if (e.Item.ItemType == ListItemType.Footer)
                {
                    int PageCount = int.Parse(pds.PageCount.ToString());
                    TextBox txtPage = e.Item.FindControl("txtPage") as TextBox;
                    int MyPageNum = 0;
                    if (!txtPage.Text.Equals(""))
                        MyPageNum = Convert.ToInt32(txtPage.Text.ToString());
                    if (MyPageNum <= 0 || MyPageNum > PageCount)
                        Response.Write("<script>alert('请输入页数并确定没有超出总页
数!')</script>");
                    else
                        BindDataList(MyPageNum - 1);
                }
                break;
        }
    }
```

数据访问技术

DataList 控件的 ItemDataBound 事件主要是对 DataList 控件的 FootTemplate 模板中添加的 Label 和 LinkButton 控件进行操作，代码如下：

```
protected void DataList1_ItemDataBound(object sender, DataListItemEventArgs e)
{
    if (e.Item.ItemType == ListItemType.Footer)
    {
        //以下为得到模板中的控件并创建变量
        Label CurrentPage = e.Item.FindControl("labCurrentPage") as Label;
        Label PageCount = e.Item.FindControl("labPageCount") as Label;
        LinkButton FirstPage = e.Item.FindControl("lnkbtnFirst") as LinkButton;
        LinkButton PrePage = e.Item.FindControl("lnkbtnFront") as LinkButton;
        LinkButton NextPage = e.Item.FindControl("lnkbtnNext") as LinkButton;
        LinkButton LastPage = e.Item.FindControl("lnkbtnLast") as LinkButton;
        CurrentPage.Text = (pds.CurrentPageIndex + 1).ToString(); //绑定显示当前页
        PageCount.Text = pds.PageCount.ToString();                //绑定显示总页数
        if (pds.IsFirstPage)                      //如果是第一页，"首页"和"上一页"按钮不能用
        {
            FirstPage.Enabled = False;
            PrePage.Enabled = False;
        }
        if (pds.IsLastPage)                       //如果是最后一页，"下一页"和"尾页"按钮不能用
        {
            NextPage.Enabled = False;
            LastPage.Enabled = False;
        }
    }
}
```

典型案例七：使用 DataList 删除数据

DataList 控件的功能非常强大，而且运行效率比较高，人们经常把 DataList 和 GridView 控件进行比较。其实，每个控件都有自己的优/缺点，DataList 控件的显著优点是效率比较高，缺点是开发程序没有使用 GridView 控件迅速，具体根据实现的功能进行选择。

本例使用 DataList 实现单条数据的删除和批量数据的删除，程序的执行结果如图 5-67 所示（代码位置：ch5/24）。

图 5-67 使用 DataList 控件删除数据

该例的实现步骤如下：

（1）新建一个网站，在其默认页 Default. aspx 中添加一个 DataList 控件，然后编辑 DataList 控件的 ItemTemplate 模板，在 ItemTemplate 模板中添加执行数据删除操作的 Button 按钮，并将其 CommandName 属性设置为 delete。接下来以同样的方式在 DataList 控件的 FootTemplate 模板列中添加一个 Button 控件用于执行批量删除操作，并且设置其 CommandName 属性为 pldelete。ItemTemplate 模板的设计结果如图 5-68 所示。

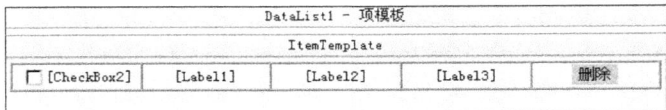

图 5-68　ItemTemplate 模板的设计结果

DataList 控件的设计代码如下：

```
< asp: DataList ID = " DataList1" runat = " server" DataKeyField = " ID"    OnItemCommand =
"DataList1_ItemCommand"  BackColor = "LightGoldenrodYellow" BorderColor = "Tan" BorderWidth
= "1px"  CellPadding = "2" ForeColor = "Black">
  < HeaderTemplate >
   < div style = "text - align: center">
     < table border = "1" cellpadding = "0" cellspacing = "0" style = "font - size: 12px;
width: 500px">
       < tr >
         < td style = "width: 100px">全选/反选< input id = "Checkbox1" name = "全选"
onclick = "return CheckAll(this);" title = "全选" type = "checkbox"value = "全选"  /></td>
         < td style = "width: 100px">用户编号</td>
         < td style = "width: 100px"> 用户名</td>
         < td style = "width: 100px"> 密码</td>
         < td style = "width: 100px"> 删除</td>
     </tr >
    </table >
   </div >
  </HeaderTemplate >
  < ItemTemplate >
    < div style = "text - align: center">
     < table border = "1" cellpadding = "0" cellspacing = "0" style = "width: 500px; font -
size: 12px;">
       < tr >
         < td style = "width: 100px">
           < asp:CheckBox ID = "CheckBox2" runat = "server" /></td>
         < td style = "width: 100px">
         < asp:Label ID = "Label1" runat = "server" Text = '< % # Eval("ID") %>'></asp:Label ></
td>
           < td style = "width: 100px">
           < asp:Label ID = "Label2" runat = "server" Text = '< % # Eval("name") %>'></asp:
Label ></td>
           < td style = "width: 100px">
           < asp:Label ID = "Label3" runat = "server" Text = '< % # Eval("sex") %>'></asp:
Label ></td>
```

数据访问技术

```
                < td style = "width: 100px">
                    < asp: Button ID = "btnDelete" runat = "server" Text = "删除" CommandName =
"delete" BorderStyle = "None" onclientclick = "return confirm('确认删除?');" /></td>
                    <% -- 请注意此处的 CommandName 命令 -- %>
                </tr>
            </table>
        </div>
    </ItemTemplate>
    < FooterTemplate >
        < div style = "text-align: center">
            < table id = "Page" border = "1" cellpadding = "0" cellspacing = "0" style = "font-size:
12px; width: 100%">
                < tr >
                    < td style = "width: 100%; text-align: center">
                        < asp:Button ID = "btnPLDelete" runat = "server" Text = "批量删除" CommandName =
"pldelete" BorderStyle = "None" onclientclick = "return confirm(&quot;确认全部删除?&quot;);"
/></td>
                </tr>
            </table>
        </div>
    </FooterTemplate>
    < FooterStyle BackColor = "Tan" />
    < SelectedItemStyle BackColor = "DarkSlateBlue" ForeColor = "GhostWhite" />
    < AlternatingItemStyle BackColor = "PaleGoldenrod" />
    < HeaderStyle BackColor = "Tan" Font-Bold = "True" />
</asp:DataList>
```

（2）在后台代码的 Page_Load 事件中调用一个自定义方法 BindDataList，主要用于在页面行初始化时绑定 DataList 控件数据。代码如下：

```
//得到 Web.config 中的连接放到变量中
public SqlConnection Conn = new SqlConnection (ConfigurationManager. ConnectionStrings
["conn"].ConnectionString);
    protected void Page_Load(object sender, EventArgs e)
    {
        if (!IsPostBack)
        {
            BindDataList();
        }
    }
```

（3）定义一个自定义方法 BindDataList 来查询数据库信息并绑定到控件。代码如下：

```
public void BindDataList()
    {
        string strSql = "select * from tb_user";        //定义一条 SQL 语句
        SqlDataAdapter sda = new SqlDataAdapter(strSql, Conn);
        DataSet ds = new DataSet();
        sda.Fill(ds);                                    //把执行得到的数据放到数据集中
        DataList1.DataSource = ds;                       //绑定 DataList
        DataList1.DataBind();
    }
```

（4）执行单条数据删除和批量删除时会触发 DataList 控件的 ItemCommand 事件，在该事件中根据 CommandName 属性设置的值分别执行单条数据删除和批量数据删除。代码如下：

```
protected void DataList1_ItemCommand(object source, DataListCommandEventArgs e)
    {
        switch(e.CommandName)
        {
        //单条数据的删除操作
        case "delete":
            int id = int.Parse(DataList1.DataKeys[e.Item.ItemIndex].ToString());
                                                        //取得当前 DataList 控件列
            string strsql = "delete from tb_user where ID = '" + id + "'";
            if (Conn.State.Equals(ConnectionState.Closed))
            { Conn.Open(); }//打开数据库连接
            SqlCommand cmd = new SqlCommand(strsql, Conn);
            if (Convert.ToInt32(cmd.ExecuteNonQuery()) > 0)
            {
                Response.Write("<script>alert('删除成功!')</script>");
                BindDataList();                    //重新绑定控件数据
            }
            else
            {
                Response.Write("<script>alert('删除失败,请查找原因!')</script>");
            }
            Conn.Close();                          //关闭连接
            break;
        //批量删除操作
        case "pldelete":
            Conn.Open();                           //打开数据库连接
            DataListItemCollection dlic = DataList1.Items;
                                        //创建一个 DataList 列表项集合对象
            //执行一个循环,删除所有用户选中的信息
            for (int i = 0; i < dlic.Count; i++)
            {
                if (dlic[i].ItemType == ListItemType.AlternatingItem || dlic[i]
.ItemType == ListItemType.Item)
                {
                    CheckBox cbox = (CheckBox)dlic[i].FindControl("CheckBox2");
                    if (cbox.Checked)
                    {
                        int id_pldelete = int.Parse(DataList1.DataKeys[dlic[i]
.ItemIndex].ToString());
                        SqlCommand cmd_pldel = new SqlCommand("delete from tb_user
where ID = " + id_pldelete, Conn);
                        cmd_pldel.ExecuteNonQuery();
                    }
                }
            }
            Conn.Close();
```

```
                    BindDataList();
                    break;
            }
        }
```

5.6 本 章 小 结

对于开发人员而言,处理数据库的能力是对 Web 开发技能的一项很好的补充,ASP.NET 应用程序的数据访问是通过 ADO.NET 进行的,ADO.NET 可以使 Web 应用程序从各种数据源中快速访问数据。本章介绍了 ADO.NET 的基本功能、数据的连接和操作、几个常用的数据对象、数据绑定的方法、数据源控件和数据绑定控件等内容。本章前面介绍相关知识,后面列举典型案例并进行详细分析,然后通过项目实训加以强化,前后呼应、相辅相成。

本章首先讨论了 ADO.NET 的结构以及 ADO.NET 提供的连接类型和断开类型,接下来讨论了如何使用 SqlConnection 连接数据库,如何关闭与释放连接;介绍了如何使用 SqlCommand 执行数据库命令,如何使用数据适配器在连接类型和断开类型之间进行互通;讨论了 DataSet、DataReader 和 DataTable 对象,以及何时使用 DataReader 和 DataSet。

本章还介绍了 ASP.NET 的数据绑定技术,首先介绍了 ASP.NET 中的单值数据绑定和重复值数据绑定,接下来介绍了两种数据源控件——SqlDataSource 和 ObjectDataSource,并且介绍了强类型数据集的使用,通过示例介绍了强类型数据集和 ObjectDataSource 实现数据库快速开发的方法。

在数据绑定控件部分介绍了 Web 开发中比较常用的 GridView 控件和 DataList 控件,对于 GridView 控件,介绍了它的基本属性和方法,讨论了几种列类型在数据绑定操作时的使用,使用 GridView 控件的绑定列能够比较快速、方便地绑定后台数据库中的数据,并且介绍了 GridView 控件绑定数据的编辑、修改、选择和排序功能。DataList 控件是模板编辑控件,本章介绍了 DataList 控件的基本模板类型、模板的编辑和设置、模板中控件的数据绑定等,并且通过示例展示了通过激发数据绑定控件的各种事件类型来完成数据的显示、编辑和删除等操作。

5.7 项 目 实 训

项目实训 5-1：ADO.NET 数据访问

1. 实训目的

(1) 锻炼学生使用 Visual Studio Tools 配置数据库。

(2) 掌握在 Web.config 配置文件中配置数据库连接字符串的方法。

(3) 掌握使用 ADO.NET 的数据连接类创建数据库连接。

(4) 掌握 ADO.NET 数据对象类的使用。

(5) 掌握简单的数据绑定和控件的数据绑定。

2. 实训内容及要求

（1）在 SQL Server 2008 中附加 stu 数据库。

（2）进入网站，在 Web.config 配置文件中配置数据库连接字符串。

（3）使用数据连接类创建数据库连接。

（4）创建页面，使用 SqlDataReader 对象根据学号读取学生信息并显示。

（5）创建页面，使用 SqlDataAdapter 对象和 DataSet 对象实现根据系部查询学生信息的功能。

（6）使用 Command 对象调用存储过程修改学生的姓名。

3. 实训步骤

（1）启动 SQL server 2008。

（2）启动 Visual Studio Tools，选择 Visual Studio 2008 命令提示，输入"aspnet_regsql"进入 ASP.NET 数据库配置。

（3）输入数据库服务器名（SQL Server 2008 的服务器名），数据库名为"默认"，然后单击"下一步"按钮查看配置，其显示数据库名为 asqnetdb，单击"下一步"按钮完成。

（4）把数据库文件放到网站的 App_Data 文件夹下。

（5）打开 Web.config，编辑数据库连接字符串，代码如下：

```
< connectionStrings >
        < add name = "con" connectionString = "server = .\SqlExpress;database = stu; Trusted_
Connection = true"/>
        < add name = "users" connectionString = "Data Source = .\SqlExpress;AttachDbFilename =
|DataDirectory| stu. mdf; Integrated Security = True; User Instance = True" providerName =
"System. Data. SqlClient"/>
        </connectionStrings >
```

其中，con 为数据库在 SQL Server 2008 中附加的情况，users 为数据库在 App_Data 文件夹下，并且运行时自动附加的情况。

（6）在代码中获取连接字符串：

```
string myStr = ConfigurationManager.ConnectionStrings["users"].ConnectionString;
```

（7）使用 SqlDataReader 对象读取学生信息，界面如图 5-69 所示，其所用控件为 TextBox、Lable、Button、Panel。

（8）使用 SqlDataAdater 对象和 DataSet 对象实现各系学生姓名的查询，界面如图 5-70 所示，其所用控件为 DropDownList、ListBox。

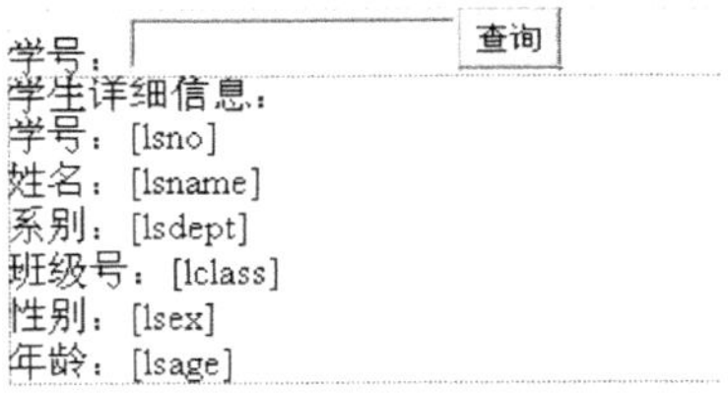

图 5-69　读取学生信息页面设计 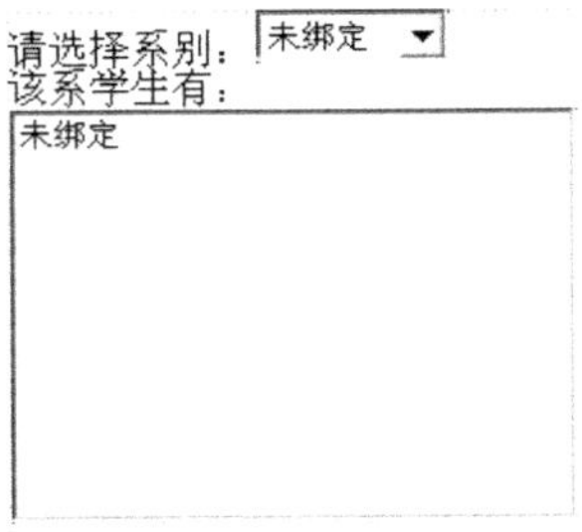　　　　图 5-70　根据系部查询学生信息页面设计

（9）使用 Command 对象调用存储过程并实现修改学生姓名的功能，界面如图 5-71 所示，其所用控件为 GridView、DropDownList、TextBox、Button。在服务器资源管理器中打开 stu 数据库，创建根据学号修改姓名的存储过程 update_student_name，并保存该存储过程。

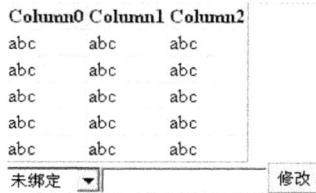

图 5-71　修改学生信息页面设计

项目实训 5-2：数据源控件

1. 实训目的

（1）掌握数据源控件的配置和使用。

（2）掌握使用数据控件绑定数据源控件的方法。

2. 实训内容及要求

（1）创建网站，设置 SqlDataSource 控件连接的是 stu 数据库。

（2）将 SqlDataSource 控件绑定到 GridView 控件显示学生信息。

（3）创建新页面，在页面中放一个 GridView 控件、一个 DropDownList 控件和两个 SqlDataSource 控件。

（4）在页面中设置 SqlDataSource1 控件绑定到 DropDownList 控件显示学生的姓名。

（5）设置数据源控件 SqlDataSource2 的查询参数为下拉列表框中所选的值，并将指定姓名的学生信息显示在 GridView 控件中。

3. 实训步骤

（1）SqlDataSource 控件绑定 GridView 控件显示数据。

操作步骤如下：

① 启动 SQL Server 2008 附加 stu 数据库。

② 新建网站，从工具箱中拖动一个 SqlDataSource 控件和一个 GridView 控件到页面上，如图 5-72 所示。

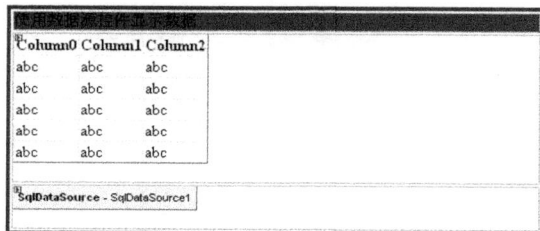

图 5-72　显示学生信息页面设计

③ 配置数据源,并将数据源绑定到 GridView 控件上。选择"配置数据源"命令,将弹出选择数据源的对话框,在该对话框中新建一个指向 stu 数据库的连接。然后选中该连接,单击"下一步"按钮,则会弹出将连接字符串保存到 Web.config 配置文件中的确认框,在其中指定 Web.config 中的连接字符串的名称,单击"下一步"按钮。

④ 进入配置 Select 语句的对话框,在其中指定 SqlDataSource 将要执行的 SQL 语句。

⑤ 本例要显示 student 表中的所有数据,在列中选择"*",然后单击"下一步"按钮,完成数据源的配置。VS2010 将生成以下代码:

```
< asp:SqlDataSource ID = "SqlDataSource1" runat = "server"
    ConnectionString = "< % $ ConnectionStrings:stu ConnectionString %>"
    SelectCommand = "select * from student"></asp:SqlDataSource >
```

⑥ 选中 GridView 控件,在弹出的任务窗口中选择数据源为刚刚配置好的 SqlDataSource1,操作如图 5-73 所示。

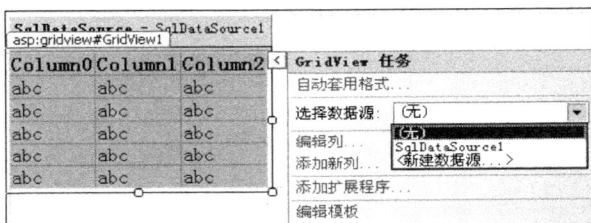

图 5-73　使用 GridView 控件绑定数据源控件

(2) SqlDataSource 控件参数的使用。

① 新建网站,在默认页中添加两个 SqlDataSource、一个 DropDownList 和一个 GridView 控件。

② 配置 SqlDataSource1 控件,使其查询出联系人信息的 UserID 和 UserName 两个字段,设置方法参照上面的操作。然后将 DropDownList 控件的 DataSourceID 属性设置为 SqlDataSource1、DataTextField 属性设置为 UserName、DataValueField 属性设置为 UserID。声明代码如下:

```
< asp:SqlDataSource ID = "SqlDataSource1" runat = "server"
        ConnectionString = "< % $ ConnectionStrings:stu ConnectionString %>"
        SelectCommand = "select [UserID], [userName] from User">
    </asp:SqlDataSource >
    < br/>
    < asp:DropDownList ID = "DropDownList1" runat = "server"
        DataSourceID = "SqlDataSource1" DataTextField = "userName" DataValueField =
"UserID">
    </asp:DropDownList >
```

③ 选择 SqlDataSource2 控件,配置数据源,然后进入到配置 Select 语句的对话框,在该对话框中单击 WHERE 按钮,设置列为 UseID、源为 Control、控件 ID 为 DropDownList1,并单击"添加"按钮添加到"WHERE 子句"列表框中,具体操作如图 5-74 所示。

数据访问技术

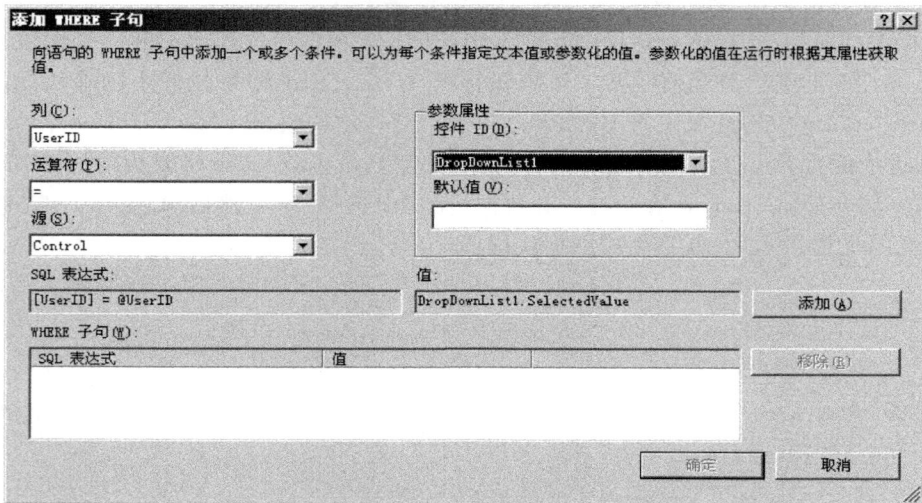

图 5-74 配置 SqlDataSource 控件

当在"源"下拉列表框中选择 Control 之后，VS2010 在＜SelectParameters＞集合中添加了一个＜asp:ControlParameter＞的参数声明。页面生成的代码如下：

```
< asp:SqlDataSource ID = "SqlDataSource2" runat = "server"
        ConnectionString = "<% $ ConnectionStrings:db_05ConnectionString %>"
        SelectCommand = "select * from user  where ([UserID] = @UserID)">
        < SelectParameters >
            < asp:ControlParameter ControlID = "DropDownList1" Name = "UserID"
                PropertyName = "SelectedValue" Type = "Int32" />
        </SelectParameters >
    </asp:SqlDataSource >
```

④ 将 GridView 控件的数据源设置为 SqlDataSource2，然后执行程序，结果如图 5-75 所示。

图 5-75 GridView 绑定数据源控件并显示

注意：在配置 DropDownList 控件时需要设置其 autoPostBack 属性为 True，这样当下拉列表框中的值改变时后台的代码才会执行。

项目实训 5-3：GridView 控件的选择和编辑

1. 实训目的

（1）掌握 GridView 控件的数据列。

（2）掌握 GridView 控件的数据编辑功能。

（3）掌握 GridView 控件的选择功能。

2. 实训内容及要求

（1）创建网站，在页面中放一个 GridView 控件。

（2）编辑 Web.config 中的连接字符串，连接后台的数据库为 stu。

（3）创建 BoundField 数据绑定列和 CommandField 列。

（4）使用 BoundField 绑定数据库字段。

（5）使用 CommandField 列提供的编辑按钮实现数据的编辑。

（6）使用 TempleteField 列绑定数据。

（7）使用 CommandField 列提供的选择按钮实现数据的选择。

3. 实训步骤

（1）新建页面，在页面上添加一个 GridView 控件，然后编辑绑定列 BoundField，并添加一个 CommandField，选择其中的"编辑"、"取消"和"更新"列，添加相应事件和 Student 类中的方法，实现数据的编辑操作。

（2）新建页面，在页面上添加一个 GridView 控件，然后编辑模板列 TempleteField，并添加一个 CommandField，选择其中的"编辑"、"取消"和"更新"列，添加相应事件和 Student 类中的方法，实现数据的编辑操作。

（3）新建页面，在页面上添加两个 GridView 控件，然后在一个 GridView 中编辑绑定列 BoundField，并添加一个 CommandField，选择其中的"选择"列，添加相应事件和 Student 类中的方法，实现单击"选择"按钮时在另一个 GridView 控件中显示该学生的选课信息的功能，如图 5-76 所示。

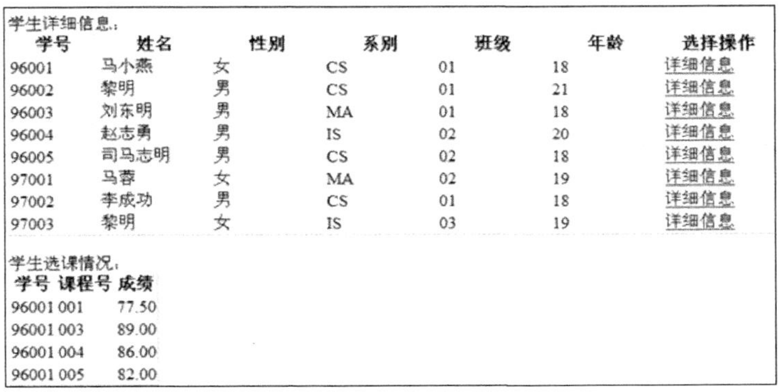

图 5-76　通过选择操作显示学生的选课信息

项目实训 5-4：GridView 控件的删除和全选

1. 实训目的

（1）掌握 GridView 控件的数据删除功能。

（2）掌握 GridView 控件的模板列的使用。

（3）掌握 GridView 控件的复选操作。

2. 实训内容及要求

（1）创建网站，在页面中放置一个 GridView 控件。

（2）编辑 Web.config 中的连接字符串，连接后台的数据库为 stu。

（3）使用 CommandField 列提供的"删除"按钮实现数据的删除。

（4）编辑 TempleteField 列，在模板项的 ItemTemplate 模板中添加一个 CheckBox 用于选择项。

（5）编辑 TempleteField 列，在模板项的 HeaderTemplate 模板中添加一个 CheckBox 用于实现全选功能。

3. 实训步骤

（1）新建页面，在页面中添加一个 GridView 控件，用于绑定学生信息，再添加一个 CommandField 列，选择添加删除列，编辑相应事件实现数据的删除。

（2）创建新页面，在页面中添加 GridView 控件，添加 GridView 控件的绑定列。在 GridView 控件中添加一个模板列 TemplateField，然后编辑该模板列，在其 ItemTemplate 中添加一个 CheckBox，其 ID 设置为 itemcheck，在其 HeadTemplate 中也添加一个 CheckBox，其 ID 设置为 allcheck。在 allcheck 控件的 CheckChanged 事件中添加全选代码，实现 GridView 控件的全选和取消全选功能。界面如图 5-77 所示。

全选	学号	姓名	性别	系别	班级	年龄
☑	96001	马小燕	女	CS	01	18
☑	96002	黎明	男	CS	01	21
☑	96003	刘东明	男	MA	01	18
☑	96004	赵志勇	男	IS	02	20
☑	96005	司马志明	男	CS	02	18
☑	97001	马蓉	女	MA	02	19
☑	97002	李成功	男	CS	01	18
☑	97003	黎明	女	IS	03	19

图 5-77　GridView 控件的复选操作

项目实训 5-5：GridView 控件的分页和排序

1. 实训目的

（1）掌握 GridView 控件的分页功能。

（2）掌握 GridView 控件的排序功能。

2. 实训内容及要求

（1）创建网站，在页面中放置一个 GridView 控件。

（2）编辑 Web.config 中的连接字符串，连接后台的数据库为 stu。

（3）通过 GridView 控件的 allowPaging 属性设置允许分页功能。

（4）编辑 PageSetting 属性对分页功能进行设置。

（5）GridView 控件的 PageIndexChanged 事件的使用。

（6）通过 GridView 控件的 allowSorting 属性设置允许分页。

（7）编辑 SortExpression 属性设置排序表达式。

（8）GridView 控件的 Sorting 事件的使用。

3. 实训步骤

（1）创建新页面，在页面中添加一个 GridView 控件，用于绑定学生信息，然后启用该控件的分页功能，设置 PageSize 为 2，设置 PageSetting，并在控件下添加一个 Label 用于显示页面信息，完成分页功能的事件为 PageIndexChanging 事件，显示 Label 信息的事件为 PageIndexChanged 事件。界面如图 5-78 所示。

（2）创建新页面，在页面中添加一个 GridView 控件，然后启用排序功能，分别设置各字段为排序表达式 SortExpression，使用 ASP. NET 内置对象 ViewState 保存界面级的变量，例如排序关键字和排序顺序，使用 GridView 控件的 Sorting 事件实现排序。界面如图 5-79 所示。

学号	姓名	性别	系别	班级	年龄
96004	赵志勇	男	IS	02	20
96005	司马志明	男	CS	02	18
96001	马小燕	女	CS	01	18
97001	马蓉	女	MA	02	19
96003	刘东明	男	MA	01	18
97002	李成功	男	CS	01	18
96002	黎明	男	CS	01	21
97003	黎明	女	IS	03	19

学号	姓名	性别	系别	班级	年龄
96003	刘东明	男	MA	01	18
96004	赵志勇	男	IS	02	20

第一页 上一页 下一页 最后一页

当前页为第2页，共有4页

图 5-78　GridView 控件的分页显示　　图 5-79　GridView 控件的排序

项目实训 5-6：DataList 控件的数据显示

1. 实训目的

（1）掌握 DataList 控件的模板编辑。

（2）掌握 DataList 控件的数据显示。

2. 实训内容及要求

（1）创建网站，在页面中放一个 DataList 控件。

（2）编辑 Web. config 中的连接字符串，连接后台的数据库为 stu。

（3）编辑 DataList 控件的模板项来设置 DataList 数据的显示方式。

（4）DataList 控件的分页。

（5）灵活的 DataList 页面显示。

3. 实训步骤

（1）新建页面，在页面上添加一个 DataList 控件，然后编辑模板，实现数据的绑定和显示。

（2）在页面上添加 4 个 LinkButton，并添加后台绑定代码及按钮事件实现 DataList 的分页显示，效果如图 5-80 所示。

（3）新建页面，在页面上添加一个 DataList 控件，然后编辑模板列，在其中添加 table 表

数据访问技术

实现布局,在源部分添加代码实现绑定,效果如图 5-81 所示。

图 5-80　DataList 的分页显示 　　　　图 5-81　DataList 的模板编辑

项目实训 5-7：DataList 控件的选择和编辑

1. 实训目的

(1) 掌握 DataList 控件的 ItemTemplate 模板编辑。

(2) 掌握 DataList 控件的 SelectedItemTemplate 模板编辑。

(3) 掌握 DataList 控件的 EditItemTemplate 模板编辑。

(4) 了解 LinkButton 控件的 CommandName 属性。

(5) 掌握 DataList 控件的 ItemCommand 事件的使用。

2. 实训内容及要求

(1) 创建网站,在页面中放置一个 DataList 控件。

(2) 编辑 Web. config 中的连接字符串,连接后台的数据库为 stu。

(3) 编辑 DataList 控件的模板项来设置 DataList 数据的显示方式。

(4) 编辑 SelectItemTemplate 模板来设置选中的状态。

(5) 编辑 EditItemTemplate 模板来设置编辑的状态。

(6) 灵活地使用 DataList 的相应事件处理数据的选择和编辑。

3. 实训步骤

(1) 新建页面,在页面上添加一个 DataList 控件,然后编辑模板,在 ItemTemplate 中添加一行两列的表格,在表格的一个单元格中绑定数据学号,在另一个单元格中放置 LinkButton,编辑操作如图 5-82 所示。

图 5-82　编辑 ItemTemplate 模板

编辑 SelectedItemTemplate,添加表格,并添加绑定数据和相应控件,页面如图 5-83 所示。

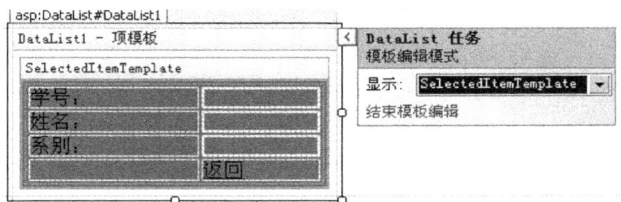

图 5-83　编辑 SelectedItemTemplate 模板

添加 DataList 的 ItemCommand 事件,根据 LinkButton 的 CommandName 进行判断,编写各按钮的后台代码,实现显示,效果如图 5-84 所示。

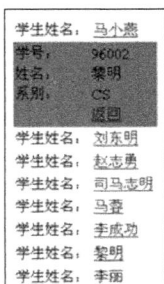

图 5-84　DataList 的选择操作效果

(2) 新建页面,在页面上添加一个 DataList 控件,然后编辑模板 ItemTemplate,如图 5-85 所示。

图 5-85　编辑 ItemTemplate 模板

编辑 EditItemTemplate 模板,如图 5-86 所示。

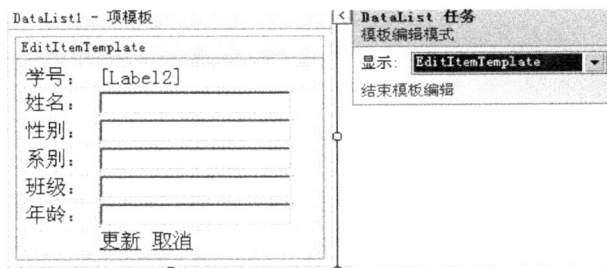

图 5-86　编辑 EditItemTemplate 模板

数据访问技术

分别添加 DataList 控件的相应事件实现编辑功能，效果如图 5-87 所示。

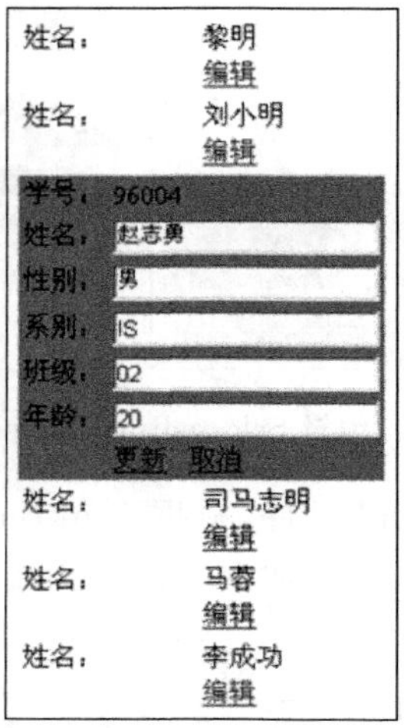

图 5-87　DataList 的编辑操作效果

第 6 章　ASP.NET 文件操作技术

教学提示：本章主要介绍 ASP.NET 对文件进行操作的方式、方法。与 ASP.NET 文件操作相关的内容有写入文件类 StreamWriter、用于读取文本文件信息的类 StreamReader。通常利用 FileStream 类对文件系统上的文件进行读取、写入、打开和关闭操作。File 类与 FileInfo 类提供了用于创建、复制、删除、移动和打开文件的静态方法。另外，本章还介绍了 ASP.NET 中用于文件上传和下载的方式、方法。

教学要求：
- 掌握 ASP.NET 对文件进行读/写的 StreamReader、StreamWriter 类。
- 掌握 ASP.NET 文件操作的 FileStream、File 与 FileInfo 类。
- 掌握 ASP.NET 文件夹操作的 DirectoryInfo 和 Directory 类。
- 掌握 ASP.NET 文件上传控件 fileUpload。
- 掌握 ASP.NET 文件下载的方式、方法。

建议学时：4 个学时。

6.1　ASP.NET 文件操作

文件操作是用得比较多的一种操作，用于记录一些信息，比数据库要简单一些，且操作方便，在有些情况下具有更好的效率。下面列举了 ASP.NET 中文件操作的几个常用类：
- StreamWriter 类。该类用于写入文件(或另一个流)。
- StreamReader 类。该类用于读取文本文件信息。
- FileStream 类。该类对文件系统上的文件进行读取、写入、打开和关闭操作。
- File 类。该类提供了用于创建、复制、删除、移动和打开文件的静态方法。
- FileInfo 类。该类提供了用于创建、复制、删除、移动和打开文件的实例方法。

这几个类都在 System.IO 空间下，在使用前需要引用命名空间，即"using System.IO；"。

6.1.1　通过 StreamWriter 类写文件

当需要读/写基于字符的数据(例如字符串)时，StreamReader 和 StreamWriter 类非常有用。其中，StreamWriter 旨在以一种特定的编码输出字符。它们都默认使用 UTF8Encoding 字符，当然用户也可以提供一个正确配置的 System.Text.Encoding 对象实例来改变默认配置。

下面的代码用于实现通过 StreamWriter 类直接创建文件并写入两行内容。

代码示例：

```
StreamWriter sw = new StreamWriter("c:\\MyTextFile.txt",true);
sw.WriteLine("写入第一行内容,");          //带换行符
sw.Write("写入第二行内容");              //无换行符
sw.Flush();                            //从缓冲区写入基本流
sw.Close();                            //使用完后要关闭 StreamWriter
```

对于写入流,StreamWriter. Write()还有几种重载方法。

最简单的方法是写入一个流,在后面加上一个回车换行符:

```
String nextLine = "Groovy Line";
sw.writeLine(nextLine);
```

还可以写入一个字符:

```
char nextChar = 'a';
sw.Write(nextChar);
```

也可以写入一个字符数组:

```
char[] charArray = new char[100];
sw.Write(charArray);
```

甚至可以写入字符数组的一部分:

```
int nCharsToWrite = 50;
int startAtLocation = 25;
char[] charArray = new char[100];
sw.write(charArray,startAtLocation,nCharsToWrite);
```

6.1.2 通过 File 类创建文件

File 类提供了用于创建、复制、删除、移动、打开文件的静态方法。由于所有的 File 方法都是静态的,所以如果想执行一个操作,那么使用 File 方法的效率比使用相应的 FileInfo 实例方法可能更高,并且所有的 File 方法都要求有当前所操作的文件的路径。

```
StreamWriter sw = File.CreateText("c:\\MyTextFile.txt");   //静态方法
sw.WriteLine("写入第一行内容,");
sw.WriteLine("写入第二行内容");
sw.Flush();                                   //从缓冲区写入基本流(文件)
sw.Close();                                   //使用完后要关闭 StreamWriter
```

上面的代码使用了 UTF8 编码方法,ASP. NET 把这种编码方法设置为默认的编码方法。当然,也可以指定其他的编码方法,例如:

```
StreamWriter sw = new StreamWriter("c:\\MyTextFile.txt",true,Encoding.ASCII);
```

在这个构造函数中,第 2 个参数为 Boolean 型,表示文件是否以追加方式打开。

注意:构造函数的参数不能仅是一个文件名和一个编码类。

6.1.3 通过 FileStream 类创建文件

FileStream 类用于对文件进行读取、写入、打开、关闭等操作,并对其他与文件相关的操

作系统句柄进行操作,例如管道、标准输入和标准输出。通常,读/写操作可以指定为同步或异步操作。FileStream 对输入/输出进行缓冲,从而提高性能。

把 StreamWriter 关联到一个文件流上,可以获得打开文件的多种控制选项。例如:

```
FileStream fs = new FileStream("c:\\MyTextFile.txt",FileMode.OpenOrCreate,FileAccess.write);
StreamWriter sw = new StreamWriter(fs);
sw.WriteLine("这是第一行内容");
sw.Flush();                                    //从缓冲区写入基础流(文件)
sw.Close();                                    //使用完后要关闭 StreamWriter
```

6.1.4　通过 FileInfo 类创建文件

FileInfo 类提供了创建、复制、删除、移动和打开文件的实例方法。如果打算多次重用某个对象,则可以考虑使用 FileInfo 的实例方法,而不使用 File 类相应的静态方法,因为并不总是需要安全检查的。例如:

```
FileInfo myFile = new FileInfo("c:\\myTextFile.txt");     //new 对象实例
StreamWriter sw = myFile.CreateText();
sw.WriteLine("这是第一行内容 ");
sw.Flush();                                    //从缓冲区写入基础流(文件)
sw.Close();                                    //使用完后要关闭 StreamWriter
```

6.1.5　追加文本

追加文本指在现有文本文件上进行内容的追加,可以通过 File. AppendText 方法来实现。如果指定的文件不存在,则自动创建该文件;如果该文件存在,则用 StreamWriter 进行写入操作将文本追加到该文件(允许其他线程文件在文件打开后读取该文件)。例如:

```
using(StreamWriter sw = File.AppendText("c:\\myTextFile.txt"))
{
    sw.WriteLine("这是追加的内容");
}
```

6.1.6　读取文本文件

打开和读取文本文件主要用到关键类 StreamReader、FileStream、File 和 FileInfo。

StreamReader 类用于读取文本文件。用某些方式构造一个 StreamReader 要比构造一个 FileStream 实例更简单,因为使用 StreamReader 时不需要 FileStream 的一些选项,特别是不需要模式和访问类型,因为 StreamReader 只能执行读取操作。除此之外,StreamReader 没有指定共享许可的直接选项,但有两个新选项:

(1)需要指定不同的编码方法所执行的不同操作,可以构造一个 StreamReader 来检查文件开头的字节码标记确定编码方法,或者告诉 StreamReader 该文件使用某个编码方法。

(2)不提供要读取的文件名,而为另一个流提供引用。

StreamReader 有非常多的构造函数,而且还有两个返回 StreamReader 引用的 FileInfo 方法,即 OpenText()和 CreateText()。

ASP. NET 文件操作技术

下面说明其中一些构造函数。

最简单的构造函数只带一个文件名参数,StreamReader 会检查字节码标记确定编码方法。例如:

```
StreamReader sr = new StreamReader("c:\\myTextFile.txt");
    //如果指定 UTF8 编码
StreamReader sr = new StreamReader ("c:\\myTextFile.txt",Encoding.UTF_8);
```

使用类 System. Text. Encoding 上的几个属性之一就可以指定编码方法,可以使用的属性有 ASCII、Default、UTF7、UTF8 和 BigEndianUnicode 等。例如:

```
StreamReader sr = new StreamReader("c:\\myTextFile.txt",Encoding.Defult);
    StringBuilder sbContent = new StringBuilder();
    while(sr.peek()>-1)         //检查 EOF
    {
        sbContent.append(sr.ReadLine());
    }
sr.Close();
```

把 StreamReader 关联到 FileStream 上,其优点是可以指定是否创建文件和共享许可,如果直接把 StreamReader 关联到文件上,则不能这么做。例如:

```
FileStream fs = new FileStream ("c:\\myTextFile.txt",FileMode.Open,FileAccess.Read,
FileShare.None);
    StreamReader sr = new StreamReader(fs);
    StringBuilder sbContent = new StringBuilder();
    while(sr.peek()>-1)    //检查 EOF
    {
        sbContent.append(sr.ReadLine());
    }
    sr.Close();
```

File. OpenText()方法打开现有 UTF-8 编码文本文件以进行读取。例如:

```
StreamReader sr = File.OpenText("c:\\myTextFile.txt");
    StringBuilder sbContent = new StringBuilder();
    while(sr.peek()>-1)         //检查 EOF
    {
        sbContent.append(sr.ReadLine());
    }
    sr.Close();
```

还可以从一个 FileInfo 实例中获得 StreamReader。例如:

```
FileInfo myFile = new FileInfo("c:\\MyTextFile.txt");
StreamReader sr = myFile.OpenText();
StringBuilder sbContent = new StringBuilder();
while(sr.peek()>-1)                //检查 EOF
{
    sbContent.Append(sr.ReadLine());
}
sr.Close();
```

与 StreamWriter 一样,应在使用之后关闭 StreamReader(sr. Close())。如果没有关闭,则会使文件一直锁定。

对于使用 StreamReader 实例读取文件信息,所使用的最简单、最常用的方法是 ReadLine(),该方法一次读取一行,但返回的字符串中不包括标记该行结束的回车换行符。例如:

```
string str = sr.ReadLine();
```

另外,还可以读取文件的所有内容(严格来说是流的全部剩余内容)。例如:

```
string str = sr.ReadToEnd();
```

当然,也可以只读取一个字符。例如:

```
Int nextChar = sr.Read();
```

Read()方法可以把返回的字符换为一个整数,如果不再有可用的字符则为－1,以表示到达流的末尾。

最后,可以用一个偏移值把给定个数的字符读到数组中。例如:

```
int nChars = 100;
char[] charArray = new char[nChars];
int nCharsRead = sr.Read(charArray,0, nChars);
```

如果要求读取的字符数大于文件中的字符数,则 nCharsRead 应小于 nChars。

6.1.7 文件的复制、移动和删除

File 类提供用于创建、复制、删除、移动和打开文件的静态方法,并协助创建 FileStream 对象。通过 File 类可以很容易地实现文件的创建、复制、删除和移动,也可以将 File 类用于获取和设置文件属性或有关文件创建、访问及写入操作的 DateTime 信息。

由于所有的 File 方法都是静态的,所以如果只想执行一个操作,那么使用 File 方法的效率比使用相应的 FileInfo 实例方法可能更高。另外,所有的 File 方法都要求当前所操作的文件的路径。

1. 复制文件
File. Copy 方法用于将现有文件复制到新文件。例如:

```
private void btn_fileCopy_Clik(object sender,EventArgs e)
{
    string OrignFile,NewFile;
    orignFile = "c:\\MyTextFile.txt";
    newFile = "d:\\OrignFile.txt";
    File.Copy(OrignFile,NewFile,true);
}
```

2. 移动文件
File. Move 方法用于将指定文件移到新位置,并提供指定新文件名的选项。例如:

```
private void btn_fileMove_Clik(object sender,EventArgs e)
{
```

```
    string OrignFile,NewFile;
    orignFile = "c:\\MyTextFile.txt";
    newFile = "d:\\OrignFile.txt";
    File.Move(OrignFile,NewFile);
}
```

3. 删除文件

File. Delete 方法用于删除指定的文件,如果指定的文件不存在则不引发异常。例如:

```
private void btn_DelFile_Clik(object sender,EventArgs e){
    string OrignFile = "c:\\MyTextFile.txt";
    File.Delete(OrignFile);
}
```

关于如何对文件进行操作,详见典型案例一。

6.2 ASP. NET 文件夹操作

对于文件夹(目录)的操作有两个主要的类,即 DirectoryInfo 和 Directory。

DirectoryInfo 类用于典型的目录操作,例如复制、移动、重命名、创建和删除目录等。

Directory 类用于创建、移动通过目录和子目录的静态方法,也可以将 Directory 类用于获取和设置与目录的创建、访问及写入操作相关的 DateTime 信息。由于所有的 Directory 方法都是静态的,所以如果只想执行一个操作,那么使用 Directory 方法的效率比使用相应的 DirectoryInfo 实例方法更高。大多数 Directory 方法要求当前操作的目录的路径。Directory 类的静态方法对所有的方法都执行安全检查,如果打算多次重用某个对象,则可以考虑使用 DirectoryInfo 的实例方法,而不使用 Directory 类的相应静态方法,因为并不总是需要进行安全检查的。

6.2.1 创建文件夹目录

创建文件夹目录的示例代码如下:

```
//创建目录 c:\test
DirectoryInfo d = Diredtory.CreateDirectory("c:\\test");
//d1 指向 c:\test\test_1
DirectoryInfo d1 = d.CreateSubdirectory("test_1");
////d2 指向 c:\test\test_1\test_1_1
DirectoryInfo d2 = d1.CreateSubdirectory("test_1_1");]
//将当前目录设为 c:\test
Directory.setCurrentDirectory("c:\\test");
//创建目录 c:\test\test_2
Directory.CreateDirectory("test_2");
//创建目录 c:\test\test_2\test_2_1
Directory.CreateDirectory("test_2\\test_2_1");
```

6.2.2 复制文件夹

复制文件夹的示例代码如下：

```
public void CopyDirectory(string SourceDirectory, string TargetDirectory){
DirectoryInfo source = new DirectoryInfo(SourceDirectory);                //源目录
DirectoryInfo target = new DirectoryInfo(TargetDirectory);                //目标目录
    //如果不存在,则返回
    if(!source.Exists)
            return;
    if(!target.Exists)
            target.Create();
    //得到源文件夹下的所有文件
        FileInfo[] sourceFiles = source.GetFiles();
        int filescount = sourceFiles.Length;
        for(int i = 0;i < filescount;++i){
    //复制所有文件
File.Copy(sourceFiles[i].FullName,target.FullName + "\\" + sourceFiles[i].Name,true);
                }
    //得到源文件夹下的所有文件夹
DirectoryInfo[] sourceDirectories = source.GetDirectories();
                for(int j = 0;j < sourceDirectories.Length;++j){
    //复制所有文件夹
CopyDirectory(sourceDirectories[j].FullName,target.Fullname + "\\" + sourceDirectories[j]
.Name);
                }
}
```

6.3 ASP.NET 文件的上传

在 ASP.NET 4.0 中,文件的上传使用 FileUpload 控件,使用它可以方便地将文件从客户端上传到服务器,下面详细介绍 FileUpload 控件的使用。

FileUpload 控件显示一个文本框控件和一个"浏览"按钮,使用户可以将客户端的文件上传到 Web 服务器。用户通过在控件的文本框中输入本地计算机上文件的完整路径(例如 C:\Myfile\TestFile.txt)来指定要上传的文件,当然,也可以通过单击"浏览"按钮,然后在"选择文件"对话框中选择文件。

用户选择要上传的文件后,FileUpload 控件不会自动将该文件保存到服务器,必须显示提供一个控件或机制,使用户能提交指定的文件。例如,可以提供一个按钮,用户单击它即可上传文件。另外,为保存指定文件所写的代码应调用 SaveAs 方法,该方法将文件内容保存到服务器上的指定路径。通常,在引发服务器的事件处理方法中调用 SaveAs 方法。

在文件的上传过程中,文件数据作为页面请求的一部分上传并缓存到服务器的内存中,然后写入服务器的物理硬盘中。该控件的常用属性如表 6-1 所示。

ASP.NET 文件操作技术

表 6-1　FileUpload 控件的常用属性

属　　性	描　　述
FileBytes	获取上传文件的字节数组
FileContent	获取指定上传文件的 Stream 对象
FileName	获取上传文件在客户端的文件名称
HasFile	获取一个布尔值,用于表示 FileUpload 控件是否已经包含一个文件
PostedFile	获取一个与上传文件相关的 HttpPostedFile 对象,使用该对象可以获取上传文件的相关属性

上传文件需要注意 3 个方面,下面分别介绍。

1. 确认是否包含文件

在调用 SaveAs 方法将文件保存到服务器之前,使用 HasFile 属性来验证 FileUpload 控件是否确实包含文件。如果 HasFile 返回 true,则调用 SaveAs 方法;如果返回 false,则向用户显示消息,指示控件不包含文件。另外,不要通过检查 PostedFile 属性来确定要上传的文件是否存在,因为默认情况下该属性包含 0 个字节。因此,即使 FileUpload 控件为空,PostedFile 属性仍返回一个非空值。

2. 文件的上传大小限制

默认情况下,上传文件的大小限制为 4096KB(4MB),用户可以通过设置 httpRuntime 元素的 maxRequestLength 属性允许上传更大的文件。如果要增加整个应用程序所允许的最大文件大小,那么要设置 Web. config 中 location 元素内的 maxRequestLength 属性。

在上传较大文件时,用户也可能收到以下错误信息:

```
Aspnet_wp.exe(PID:1520)was recycled because memory consumption exceeded 460MB(60 percent of
available RAM).
```

以上信息说明,上传文件的大小不能超过服务器内存的 60%。这里的 60% 是 Web. config 文件的默认配置,是＜processModel＞配置中的 memoryLimit 属性的默认值。虽然可以修改,但是上传文件越大,成功的几率越小,因此建议不使用。

3. 上传文件夹的写入权限

应用程序可以通过量子方式获得访问权限,可以将要保存上传的目录的访问权限显式地授予运行应用程序所使用的账号,也可以提高为 ASP. NET 应用程序授予的信任级别。若要使应用程序获得执行目录的访问权限,必须将 AspNetHostingPermission 对象授予应用程序,并将其信任级别设置为 AspNetHostingPermissionLevel. Medium 值。提高信任级别可以提高应用程序对服务器资源的访问权限,但该方法并不安全,因为如果怀有恶意的用户控制了应用程序,他也能以更高的信任级别运行应用程序。最好的方法是在仅具有运行该应用程序所需的最低权限的用户的上下文中运行 ASP. NET 应用程序。

下面通过一个实例说明 FileUpload 控件的使用。首先打开 VS2010 新建一个网站,然后在资源管理器中添加一个 Web 窗体,默认名称为 Default. aspx。在 Web 窗体中添加一个 FileUpload 控件、一个 Button 控件和一个 Label 控件,设计完成之后在 Default. aspx. cs 中添加按钮事件,代码如下:

```
protected void But_upload_Click(object sender, EventArgs e)
```

```
{
    if (FileUpload1.HasFile)
        try
        {
            FileUpload1.SaveAs("c:\\Uploads\\" + FileUpload1.FileName);
            Label1.Text = "文件名: " + FileUpload1.PostedFile.FileName + "<br>文件大小: "
+ FileUpload1.PostedFile.ContentLength + "KB <br>" + "文件类型: " + FileUpload1
.PostedFile.ContentType;
        }
        catch (Exception ex)
        {
            Label1.Text = "错误信息: " + ex.Message.ToString();
        }
    else
    {
        Label1.Text = "您没有选择上传的文件,请选择上传文件.";
    }
}
```

运行结果如图 6-1 所示,文件保存在服务器 C 盘的 Uploads 文件夹中。

图 6-1　文件的上传效果

6.4　ASP.NET 文件的下载

　　互联网是海量信息的集合,是信息分享的主要平台,在网上用户能方便地获取需要的信息,例如一些常见问题的解决方案、开发经验分享、源码等。从网上下载文件,是用户经常要使用的功能之一,那么如何才能让开发的网站也提供文件的下载功能呢? 下面介绍实现文件下载常用的 3 种方法。

1. 使用 TransmitFile 方法实现下载

　　TransmitFile 是一个扩展的 API,它允许在套接字连接上发送一个打开的文件。这使得应用程序可以避免亲自打开文件,重复地在文件上执行读入操作,再将读入的数据写入套接字。相反,已打开文件的句柄是各套接字连接在一起给出的,在套接字上,文件数据的读入和发送都是在核心模式下进行。实例代码如下:

```
protected void But_download_Click(object sender, EventArgs e)
{
    //提供下载的文件,如果不编码,文件名会出现乱码
    //在客户端保存文件名
    string fileName = HttpContext.Current.Server.UrlEncode("oracle.txt");
    //取出文件路径名
    string filePath = HttpContext.Current.Server.MapPath("Uploads\\oracle.txt");
    FileInfo info = new FileInfo(filePath);
    long fileSize = info.Length;
    Response.Clear();
    //设置输出流的 HTTP MIME 类型
    Response.ContentType = "application/x-zip-compressed";
    Response.AddHeader("Content-Disposition", "attachment;filename=" + fileName);
    //如果不指明 Content-Length 用 Flush 将不会显示下载进度
    Response.AddHeader("Content-Length", fileSize.ToString());
    Response.TransmitFile(filePath, 0, fileSize);
    //向客户端发送当前所有缓冲的输出
    Response.Flush();
    Response.Close();
}
```

2. 使用 WriteFile 方法实现下载

WriteFile 方法将指定文件的内容作为文件块直接写入 HTTP 响应输出流。例如:

```
protected void Button1_Click(object sender, EventArgs e)
{
    //提供下载的文件,如果不编码,文件名会出现乱码
    //在客户端保存文件名
    string fileName = HttpContext.Current.Server.UrlEncode("oracle.txt");
    //取出文件路径名
    string filePath = HttpContext.Current.Server.MapPath("Uploads\\oracle.txt");
    FileInfo fileInfo = new FileInfo(filePath);
    //清除缓冲区中的内容
    Response.Clear();
    Response.ClearContent();
    Response.ClearHeaders();
    //将 http 头添加到输出流
    Response.AddHeader("Content-Disposition", "attachment;filename=" + fileName);
    Response.AddHeader("Content-Length", fileInfo.Length.ToString());
    Response.AddHeader("Content-Transfer-Encoding", "binary");
    Response.ContentType = "application/octet-stream";
    //设置输出流的 HTTP 字符集
    Response.ContentEncoding = System.Text.Encoding.GetEncoding("gb2312");
    //将指定文件的内容作为文件块直接写入 HTTP 响应输出流实现下载
    Response.WriteFile(fileInfo.FullName);
    //向客户端发送当前所有缓冲的输出
```

```
        Response.Flush();
        Response.End();
    }
```

3. 大文件的分块下载

对于 WriteFile 方法的以上代码，下载一般文件没有问题，当下载大文件时，因为将文件内容读入内存后直接写入输出流，这样就会增加服务器的压力，一般来说，对大文件的下载将分块进行传输。其实现代码如下：

```
protected void Button2_Click(object sender, EventArgs e)
    {
        //提供下载的文件,如果不编码,文件名会出现乱码
        //在客户端保存文件名
        string fileName = HttpContext.Current.Server.UrlEncode("LR9.5.zip");
        //取出文件路径名
        string filePath = HttpContext.Current.Server.MapPath("Uploads\\LR9.5.zip");
        FileInfo fileInfo = new FileInfo(filePath);

        if (fileInfo.Exists == true)
        {
            //每次读取文件只读取100KB,这样可以缓解服务器的压力
            const long ChunkSize = 102400;
            byte[] buffer = new byte[ChunkSize];
            Response.Clear();
            System.IO.FileStream iStream = System.IO.File.OpenRead(filePath);
            long dataLengthToRead = iStream.Length;        //获取下载文件的总大小
            Response.ContentType = "application/octet-stream";
            Response.AddHeader("Content-Disposition", "attachment; filename=" +
            HttpUtility.UrlEncode(fileName));
            while (dataLengthToRead > 0 && Response.IsClientConnected)
            {
                //读取的大小
                int lengthRead = iStream.Read(buffer, 0, Convert.ToInt32(ChunkSize));
                Response.OutputStream.Write(buffer, 0, lengthRead);
                Response.Flush();
                dataLengthToRead = dataLengthToRead - lengthRead;
            }
            Response.Close();
        }
    }
```

以上 3 种方法都可以将文件从服务器端下载到客户机，其中，第 3 种方法是对第 2 种方法的改进，避免了大文件下载时对服务器产生的压力太大。图 6-2 所示为文件下载的效果图。

ASP.NET 文件操作技术

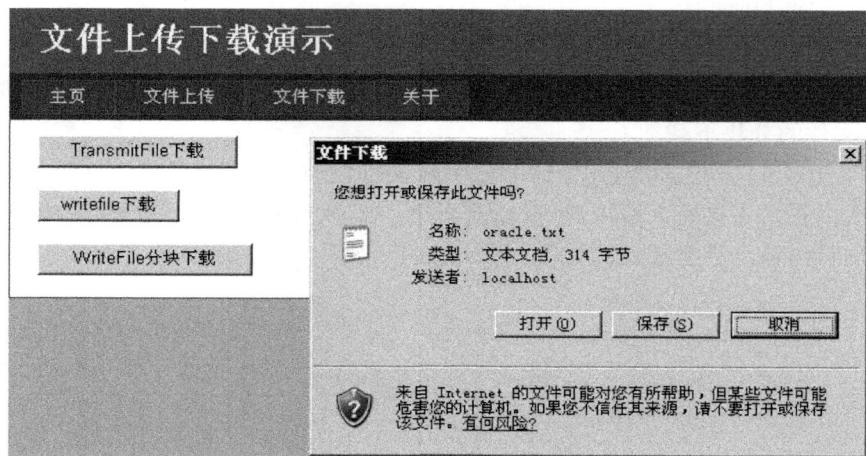

图 6-2 文件下载效果

6.5 典型案例及分析

典型案例一：文件的读/写操作

本案例主要演示 ASP.NET 如何对文件进行操作，主要内容有新建、打开、写入、读出等操作。文件操作，经常用在配置文件的写入与读出上，或者是网站运行的日志记录，方便查看与维护。

该例的实现步骤如下：

（1）打开 VS2010 基础开发环境，新建网站（或者选用已有网站），然后新建 FileReadWrite.aspx 窗体页，在窗体页上添加两个文本框，分别为 TB_Write 和 TB_showme，并且添加两个 Button 按钮，分别为 But_Write 和 But_Read。界面设计如图 6-3 所示。

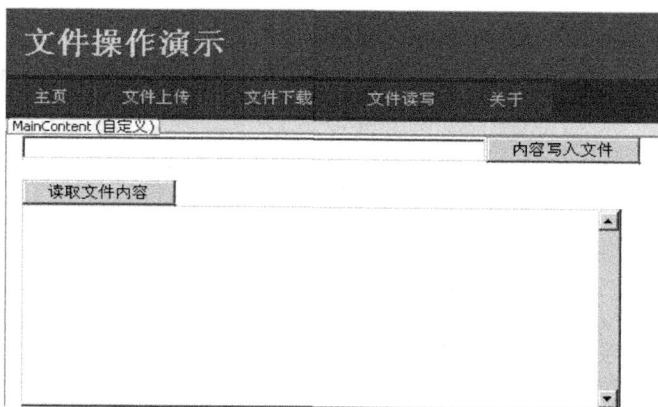

图 6-3 文件写入和读取页面的效果

（2）双击"内容写入文件（But_Write）"按钮，在 But_Write_Click 方法中写入以下代码。

```
private string filePath = HttpContext.Current.Server.MapPath("Uploads\\log.txt");
protected void But_Write_Click(object sender, EventArgs e)
{
    FileInfo myFile = new FileInfo(filePath);
    if (myFile.Exists)
    {
        using (StreamWriter sw = new StreamWriter(filePath,true))
        {
            sw.WriteLine(DateTime.Now + " " + TextWrite.Text.Trim());
            sw.WriteLine();
            sw.Flush();                          //从缓冲区中写入基础流（文件）
            sw.Close();                          //使用完后要关闭 StreamWriter
        }
    }
    else
    {
        StreamWriter sw = myFile.CreateText();
        sw.WriteLine(DateTime.Now + " " + TextWrite.Text.Trim());
        sw.Flush();                              //从缓冲区中写入基础流（文件）
        sw.Close();                              //使用完后要关闭 StreamWriter
    }
}
```

（3）双击"读取文件内容（But_Read）"按钮，在 But_Read_Click 方法中写入以下代码。

```
protected void But_Read_Click(object sender, EventArgs e)
{
    StreamReader sr = new StreamReader(filePath);
    StringBuilder sbContent = new StringBuilder();
    while (sr.Peek() > -1)                       //检查 EOF
    {
        sbContent.Append(sr.ReadLine() + "\n");
    }
    sr.Close();
    TB_showme.Text = sbContent.ToString();
}
```

（4）保存文件，然后选择"调试|启动调试"命令，系统会自动打开默认浏览器。在文本框中写入内容，单击"内容写入文件"按钮，然后单击读取文件，可以查看到文件的内容，如图 6-4 所示。

典型案例二：文件的上传与下载

本案例用于实现普通网站上文件的上传与下载功能，这里可能会有很多文件上传到服务器，为了方便管理，将上传文件信息存入数据库。

该例的实现步骤如下：

（1）打开 VS2010 集成开发环境，新建"ASP.NET 网站"，然后新建 fileUpload.aspx 页面，并添加 FileUpload 控件、Button 控件和 Label 控件各一个。

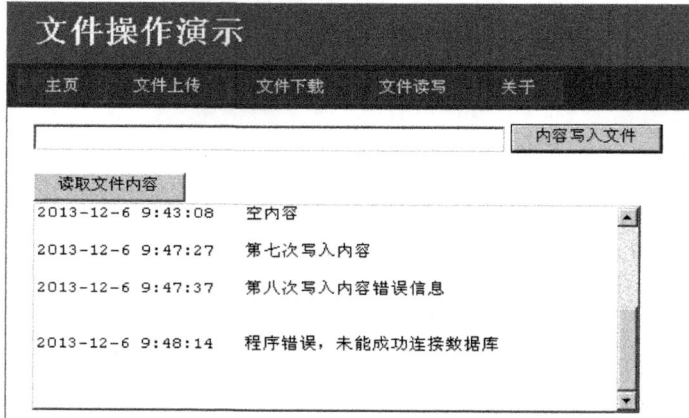

图 6-4　文件写入和读取页面的运行效果

（2）在 VS2010 集成开发环境中的服务器资源管理器上新建数据库表 FileInfo，该表包含的字段和类型如图 6-5 所示。

图 6-5　FileInfo 表的结构

（3）在 FileUpload. aspx 页面上实现单击 Button 按钮上传文件到服务器指定目录的功能，并记录相关信息到数据库。具体代码如下：

```csharp
//数据库连接字符串
private string ConStr = @"server = .\sqlexpress;database = data;uid = sa;pwd = sa123";
protected void ButUpload_Click(object sender, EventArgs e)
{
    if (FileUpload1.HasFile)
    {
        try
        {
            string filepath = HttpContext.Current.Server.MapPath("Uploads\\");
            //将文件的相关信息存入到数据库
            //年月日时分秒毫秒 + 文件名组成新文件名
            string filename = DateTime.Now.ToString("yyMMddHHmmssfff") + FileUpload1.FileName;
            FileUpload1.SaveAs(filepath + filename);
                                //指定文件的存放路径,即实际开发时可以读取网站的目录
            int filesize = FileUpload1.PostedFile.ContentLength / 1024;
            string Url = @"\Uploads\" + filename;
            string sqlstr = "insert into FileInfo(filename,filepath,filesize,url) values('"
 + filename + "','" + filepath + "'," + filesize + ",'" + Url + "')";
```

```
                SqlConnection con = new SqlConnection(ConStr);
                con.Open();
                SqlCommand sqlcom = new SqlCommand(sqlstr, con);
                Label1.Text = "成功上传" + sqlcom.ExecuteNonQuery().ToString() + "个文件,并存
入数据库";
            }
            catch (Exception ex)
            {
                Label1.Text = "错误信息: " + ex.Message.ToString();
            }
        }
        else
        {
            Label1.Text = "您没有选择上传的文件,请选择上传文件.";
        }
    }
```

页面的运行结果如图 6-6 所示。

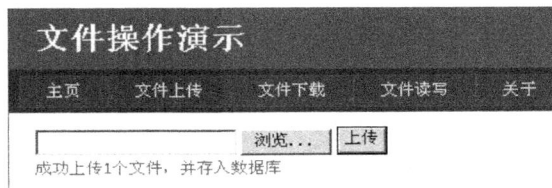

图 6-6　文件上传页面效果图

(4) 新建 filedown.aspx 页面,在此页面上添加 GridView 控件,然后编辑 GridView 控件模板,使其效果如图 6-7 所示。filedown.aspx 中 GridView 部分的代码如下:

```
<asp:GridView ID = "GridView1" runat = "server" BackColor = "White"
    BorderColor = "#DEDFDE" BorderStyle = "None" BorderWidth = "1px" CellPadding = "4"
    GridLines = "Vertical" ForeColor = "Black" AutoGenerateColumns = "False"
    Height = "113px" onselectedindexchanged = "GridView1_SelectedIndexChanged"
    Width = "631px" onrowcommand = "GridView1_RowCommand">
    <AlternatingRowStyle BackColor = "White" />
    <Columns>
        <asp:TemplateField HeaderText = "序号"><ItemTemplate><asp:Label ID = "id" runat =
"server" Text = '<% # Bind("ID") %>'></asp:Label></ItemTemplate></asp:TemplateField>

        <asp:TemplateField HeaderText = "文件名">
          <ItemTemplate><asp:Label ID = "Label1" runat = "server" Text = '<% # Bind
("filename") %>'></asp:Label></ItemTemplate>
        </asp:TemplateField>
        <asp:TemplateField HeaderText = "大小">
        <ItemTemplate>
                <asp:Label ID = "size" runat = "server" Text = '<% # Bind("FileSize") %>'></
asp:Label>
                <asp:Label ID = "kb" runat = "server" Text = 'KB'></asp:Label>
```

ASP. NET 文件操作技术

```
                </ItemTemplate></asp:TemplateField>
            <asp:TemplateField HeaderText="下载">
                <ItemTemplate>

                    <asp:Button ID="Button4" runat="server" CommandArgument='<%#  Bind
("ID")  %>'
                            Text="下载" onclick="Button4_Click" />
                </ItemTemplate>
            </asp:TemplateField>
        </Columns>
        <FooterStyle BackColor="#CCCC99" />
        <HeaderStyle BackColor="#6B696B" Font-Bold="True" ForeColor="White" />
        <PagerStyle BackColor="#F7F7DE" ForeColor="Black" HorizontalAlign="Right" />
        <RowStyle BackColor="#F7F7DE" />
        <SelectedRowStyle BackColor="#CE5D5A" Font-Bold="True" ForeColor="White" />
        <SortedAscendingCellStyle BackColor="#FBFBF2" />
        <SortedAscendingHeaderStyle BackColor="#848384" />
        <SortedDescendingCellStyle BackColor="#EAEAD3" />
        <SortedDescendingHeaderStyle BackColor="#575357" />
    </asp:GridView>
```

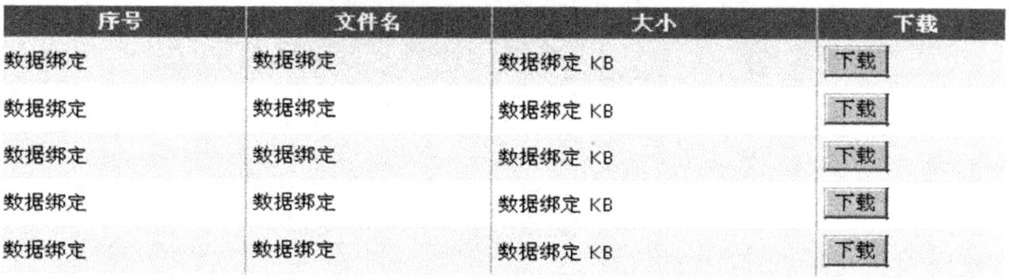

序号	文件名	大小	下载
数据绑定	数据绑定	数据绑定 KB	下载
数据绑定	数据绑定	数据绑定 KB	下载
数据绑定	数据绑定	数据绑定 KB	下载
数据绑定	数据绑定	数据绑定 KB	下载
数据绑定	数据绑定	数据绑定 KB	下载

图 6-7　GridView 控件的设计效果

　　页面运行后,GridView 中将显示数据库中记录的文件信息,这里的重点是怎么实现单击每一行的"下载"按钮下载对应的文件。

　　在 GridView 控件的模板中,Button 执行单击命令的方法之一就是直接写 Button_Click 事件,就像普通的 Button 一样。用户要注意 CommandArgument 属性,它是设置与此按钮关联的命令参数。这里 CommandArgument 为'<%# Bind("ID") %>'。

```
<asp:Button ID="Button4" runat="server" CommandArgument='<%# Bind("ID") %>' Text="下
载" onclick="Button4_Click" />
```

Button4 按钮单击事件的处理代码如下:

```
private string ConStr = @"server=.\sqlexpress;database=data;uid=sa;pwd=sa123";
protected void Button4_Click(object sender, EventArgs e)
{
    int Id = int.Parse(((Button)sender).CommandArgument.ToString());
    string sqlstr = "select * from FileInfo where ID=" + Id;
    DataTable dt = GetTable(sqlstr);
    string filename = dt.Rows[0]["filename"].ToString();
    string filePath = HttpContext.Current.Server.MapPath(@"Uploads\") + filename;
```

```
//string filePath = HttpContext.Current.Server.UrlEncode(url);
//取出文件路径名

FileInfo fileInfo = new FileInfo(filePath);
if (fileInfo.Exists == true)
{
    const long ChunkSize = 102400;
                            //每次读取文件只读取100KB,这样可以缓解服务器的压力
    byte[] buffer = new byte[ChunkSize];
    Response.Clear();
    System.IO.FileStream iStream = System.IO.File.OpenRead(filePath);
    long dataLengthToRead = iStream.Length;            //获取下载的文件总大小
    Response.ContentType = "application/octet-stream";
    Response.AddHeader("Content-Disposition", "attachment; filename=" + HttpUtility
.UrlEncode(filename));
    while (dataLengthToRead > 0 && Response.IsClientConnected)
    {
        int lengthRead = iStream.Read(buffer, 0, Convert.ToInt32(ChunkSize));
                                                    //读取的大小
        Response.OutputStream.Write(buffer, 0, lengthRead);
        Response.Flush();
        dataLengthToRead = dataLengthToRead - lengthRead;
    }
    Response.Close();
}
}
private DataTable GetTable(string sqlstr)
{
    SqlConnection con = new SqlConnection(ConStr);
    con.Open();
    SqlDataAdapter Sda = new SqlDataAdapter(sqlstr,con);
    DataSet ds = new DataSet();
    Sda.Fill(ds, "fileinfo");
    con.Close();
    return ds.Tables["fileinfo"];
}
```

程序运行和单击下载的效果如图 6-8 和图 6-9 所示。

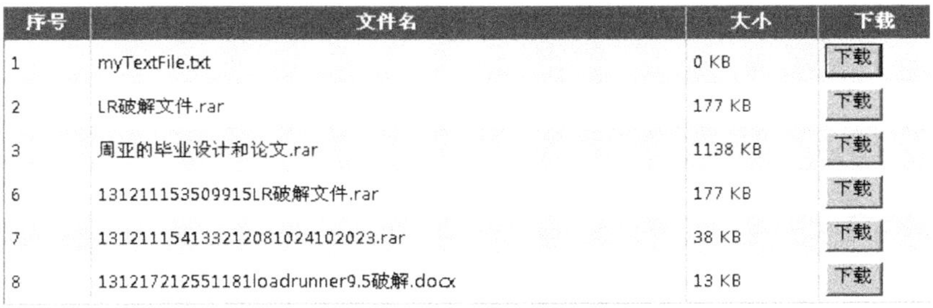

序号	文件名	大小	下载
1	myTextFile.txt	0 KB	下载
2	LR破解文件.rar	177 KB	下载
3	周亚的毕业设计和论文.rar	1138 KB	下载
6	131211153509915LR破解文件.rar	177 KB	下载
7	131211154133212081024102023.rar	38 KB	下载
8	131217212551181loadrunner9.5破解.docx	13 KB	下载

图 6-8　filedown 页面的运行效果

序号	文件名	大小	下载
1	myTextFile.txt		
2	LR破解文件.rar		
3	周亚的毕业设计和论文.rar		
6	131211153509915LR破解文件.rar		
7	13121115413321208102410 2023.ra		
8	131217212551181loadrunner9.5破解		

文件下载

您想打开或保存此文件吗?

    名称: 周亚的毕业设计和论文.rar
    类型: 360压缩
    发送者: localhost

    [打开(O)]   [保存(S)]   [取消]

来自 Internet 的文件可能对您有所帮助,但某些文件可能危害您的计算机。如果您不信任其来源,请不要打开或保存该文件。有何风险?

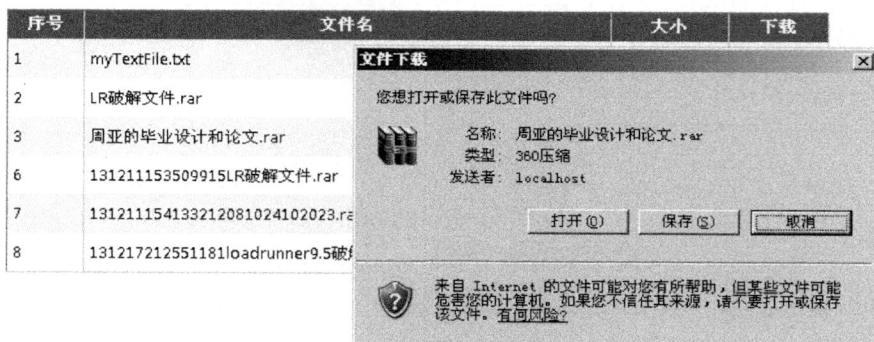

图 6-9   单击"下载"按钮下载的效果

6.6   本 章 小 结

本章介绍了 ASP. NET 对文件的操作方法,利用 StreamRead 类进行文件内容的读取,利用 StreamWriter 类将内容写入文件中。另外,FileStream 类、FileInfo 类都提供了文件的读取、写入、打开和关闭等操作。在 File 类中提供了对文件的 Copy()复制方法、Move()移动方法、Delete()删除方法。除以上对文件的操作外,ASP. NET 还提供了对目录的操作,主要有 DirectoryInfo 和 Directory 类。在 DirectoryInfo 类中典型的操作有复制、移动、重命名、创建和删除目录等,而 Directory 类提供了用于创建、移动、枚举通过目录和子目录的静态方法。

ASP. NET 还提供了文件的上传和下载操作,在 ASP. NET 中上传文件主要借助于 FileUpload 控件,用户只需要指定服务器上文件存放的目录就可以利用 SaveAs 方法将文件上传到服务器指定的目录中。而对于下载文件,我们一般会采用超链接的方式,但对于超链接方式,如果客户端浏览器可以直接打开文件,在客户端将不提示下载而是直接打开,例如文本文件。在本章中介绍使用 TransmitFile 和 WriteFile 方法实现文件的下载,TransmitFile 是一个扩展的 API,它在套接字连接上发送一个打开的文件;WriteFile 是将文件的内容作为文件块直接写入 HTTP 响应输出流实现服务器到客户端文件的传输,同时还提供了将大文件分块传送到客户端。最后,本章通过案例的方式呈现人们在日常开发中经常对文件进行的操作方式。

6.7   项 目 实 训

项目实训 6-1:文件内容的写入与读出

1. 实训目的

(1) 掌握 ASP. NET 对文件内容的操作。

(2) 熟练使用 StreamRead 和 StreamWriter 类对文件内容进行读/写。

2. 实训内容及要求

(1) 读取页面中文本框的内容,并写入记事本文件中。

(2) 将记事本文件内容全部读取并写入文本框中。

3. 实训步骤

(1) 启动 VS2010,创建新网站,并在网站目录下新建 Uploads 文件夹。

(2) 在 default.aspx 页面上添加两个文本框,命名为 TextWrite 和 TBShowme,添加两个按钮,命名为 But_Read 和 But_Write。

(3) 在 But_Write 按钮的单击事件中实现将文本框内容写入 Uploads 目录下的 log.txt 文件中,代码如下:

```
private string filePath = HttpContext.Current.Server.MapPath("Uploads\\log.txt");
protected void But_Write_Click(object sender, EventArgs e)
{
    FileInfo myFile = new FileInfo(filePath);
    if (myFile.Exists)
    {
        using (StreamWriter sw = new StreamWriter(filePath,true))
        {
            sw.WriteLine(DateTime.Now + " " + TextWrite.Text.Trim());
            sw.WriteLine();
            sw.Flush();             //从缓冲区写入基础流（文件）
            sw.Close();             //使用完后要关闭 StreamWriter
        }
    }
    else
    {
        StreamWriter sw = myFile.CreateText();
        sw.WriteLine(DateTime.Now + " " + TextWrite.Text.Trim());
        sw.Flush();                 //从缓冲区写入基础流（文件）
        sw.Close();                 //使用完后要关闭 StreamWriter
    }
}
```

(4) 在 But_Read 按钮的单击事件中实现将 Uploads 下的 log.txt 文件的内容读取出来并显示到指定的文本框中,代码如下:

```
protected void But_Read_Click(object sender, EventArgs e)
{
    StreamReader sr = new StreamReader(filePath);
    StringBuilder sbContent = new StringBuilder();
    while (sr.Peek() > -1)              //由于文件中可能有很多行,需要循环读取每一行
    {
        sbContent.Append(sr.ReadLine() + "\n");
    }
    sr.Close();
    TB_showme.Text = sbContent.ToString();
}
```

ASP.NET 文件操作技术

（5）运行调试，查看程序是否实现了指定的功能。

项目实训 6-2：文件的上传、下载与删除操作

1. 实训目的

（1）熟练使用 FileUpload 控件实现文件的上传。

（2）掌握文件下载的 TransmitFile 和 WriteFile 方法。

（3）掌握使用 FileInfo 类对文件进行删除操作。

2. 实训内容及要求

（1）利用 FileUpload 控件实现将文件上传到服务器的指定目录中。

（2）实现文件从服务器到客户端的下载操作。

（3）在客户端实现对服务器指定文件的删除。

3. 实训步骤

（1）启动 VS2010，创建新网站，并在网站目录下新建 Uploads 文件夹。

（2）新建 fileUpload.aspx 和 filedown.aspx 页面文件，分别为文件上传页面和文件下载与删除页面。

（3）新建数据库和存放文件信息的数据表 fileinfo。

（4）在文件上传页面 fileUpload.aspx 中添加 FileUpload、Button、Label 控件，实现 FileUpload 控件浏览文件后单击 Button 按钮将文件上传到服务器指定目录下，将需要记录的文件信息写入到数据表中，同时在 Label 中显示提示信息。显示效果如图 6-10 所示。

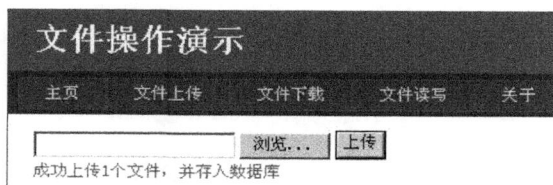

图 6-10 文件上传页面效果图

（5）在文件下载页面 filedown.aspx 中添加 GridView 控件，然后设计 GridView 模板，效果如图 6-11 所示。

图 6-11 GridView 模板设计效果

其代码可参考典型案例二，删除部分要求单击"删除"按钮后弹出确认对话框，在前台代码中删除列代码如下：

```
< asp:TemplateField HeaderText = "删除">
```

```
< ItemTemplate >
< asp: Button ID = " But _ Del" runat = " server" CommandArgument = '< % # Bind ( " ID") % >'
OnClientClick = 'return confirm("确定删除吗?");' Text = "删除" Onclick = "But_Del_Click" />
     </ItemTemplate >
</asp:TemplateField >
```

单击"删除"按钮,CommandArgument 属性记录了数据库中记录文件的编号,在 But_Del_Click 事件处理方法中实现删除功能。其实现代码如下:

```
protected int SQLExecute(string sqlstr)
{
    SqlConnection con = new SqlConnection(ConStr);
    con.Open();
    SqlCommand com = new SqlCommand(sqlstr, con);
    return com.ExecuteNonQuery();
}
protected void But_Del_Click(object sender, EventArgs e)
{//删除文件代码
    int Id = int.Parse(((Button)sender).CommandArgument.ToString());
    string sqlstr = "select * from FileInfo where ID = " + Id;
    DataTable dt = GetTable(sqlstr);
    string filename = dt.Rows[0]["filename"].ToString();
    string filePath = HttpContext.Current.Server.MapPath(@"Uploads\") + filename;
    FileInfo fileInfo = new FileInfo(filePath);
    if (fileInfo.Exists == true)
    {
        File.Delete(filePath);
        string Delstr = "delete from FileInfo where ID = " + Id;
        SQLExecute(Delstr);
        Page_Load(sender, e);
    }
    else
    {
        Response.Write("文件不存在,请联系管理员.");
    }
}
```

ASP. NET 文件操作技术

第 7 章 ASP. NET 网站设计技术

教学提示：本章主要学习如何统一网站的外观，其中，母版页用于定义网站的一致性布局；样式是 CSS 标准的一部分，使用该技术能够为 ASP. NET Web 项目提供一致的格式外观；使用主题可以为 Web 服务器控件提供一致的外观设置，它与样式属于相同的技术，但主题只针对服务器控件。

教学要求：
- 掌握母版页的创建与使用。
- 掌握站点导航技术与常用站点导航控件的使用。
- 掌握如何在网站中应用主题与皮肤。

建议学时：8 个学时。

7.1 母 版 页

网站的 Logo、导航菜单等内容需要在多个页面中显示，因此可以考虑将这些内容放在母版页中供网站的其他网页共享。使用母版页可以简化维护、扩展和修改网站的过程，并能提供一致的外观。

1. 创建母版页

（1）新建 Web 网站 MasterPageDemo，在解决方案管理器中右击 MasterPageDemo，选择"添加新项"命令，然后在弹出的对话框中选择"母版页"，命名为 MainPage. master，单击"添加"按钮，如图 7-1 所示。

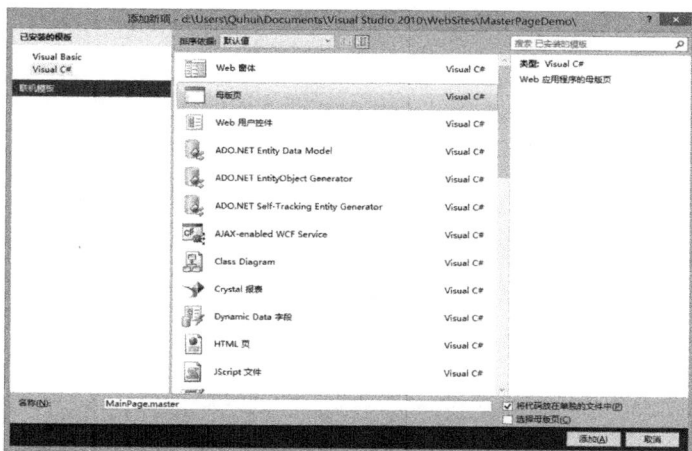

图 7-1 创建母版页

生成的代码如图 7-2 所示。

```
<%@ Master Language="C#" AutoEventWireup="true" CodeFile="MainPage.master.cs" Inherits="MainPage" %>

<!DOCTYPE html PUBLIC "-//W3C//DTD XHTML 1.0 Transitional//EN" "http://www.w3.org/TR/xhtml1/DTD/xhtml1-transitional.dtd">

<html xmlns="http://www.w3.org/1999/xhtml">
<head runat="server">
    <title></title>
    <asp:ContentPlaceHolder id="head" runat="server">
    </asp:ContentPlaceHolder>
</head>
<body>
    <form id="form1" runat="server">
    <div>
        <asp:ContentPlaceHolder id="ContentPlaceHolder1" runat="server">

        </asp:ContentPlaceHolder>
    </div>
    </form>
</body>
</html>
```

图 7-2　生成的代码

用户在这里需要注意以下几点：

① 母版页的扩展名为.master，而不是.aspx。

② 普通页面会使用 Page 指令，而母版页会使用 Master 指令，该指令以<％@Master 开头，该指令的其他属性与 Page 指令相同。

③ 新建母版页中会默认添加两个 ContentPlaceHolder 控件（即内容容器），两个控件的 id 分别是 head 和 ContentPlaceHolder1。内容容器外部的网页元素将在内容页中共享，而内容页将在内容容器中放置自己特有的网页元素。在以上代码中，id 为 head 的内容容器使得内容页可以在其中添加页面元素数据，例如 keywords 和内嵌样式表等，而 ContentPlaceHolder1 则是我们在内容页中添加网页显示内容的地方。

（2）编辑内容页改变母版页的布局，如图 7-3 所示。

```
<%@ Master Language="C#" AutoEventWireup="true" CodeFile="MainPage.master.cs" Inherits="MainPage" %>

<!DOCTYPE html PUBLIC "-//W3C//DTD XHTML 1.0 Transitional//EN" "http://www.w3.org/TR/xhtml1/DTD/xhtml1-transitional.dtd">

<html xmlns="http://www.w3.org/1999/xhtml">
<head runat="server">
    <title></title>
    <asp:ContentPlaceHolder id="head" runat="server">
    </asp:ContentPlaceHolder>
</head>
<body>
    <form id="form1" runat="server">
    <div id="content">
    <div id="top">
        <asp:ContentPlaceHolder id="contentTop" runat="server">

        </asp:ContentPlaceHolder>
    </div>
    <div id="left">
        <asp:ContentPlaceHolder id="contentLeft" runat="server">

        </asp:ContentPlaceHolder>
    </div>
    <div id="right">
        <asp:ContentPlaceHolder id="contentRight" runat="server">

        </asp:ContentPlaceHolder
    </div>
    </div>
    </form>

</body>
</html>
```

图 7-3　编辑内容页

ASP.NET 网站设计技术

238

其中,我们向母版页中添加了 3 个 div,id 分别是 top、left、right;将内容容器 ContentPlaceHolder1 改名为 contentTop 并放到 top 中;在 left 和 right 中分别添加内容控件 contentLeft 和 contentRight。内容容器控件可以在工具箱找到,如图 7-4 所示。

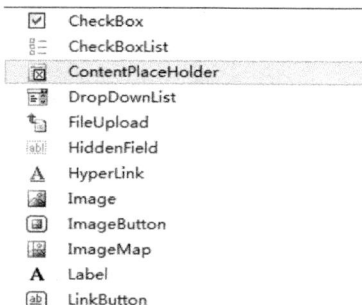

```
☑   CheckBox
▤   CheckBoxList
☒   ContentPlaceHolder
▥   DropDownList
▤   FileUpload
ᵃᵇⁱ  HiddenField
A   HyperLink
▨   Image
▣   ImageButton
▤   ImageMap
A   Label
ab   LinkButton
```

图 7-4   添加 ContentPlaceHolder 控件

(3) 创建并编辑样式表文件 StyleSheet.css,如图 7-5 所示。

```
/*布局容器,用于实现自适应高度和具中显示*/
#content
{
    background-color: #E8E8FF;
    width: 600px;
    height: 100%;
    margin:0px auto;
    top:0px;
}
/*要实现自适应高度,需要将height设为100%,margin表示与页面边界的距离*/
body
{
    margin: 0px;
    height: 100%;
}
/*logo栏宽度自适应,高度为100px*/
#top
{
    top: 0px;
    width: 100%;
    height: 100px;
    background-color: #E3FDE4;
}
/*左边栏为浮动显示,宽度200px,高度100%*/
#left
{
    background-color: #CCCC00;
    float: left;
    width: 200px;
    height:100%;
}
/*右边栏高度100%*/
#right
{
    height: 100%;
    background-color: #FFCCCC;
}
```

图 7-5   编辑样式表文件

母版页 MainPage.master 套用该样式表,如图 7-6 所示。

```
<head runat="server">
    <title>母版页示例</title>
    <asp:ContentPlaceHolder id="head" runat="server">
    </asp:ContentPlaceHolder>
    <link href="StyleSheet.css" rel="stylesheet" type="text/css" />
</head>
```

图 7-6   套用样式表

最后生成的母版页如图 7-7 所示。

图 7-7　生成的母版页效果

现在,母版页已经创建完成,但我们不能直接访问以 .master 作为扩展名的母版页,否则会产生错误,如图 7-8 所示。

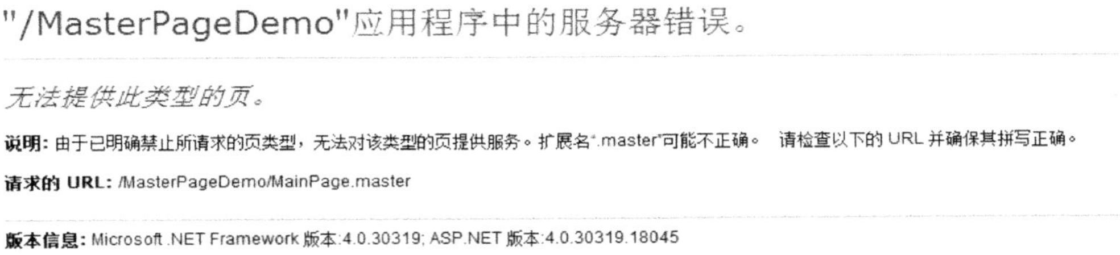

"/MasterPageDemo"应用程序中的服务器错误。

无法提供此类型的页。

说明: 由于已明确禁止所请求的页类型,无法对该类型的页提供服务。扩展名".master"可能不正确。　请检查以下的 URL 并确保其拼写正确。

请求的 URL: /MasterPageDemo/MainPage.master

版本信息: Microsoft .NET Framework 版本:4.0.30319; ASP.NET 版本:4.0.30319.18045

图 7-8　直接访问母版页结果

母版页的内容只有通过内容页才能展现出来,下面介绍如何添加内容页。

2. 使用内容页

在解决方案管理器中右击 MasterPageDemo,选择"添加新项"命令,会弹出如图 7-9 所示的对话框,在其中选择"Web 窗体"添加页面。注意,此时必须选中"选择母版页"复选框。

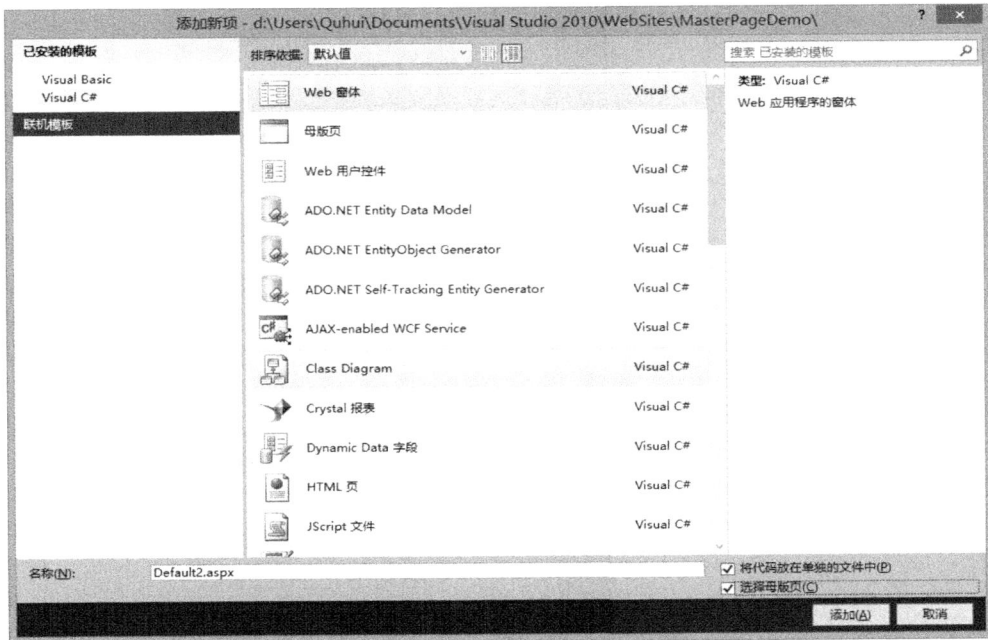

图 7-9　添加 Web 窗体

ASP.NET 网站设计技术

单击"添加"按钮，会弹出如图 7-10 所示的对话框，这时就可以为页面选择一个母版页了。

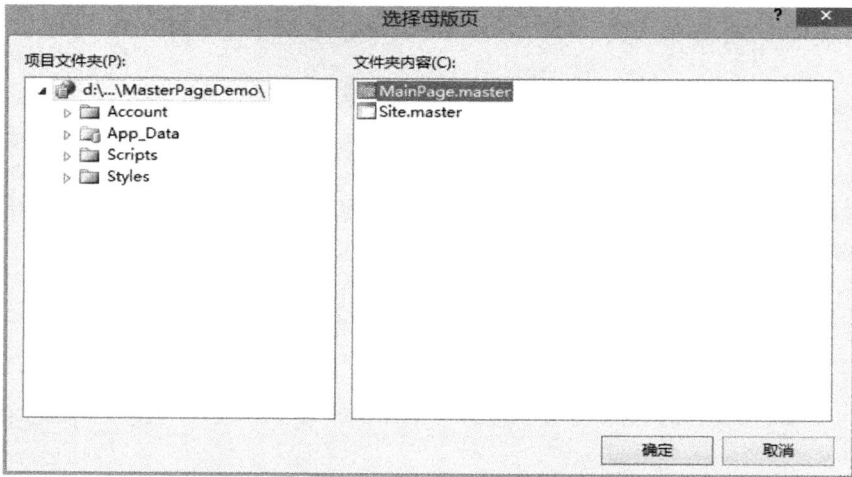

图 7-10　选择母版页

在这里选择 MainPage. master，然后单击"确定"按钮，就会生成网页，其代码如图 7-11 所示。

```
<%@ Page Title="" Language="C#" MasterPageFile="~/MainPage.master" AutoEventWireup="true" CodeFile="Default2.aspx.cs" Inherits="Default2" %>
<asp:Content ID="Content1" ContentPlaceHolderID="head" Runat="Server">
</asp:Content>
<asp:Content ID="Content2" ContentPlaceHolderID="contentTop" Runat="Server">
<h2>母版页</h2>
</asp:Content>
<asp:Content ID="Content3" ContentPlaceHolderID="contentLeft" Runat="Server">
<h2>页面左侧</h2>
</asp:Content>
<asp:Content ID="Content4" ContentPlaceHolderID="contentRight" Runat="Server">
<h2>页面右侧</h2>
</asp:Content>
```

图 7-11　网页代码

对于内容页，我们有以下几点说明：

（1）在内容页的 Page 指令中会有 MasterPageFile 属性，该属性指定了内容页套用的母版页。

（2）内容页自动创建了<asp:Content>控件，每一个<asp:Content>控件都必须使用 ContentPlaceHolderID 属性来指定母版页中 ContentPlaceHolder 的 ID，表示网页内容将添加在母版页中的相应区域。

（3）内容页中没有任何的 HTML 标记，开发人员需要在<asp:Content>控件内部添加内容，可以是 HTML，也可以是任何的 ASP. NET 服务器控件或自定义用户控件。在上图中，我们在各个<asp:Content>控件中分别填写了一些说明性的文字，运行结果如图 7-12 所示。

图 7-12　内容页

3. 母版页和默认内容

母版页的 ContentPlaceHolder 控件可以包含默认内容，如果内容页没有为母版页中的 ContentPlaceHolder 控件提供 Content 控件的内容，默认内容将会显示。在此将 MasterPageDemo 稍加修改，将内容页中与 contentTop 关联的 Content2 控件去掉，在母版页中为 TopContent 添加默认内容。

母版页的代码如图 7-13 所示。

```
<form id="form1" runat="server">
<div id="content">
 <div id="top">
    <asp:ContentPlaceHolder id="contentTop" runat="server">
        <h2>母版页默认内容</h2>
    </asp:ContentPlaceHolder>
</div>
<div id="left">
    <asp:ContentPlaceHolder id="contentLeft" runat="server">

    </asp:ContentPlaceHolder>
</div>
<div id="right">
    <asp:ContentPlaceHolder id="contentRight" runat="server">

    </asp:ContentPlaceHolder>
</div>
</div>
</form>
```

图 7-13　母版页的代码

内容页的代码如图 7-14 所示。

```
<asp:Content ID="Content1" ContentPlaceHolderID="head" Runat="Server">
</asp:Content>
<%--<asp:Content ID="Content2" ContentPlaceHolderID="contentTop" Runat="Server">
<h2>母版页</h2>
</asp:Content>--%>
<asp:Content ID="Content3" ContentPlaceHolderID="contentLeft" Runat="Server">
<h2>页面左侧</h2>
</asp:Content>
<asp:Content ID="Content4" ContentPlaceHolderID="contentRight" Runat="Server">
<h2>页面右侧</h2>
</asp:Content>
```

图 7-14　内容页的代码

页面运行效果如图 7-15 所示。

母版页默认内容

页面左侧　　**页面右侧**

图 7-15　添加母版页后的页面效果

4. 母版页的嵌套

其实，不只是普通的 ASPX 页面可以套用母版页，母版页本身也可以套用其他母版页。这里创建一个新的母版页 SubPage. master，并套用母版页 MainPage. master，生成的代码如图 7-16 所示。

241

第 7 章

ASP. NET 网站设计技术

```
<%@ Master Language="C#" MasterPageFile="~/MainPage.master" AutoEventWireup="true" CodeFile="SubPage.master.cs" Inherits="SubPage" %>

<asp:Content ID="Content1" ContentPlaceHolderID="head" Runat="Server">
</asp:Content>
<asp:Content ID="Content2" ContentPlaceHolderID="contentTop" Runat="Server">
</asp:Content>
<asp:Content ID="Content3" ContentPlaceHolderID="contentLeft" Runat="Server">
</asp:Content>
<asp:Content ID="Content4" ContentPlaceHolderID="contentRight" Runat="Server">
</asp:Content>
```

图 7-16　母版页嵌套的代码

在内容控件 Content4 中添加 ContentPlaceHolder 控件，并改名为 contentSubHolder，套用母版页 SubPage. master 的内容页将在 contentSubHolder 中添加自己的内容。

7.2　网站导航技术

导航是所有网站的基本组件，ASP. NET 内置的导航技术可以让开发人员轻松地创建站点导航。这里讨论的导航技术主是站点地图技术和两个高级服务器控件——TreeView 和 Menu。

1. 站点地图

我们的网站可能会有很多页面，可能需要某个导航系统帮助用户从一个页面跳转到另一个页面。虽然可以利用 ASP. NET 的控件集实现几乎所有的导航功能，但是这样需要我们做出大量额外的工作。如果使用了 ASP. NET 的导航功能，这些工作就可以被大大简化。

ASP. NET 导航灵活、可配置、可插入，它主要包含以下 3 个部分：

- 定义站点导航的方式。该部分就是一个 XML 站点地图，即 Web. SiteMap，必须位于应用程序的根目录下，并且不能更改为其他名字。
- 一个解析站点地图文件并把它的信息转换为适当对象模型的便捷方式。该部分由 SiteMapDataSource 和 XmlSiteMapProvider 实现，其中，XmlSiteMapProvider 用于查找位于应用程序根目录中的 Web. SiteMap 文件，然后提取该文件中的站点地图数据并创建 SiteMap 对象；SiteMapDataSource 将使用这些 SiteMap 对象向导航控件提供导航信息。
- 一个利用站点地图信息显示用户当前位置并让用户能够方便地从一个页面跳转到另一个页面的方式。该部分由绑定到 SiteMapDataSource 控件的控件来实现，可以是链接、列表、菜单或者树，我们把这些控件称为导航控件。

下面逐步学习如何使用站点地图。

1）创建站点地图

创建网站 SiteMapDemo，然后右击解决方案管理器中的网站名称，选择“添加新项”命令，在弹出的对话框中选择站点地图文件，单击“添加”按钮，如图 7-17 所示，这样就会在网站根目录下生成一个名字为 Web. sitemap 的文件，但注意不要给站点地图文件改名字。

此时生成的文件代码，如图 7-18 所示。

图 7-17   创建站点地图文件

```xml
<?xml version="1.0" encoding="utf-8" ?>
<siteMap xmlns="http://schemas.microsoft.com/AspNet/SiteMap-File-1.0" >
    <siteMapNode url="" title="" description="">
        <siteMapNode url="" title="" description="" />
        <siteMapNode url="" title="" description="" />
    </siteMapNode>
</siteMap>
```

图 7-18   生成的文件代码

站点地图文件都是从<siteMap>标签开始,然后以这个标签结束的。在<siteMap>标签中,用<siteMapNode>元素来定义每一个页面。<siteMapNode>节点是可以嵌套,嵌套的<siteMapNode>有利于站点地图的逻辑分组。<siteMapNode>的属性如下:

- title。该属性是关联到的节点的简短标题。
- description。该属性是关联到的节点的描述。
- url。该属性是节点指向页面的链接,每一个节点的 url 属性都要以～/字符序列开始,～/字符序列用于表示网站的根目录。

编辑站点地图的代码如图 7-19 所示。

根据站点地图创建网站结构,如图 7-20 所示。

2) 使用 SiteMapPath 控件

在网站 SiteMapDemo 的母版页 MasterPage. master 上添加 SiteMapPath 控件,该控件可以从工具箱中获得,如图 7-21 所示。

ASP. NET 网站设计技术

```xml
<?xml version="1.0" encoding="utf-8" ?>
<siteMap xmlns="http://schemas.microsoft.com/AspNet/SiteMap-File-1.0" >
  <siteMapNode
  url="~/Default.aspx"
  title="首页"
  description="网站首页">
    <!--这是产品分类节点 -->
    <siteMapNode
    title="产品分类"
    description="企业经营的产品">
      <siteMapNode
      url="~/Products/HardwareProduct.aspx"
      title="硬件产品"
      description="包括主机、显示器、网络终端、收银机、ATM等设备" />
      <siteMapNode
      url="~/Products/SoftwareProduct.aspx"
      title="软件产品"
      description="包括ERP、CRM等Windows或者是Web系统" />
    </siteMapNode>
    <!--售后服务 -->
    <siteMapNode title="Services" description="软硬件的售后服务">
      <siteMapNode
      url="~/Services/ServicesCenter.aspx"
      title="服务中心"
      description="直接进入本公司服务中心登记服务" />
      <siteMapNode
      url="~/Services/ServicesNote.aspx"
      title="服务须知"
      description="在开始使用服务前，先阅读这里的条款" />
    </siteMapNode>
  </siteMapNode>
</siteMap>
```

图 7-19   编辑站点地图的代码

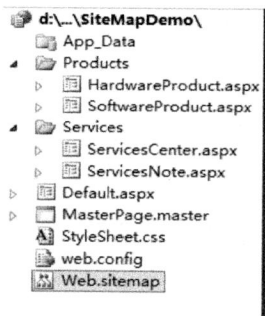

图 7-20   网站结构图

图 7-21   添加 SiteMapPath 控件

此时生成的代码如图 7-22 所示。

这时运行页面,效果如图 7-23 所示。

在这里,SiteMapPath 提供的导航方式被称为面包屑导航,这种导航方式显示当前页的位置,并允许用户定向到导航层次结构的上一级。在本节的例子中,将 SiteMapPath 控件添加到母版页中,这样所有应用母版页的子页就都有了导航效果。

SiteMapPath 的主要属性如表 7-1 所示。

```
<%@ Master Language="C#" AutoEventWireup="true" CodeFile="MasterPage.master.cs" Inherits="MasterPage" %>
<!DOCTYPE html PUBLIC "-//W3C//DTD XHTML 1.0 Transitional//EN" "http://www.w3.org/TR/xhtml1/DTD/xhtml1-transitional.dtd">
<html xmlns="http://www.w3.org/1999/xhtml">
<head runat="server">
    <title>无标题页</title>
    <asp:ContentPlaceHolder id="head" runat="server">
    </asp:ContentPlaceHolder>
    <link href="StyleSheet.css" rel="stylesheet" type="text/css" />
</head>
<body>
    <form id="form1" runat="server">
    <div id="layout">
        <div id="top">
        <h2>站点导航示例</h2>
        </div>
        <div id="bottom">
        <div id="nav">
            <asp:SiteMapPath ID="SiteMapPath1" runat="server">

            </asp:SiteMapPath>
            <br />
            <asp:Label ID="lblTree" runat="server" Text="Label"></asp:Label>
        </div>
        <asp:ContentPlaceHolder ID="ContentPlaceHolder1" runat="server">
        </asp:ContentPlaceHolder>
        </div>
    </div>
    </form>
</body>
</html>
```

图 7-22   生成的代码

站点导航示例

首页>产品分类>硬件产品

图 7-23   添加 SiteMapPath 控件后运行的效果

表 7-1   **SiteMapPath 的主要属性**

属 性 名 称	属 性 描 述
ParentLevelsDisplay	允许限制显示的父节点的数量，默认显示所有父节点
PathDirection	允许反转 SiteMap 控件的显示顺序，可选择值有 RootToCurrent（默认），从根节点到当前页面；CurrentToRoot，从当前页面到根节点
PathSeparator	指点分隔节点的字符串，默认为"＞"，可以是任何字符串
RenderCurrentNodeAsLink	是否将 SiteMapPath 描述的当前节点呈现为链接
ShowToolTips	是否允许显示工具提示

开发人员还可以对 SiteMapPath 控件定义外观，如表 7-2 所示。

表 7-2   **SiteMapPath 控件的外观**

样 式	模 板	说 明
NodeStyle	NodeTemplate	所有节点样式，除了当前节点和根节点以外
CurrentNodeStyle	CurrentNodeTemplate	当前节点样式
RootNodeStyle	RootNodeTemplate	根节点样式
PathSeparatorStyle	PathSeparatorTemplate	节点分隔符的样式

下面更改母版页中的 SiteMapPath 控件的声明，代码如图 7-24 所示。

运行页面，效果如图 7-25 所示。

在这里，使用 Eval 实现了动态绑定站点地图 SiteMapNode 节点的各个属性值。

245

第 7 章

ASP.NET 网站设计技术

```
<asp:SiteMapPath ID="SiteMapPath1" runat="server" PathDirection="CurrentToRoot"
    PathSeparator="=&gt;" RenderCurrentNodeAsLink="True">
    <NodeTemplate>
        <asp:HyperLink ID="HyperLink1" runat="server" NavigateUrl='<%# Eval("Url")%>' ToolTip='<%# Eval("Description")%>'><%# Eval("Title")%></asp:HyperLink>
    [<%# Eval("ChildNodes.Count") %>]
    </NodeTemplate>
    <CurrentNodeTemplate>
    <%# Eval("Title") %> <br />
    <small><i><%# Eval("Description") %></i></small>
    </CurrentNodeTemplate>
</asp:SiteMapPath>
```

图 7-24　SiteMapPath 控件的声明代码

站点导航示例

硬件产品　　　　　　　　　　　　=>产品分类 [2]=>首页 [2]
空档主机、显示器、网络转换、收银机、ATM 等设备

图 7-25　添加外观后的运行效果

2. TreeView 控件

有时候，需要以树的形式显示网站资源进行导航，Windows 资源管理器就是典型的树形结构导航，图 7-26 所示为一个 Windows 资源管理器的导航视图。

ASP.NET 内置了 TreeView 控件，简化了用户构造树形视图的工作，下面就来介绍树形控件——TreeView 的使用。在这里，首先创建了示例网站 TreeViewDemo。

1）使用 TreeView 控件

从工具箱中拖动树形控件到页面中，工具箱中树形控件的位置如图 7-27 所示。

图 7-26　Windows 资源管理器　　　　图 7-27　添加 TreeView 控件

添加 TreeView 控件之后会生成如图 7-28 所示的代码。

在页面中，当单击 TreeView 控件右上方的箭头时会显示如图 7-29 所示的任务窗口。

这里选择"编辑节点"命令，会弹出如图 7-30 所示的节点编辑器。

在这个编辑器中，用户不仅可以为 TreeView 控件添加节点，还可以为已有节点添加子节点。这里主要通过每一个节点的 Text 属性来指定节点显示的文字，添加节点之后生成

```
<body>
    <form id="form1" runat="server">
    <div>

    </div>
    <asp:TreeView ID="TreeView1" runat="server">
    </asp:TreeView>
    </form>
</body>
```

图 7-28　生成的代码

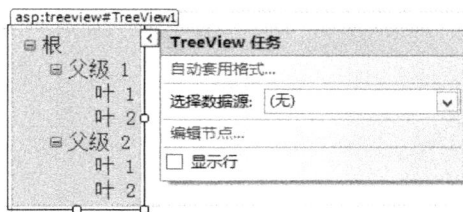

图 7-29　TreeView 控件的任务窗口

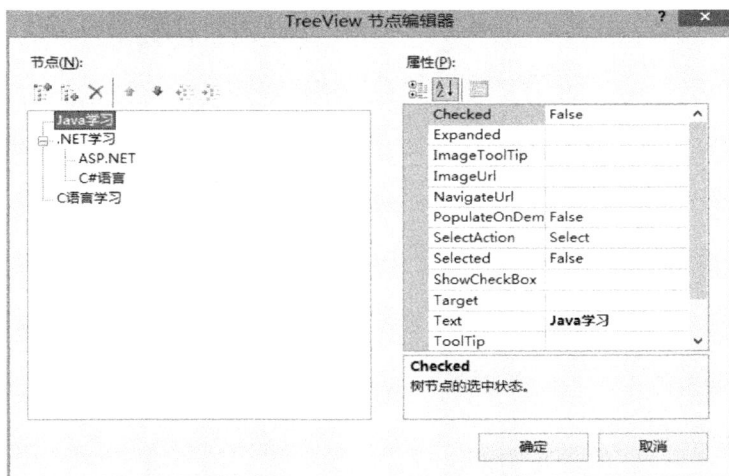

图 7-30　TreeView 控件的节点编辑器

的代码如图 7-31 所示。

```
<asp:TreeView ID="TreeView1" runat="server">
    <Nodes>
        <asp:TreeNode Text="Java学习" Value="Java学习"></asp:TreeNode>
        <asp:TreeNode Text=".NET学习" Value=".NET学习">
            <asp:TreeNode Text="ASP.NET" Value="ASP.NET"></asp:TreeNode>
            <asp:TreeNode Text="C#语言" Value="C#语言"></asp:TreeNode>
        </asp:TreeNode>
        <asp:TreeNode Text="C语言学习" Value="C语言学习"></asp:TreeNode>
    </Nodes>
</asp:TreeView>
```

图 7-31　添加节点之后生成的代码

ASP.NET 网站设计技术

用户还可以为 TreeView 套用格式,自动套用格式的对话框如图 7-32 所示。

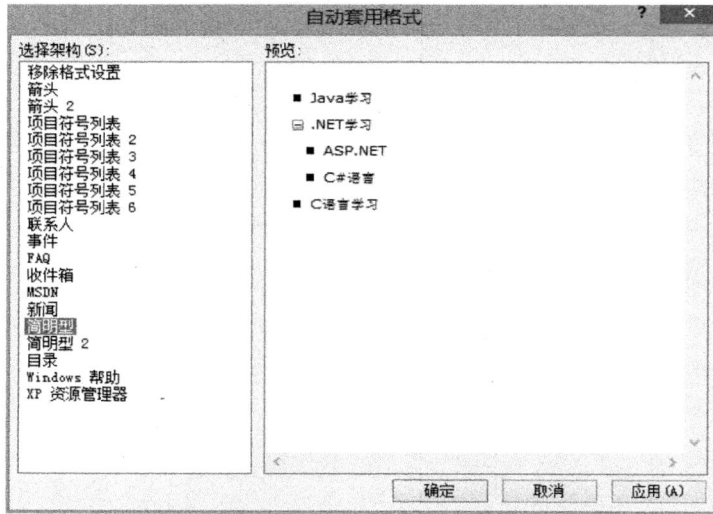

图 7-32　TreeView 控件自动套用格式

这里选择"简明型",生成的页面如图 7-33 所示。

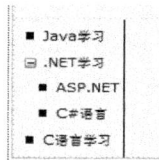

图 7-33　TreeView 控件的显示效果

其代码如图 7-34 所示。

```html
<body>
    <form id="form1" runat="server">
    <div>

    </div>
    <asp:TreeView ID="TreeView1" runat="server" ImageSet="Simple" NodeIndent="10">
        <HoverNodeStyle Font-Underline="True" ForeColor="#DD5555" />
        <Nodes>
            <asp:TreeNode Text="Java学习" Value="Java学习"></asp:TreeNode>
            <asp:TreeNode Text=".NET学习" Value=".NET学习">
                <asp:TreeNode Text="ASP.NET" Value="ASP.NET"></asp:TreeNode>
                <asp:TreeNode Text="C#语言" Value="C#语言"></asp:TreeNode>
            </asp:TreeNode>
            <asp:TreeNode Text="C语言学习" Value="C语言学习"></asp:TreeNode>
        </Nodes>
        <NodeStyle Font-Names="Verdana" Font-Size="8pt" ForeColor="Black"
            HorizontalPadding="0px" NodeSpacing="0px" VerticalPadding="0px" />
        <ParentNodeStyle Font-Bold="False" />
        <SelectedNodeStyle Font-Underline="True" ForeColor="#DD5555"
            HorizontalPadding="0px" VerticalPadding="0px" />
    </asp:TreeView>
    </form>
</body>
```

图 7-34　生成的代码

TreeView 控件的节点的常用属性如表 7-3 所示。

表 7-3　TreeView 控件的节点的常用属性

属　　性	说　　明
Text	显示在节点中的文本
ToolTip	当鼠标悬停在节点上时显示的提示信息
Value	保存节点的值,节点的值在网页上不可见,但是用户可以通过编码读取它
NavigateUrl	当单击节点时,节点所链接的 Url 路径
Target	如果设置了 Navigateurl,用这个属性设置打开的目标窗口
ImageUrl	显示在节点前面的图像的 Url
ImageToolTip	显示在节点前面的图像的提示信息

2）编程添加节点

虽然通过节点编辑器添加节点方便,但是很多时候需要以编程的方式进行添加。TreeView 控件提供了 Nodes 属性,该属性表示 TreeView 控件的节点集合。每一个 TreeNode 对象都具有一个 ChildNode 属性,表示该节点的子节点集合。图 7-35 所示的代码演示了如何通过编程方式添加节点。

```
protected void Page_Load(object sender, EventArgs e)
{
    //新建一个TreeNode对象
    TreeNode rootNode = new TreeNode("软件开发系列图书");
    //将rootNode对象添加到TreeView对象的Nodes节点,这是必须的,否则TreeView将不会呈现出节点。
    TreeView1.Nodes.Add(rootNode);
    //继续添加子节点
    TreeNode childNode = new TreeNode(".NET版");
    childNode.ChildNodes.Add(new TreeNode("C# 2008程序设计"));
    childNode.ChildNodes.Add(new TreeNode("ASP.NET 3.5 从入门到精通"));
    childNode.ChildNodes.Add(new TreeNode("Silverlight 2.0开发人员指南"));
    childNode.ChildNodes.Add(new TreeNode("WCF程序设计"));
    rootNode.ChildNodes.Add(childNode);
}
```

图 7-35　通过编程方式添加节点

TreeNode 具有很多重载的构造函数,例如可以同时指定文本和值,或者指定 ImageUrl、NavigateUrl 以及 Targe 等。用户除了可以使用 Add 方法添加节点外,还可以使用 Remove 方法去除节点,以及使用 Count 属性获取子节点的个数。

3）使用站点地图作为数据源

用户可以将网站的站点地图指定为 TreeView 控件的数据源,下面添加一个页面——TreeViewSiteMap.aspx,为网站添加一个站点地图,代码如图 7-36 所示。

在页面中添加一个 TreeView 控件,然后单击控件右上角的箭头,选择"＜新建数据源…＞选项,如图 7-37 所示。

此时会弹出数据源配置向导界面,选择"站点地图"选项,如图 7-38 所示。

单击"确定"按钮,树形控件就会从站点地图中获取数据,如图 7-39 所示。

在这里,自动添加了一个名字为 SiteMapDataSource1 的数据源控件。另外,节点的 NavigateUrl 属性也会自动绑定到站点地图 SiteMapNode 标签的 url 属性实现导航。

4）绑定到 XML 文件

除了可以使用站点地图作为树形控件的数据源以外,用户还可以使用 XML 文件作为树形控件的数据源。这里新建一个页面——TreeViewXml.aspx,并添加一个 XML 文件——book.xml,代码如图 7-40 所示。

ASP.NET 网站设计技术

```xml
<?xml version="1.0" encoding="utf-8" ?>
<siteMap xmlns="http://schemas.microsoft.com/AspNet/SiteMap-File-1.0" >
    <siteMapNode
    url="~/Default.aspx"
    title="首页"
    description="网站首页">
        <!--这是产品分类节点 -->
        <siteMapNode
        title="产品分类"
        description="企业经营的产品">
            <siteMapNode
            url="~/Products/HardwareProduct.aspx"
            title="硬件产品"
            description="包括主机、显示器、网络终端、收银机、ATM等设备" />
            <siteMapNode
            url="~/Products/SoftwareProduct.aspx"
            title="软件产品"
            description="包括ERP、CRM等Windows或者是Web系统" />
        </siteMapNode>
        <!--售后服务 -->
        <siteMapNode title="Services" description="软硬件的售后服务">
            <siteMapNode
            url="~/Services/ServicesCenter.aspx"
            title="服务中心"
            description="直接进入本公司服务中心登记服务" />
            <siteMapNode
            url="~/Services/ServicesNote.aspx"
            title="服务须知"
            description="在开始使用服务前，先阅读这里的条款" />
        </siteMapNode>
    </siteMapNode>
</siteMap>
```

图 7-36　为网站添加站点地图的代码

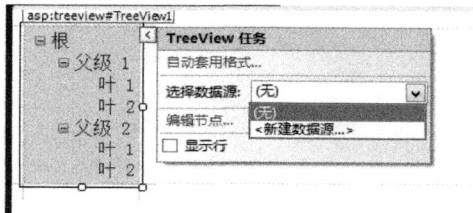

图 7-37　选择数据源

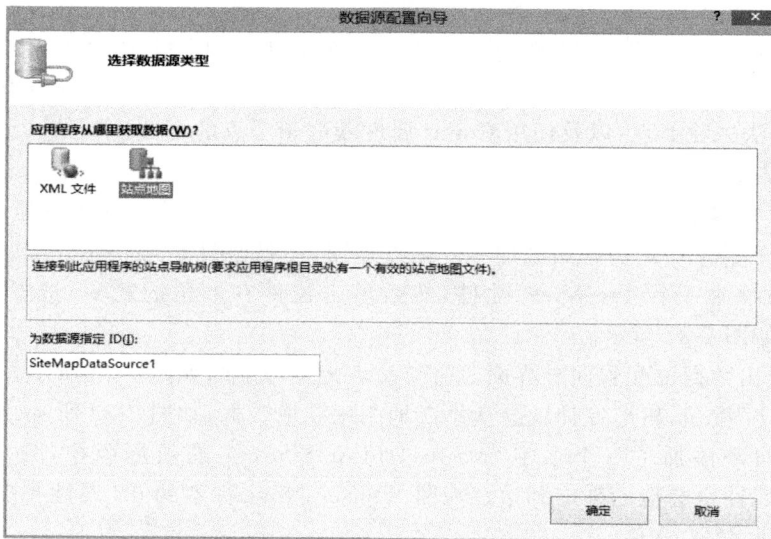

图 7-38　数据源配置向导

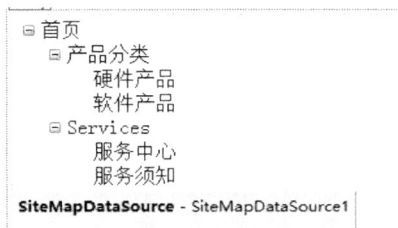

图 7-39　添加数据源控件后的效果

```xml
<?xml version="1.0" encoding="utf-8" ?>
<Books Title="图书展示区">
  <Category id="software" text="软件编程类">
    <book id="book1" Text="ASP.NET程序设计"/>
    <book id="book2" Text="C# 2008 网络技术详解"/>
  </Category>
  <Category id="Hardware" text="硬件开发类">
    <book id="book1" Text="8051单片机程序设计"/>
    <book id="book2" Text="Linux设备驱动程序开发"/>
  </Category>
</Books>
```

图 7-40　相应代码

在页面中添加一个 TreeView 控件，然后单击控件右上角的箭头，选择"＜新建数据源…＞"选项，如图 7-41 所示。

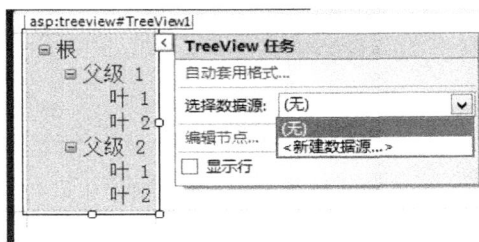

图 7-41　选择数据源

此时会弹出数据源配置向导界面，选择"XML 文件"选项，如图 7-42 所示。

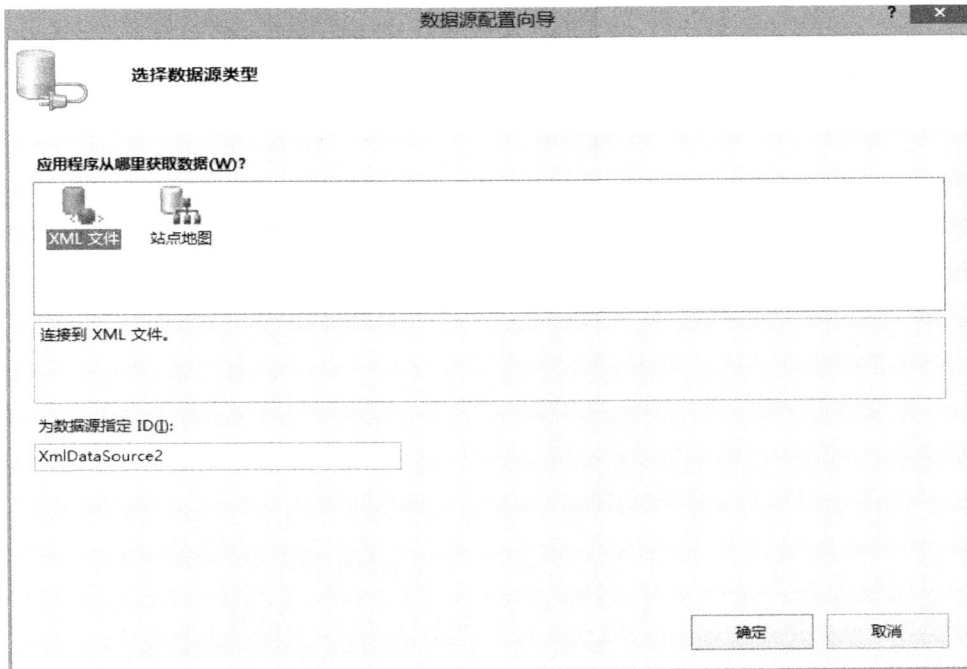

图 7-42　选择"XML 文件"选项

ASP. NET 网站设计技术

单击"确定"按钮,在图 7-43 所示的界面中选择 XML 文件。

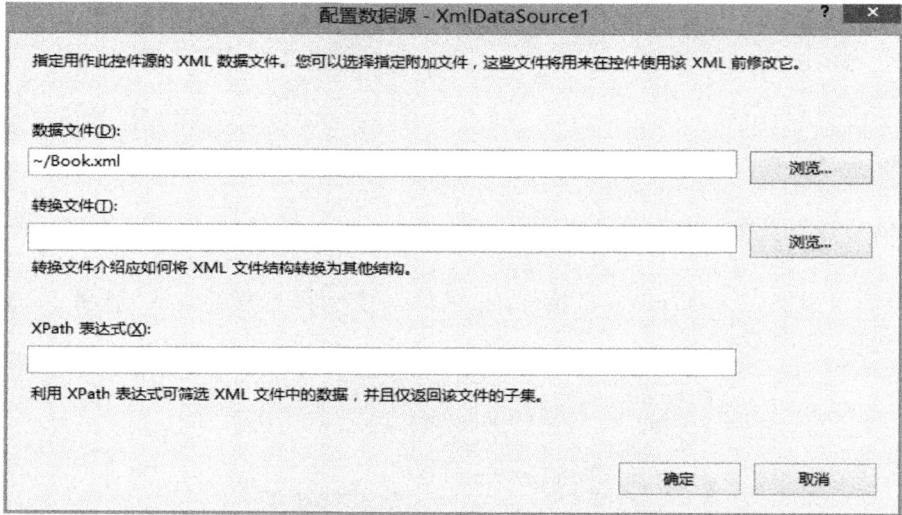

图 7-43　配置 XML 文件

然后单击"确定"按钮,完成向导,这时页面显示如图 7-44 所示。

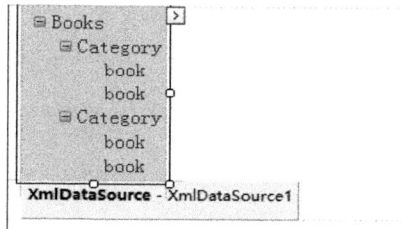

图 7-44　添加 XmlDataSource 后的效果

如果需要进一步编辑节点,在图 7-45 中选择"编辑 TreeNode 数据绑定"命令进入 TreeNode 数据绑定编辑器,如图 7-46 所示。

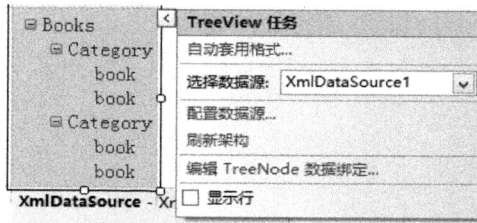

图 7-45　选择"编辑 TreeNode 数据绑定"命令

在这里可以编辑每一个节点的 Text 属性到 XML 文件中相应标签的 Text 属性,显示效果如图 7-47 所示。

如果要实现菜单的导航,可以指定菜单项的 NavigateUrlField 属性。

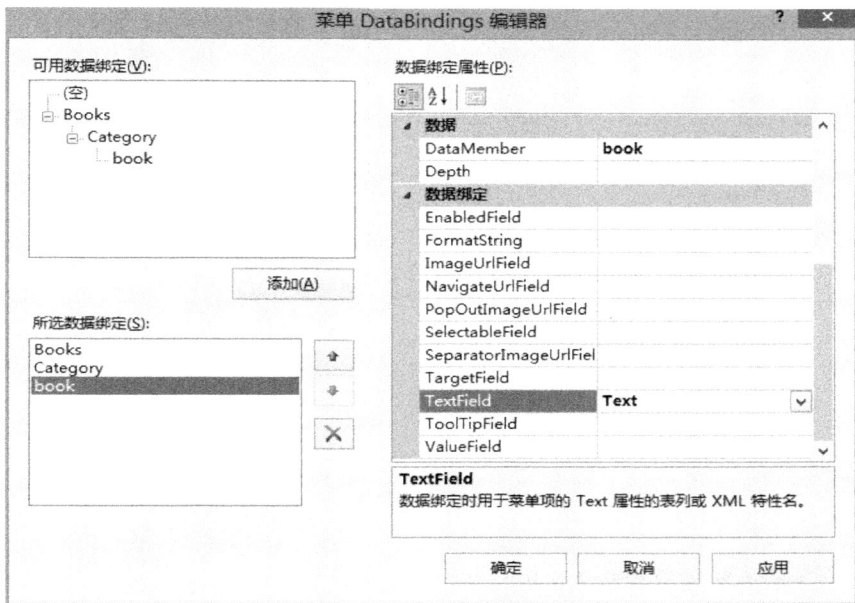

图 7-46 DataBindings 数据绑定

3. Menu 控件

除了可以使用 TreeView 控件实现导航以外,还可以使用 Menu 控件实现导航,下面介绍 Menu 控件的使用。在这里,首先创建了示例网站 MenuDemo。

1) 使用 Menu 控件

添加页面 MenuDemo1.aspx,并在页面上添加一个 Menu 控件。Menu 控件在工具箱中的位置如图 7-48 所示。

图 7-47 添加 XmlDataSource 显示效果

图 7-48 添加 Menu 控件

单击 Menu 控件右上角的箭头,选择"编辑菜单项"命令,会弹出如图 7-49 所示的菜单项编辑器,在其中可以编辑菜单项。

ASP. NET 网站设计技术

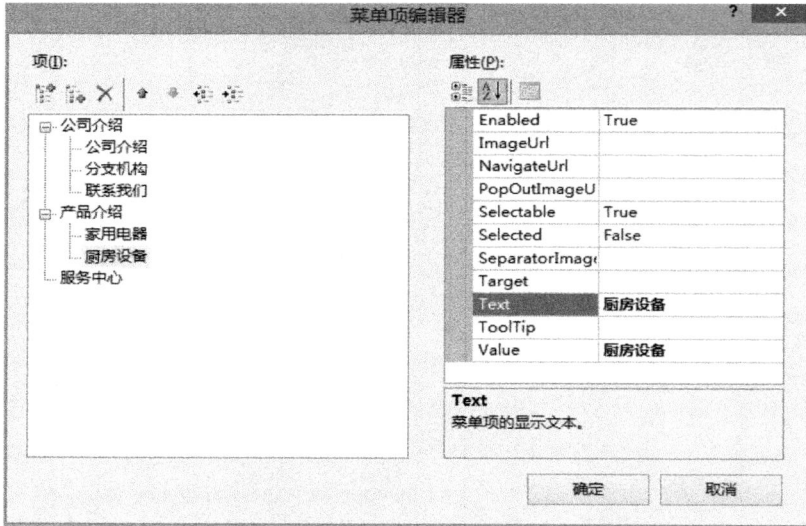

图 7-49　菜单项编辑器

编辑完成后,单击"确定"按钮,生成的代码如图 7-50 所示。

图 7-50　生成的代码

其中,<asp:Menu>标签代表的就是一个 Menu 控件,<Items>代表的是菜单项的集合,<asp:MenuItem>代表的是菜单项。在一个菜单项下面可以有很多个子菜单项。这里我们要了解 Menu 控件的 Orientation 属性,该属性用于控制菜单的显示方向,值有 Horizontal 和 Vertical 两个,分别代表横向菜单和竖向菜单。例如上面的例子,如果将菜单控件的 Orientation 属性设置为 Horizontal,显示效果如图 7-51 所示。

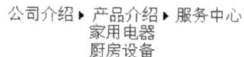

MenuItem 的常用属性如表 7-4 所示。

图 7-51　Menu 控件的运行效果

表 7-4　MenuItem 的常用属性

属　　性	说　　明
Text	显示在每一个菜单项上的文本
ToolTip	当鼠标悬浮在菜单项上时显示的提示信息
Value	存储一个附加的菜单项的数据
NavigateUrl	当单击节点时，节点所链接的 Url 路径
Target	如果设置了 NavigateUrl,用这个属性设置打开的目标窗口
Selectable	菜单项是否会被用户选择
ImageUrl	菜单项文本左边显示的图像的 Url
PopOutImageUrl	如果包括子菜单,表示在菜单项文本右侧显示的图像
SeparatorImageUrl	菜单分隔项的 Url

2）用 Menu 控件绑定到站点地图

和 TreeView 控件一样,Menu 控件也可以使用站点地图作为数据源,这里在网站上创建一个站点地图,代码如图 7-52 所示。

```xml
<?xml version="1.0" encoding="utf-8" ?>
<siteMap xmlns="http://schemas.microsoft.com/AspNet/SiteMap-File-1.0" >
    <siteMapNode
    url="~/Default.aspx"
    title="首页"
    description="网站首页">
        <!--这是产品分类节点 -->
        <siteMapNode
        title="产品分类"
        description="企业经营的产品">
            <siteMapNode
            url="~/Products/HardwareProduct.aspx"
            title="硬件产品"
            description="包括主机、显示器、网络终端、收银机、ATM等设备" />
            <siteMapNode
            url="~/Products/SoftwareProduct.aspx"
            title="软件产品"
            description="包括ERP、CRM等Windows或者是Web系统" />
        </siteMapNode>
        <!--售后服务 -->
        <siteMapNode title="Services" description="软硬件的售后服务">
            <siteMapNode
            url="~/Services/ServicesCenter.aspx"
            title="服务中心"
            description="直接进入本公司服务中心登记服务" />
            <siteMapNode
            url="~/Services/ServicesNote.aspx"
            title="服务须知"
            description="在开始使用服务前，先阅读这里的条款" />
        </siteMapNode>
    </siteMapNode>
</siteMap>
```

图 7-52　站点地图

添加 MenuDemo2.aspx 页面,在该页面中添加 Menu 控件。然后单击 Menu 控件右上角的箭头,选择"＜新建数据源…＞"选项,在弹出的对话框中选择"站点地图",如图 7-53 所示,单击"确定"按钮,完成数据源的指定。

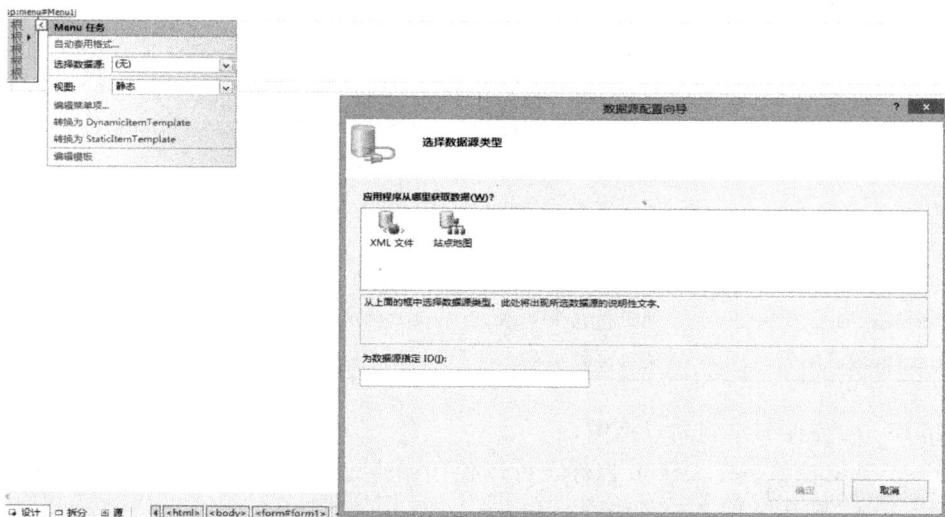

图 7-53　数据源配置向导

此时产生的页面如图 7-54 所示。

图 7-54　生成的页面

在站点地图中为每一个"<siteMapNode>"节点指定了 URL 属性,该属性会和菜单项的 NavigateUrl 属性绑定,从而实现菜单的导航。

3) 用 Menu 控件绑定到 XML 文件

新建页面 MenuDemo3. aspx,添加 Menu 控件,并添加 XML 文件,代码如图 7-55 所示。

```xml
<?xml version="1.0" encoding="utf-8" ?>
<Books  Title="图书展示区">
  <Category id="software" text="软件编程类">
    <book id="book1" Text="ASP.NET程序设计"/>
    <book id="book2" Text="C# 2008 网络技术详解"/>
  </Category>
  <Category id="Hardware" text="硬件开发类">
    <book id="book1" Text="8051单片机程序设计"/>
    <book id="book2" Text="Linux设备驱动程序开发"/>
  </Category>
</Books>
```

图 7-55　XML 文件代码

添加页面 MenuDemo3. aspx,在该页面中添加 Menu 控件。然后单击 Menu 控件右上角的箭头,在"选择数据源"下拉列表框中选择"<新建数据源…>"选项,在弹出的对话框中选择"XML 文件",如图 7-56 所示。

单击"确定"按钮,在接下来弹出的对话框中选择 XML 文件,完成数据源的指定,如图 7-57 所示。

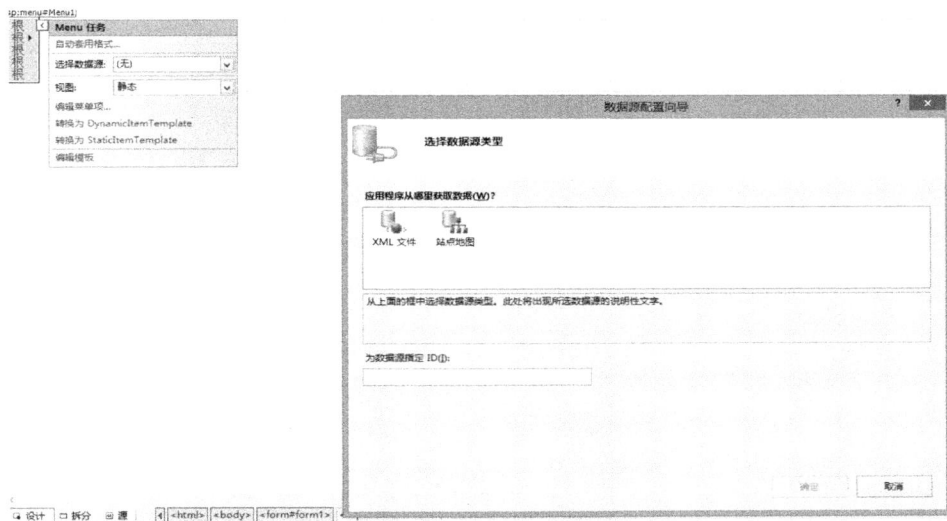

图 7-56　数据源配置向导

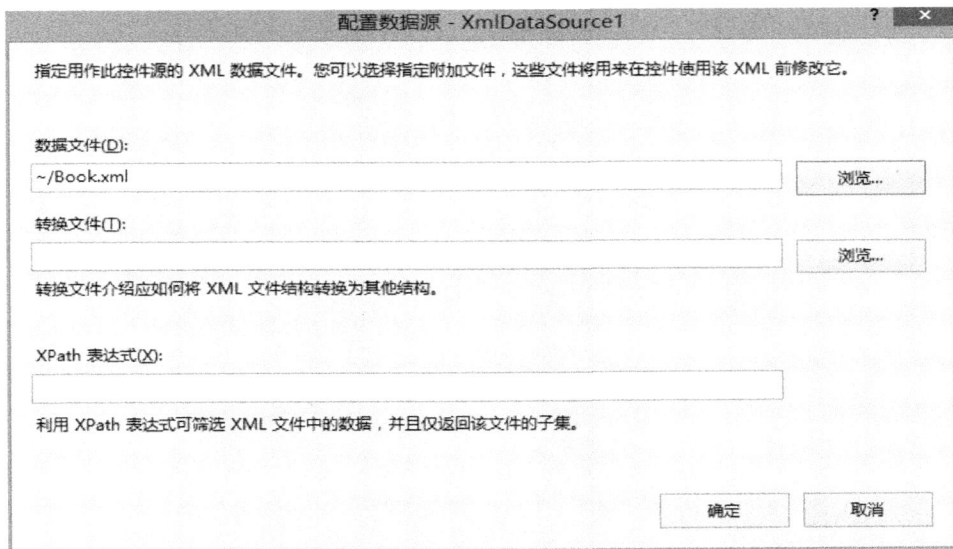

图 7-57　完成数据源的指定

如果需要进一步编辑节点,选择"编辑 MenuItem 数据绑定"命令进入菜单 DataBindings 编辑器,如图 7-58 所示。

在其中可以编辑每一个菜单项的 TextField 属性到 XML 文件中相应标签的 Text 属性,页面显示效果如图 7-59 所示。

如果要实现菜单的导航,可以指定菜单项的 NavigateUrlField 属性。

用户可以如图 7-60 和图 7-61 所示那样为菜单控件选择一个样式,也可以手动为 Menu控件指定样式,Menu 样式如表 7-5 所示。

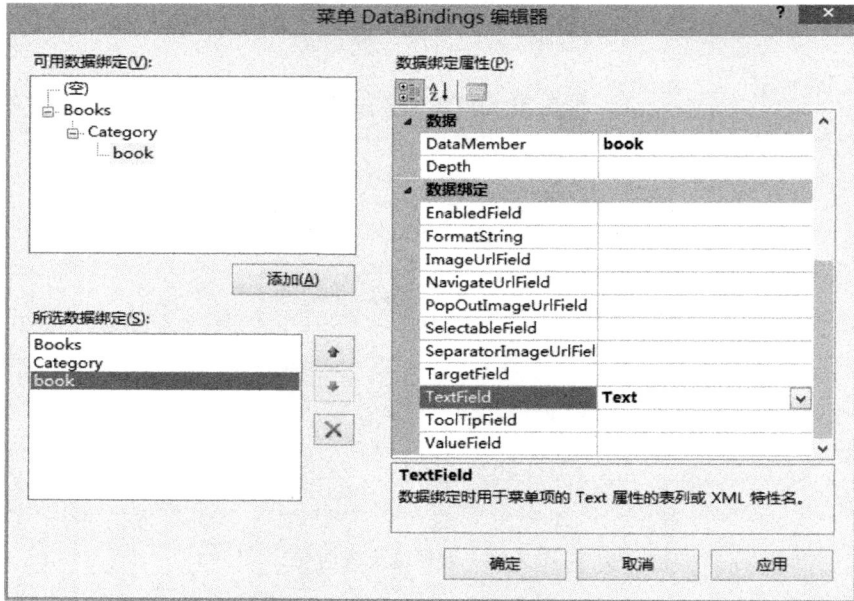

图 7-58　菜单 DataBindings 编辑器

图书展示区 ▶ 软件编程类 ▶ ASP.NET程序设计
　　　　　　　硬件开发类 ▶ C# 2008 网络技术详解

图 7-59　页面显示效果

图 7-60　Menu 任务

表 7-5　Menu 样式

静态模式样式	动态模式样式	说　　明
StaticMenuStyle	DynamicMenuStyle	设置 Menu 控件的整个外观样式
StaticMenuItemStyle	DynamicMenuItemStyle	设置单个菜单项的样式
StaticSelectedStyle	DynamicSelectedStyle	设置所选择菜单项的样式
StaticHoverStyle	DynamicHoverStyle	设置当鼠标悬停在菜单项上时的样式

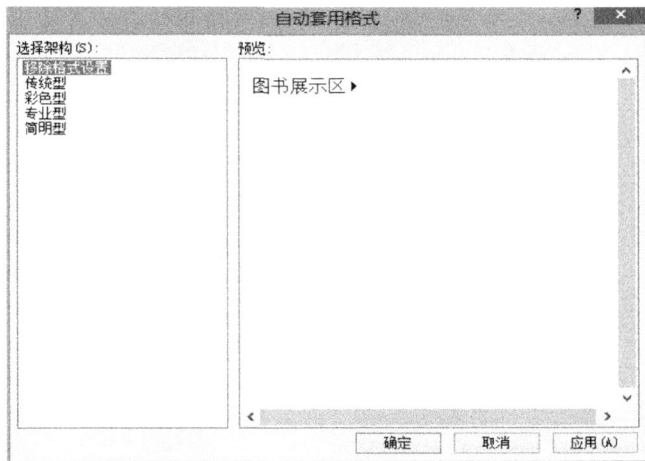

图 7-61　自动套用格式

这里所谓的"静态模式"指 Menu 控件的菜单项是完全展开的,用户可以单击任何菜单项。"动态模式"指只显示部分内容,当用户移动鼠标到静态内容项上时会弹出子菜单内容,这是 Menu 控件的默认模式。

应用了样式的 Menu 控件的页面代码如图 7-62 所示。

```
BackColor="#E3EAEB" DynamicHorizontalOffset="2" Font-Names="Verdana
Font-Size="9pt" ForeColor="#666666" StaticSubMenuIndent="10px"
MaximumDynamicDisplayLevels="1">
<StaticSelectedStyle BackColor="#1C5E55" />
<StaticMenuItemStyle HorizontalPadding="5px" VerticalPadding="2px" />
<DynamicHoverStyle BackColor="#666666" ForeColor="White" />
<DynamicMenuStyle BackColor="#E3EAEB" />
<DynamicSelectedStyle BackColor="#1C5E55" />
<DynamicMenuItemStyle HorizontalPadding="5px" VerticalPadding="2px" />
<StaticHoverStyle BackColor="#666666" ForeColor="White" />
<Items>
    <asp:MenuItem Text="首页" Value="首页"></asp:MenuItem>
    <asp:MenuItem Text="公司介绍" Value="公司介绍">
        <asp:MenuItem Text="公司信息" Value="公司信息"></asp:MenuItem>
        <asp:MenuItem Text="公司规模" Value="公司规模"></asp:MenuItem>
        <asp:MenuItem Text="公司人员" Value="公司人员"></asp:MenuItem>
    </asp:MenuItem>
    <asp:MenuItem Text="产品信息" Value="产品信息">
        <asp:MenuItem Text="硬件产品" Value="硬件产品"></asp:MenuItem>
        <asp:MenuItem Text="软件产品" Value="软件产品"></asp:MenuItem>
        <asp:MenuItem Text="专利产品" Value="专利产品"></asp:MenuItem>
    </asp:MenuItem>
    <asp:MenuItem Text="服务中心" Value="服务中心">
        <asp:MenuItem Text="服务事项" Value="服务事项"></asp:MenuItem>
        <asp:MenuItem Text="服务申报" Value="服务申报"></asp:MenuItem>
        <asp:MenuItem Text="服务建议" Value="服务建议"></asp:MenuItem>
    </asp:MenuItem>
    <asp:MenuItem Text="关于" Value="关于"></asp:MenuItem>
```

图 7-62　应用了样式的 Menu 控件的页面代码

除了上面所说的样式外,用户还可以在菜单的层次级别上控制样式,例如顶层菜单和子菜单具有不同的样式。Menu 控件有 3 个集合类型的样式设置,分别是 LevelMenuItemStyles、LevelSubMenuStyles、LevelSelectedStyles。示例代码如图 7-63 所示。

```
<body>
    <form id="form1" runat="server">
    <div id="navmenu">
        <asp:Menu ID="Menu1" runat="server" Orientation="Horizontal"
            DataSourceID="XmlDataSource1" StaticDisplayLevels="2">
            <LevelMenuItemStyles>
                <asp:MenuItemStyle CssClass="level1"/>
                <asp:MenuItemStyle CssClass="level2"/>
                <asp:MenuItemStyle CssClass="level3" />
            </LevelMenuItemStyles>
                <StaticHoverStyle CssClass="hoverstyle"/>
            <LevelSubMenuStyles>
                <asp:SubMenuStyle CssClass="sublevel1" />
            </LevelSubMenuStyles>
            <DataBindings>
                <asp:MenuItemBinding DataMember="Books" TextField="title" />
                <asp:MenuItemBinding DataMember="Category" TextField="title" />
                <asp:MenuItemBinding DataMember="book" TextField="title" />
            </DataBindings>
            <StaticItemTemplate>
                <small><%# Eval("Text") %></small>
            </StaticItemTemplate>
            <DynamicItemTemplate>
                <b> <%# Eval("Text") %></b>
            </DynamicItemTemplate>
        </asp:Menu>
```

图 7-63　示例代码

样式表定义如图 7-64 所示。

```
<style type="text/css">
    /*第一层菜单样式*/
    .level1
    {
        color: White;
        background-color: #000099;
        font-variant: small-caps;
        font-size: 9pt;
        font-weight: bold;
        font-family: verdana;
    }
    /*第二层菜单样式*/
    .level2
    {
        color: #000000;
        font-family: verdana;
        font-size: 9pt;
        background-color: #eeeeef;
    }
    /*第三层菜单样式*/
    .level3
    {
        color: #666666;
        background-color: #eeeeff;
        font-family: verdana;
        font-size: 9pt;
    }
    /*鼠标悬停菜单样式*/
    .hoverstyle
    {
        font-weight: bold;
        font-size: 9pt;
        font-family: verdana;
    }
    /*子层菜单样式*/
    .sublevel1
    {
        background-color: #33CC33;
        color: #000000;
        font-family: verdana;
        font-size: 9pt;
    }
</style>
```

图 7-64　样式表定义

7.3 样式表、主题和皮肤

1. 样式表

CSS即层叠样式表，它提供了统一的格式化属性，用户可以应用这些属性到任何HTML元素上，下面就来讨论如何在ASP.NET中使用样式表。

用户可以创建3种类型的样式表：

1）内联样式

内联样式直接放在HTML标签的内部，这种形式的样式会导致HTML代码混乱。内联样式的示例代码如下：

```
< p style = "color:White; background:Blue; font - size:x - large; padding:10px">这行文本显示为蓝色的背景.</p>
```

2）内部样式表

内部样式表描放置在Web标签页的＜head＞区中的样式的集合，用户可以使用来自样式表的样式来格式化Web控件。使用内部样式表可以让格式与内容清楚分离，并且可以对同一页面的格式进行多次重用，例如图7-65所示的代码。

```
<%@ Page Language="C#" AutoEventWireup="true" CodeFile="Default.aspx.cs" Inherits="_Default" %>
<!DOCTYPE html PUBLIC "-//W3C//DTD XHTML 1.0 Transitional//EN" "http://www.w3.org/TR/xhtml1/DTD/xhtml1-transitional.dtd">
<html xmlns="http://www.w3.org/1999/xhtml">
<head runat="server">
    <title>CSS效果演示</title>
    <style type="text/css">
        .labelStyle
        {
            font-family: 宋体, Arial, Helvetica, sans-serif;
            font-size: 9pt;
        }
        body
        {
            background-color: #CCFFFF;
        }
    </style>
</head>
<body>
    <form id="form1" runat="server">
        <div>
            <asp:TextBox ID="TextBox1" runat="server" CssClass="labelStyle"></asp:TextBox>
        </div>
    </form>
</body>
</html>
```

图 7-65　内部样式表示例代码

3）外部样式表

外部样式表和内部样式表相似，但是样式放在一个单独的文件中，这样开发人员可以在应用程序的多个页面上应用相同的样式，例如图7-66所示的代码。

```
<%@ Page Language="C#" AutoEventWireup="true" CodeFile="CssDemo.aspx.cs" Inherits="CssDemo" %>

<!DOCTYPE html PUBLIC "-//W3C//DTD XHTML 1.0 Transitional//EN" "http://www.w3.org/TR/xhtml1/DTD/xhtml1-transitional.dtd">
<html xmlns="http://www.w3.org/1999/xhtml">
<head runat="server">
    <title>CSS效果演示</title>
    <link href="StyleSheet.css" rel="stylesheet" type="text/css" />
</head>
<body>
    <form id="form1" runat="server">
        <div id="left"></div>
        <div id="right"></div>
    </form>
</body>
</html>
```

图 7-66　外部样式表示例代码

ASP.NET 网站设计技术

用户可以在解决方案管理器中通过给网站添加新项的方式添加一个样式表文件，如图 7-67 所示。

图 7-67　添加样式表文件

在网页中使用<link>标签来链接外部样式表，href 属性指定了样式表文件，样式表文件的内容如图 7-68 所示。

```
#left
{
    font-family: Verdana;
    font-size: 9pt;
    background-color: #99CCFF;
    border-style: solid;
    border-width: 1px;
    width: 100px;
    height: 300px;
    float: left;
}
#right
{
    font-family: verdana;
    font-size: 9pt;
    background-color: #FFFFCC;
    border-style: solid;
    border-width: 1px;
    height: 300px;
}
```

图 7-68　样式表文件的内容

这里 #left 表示 ID 是 left 的标签元素应用的样式，#right 表示 ID 是 left 的标签元素应用的样式。在网页中，它们分别是两个 Div 的 ID。页面的运行效果如图 7-69 所示。

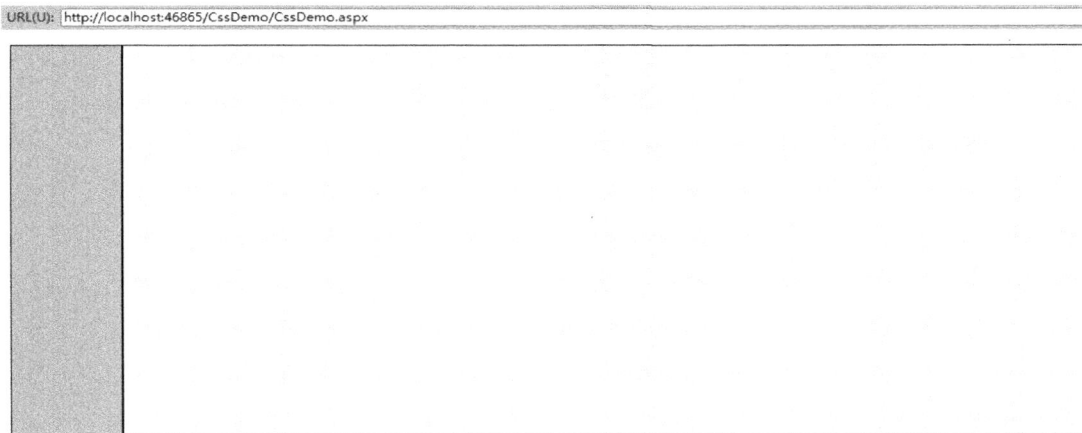

图 7-69　运用样式表后页面的运行效果

　　用户可以在样式表文件中右击，选择"生成样式"命令，如图 7-70 所示；或者在属性窗口中单击 Style 属性右侧的 □□□ 按钮，如图 7-71 所示。

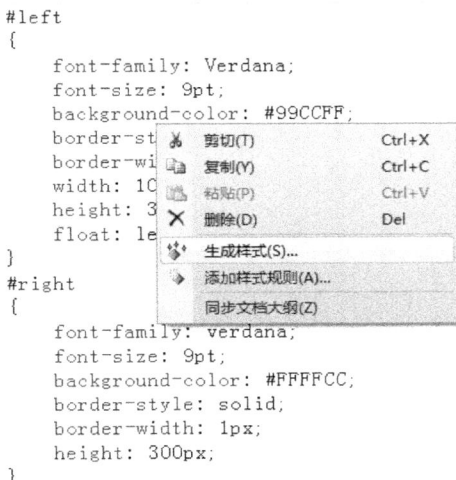

```
#left
{
    font-family: Verdana;
    font-size: 9pt;
    background-color: #99CCFF;
    border-st
    border-wi        剪切(T)       Ctrl+X
    width: 10        复制(Y)       Ctrl+C
    height: 3        粘贴(P)       Ctrl+V
    float: le   ✕   删除(D)       Del
}
            ✿   生成样式(S)...
#right       ▶   添加样式规则(A)...
{
    font-family:      同步文档大纲(Z)
    font-size: 9pt;
    background-color: #FFFFCC;
    border-style: solid;
    border-width: 1px;
    height: 300px;
}
```

图 7-70　选择"生成样式"命令

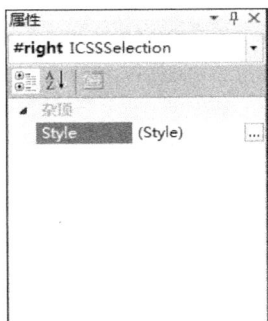

```
属性                        ▾ ⨂ ✕
#right ICSSSelection        ▾
▤⬇ ⇣⇣ ▤
▲ 杂项
   Style        (Style)   ...
```

图 7-71　Style 属性

　　此时会弹出"修改样式"对话框，如图 7-72 所示。

　　在其中可以指定需要的样式，另外，用户还可以在样式表文件中右击，选择"添加样式规则"命令，如图 7-73 所示。

　　此时会弹出"添加样式规则"对话框，如图 7-74 所示。

　　在此对这些样式规则做一简单介绍：

* 元素。"元素"用于指定一个 HTML 元素，即将样式应用到指定的 HTML 元素中。
* 类名。选择"类名"可以创建一个通用的样式规则，样式可以同时被应用到多个 HTML 元素，只需要使用 cssClass 指定该类名即可。

263

第 7 章

ASP. NET 网站设计技术

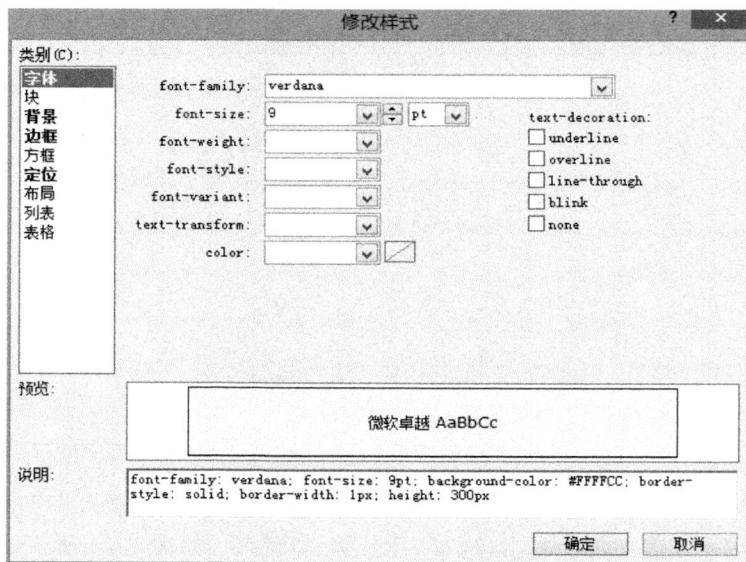

图 7-72 "修改样式"对话框

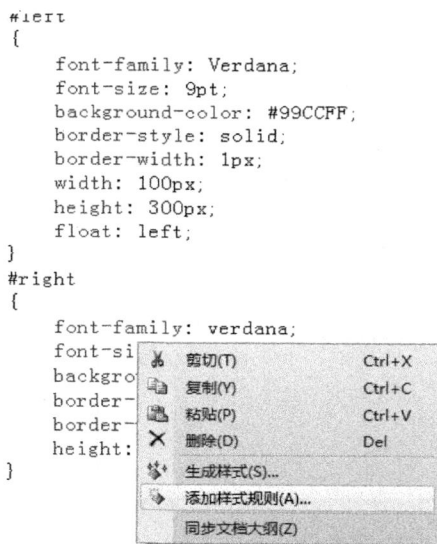

```
#left
{
    font-family: Verdana;
    font-size: 9pt;
    background-color: #99CCFF;
    border-style: solid;
    border-width: 1px;
    width: 100px;
    height: 300px;
    float: left;
}
#right
{
    font-family: verdana;
    font-si
    backgro
    border-
    border-
    height:
}
```

✂ 剪切(T)	Ctrl+X
📋 复制(Y)	Ctrl+C
📋 粘贴(P)	Ctrl+V
✕ 删除(D)	Del
💥 生成样式(S)...	
➡ 添加样式规则(A)...	
同步文档大纲(Z)	

图 7-73 选择"添加样式规则"命令

- 元素 ID。选择"元素 ID"可以为页面上指定 ID 的元素应用样式。

2. 主题和皮肤

ASP. NET 提供了同样的主题技术,这让用户可以对 Web 站点进行统一的控制,很多 Blog 站点都提供了主题选择功能,当选择不同的主题时会发现页面的很多内容发生了变化,例如控件的显示、页面的布局等。

1) 创建主题

在这里新建一个名字为 ThemeDemo 的网站。

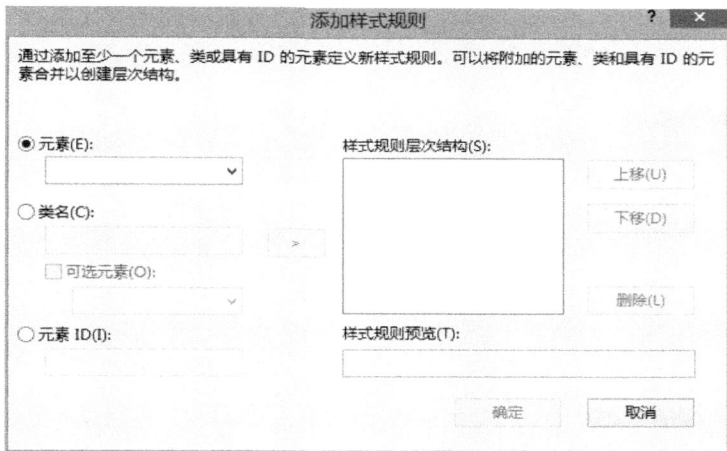

图 7-74　"添加样式规则"对话框

为了在 ASP. NET 中创建主题,需要先创建一个名为 App_Themes 的主题文件夹用来存放主题,该文件夹必须位于应用程序的根目录中。在该文件夹中可以存放多个主题设置,每个主题必须用一个单独的子文件夹进行存放。

(1) 右击解决方案资源管理器中的 CreateThemeDemo,在弹出的菜单中选择"添加 ASP. NET 文件夹|主题"命令,VS2010 将自动创建名为 APP_Themes 的主题文件夹,并添加名为 ThemeDemo 的子文件夹,如图 7-75 所示。

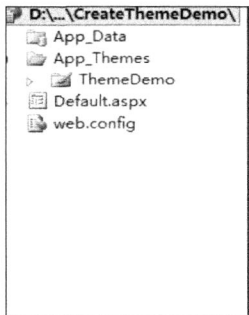

图 7-75　文件夹结构

在这里需要注意的是,主题文件夹的命名不能与已有的类名相同。

在主题文件夹中可以放包括图片和文件夹等在内的多种类型的文件。用户可以在主题文件夹中添加多个子文件夹来存放主题,一般有两种类型的主题文件。

- 皮肤文件。皮肤文件以 . skin 结尾,用来为 ASP. NET 服务器控件应用皮肤。
- CSS 样式文件。CSS 样式文件用来为页面应用 CSS 样式表。

(2) 右击 ThemeDemo 文件夹,选择"添加新项"命令,将会弹出如图 7-76 所示的对话框,在其中选择"外观文件",并命名为 TextBox. skin,然后单击"确定"按钮,VS2010 会进入皮肤文件的编辑界面。

主题文件夹可以包含多个皮肤文件,皮肤文件可以用来修改任何 ASP. NET 服务器控

ASP. NET 网站设计技术

图 7-76　添加外观文件

件的外观呈现属性。这里的 TextBox. skin 将改变页面中 TextBox 控件的属性。

　　皮肤文件控件标签并不是一个完整的控件定义,只需要定义需要主题化的部分就可以了。在这里不能指定 ID 属性,"runat＝"server""是必须的,其他部分可选。我们在 TextBox. skin 中添加了如图 7-77 所示的代码。

```
<%--
默认的外观模板。以下外观仅作为示例提供。
1. 命名的控件外观。SkinId 的定义应唯一,因为在同一主题中不允许一个控件类型有重复的 SkinId。
<asp:GridView runat="server" SkinId="gridviewSkin" BackColor="White" >
    <AlternatingRowStyle BackColor="Blue" />
</asp:GridView>
2. 默认外观。未定义 SkinId。在同一主题中每个控件类型只允许有一个默认的控件外观。
<asp:Image runat="server" ImageUrl=""/images/image1.jpg" />
--%>
<asp:TextBox BackColor="Yellow" BorderStyle="Dotted" Runat="Server" />
<asp:TextBox SkinID="NamedSkin" BorderStyle="Dashed" BorderWidth="2px" Runat="Server" />
```

图 7-77　在 TextBox. skin 中添加的代码

　　(3) 在 Default. aspx 页面中添加几个 TextBox 控件,然后单击设计视图中的任何空白处,在属性窗口中选择 Theme 属性,如图 7-78 所示。

　　完成设置后,页面的 Page 指令会被修改,如图 7-79 所示。

　　运行页面之后的效果如图 7-80 所示。

　　2) 创建命名皮肤

　　在上面为 TextBox 创建了一个皮肤,在页面应用主题之后,每一个 TextBox 控件的外观都发生了改变,这种皮肤称为默认皮肤。用户也可以通过创建命名皮肤为某一个指定的 TextBox 控件应用不同的皮肤。

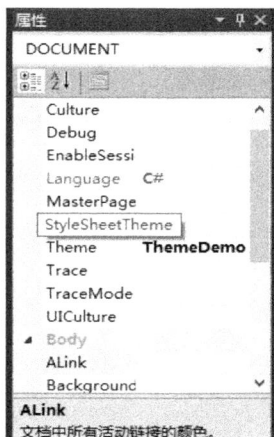

图 7-78   Theme 属性

```
<%@ Page Language="C#" AutoEventWireup="true" CodeFile="Default.aspx.cs" Inherits="_Default" EnableTheming="false" Theme="ThemeDemo"%>
```

图 7-79   页面的 Page 指令被修改

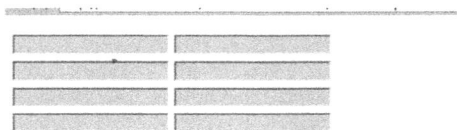

图 7-80   页面的运行效果

创建命名皮肤与创建默认皮肤类似,不同的是需要为命名皮肤指定一个 SkinID 属性,用于命名一个皮肤。

下面在 TextBox.skin 文件中添加一个命名皮肤文件,代码如图 7-81 所示。

```
<asp:TextBox BackColor="Red" BorderStyle="Solid" Runat="Server" BorderWidth="3px" />
<asp:TextBox SkinID="NamedSkin" BorderStyle="Dashed" BorderWidth="1px" Runat="Server" />
```

图 7-81   添加命名皮肤文件

用户可以在页面中选中要应用命名皮肤的 TextBox 控件,然后设置其 SkinID 属性,如图 7-82 所示。

```
<asp:TextBox ID="TextBox1" runat="server" SkinID="NamedSkin"></asp:TextBox>
```

图 7-82   设置 TextBox 控件的 SkinID 属性

这样就可以为某一个 TextBox 设置一个独有的皮肤,显示效果如图 7-83 所示。

3) 处理主题冲突

当应用一个主题到页面上时,ASP.NET 会检查 Web 页面上的控件以及定义的皮肤文件,以查看是否为控件定义了属性,如果在皮肤文件中存在匹配的皮肤定义,将覆盖控件本身的属性定义而使用皮肤定义。也就是说,如果页面上应用了皮肤,那么在皮肤中定义的属

ASP.NET 网站设计技术

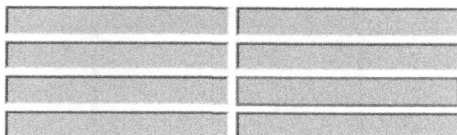

图 7-83　皮肤的显示效果

性将具有优先权。

　　一些情况下可能需要改变这个行为，例如可能让某个 TextBox 控件的属性设置能够覆盖皮肤文件中的设置，此时可以使用 StyleSheetTheme 属性来代替 Theme 属性，可以在 VS2010 的属性窗口中为 StyleSheetTheme 属性指定一个皮肤，声明代码如图 7-84 所示。

```
<%@ Page Language="C#" AutoEventWireup="true"  CodeFile="Default.aspx.cs" Inherits="_Default"
StyleSheetTheme="ThemeDemo"%>
```

图 7-84　声明代码

　　4）为整个网站应用主题

　　除了为单个页面使用 Theme 或者 StyleSheetTheme 属性设置主题之外，还可以为应用程序中的所有页面同时应用主题。用户可以在 Web. config 配置文件中配置 Web 应用程序中所有页面都可以用的主题，代码如图 7-85 所示。

```
<configuration>
  <system.web>

        <pages theme="ThemeDemo" />

  </system.web>

</configuration>
```

图 7-85　配置主题

　　为了防止主题覆盖控件本身的属性，用户也可以使用 StyleSheetTheme 属性，代码如图 7-86 所示。

```
<configuration>
  <system.web>

        <pages styleSheetTheme="ThemeDemo" />

  </system.web>

</configuration>
```

图 7-86　使用 StyleSheetTheme 属性

　　用户还可以在页面的 Page 声明代码中使用 EnableTheming 属性禁用主题，代码如图 7-87 所示。

　　5）添加 CSS 样式

　　用户也可以在主题中添加样式表文件来控制页面中 HTML 元素和 ASP. NET 控件的外观，如果向主题文件夹中添加了一个 CSS 文件，则 CSS 样式将被应用到应用了主题的任

```
<%@ Page Language="C#" AutoEventWireup="true"  CodeFile="Default.aspx.cs"
Inherits="_Default"  EnableTheming="false"%>
```

图 7-87　禁用主题

何页面。

下面在 ThemeDemo 主题中新建一个 CSS 样式表文件,命名为 textbox.css,并添加如图 7-88 所示的样式代码。

```
input
{
    font-family: verdana;
    font-size: 9pt;
    color: #FF6699;
    background-color: #CCCCFF;
}
```

图 7-88　样式代码

由于 TextBox 控件最终将输出为 Input 标签,因此在这里为 Input 标签指定 CSS 样式。

7.4　典型案例及分析

典型案例一：动态加载母版页

实现动态加载母版页的核心是设置 MasterPageFile 属性的值,需要强调的是应将该属性设置在 Page_PreInit 事件处理程序中,因为 Page_PreInit 事件是页面生命周期中较先引发的事件,如果试图在 Page_Load 事件中设置 MasterPageFile 属性将会引发页面异常。

1. MasterPageFile 属性

功能:用于获取或设置包含当前内容的母版页的名称。

语法:

```
public string MasterPageFile { get; set; }
```

属性值:当前母版页的父级母版页的名称,如果当前母版页没有父级,则为空引用。

2. PreInit 事件

该事件在页初始化开始时发生。

语法:

```
public event EventHandler PreInit
```

说明:PreInit 事件是在页生命周期的早期阶段中可以访问的事件,在 PreInit 事件后将加载个性化信息和页主题。

下面的实例实现了简单地动态加载母版页,程序的开发步骤如下:

(1) 新建一个网站,将其命名为 MyWeb。

(2) 在该网站的解决方案下右击网站名称,选择"添加新项"命令,弹出"添加新项"对话框,首先添加两个母版页,分别命名为 MasterPage 和 OtherMasterPage,然后添加一个基母

ASP.NET 网站设计技术

版类 BaseMaster，主要用于设置页面的标题。

基母版类 BaseMaster 的源代码如下：

```csharp
public class BaseMaster : MasterPage          //继承 MasterPage 类
{
    string _pageTitle = string.Empty;
    public virtual String TitleName          //通过 virtual 关键字定义 TitleName 属性
    {
        get
        {
            return _pageTitle;
        }
    }
}
```

母版页 MasterPage 和母版页 OtherMasterPage 的功能完全一样，只是显示的内容有所区别，因此下面只给出母版页 MasterPage 的源代码：

```csharp
<%@ Master Language = "C#" Inherits = "BaseMaster" %>
<script runat = "server">
    public override String TitleName
    {
        get
        {
            return "加载 MasterPage.master";
        }
    }
    void Page_Load(Object sender, EventArgs e)
    {
        if (!Page.IsPostBack)
        {
            string selItem = Request.QueryString["masterpage"];
            ListItem item = DropDownList1.Items.FindByValue(selItem);
            if (item != null)
            {
                item.Selected = true;
            }
        }
    }
    void SelectedMaster(Object sender, EventArgs e)
    {
        if (DropDownList1.SelectedValue == "other")
        {
            string url = Request.Path + "?masterpage = other";
            Response.Redirect(url);
        }
    }
</script>
<html xmlns = "http://www.w3.org/1999/xhtml">
<head id = "Head1" runat = "server">
    <title></title>
```

```
</head>
< body leftmargin = "0" topmargin = "0">
    < form id = "form1" runat = "server">
        < div align = "center">
            < table height = "100 %" border = "0" cellpadding = "0" cellspacing = "0"
bgcolor = "♯FFFFFF" style = "width: 979px" background = "images/博客首页面.JPG">
                < tr >
                    < td align = "right" valign = "top" style = "width: 887px; height: 168px">
                    </td >
                </tr >
                < tr >
            < td align = "right" valign = "bottom" style = "height: 53px; width: 887px;">
                    < div style = "text - align: center">
                        < asp:DropDownList ID = "DropDownList1" runat = "server"
                            AutoPostBack = "True" ValidationGroup = "Master"
                            OnSelectedIndexChanged = "SelectedMaster">
                                < asp: ListItem Value = "default">默认母版页</asp:
ListItem >

                                < asp:ListItem Value = "other">动态母版页</asp:ListItem >
                        </asp:DropDownList >
                    </div >
                </td >
                </tr >
                < tr >
                    < td align = "right" valign = "top" style = "width: 887px">
                     </td >
                </tr >
                < tr >
                    < td valign = "top" style = "width: 887px">
                        < table width = "100 %" border = "0" cellspacing = "0" cellpadding = "0">
                            < tr >
                                < td width = "244" valign = "top">
                                    </td >
                            </tr >
                        </table >
                        < asp: ContentPlaceHolder ID = "ContentPlaceHolder1" runat = "
server">
                        </asp:ContentPlaceHolder >
                    </td >
                </tr >
                < tr >
                    < td style = "width: 887px" >
                        </td >
                </tr >
                < tr >
                    < td align = "center" class = "baseline" style = "width: 887px"></td >
                </tr >
            </table >
        </div >
    </form >
</body >
```

ASP. NET 网站设计技术

</html>

内容页 Default 的源代码如下：

```
<%@ Page Language = "C#" %>
<%@ MasterType TypeName = "BaseMaster" %>
<script runat = "server">
    void Page_PreInit(Object sender, EventArgs e)
    {
        if (Request.QueryString["masterpage"] == "other")
        {                               //设置当前页面的 MasterPageFile 属性,实现母版页的动态加载
            this.MasterPageFile = "OtherMasterPage.master";
        }
        else
        {
            this.MasterPageFile = " MasterPage.master";
        }
        this.Title = Master.TitleName;      //设置当前页的标题
    }
</script>
<asp:content id = "Content1" contentplaceholderid = "ContentPlaceHolder1" runat = "server">
    <p> </p>
        <h1 align = center>
            动态加载母版页
        </h1>
    <p> </p><p> </p>
</asp:content>
```

典型案例二：通过编程使用 TreeView 控件

本例介绍如何通过编程使用 TreeView,首先在页面中添加 TreeView 控件,代码如下：

```
<asp:TreeView ID = "TreeView1" runat = "server" ImageSet = "XPFileExplorer" ShowLines = "True">
</asp:TreeView>
```

用户可以在页面的 cs 文件中的 Page_Load 函数中填写以下代码,实现节点的动态添加：

```
TreeView1.Nodes.Add(new TreeNode("桌面", "Desktop"));
TreeView1.Nodes[0].ChildNodes.Add(new TreeNode("我的文档", "My Documents"));
TreeView1.Nodes[0].ChildNodes[0].ChildNodes.Add(new TreeNode("我的音乐", "My Musics"));
TreeView1.Nodes[0].ChildNodes[0].ChildNodes[0].ChildNodes.Add(new TreeNode("music.mp3", "
music.mp3"));
TreeView1.Nodes[0].ChildNodes.Add(new TreeNode("我的电脑", "My Computer"));
TreeView1.Nodes[0].ChildNodes[1].ChildNodes.Add(new TreeNode("C 盘", "C:"));
TreeView1.Nodes[0].ChildNodes[1].ChildNodes[0].ChildNodes.Add(new TreeNode("boot.ini", "
boot.ini"));
```

效果如图 7-89 所示。

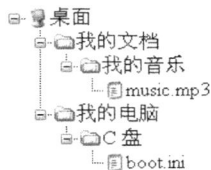

图 7-89 运行效果图

典型案例三：动态应用主题

（1）先制作 Default 和 Blue 两个主题，代码如下：

App_Themes\Default\Default.skin:
```
< asp:TextBox runat = "server" BorderWidth = "1px" BorderColor = "Red" ForeColor = "Red"></asp:
TextBox >
```
App_Themes\Blue\Blue.skin:
```
< asp:TextBox runat = "server" BorderWidth = "1px" BorderColor = "Blue" ForeColor = "Blue"></
asp:TextBox >
```

（2）动态加载主题，代码如下：

Default.aspx:
```
< % @ Page Language = "C♯" AutoEventWireup = "true" StylesheetTheme = "Default" CodeFile = "
Default.aspx.cs" Inherits = "_Default" % >

<!DOCTYPE html PUBLIC " − //W3C//DTD XHTML 1.0 Transitional//EN" "http://www.w3.org/TR/
xhtml1/DTD/xhtml1 − transitional.dtd">

< html xmlns = "http://www.w3.org/1999/xhtml" >
< head runat = "server">
    <title>动态加载主题示例 − Mzwu.Com</title>
</head >
< body >
    < form id = "form1" runat = "server">
    < div >
        < asp:Button ID = "Button1" runat = "server" PostBackUrl = "?theme = default" Text = "应
用主题一" />
        < asp:Button ID = "Button2" runat = "server" PostBackUrl = "?theme = blue" Text = "应用
主题二" />< br />< br />
        < asp:TextBox ID = "TextBox1" runat = "server" BorderWidth = "1px" BorderColor = "
Black" ForeColor = "Black"></asp:TextBox >< br />
    </div >
    </form >
</body >
</html >
```
Default.aspx.cs:
```
using System;
using System.Data;
using System.Configuration;
using System.Web;
using System.Web.Security;
```

```
using System.Web.UI;
using System.Web.UI.WebControls;
using System.Web.UI.WebControls.WebParts;
using System.Web.UI.HtmlControls;

public partial class _Default : System.Web.UI.Page
{
    protected void Page_PreInit(object sender, EventArgs e)
    {
        if (Request.QueryString["theme"] != null)
        {
            Page.Theme = Request.QueryString["theme"];
        }
    }

    protected void Page_Load(object sender, EventArgs e)
    {
    }
}
```

7.5　本　章　小　结

本章介绍了 ASP. NET 中的外观处理技术，首先讨论了 ASP. NET 中的主题，主题可以为 ASP. NET 中的服务器控件提供一致的外观，并可以方便地切换主题和母版页。本章还详细介绍了 ASP. NET 的站点导航技术，不仅介绍了站点地图，还学习了 SiteMapPath、TreeView 以及 Menu 的简单使用。

7.6　项　目　实　训

1. 实训目的

（1）掌握主题的使用。

（2）掌握母版页的使用。

（3）掌握站点导航技术。

2. 实训内容及要求

（1）在 VS2010 中创建或打开一个 Web 应用程序或 Web 网站。

（2）为网站添加主题。

（3）在网站中使用母版页和站点导航。

3. 实训步骤

1）使用主题

创建主题（该例中创建的是页面主题，即保存在解决方案的 App_Themes 文件夹中）。

（1）外观文件的创建

• Label.skin 外观文件。该文件中包含默认主题和命名主题。

注意：默认主题适应于同一种类型的所有空间，对于同一类型只能有一个默认主题；

命名主题有 SkinID 属性值,可应用于某个具体的空间,同一类型的空间可有多个命名主题,该外观文件包含默认主题和一个命名主题 lblSkin。

- Button. skin 外观文件。该文件中包含命名主题,可设置某个 Button 控件的外观属性,该外观文件包含一个命名主题 btnSkin。

(2) 应用主题(本例是页面级应用主题):

- 在窗体的 HTML 文件中的@page 指令中增加"Theme="你创建的主题名""
- 默认外观。由于默认外观是对于同一类型所有的空间作用,所以在页面上不需要做修改。
- 命名外观。在窗体的控件属性中增加"SkinID="命名外观名"",例如"SkinID=" lblSkin""。

(3) 在主题文件夹中增加级联样式表 s01. css,具体如下:

```
body
{
font: 10pt "Arial";color:yellow
}
```

(4) 在窗体. aspx 文件中随意输入字符,然后运行页面,查看结果。

(5) 在窗体. aspx 文件中设置某个 Label 的 ForeColor 属性,然后运行页面,查看该 Label 的 ForeColor 值。这说明主题中的控件属性设置将重写控件上的属性设置。

(6) 修改<@Page >中的 Theme 为<@Page StyleSheetTheme="主题名">,再次运行页面,查看 Label 的 ForeColor 值。这说明,页中控件属性值的设置优先于主题中的设置。

(7) 尝试在整个应用程序中(即网站所有的页面上)应用主题。删除页面@Page 指令中的 Theme 或 StyleSheetTheme,在 Web. config 文件的<Page>节点中修改为<Page Theme="主题名">或<Page StyleSheetTheme="主题名">,然后运行程序,查看结果。

2) 母版页的使用

(1) 创建母版页,注意 HTML 源代码中的@Master 指令和 ContentPlaceHolder 占位符。

(2) 创建内容页,注意 HTML 源代码的@Page 指令中的 MasterPageFile、ContentPlace 节点与母版页中占位符之间的对应关系。

3) 站点导航

(1) 创建站点地图。

(2) 创建新的页面,其中页首包括站点导航,在站点地图的基础上做以下操作:

① 使用 SiteMapPath 控件创建站点导航。

② 使用 TreeView 控件创建站点导航。

③ 使用 Menu 控件创建站点导航。

注意比较以上 3 种方法的不同。

4) 具有站点导航的母版页

(1) 创建具有站点导航的母版页,在该母版页对应的类中定义了便于内容页访问的属性。

(2) 创建母版页基础上的内容页,注意内容页与母版页的绑定、强类型引用和占位符与内容的对应。

第 8 章　Web 部件和用户控件

教学提示：本章主要介绍 Web 部件和用户控件的使用，ASP. NET 中的 Web 部件技术提供了开发一种用户高度可定制的、灵活和自由的用户界面的方法。Web 部件即 WebPart，一个个小零件组成了一个 Web 页，客户端用户可以随意组合这些零件，添加或删除页面上的零件。用户控件与 ASP. NET Web 页面非常相似，用户控件就是封装了 ASP. NET 现有控件或功能的一个复合控件。

教学要求：

- 掌握 ASP. NET Web 部件的创建。
- 掌握如何动态地控制 WebPartZone。
- 掌握动态地控制 Web 部件的显示模式。
- 掌握如何创建用户控件。
- 掌握如何在页面上创建并使用用户控件。

建议学时：8 个学时。

8.1　Web 部件

如今的网站远比过去复杂，仅仅拥有不错的外观和感觉是远远不够的，还必须易于使用并能准确显示用户希望看到的信息。此外，用户可能希望网站以特定的方式呈现这些信息，即根据他们的偏好来定制页面，因此，个性化以及配置个人档案在 Web 开发中显得尤为重要。

用户希望定义的不仅仅是简单的个人档案信息，他们要自定义网站的用户界面以满足自己的需求，以便在登录时就能访问到日常工作所需的所有信息。本节将介绍如何使用 ASP. NET Web Parts Framework 和个性化功能来创建满足这些需求的模块。

1. 典型网站

在个性化环境中，用户要把特定的信息保存到个人配置档案里。此外，用户还要能够定制网站的大部分外观以及它们显示的信息。微软公司的 MSN 是个性化的很好示例，登录 MSN 后，用户可以配置个人主页上要显示的信息。

用户可以选择要在页面上看到的信息类型，还能拖动内容项到页面的不同地方，退出后再次登录时，所有的变更都会得以保留。这些类型的页面定义了用户可以添加或移除信息项的内容区域，信息项无非是可重用的用户界面元素。

在多数情况下，门户页面会定义多个内容区域：位于页面中间的用于显示最重要信息的主区域；页面左侧或右侧的导航区域；用于显示其他小项（例如天气和快捷链接的列表）

的可选区域；多数网页还有页头和页尾（可以通过母版页很方便地创建它们）。

通过 ASP. NET Web Parts Framework 可以很方便地创建个性化网页,组成框架的控件和组件可以帮助用户完成以下工作：

- 定义可自定义的区域。通过 Web 部件区域来组织页面并指定可自定义的区域。
- 为项选择提供组件。除了可自定义的区域外,框架还包含了特殊的单元,可以让用户编辑页面上显示内容的属性、添加或移除页面中的信息项。
- 自定义网页。用户登录到应用程序后,可以通过拖放网页中各个区域的显示项来自定义网页。用户甚至可以最小化或关闭某些内容从而为其他更重要的内容提供更多的空间。
- 保存自定义的外观。ASP. NET 通过个性化框架自动保存用户自定义的外观。

2. 基本的 Web 部件

使用这种框架的页面被称为 Web 部件页面,可以显示的信息项称为 Web 部件。创建 Web 部件页面所需的步骤如下：

(1) 创建一个普通的 ASP. NET 页面。

(2) 添加一个 WebPartManager 控件。这个控件不可见,但它知道当前页面上所有可用的 Web 部件的信息并管理个性化信息。它必须是 Web 部件页面上的第一个控件,因为每个与 Web 部件相关的控件都依赖于它。

(3) 添加 WebPartZone 控件。页面上的每一个要显示 Web 部件的区域都被封装在 WebPartZone 的一个实例里。

(4) 添加 Web 部件。在这里可以使用简单的用户控件、预置的用户控件、自定义服务器控件或者直接从 WebPart 基类派生来的控件。

(5) 添加预置区域和部件。如果用户想要在运行时添加、删除 Web 部件,或者编辑 Web 部件的属性,需要添加预置的区域到网页,例如 CatalogZone(该区域允许用户向页面添加 Web 部件)。

完成以上步骤后,Web 部件页面就可以使用了。记住,需要在应用程序里包含用户验证功能(Windows 验证或表单验证),以便框架可以为每个用户保存个性化信息。在默认情况下,这些信息保存在基于文件的数据库 aspnetdb. mdf 中。该数据库是安装了 SQL Server Express 后在 App_Data 目录下自动创建的,如果没有,用户需要使用 ASPnet_regsql. exe 在完整版本的 SQL Server 上创建该数据库。

3. 创建页面

下面的例子创建一个简单的 .aspx 页面,使用 HTML 表格为页面构造了一个中间的主区域、一个左边的配置区域、一个右边的简单信息区域,代码如下：

```
< form ID = "form1" runat = "server">
< div >
    < table style = "width: 100 % ">
        < tr valign = "middle" style = "background: #00ccff">
            < td colspan = "2">
                < span style = "font - size: 16pt; font - family: Verdana">< strong > Welcome to
web part pages!</strong >
                </span >
```

```
                </td>
                <td style = "height: 22px"></td>
            </tr>
            <tr valign = "top">
                <td style = "width: 20 % "></td>
                <td style = "width: 60 % "></td>
                <td style = "width: 20 % "></td>
            </tr>
        </table>
    </div>
</form>
```

运行结果如图 8-1 所示。

图 8-1　创建页面

4. WebPartManager 和 WebPartZone

现在可以添加第一个 Web 部件控件到页面了,这些控件集成在 VS 工具箱的 WebParts 部分。首先添加 WebPartManager,代码如下:

```
< form id = "form1" runat = "server">
< ASP:WebPartManager ID = "MyPartManager" runat = "server">
</ASP:WebPartManager >
< div >
    < table style = "width: 100 % ">
    …
    </table >
</div >
</form >
```

当用户添加、删除一个 Web 部件时,或者当一个 Web 部件与另一个 Web 部件通信时, WebPartManager 会抛出事件让用户处理,以便应用程序能执行特定的动作。

在添加了 WebPartManager 之后,就可以添加可定制区域到 Web 部件了。这些区域称 为 Web 部件区域,每一个 Web 部件区域都能包含任意多的 Web 部件。在添加了 Web 部 件区域后,完整的代码如下:

```
< form ID = "form1" runat = "server">
< ASP:WebPartManager ID = "MyPartManager" runat = "server">
</ASP:WebPartManager >
< div >
    < table style = "width: 100 % ">
        < tr valign = "middle" style = "background: #00ccff">
            < td colspan = "2">
                < span style = "font – size: 16pt; font – family: Verdana">< strong >Welcome to
web part pages!</strong>
                </ span >
            </td >
```

```
        < td style = "height: 22px"> Menu </td>
    </tr>
    < tr valign = "top">
        < td style = "width: 20 % ">
            < ASP:CatalogZone ID = "SimpleCatalog" runat = "server">
            </ASP:CatalogZone>
        </td>
        < td style = "width: 60 % ">
            < ASP:WebPartZone ID = "MainZone" runat = "server">
            </ASP:WebPartZone>
        </td>
        < td style = "width: 20 % ">
            < ASP:WebPartZone ID = "HelpZone" runat = "server">
            </ASP:WebPartZone>
        </td>
    </tr>
</table>
</div>
</form>
```

现在页面包含 3 个区域：两个区域用于添加自定义 Web 部件到页面，另一个是特别区域 CatalogZone，它显示当前页面可用的所有 Web 部件的列表，并且允许用户从该列表中选择 Web 部件添加到页面上。在设计器中，当前效果如图 8-2 所示。

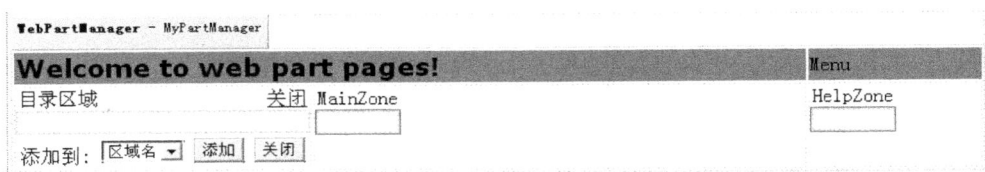

图 8-2　添加 Web 部件区域

5. 向页面添加 Web 部件

现在，可以向网页上添加 Web 部件了。Web 部件是一个基本的 ASP.NET 控件，用户可以使用任意类型的控件，例如已有的服务器控件、现存的用户控件和自定义的服务器控件等。

Web 部件区域使用了模板。在概念上，模板与网格控件相同，在网格控件中用户可以为每一行指定一个模板，模板只定义 Web 部件的外观。

现在添加现存的服务器控件到一个区域中，代码如下：

```
< ASP:WebPartZone ID = "HelpZone" runat = "server">
    < ZoneTemplate >
        < ASP:Calendar ID = "Calendar1" runat = "server"></ASP:Calendar >
        < ASP:FileUpload ID = "FileUpload1" runat = "server" />
    </ZoneTemplate >
</ASP:WebPartZone >
```

运行效果如图 8-3 所示。

Web 部件和用户控件

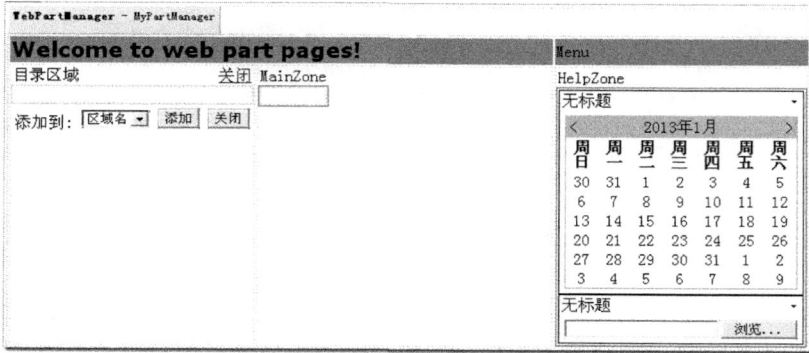

图 8-3　添加 Web 部件控件

现在创建一个数据库表,并且在其中填充一些测试记录,稍后将使用这些记录来扩展这个示例。表结构如图 8-4 所示。

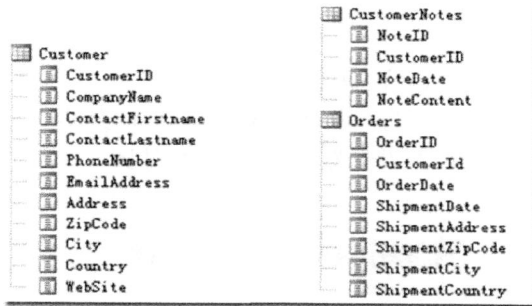

图 8-4　数据库表结构

基于 Customer 表,现在创建第一个 Web 部件,只需添加一个新的用户控件到解决方案中,然后从服务器浏览器中拖曳 Customer 表到用户控件即可,设计器会自动创建数据源和一个 GridView 来显示数据(不要自动格式化 GridView,这将在稍后基于 WebPartZone 控件自动完成)。

现在,拖动用户控件到主 Web 部件区域,设计器在页面中为注册控件创建必要的条目,然后添加控件到 Web 部件区域,包括添加包含 Web 部件区域的内容的 <ZoneTemplate> 标签,代码如下:

```
< ASP:WebPartZone ID = "MainZone" runat = "server">
    < ZoneTemplate >
        < uc1:WebUserControl ID = "WebUserControl1" runat = "server" />
    </ZoneTemplate >
</ASP:WebPartZone >
```

最后,添加一个特别的 Web 部件到前面添加的 CatalogZone 控件。因为这个区域是用来显示 Web 部件目录的,用户只可以添加特殊控件(如 PageCatalogPart)到这个区域,例如:

```
< ASP:CatalogZone ID = "SimpleCatalog" runat = "server">
```

```
< ZoneTemplate >
    < ASP:PageCatalogPart ID = "PageCatalogPart1" runat = "server" />
</ZoneTemplate >
</ASP:CatalogZone >
```

在启动 Web 应用程序前,可以打开对应区域的智能标签来自动格式化相应的 WebPartZone 控件,此时用户会看到格式化被自动应用到直接置于该区域内的每个控件上。注意,在 Web 部件自身执行的格式化动作会覆盖 Web 部件区域上的格式化选择。

运行后用户会看到类似图 8-5 的效果,运行效果取决于格式化选项及用户控件的设置等。

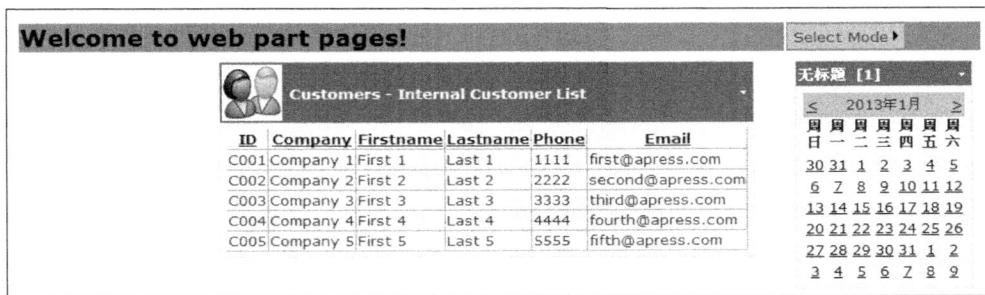

图 8-5　Web 部件的运行效果

每个 Web 部件都有一个默认的标题栏以及一个可以使该控件最小化、恢复和关闭的方框,稍后会介绍如何定制这些标题。

目前,因为还没有配置任何验证方法,所以程序使用默认的 Windows 验证。因此,用户可以通过最小化或关闭某个 Web 部件来定制 Web 页面。这些设置默认保存在基于 SQL Server Express 版本的 aspnet.mdf 数据库中(如果用户没有修改过任何配置,它位于 App_ Data 目录下)。用户还可以使用 aspnet_regsql.exe 在选择的服务器上创建一个数据库来修改这一默认行为。注意,此工具只适用于 SQL Server 数据库,对于其他数据库,必须创建自己的提供程序。用户可以像下面这样在 Web.config 配置文件中配置这个数据提供程序:

```
< webParts >
  < personalization defaultProvider = "MyProvider">
    < providers >
      < add name = "MyProvider"
            type = "System.Web.UI.WebControls.WebParts.SqlPersonalizationProvider"
            connectionStringName = "CustomSqlConnection"/>
    </providers >
  </personalization >
</webParts >
```

用户必须添加连接字符串(本例中的 CustomSqlConnection)到配置文件中的<connectionStrings>节,它将指向使用 aspnet_regsql.exe 创建的数据库。

6. 定制页面

目前,在本例中可以最小化或关闭 Web 部件以调整页面的某些部分,但是向 Web 部件页面添加之前已经关闭的 Web 部件则不可以,因为放置 PageCatalogZone 的 CatalogZone

281

第 8 章

Web 部件和用户控件

不会自动显示。此外，只是简单地从一个区域拖曳 Web 部件到另一个区域并不能改变 Web 部件的位置，其原因是 Web 部件页面支持多种显示模式，而用户想要这么做必须处于正确的显示模式，可以通过 WebPartManager 的 DisplayMode 属性来配置这些显示模式。

Web 部件页面的显示模式如表 8-1 所示。

表 8-1　Web 部件页面的显示模式

BrowseDisplayMode	默认模式，显示一个 Web 部件页面的内容
DesignDisplayMode	用户可以通过拖曳改变 Web 部件的位置
CatalogDisplayMode	WebPartManager 显示目录 Web 部件，允许用户向页面添加 Web 部件
ConnectDisplayMode	用户能够配置可以连接的 Web 部件之间的连接
EditDisplayMode	允许用户编辑 Web 部件的属性，这个模式显示一个编辑器中的 Web 部件。EditZone 是预置的允许显示 Web 部件编辑器控件的一个 Web 部件区域，而 Web 部件编辑器则允许用户修改 Web 部件的设置

现在，添加一个 Menu 控件到布局表的第一行，代码如下：

```
< table style = "width: 100 %">
    < tr valign = "middle" style = "background: #00ccff">
        < td colspan = "2">
            < span style = "font - size: 16pt; font - family: Verdana"><strong> Welcome to web
part pages!</strong>
            </span>
        </td>
        < td style = "height: 22px">
            < ASP: Menu ID = "PartsMenu" runat = "server" OnMenuItemClick = "PartsMenu_
MenuItemClick">
            </ASP:Menu>
        </td>
```

之后，可以通过代码用 WebPartManager 的所有可用模式填充这个 Menu 控件，例如：

```
protected void Page_Load(object sender, EventArgs e)
{
    if (!this.IsPostBack)
    {
        MenuItem Root = new MenuItem("Select Mode");

        foreach (WebPartDisplayMode mode in MyPartManager.DisplayModes)
        {
            if (mode.IsEnabled(MyPartManager))
            {
                Root.ChildItems.Add(new MenuItem(mode.Name));
            }
        }

        PartsMenu.Items.Add(Root);
    }
}
```

DisplayModes 属性是 WebPartDisplayMode 项的集合,而且可以验证该模式是否已被启用。这是必要的,因为仅当个性化被启用时特定的模式才可用。如果个性化被禁用了,而某个模式需要启用个性化,那么这个属性会返回 false,并且不能使用这个显示模式。

此外,RequiresPersonalization 属性确定某个显示模式是否需要启用个性化,如果显示模式被启用了,就把它加到菜单里。

当用户单击菜单项时,必须切换到合适的 Web 部件页面显示模式,处理事件代码如下:

```
protected void PartsMenu_MenuItemClick(object sender, MenuEventArgs e)
{
    MyPartManager.DisplayMode = MyPartManager.DisplayModes[e.Item.Text];
}
```

现在,允许程序选择不同的显示模式,此时用户就可以看到各种效果了。

通过拖曳方式来定制页面,使用了 IE 中的 DHTML 功能,因此只能在 IE 中正常工作。所有其他功能(如添加个性化、最小/最大化窗口,以及从目录里添加 Web 部件到一个指定区域),则可以在用户选择的其他浏览器中正常工作。

至此,用户做出的所有个性化修改都会被保存在基于个性化提供程序的个性化存储中。

8.2 用 户 控 件

用户控件由一个含有控件标签的界面部分(.ascx 文件)以及嵌入的脚本或一个在后台的 CS 文件组成。用户控件几乎可以包括所有的内容(HTML、ASP.NET 控件等),还可以接收 Page 对象的事件(例如 Load 和 PreRender),并通过属性公开一组相同的 ASP.NET 固有的对象(例如 Application、Session、Request、Response)。

用户控件和网页之间的主要区别如下:
- 用户控件以 Control 指令而不是以 Page 指令开头。
- 用户控件使用的扩展名是 .ascx 而不是 .aspx。
- 用户控件后台代码从 System.Web.UI.UserControl 类继承(其实 UserControl 类和 Page 类继承自同一个 TemplateControl 类,这就是它们共享很多共同方法和事件的原因)。
- 用户控件不能被客户端浏览器直接请求,用户控件需要嵌入到其他网页中。

1. 创建简单的用户控件

用户控件是一个分部类,它会和 ASP.NET 自动生成的独立部分合并。如果要测试用户控件,必须把它放在一个 Web 窗体上,通过 Register 指令告诉 ASP.NET 你要使用一个用户控件:

```
<%@ Register Src = "Header.ascx" TagName = "Header" TagPrefix = "apress" %>
```

其中,Src 指定了用户控件的源文件;TagPrefix 特性指定了页面上声明新控件的标签前缀;TagName 特性指定了页面上用户控件的标签名。

完整的用户控件代码和页面代码如下:

```
<%@ Control Language = "C#" AutoEventWireup = "true" CodeFile = "Header.ascx.cs" Inherits
```

```
= "Chapter15_Header" %>
<table width = "100 %" border = "0" style = "background - color: Blue">
    <tr>
        <td align = "center">
            <b style = "color:White; font - size:60px">User Control Test Page</b>
        </td>
    </tr>
    <tr>
        <td align = "right">
            <b style = "color:White">An Apress Creation 2008</b>
        </td>
    </tr>
</table>
<%@ Page Language = "C#" AutoEventWireup = "true" CodeFile = "HeaderTest. ASPX. cs" Inherits
= "Chapter15_HeaderTest" %>

<%@ Register Src = "Header.ascx" TagName = "Header" TagPrefix = "apress" %>
<html xmlns = "http://www.w3.org/1999/xhtml">
<head runat = "server">
    <title>HeaderHost</title>
</head>
<body>
    <form id = "form1" runat = "server">
    <div>
        <apress:Header ID = "Header1" runat = "server" />
    </div>
    </form>
</body>
</html>
```

运行效果如图 8-6 所示。

图 8-6 创建简单用户控件的运行效果

2. 把页面转换为用户控件

其实，开发用户控件最快捷的方式是把它先放到一个网页中，测试后再把它转换为一个用户控件。即使不采用这种开发方式，用户仍然可能需要把页面的用户界面的某部分提取出来并在多个地方重用。

大体上，这就是一个剪切—粘贴的操作，不过用户应该注意以下几点：

- 删除所有 <html>、<head>、<body>、<form> 标签（在一个页面中这些标签只能出现一次）。
- 将页面的 Page 指令更改为 Control 指令，并去除 Control 指令不支持的特性。
- 如果没有使用代码隐藏模型，记住在 Control 指令中包含 ClassName 特性（这样控件就是强类型的，可以访问到控件的属性和方法）。如果正在使用代码隐藏模型，就需要修改代码隐藏类，以便它从 UserControl 而不是从 Page 继承。

- 把文件扩展名从.aspx更改为.ascx。

3. 处理事件

下面这个示例创建一个简单的 TimeDisplay 用户控件,它有几个事件处理逻辑,这个用户控件封装了一个 LinkButton 控件,代码如下:

```
<%@ Control Language = "C#" AutoEventWireup = "true" CodeFile = "TimeDisplay.ascx.cs"
Inherits = "Chapter15_TimeDisplay" %>
<ASP:LinkButton ID = "lnkTime" runat = "server" OnClick = "lnkTime_Click"></ASP:LinkButton>
public partial class Chapter15_TimeDisplay : System.Web.UI.UserControl
{
    protected void Page_Load(object sender, EventArgs e)
    {
        if (!Page.IsPostBack)
        {
            RefreshTime();
        }
    }

    protected void lnkTime_Click(object sender, EventArgs e)
    {
        RefreshTime();
    }

    public void RefreshTime()
    {
        lnkTime.Text = DateTime.Now.ToLongTimeString();
    }
}
```

目前能在 Web 窗体中做的只是调用 RefreshTime() 这个公共方法来更新显示,为了让用户控件更具灵活性和可重用性,开发人员通常会为用户控件添加属性。修改后的用户控件的代码如下(新增了 Format 属性、修改了 RefreshTime 方法):

```
public string Format { get; set; }

public void RefreshTime()
{
    if (Format == null)
    {
        lnkTime.Text = DateTime.Now.ToLongTimeString();
    }
    else
    {
        lnkTime.Text = DateTime.Now.ToString(Format);
    }
}
```

Web 页面的代码如下:

```
<%@ Page Language = "C#" AutoEventWireup = "true" CodeFile = "TimeDisplayHost.ASPX.cs"
```

Web 部件和用户控件

```
        Inherits = "Chapter15_TimeDisplayHost" %>
<% @ Register Src = " ~/Chapter15/TimeDisplay. ascx" TagPrefix = " apress" TagName = "
TimeDisplay" %>
< html xmlns = "http://www.w3.org/1999/xhtml">
< head runat = "server">
    < title ></title>
</head >
< body >
    < form id = "form1" runat = "server">
    < div >
        < apress:TimeDisplay ID = "TimeDisplay1" runat = "server" Format = "dddd,dd MMMM yyyy
HH:mm:ss tt (GMT z)" />
        < hr />
        < apress:TimeDisplay ID = "TimeDisplay2" runat = "server" />
    </div >
    </form >
</body >
</html >
public partial class Chapter15_TimeDisplayHost : System. Web. UI. Page
{
    protected void Page_Load(object sender, EventArgs e)
    {
        if (Page. IsPostBack)
        {
            TimeDisplay2. Format = "dddd,dd MMMM yyyy HH:mm:ss tt (GMT z)";
        }
    }
}
```

初次加载后的效果如图 8-7 所示。

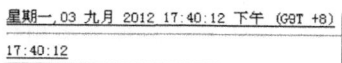

图 8-7 初次加载后的效果图

单击后的效果如图 8-8 所示。

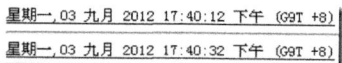

图 8-8 单击后的效果图

在给用户控件添加属性时，了解页面事件发生的顺序很重要，一般按以下顺序初始化页面：

（1）请求页面。

（2）创建用户控件。如果变量有默认值，或者在类的构造函数中执行了初始化，那么此时会用到它们。

（3）如果在用户标签里设置了任意属性，那么会用到它们。

（4）执行页面的 Page. Load 事件，准备初始化用户控件。

（5）执行用户控件的 Page.Load 事件，准备初始化用户控件。

在了解了这个顺序后用户会明白，不应该在用户控件的 Page.Load 事件中执行用户控件的初始化，因为可能会覆盖客户端指定的设置。

4. 使用自定义对象

很多用户控件是为通过更高层控件模型对通用场景细节进行抽象而设计的（例如地址信息，可能会组合几个文本框到一个更高层次的 AddressInout 控件），在为这类控件建模的时候需要使用比单独的字符串和数值更复杂的数据。通常，用户会创建一个自定义类，它是为了网页和用户控件之间的通信而特别设计的。

为了说明这一思想，下面的示例开发了一个 LinkTable 控件，它在一个格式化表中呈现一组超链接，代码如下：

```
/// <summary>
/// 为了支持用户控件,使用这个自定义类定义每个链接所需的信息
/// </summary>
public class LinkTableItem
{
    public string Text { get; set; }

    public string Url { get; set; }

    public LinkTableItem() { }

    public LinkTableItem(string text, string url)
    {
        this.Text = text;
        this.Url = url;
    }
}
```

接下来考虑 LinkTable 用户控件的代码隐藏类，它定义了 Title 属性，还定义了 Items 集合用来接受 LinkTableItem 对象数组，代码如下：

```
public partial class Chapter15_LinkTable : System.Web.UI.UserControl
{
    public string Title
    {
        get { return lblTitle.Text; }
        set { lblTitle.Text = value; }
    }

    private LinkTableItem[] items;
    public LinkTableItem[] Items
    {
        get { return items; }
        set
        {
            items = value;
```

```
                this.gridLinkList.DataSource = items;
                this.gridLinkList.DataBind();
            }
        }
    }
```

控件自身使用数据绑定呈现它大部分用户界面，每当 Items 属性被设置或变更时，LinkTable 中的 GridView 就会重新绑定到条目集合，例如：

```
<% @ Control Language = "C#" AutoEventWireup = "true" CodeFile = "LinkTable.ascx.cs"
Inherits = "Chapter15_LinkTable" %>
<table border = "1" cellpadding = "2">
    <tr>
        <td>
            <ASP:Label ID = "lblTitle" runat = "server" ForeColor = "#C00000" Font-Bold = "
true" Font-Names = "Verdana"
                Font-Size = "Small">[Title Goes Here]</ASP:Label>
        </td>
    </tr>
    <tr>
        <td>
            <ASP:GridView ID = "gridLinkList" runat = "server" AutoGenerateColumns = "false"
ShowHeader = "false"
                GridLines = "None">
                <Columns>
                    <ASP:TemplateField>
                        <ItemTemplate>
                            <img height = "23" src = "exclaim.gif" alt = "Menu Item" style
= "vertical-align: middle" />
                            <ASP:HyperLink ID = "lnk" runat = "server" NavigateUrl = '<% #
DataBinder.Eval(Container.DataItem,"Url") %>'
                                Font-Names = "Verdana" Font-Size = "XX-Small" ForeColor
= "#0000cd">
                                <%
    1:#DataBinder.Eval(Container.DataItem,"Text")
%>
                            </ASP:HyperLink>
                        </ItemTemplate>
                    </ASP:TemplateField>
                </Columns>
            </ASP:GridView>
        </td>
    </tr>
</table>
```

最后是一个典型的网页代码，用它来定义一个链接列表，然后将列表绑定到 LinkTable 用户控件来显示，代码如下：

```
public partial class Chapter15_LinkTableTest : System.Web.UI.Page
{
    protected void Page_Load(object sender, EventArgs e)
```

```
    {
        LinkTable1.Title = "A List of Links";

        LinkTableItem[] items = new LinkTableItem[3];
        items[0] = new LinkTableItem("Apress", "http://www.apress.com");
        items[1] = new LinkTableItem("Microsoft", "http://www.microsoft.com");
        items[2] = new LinkTableItem("ProseTech", "http://www.prosetech.com");
        LinkTable1.Items = items;
    }}
```

运行效果如图 8-9 所示。

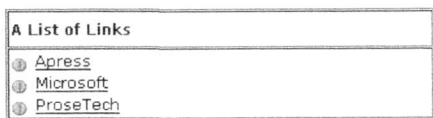

图 8-9　自定义对象运行效果图

5. 添加事件

用户控件和网页交互的另一种方式要借助事件。通过方法和属性,用户控件响应网页代码带来的变化。在使用事件时刚好相反,用户控件通知网页发生了某个活动,然后网页代码做出响应。

用户在执行某个活动后,例如单击某个按钮或者从列表框中选择了某个选项,用户控件会截获一个 Web 控件事件并产生一个新的、更高层次的事件通知网页。

定义事件必须使用一个 event 关键字以及一个代表事件签名的委托。.NET 事件标准指定了每个事件必须有两个参数,第一个参数是引发事件的控件的引用,第二个参数包含额外的信息(这些信息包含在一个继承自 System.EventArgs 类的自定义类中)。

下一个示例修改 LinkTable,以便用户单击某项时通知用户,这样网页就可以根据单击的项做出不同响应。在 LinkTable 示例中有必要传递"哪一个链接被单击了"这样的基本信息,为了支持这一设计,我们创建一个自定义的 EventArgs 对象,并加入一个只读属性,返回相应的 LinkTableItem 对象。代码如下:

```
public class LinkTableEventArgs:EventArgs
{
    private LinkTableItem selectedItem;

    public LinkTableItem SelectedItem
    {
        get { return selectedItem; }
    }

    public bool Cancel { get; set; }

    public LinkTableEventArgs(LinkTableItem item)
    {
        this.selectedItem = item;
    }
```

```
}
```

```
public delegate void LinkClickedEventHandler(object sender, LinkTableEventArgs e);
```

接着，LinkTable 类使用 LinkClickedEventHandler 定义一个事件，代码如下：

```
public event LinkClickedEventHandler LinkClicked;
```

为了截获服务器端的单击，需要用 LinkButton 控件替换 HyperLink 控件，因为前者才会引发一个服务器事件，后者只是呈现一个锚标记。代码如下：

```
< ItemTemplate >
    < img height = "23" src = "exclaim.gif" alt = "Menu Item" style = "vertical - align: middle"
/>
    < ASP:LinkButton ID = "lnk" runat = "server" Font - Names = "Verdana" Font - Size = "XX -
Small"
        ForeColor = "#0000cd" CommandName = "LinkClick"
        CommandArgument = '<%# DataBinder.Eval(Container.DataItem,"Url") %>'
        Text = '<%# DataBinder.Eval(Container.DataItem,"Text") %>'>
    </ASP:LinkButton >
</ItemTemplate >
```

然后，通过处理 GridView. RowCommand 事件截获服务器端的单击事件，编写把它作为 LinkClicked 事件传送给网页的事件处理程序。代码如下：

```
public event LinkClickedEventHandler LinkClicked;

protected void gridLinkList_RowCommand(object sender, GridViewCommandEventArgs e)
{
    if (LinkClicked != null)
    {
        LinkButton link = e.CommandSource as LinkButton;
        LinkTableItem item = new LinkTableItem(link.Text, link.CommandArgument);
        LinkTableEventArgs args = new LinkTableEventArgs(item);
        LinkClicked(this, args);

        //引用类型的传递，修改结果会得以保留
        //因此后续可接着判断 Cancel 的值确定行为
        if (!args.Cancel)
        {
            Response.Redirect(item.Url);
        }
    }
}
```

接着在 Web 页面上对这个事件进行注册，由于用户控件没有提供设计时支持，用户必须手工编写事件处理程序以及进行注册。代码如下：

```
protected void LinkClicked(object sender, LinkTableEventArgs e)
{
    lblInfo.Text = "You clicked '" + e.SelectedItem.Text
        + "' but this page not to direct you to '" + e.SelectedItem.Url + "'.";
```

```
        e.Cancel = true;
}
```

用户可以在 Page.Load 中注册这个事件，代码如下：

```
LinkTable1.LinkClicked + = LinkClicked;
```

当然，也可以在源页面的控件标签中进行关联（必须加上 On 前缀），代码如下：

```
< apress:LinkTable ID = "LinkTable1" runat = "server" OnLinkClicked = "LinkClicked" />
```

运行效果如图 8-10 所示。

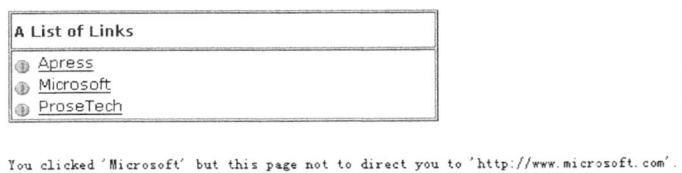

图 8-10　添加事件运行效果

用户控件包含的控件只能够被用户控件自身访问，通常这正是希望的行为，它意味着用户控件可以加入公开特定细节的公有属性而不让网页任意干预控件中所有的事，否则会带来无效或不稳定的变化。

例如，如果想调整 LinkButton 控件的前景色，那么可以给用户控件添加 ForeColor 属性，代码如下：

```
public Color ForeColor
{
    get { return lnkTime.ForeColor; }
    set { lnkTime.ForeColor = value; }
}
```

如果要公开很多属性，这个工作就变得很乏味了，这时应考虑公开整个对象（需要使用只读属性，网页不可能用一个其他东西取代控件），例如：

```
public LinkButton InnerLink
{
    get { return lnkTime; }
}
```

此时，宿主页面设置前景色的代码就变成了：

```
TimeDisplay.InnerLink.ForeColor = System.Drawing.Color.Green;
```

在公开整个内部控件对象时，网页可以调用控件的所有方法接收它所有的事件，这种方式带来了无限的灵活性，但同时限制了代码的重用性，并且增大了网页与用户控件当前实现的内部细节紧密耦合的可能性。

作为一个基本规则，创建专门的方法、事件、属性，只公开必要的功能，这总会更好一些，因为不会为制造混乱提供机会。

6. 动态加载用户控件

用户除了可以在页面注册用户控件类型并添加相应的控件标签把用户控件添加到页面上以外，还可以动态地创建用户控件，此时需要做以下事情：

（1）在 Page. Load 事件发生时添加用户控件（这样用户控件可以正确地重置它的状态并接收回发事件）。

（2）使用容器控件和 PlaceHolder 控件来确保用户控件在用户希望的位置结束。

（3）设置 ID 属性给用户控件一个唯一的名称，在需要的时候可以借助 Page. FindControl()获取对控件的引用。

（4）普通控件可以直接创建，用户控件不可以直接创建（因为用户控件并非完全基于代码，它们还需要在.ascx 文件中定义的控件标签，ASP. NET 必须处理这个文件并初始化相应的子控件对象）。

（5）必须调用 Page. LoadControl()并传递 .ascx 文件名，此方法返回一个 UserControl 对象，可以把它添加到页面上并转换为特定类型。

示例代码如下：

```
protected void Page_Load(object sender, EventArgs e)
{
    TimeDisplay ctrl = Page.LoadControl("TimeDisplay.ascx") as TimeDisplay;
    PlaceHolder1.Controls.Add(ctrl);
}
```

除了一些微不足道的琐碎细节外，在和用户控件一起使用时，动态加载是一项非常强大的技术，它常用于创建高度可配置的门户框架。

8.3　典型案例及分析

本例介绍如何在 ASP. NET 中创建和使用用户控件，以及如何在用户控件中定义公开属性的实现方法。

1. 创建新的 ASP. NET 应用程序

在 Visual Studio . NET 2010 集成开发环境中创建新的 ASP. NET Web 应用程序，并命名为 Example。

2. 创建用户登录用户控件 MyUserControl. ascx

在应用程序 Example 中添加一个用户控件，它的名称为 MyUserControl. ascx，并在用户控件上添加两个 TextBox 控件和两个 Button 控件，它们的名称分别为 tUserName、tPassword、UserLoginBtn 和 CancelBtn。

控件 tUserName 和 tPassword 分别用来输入用户名称和用户密码；控件 UserLoginBtn 和 CancelBtn 用来实现用户登录功能和取消登录功能。用户登录用户控件 MyUserControl . ascx 的设计界面如图 8-11 所示。

用户控件 MyUserControl. ascx 的 HTML 设计代码如下：

```
<% @ Control Language = "c#" AutoEventWireup = "false"
    Codebehind = "MyUserControl.ascx.cs" Inherits = "
```

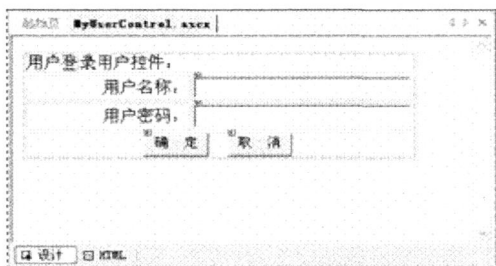

图 8-11 用户登录用户控件 MyUserControl.ascx 的设计界面

```
Example_12_4.MyUserControl"
TargetSchema = "http://schemas.microsoft.com/intellisense/ie5" % >
< td colspan = "2">用户登录用户控件: </td>
< td width = "150" align = "right">用户名称: </td>
< ASP:TextBox ID = "tUserName" runat = "server" width = "200"></ASP:TextBox >
< td width = "150" align = "right">用户密码: </td>
< ASP:TextBox ID = "tPassword" runat = "server" width = "200"
TextMode = "Password"></ASP:TextBox >
< ASP:Button ID = "UserLoginBtn" runat = "server" Text = "确 定"></ASP:Button >
< ASP:Button ID = "CancelBtn" runat = "server" Text = "取 消"></ASP:Button >
```

3. 设置用户登录用户控件 MyUserControl.ascx 的事件和函数

在应用程序 Example 中添加用户控件的属性 UserName 和 Password,分别表示用户控件中控件 UserName 和控件 Password 的属性 Text 的值。添加属性 UserName 和属性 Password 的程序代码如下:

```
//添加属性 UserName
public String UserName
{
get{return(tUserName.Text);}              //获取用户名称
set{tUserName.Text = value;}              //设置用户名称
}
//添加属性 Password
public String Password
{
get{return(tPassword.Text);}             //获取用户密码
set{tPassword.Text = value;}             //设置用户密码
}
```

在应用程序 Example 中还设计了用户控件的用户登录函数 UserLoginBtn_Click (object sender,System.EventArgs e)和取消登录函数 CancelBtn_Click(object sender, System.EventArgs e)。程序代码如下:

```
private void UserLoginBtn_Click(object sender, System.EventArgs e)
{
//添加用户登录程序代码
}
private void CancelBtn_Click(object sender, System.EventArgs e)
```

```
{
//添加取消用户登录程序代码
}
```

4. 创建页面 TestUC. aspx

把应用程序的默认页面 WebForm1. aspx 重命名为 TestUC. aspx，并在页面上添加用户控件 MyUserControl、两个 TextBox 控件和一个 Button 控件，它们的名称分别为 MyUCLogin、tUserName、tPassword 和 GetNamePwd。其中，控件 tUserName 和控件 tPassword 分别用来显示用户名称和用户密码；控件 GetNamePwd 用来获取用户名称和用户密码。设计界面如图 8-12 所示。

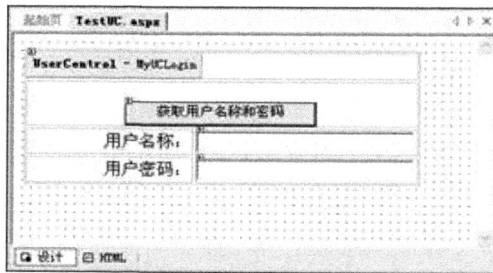

图 8-12 页面 TestUC. aspx 的设计界面

页面 TestUC. aspx 的 HTML 设计代码如下：

```
< % @ Page language = "c#" Codebehind = "TestUC. ASPX. cs" AutoEventWireup = "false"
Inherits = "Example_12_4. TestUC" % >
< % @ Register TagPrefix = "ucLogin" TagName = "MyUserControl"
Src = "MyUserControl. ascx" % >
< ucLogin:MyUserControl ID = "MyUCLogin"
runat = "server"></ucLogin:MyUserControl >
< ASP:Button ID = "GetNamePwd" runat = "server"
Text = "获取用户名称和密码"></ASP:Button >
< ASP:TextBox ID = "tUserName" runat = "server" width = "200" ReadOnly = "True"
Enabled = "False"></ASP:TextBox >
< ASP:TextBox ID = "tPassword" runat = "server" width = "200" ReadOnly = "True"
Enabled = "False"></ASP:TextBox >
```

5. 设置页面 TestUC. aspx 中的事件和函数

由于该页面使用了用户控件 MyUserControl，因此需要在页面 TestUC. aspx 的代码隐藏文件 TestUC. aspx. cs 中声明该用户控件。它的程序代码如下：

protected Example. MyUserControl MyUCLogin;

单击页面 TestUC. aspx 中的"获取用户名称和密码"按钮触发事件 GetNamePwd_Click()，该事件获取用户控件中的属性 UserName 和属性 Password 的值。事件 GetNamePwd_Click() 的程序代码如下：

```
private void GetNamePwd_Click(object sender, System. EventArgs e)
{
tUserName. Text = MyUCLogin. UserName;        //获取用户名称
```

```
tPassword.Text = MyUCLogin.Password;          //获取用户密码
}
```

6. 运行页面

设置页面 TestUC.aspx 为应用程序的起始页面,按 F5 键运行后,出现的运行效果如图 8-13 所示。

图 8-13   TestUC.aspx 的初始运行效果

在页面 TestUC.aspx 中的第一和第二个文本框中分别输入 UserName 和 Password,然后单击"获取用户名称和密码"按钮,此时页面 TestUC.aspx 的运行效果如图 8-14 所示。

图 8-14   TestUC.aspx 的最终运行效果

8.4   本 章 小 结

本章介绍了 ASP.NET 中引入的 WebPart 技术,讨论了 Web 部件基础,如何创建基本的 Web 部件页面,如何定制 WebPartZone 的显示,如何动态地切换 Web 部件页的显示模式,以及如何动态地编辑 Web 部件。本章还讨论了 ASP.NET 中的用户控件,介绍了如何创建用户控件,如何在宿主页面中使用用户控件,并且介绍了如何动态地加载用户控件。

8.5   项 目 实 训

1. 实训目的

(1) 掌握 Web 部件的使用。

(2) 学会创建用户自定义控件。

2. 实训内容及要求

(1) 将 Web 部件控件添加到页面。

(2) 创建自定义用户控件,并将其作为 Web 部件控件。

Web 部件和用户控件

（3）使用户能够对页面上的 Web 部件控件的布局进行个性化设置。

（4）使用户能够编辑 Web 部件控件的外观。

（5）使用户能够从可用 Web 部件控件的目录中进行选择。

3. 实训步骤

1）创建网页

（1）在文本编辑器中创建新的文件，并将下面的页声明添加到该文件的开头：

```
<%@ page language = "C#" %>
```

（2）在页声明的下方输入标记以创建一个完整的页结构，代码如下：

```
<html>
<head runat = "server">
  <title>Web Parts Page</title>
</head>
<body>
  <h1>Web Parts Demonstration Page</h1>
  <form runat = "server" ID = "form1">
  <br />
  <table cellspacing = "0" cellpadding = "0" border = "0">
    <tr>
      <td valign = "top">
      </td>
      <td valign = "top">
      </td>
      <td valign = "top">
      </td>
    </tr>
  </table>
  </form>
</body>
</html>
```

（3）将该文件命名为 WebPartsDemo. aspx，并保存在用户的网站的目录中。

下一步是设置区域，区域是复合控件，它们占用页面的指定区域并包含 Web 部件控件。

2）将区域添加到页面

（1）在页面中的 <form> 元素的下面添加一个 <ASP:webpartmanager> 元素，代码如下：

```
<ASP:webpartmanager ID = "WebPartManager1" runat = "server" />
```

在使用 Web 部件控件的每个页面中必须使用 WebPartManager 控件。

（2）在表中第一个 <td> 元素的内部添加一个 <ASP:webpartzone> 元素，并指定其属性值，代码如下：

```
<table cellspacing = "0" cellpadding = "0" border = "0">
  <tr>
    <td valign = "top">
      <ASP:webpartzone ID = "SideBarZone" runat = "server"
```

```
    headertext = "Sidebar">
    < zonetemplate >
    </zonetemplate >
  </ASP:webpartzone >
</td >
```

（3）在表中第二个 <td> 元素的内部添加一个 <ASP:webpartzone> 元素，并为其赋予属性值，代码如下：

```
< td valign = "top">
  < ASP:webpartzone ID = "MainZone" runat = "server" headertext = "Main">
    < zonetemplate >
    </zonetemplate >
  </ASP:webpartzone >
</td >
```

（4）保存 WebPartsDemo.aspx 文件。

3）为区域创建内容

（1）在 Main 区域的 <zonetemplate> 元素内添加一个具有一些内容的<ASP:label>元素，代码如下：

```
< ASP:webpartzone ID = "MainZone" runat = "server" headertext = "Main">
  < zonetemplate >
    < ASP:label ID = "contentPart" runat = "server" title = "Content">
      < h2 > Welcome to My Home Page </h2 >
      < p > Use links to visit my favorite sites!</p >
    </ASP:label >
  </zonetemplate >
</ASP:webpartzone >
```

（2）保存 WebPartsDemo.aspx 文件。

（3）在文本编辑器中创建一个新文件，该文件将包含可以作为 Web 部件控件添加到页面的用户控件。

（4）在新文件的顶部添加控件声明。

（5）在控件声明的下面添加一对<script>标记，并在这对标记之间添加用于创建可个性化设置的属性的代码：

```
< % @ control language = "C# " classname = "SearchUserControl" %>
< script runat = "server">
  private int results;

  [Personalizable]
  public int ResultsPerPage
  {
    get
      {return results;}

    set
      {results = value;}
```

```
      }
    </script>
```

（6）在 <script> 元素的下面添加一个文本框和一个按钮，以便为搜索控件提供 UI，代码如下：

```
< ASP:textbox runat = "server" ID = "inputBox"></ASP:textbox>
< br />
< ASP:button runat = "server" ID = "searchButton" text = "Search" />
```

（7）将文件命名为 SearchUserControlCS. ascx（具体取决于使用的语言），并将其保存到 WebPartsDemo. aspx 页所在的同一目录中。现在，向 Sidebar 区域添加两个控件，其中一个包含链接列表，另一个则是在前面的过程中创建的用户控件。这些链接将作为单个标准的 Label 服务器控件进行添加，其方式类似于为 Main 区域创建静态文本。不过，虽然用户控件中包含的单个服务器控件可以直接包含在区域中，但在这种情况下却不能包含在区域中。相反，它们是在前面的过程中创建的用户控件的一部分。这阐释了一种常见方法，使用这种方法可以将需要的任何控件和额外功能打包在用户控件中，然后在区域中将该用户控件作为 Web 部件控件引用。

在运行时，ASP. NET 将使用 GenericWebPart 控件封装这两个控件。当 GenericWebPart 控件封装 Web 服务器控件时，泛型部件控件为父控件，而且用户可以通过父控件的 ChildControl 属性访问服务器控件。通过泛型部件控件，可以使标准 Web 服务器控件与从 WebPart 类派生的 Web 部件控件具有相同的基本行为和属性。

4）为侧栏区域创建内容

（1）在文本编辑器中打开 WebPartsDemo. aspx 页。

（2）在页面的顶部将下面的声明添加到页声明的后面，以引用刚刚创建的用户控件：

```
<% @ register tagprefix = "uc1" tagname = "SearchUserControl"
  src = "searchusercontrolcs.ascx" %>
```

（3）在 Sidebar 区域的 <zonetemplate> 元素中添加包含若干链接的 Label 控件，并在该控件的下面引用之前创建的用户控件，代码如下：

```
< ASP:webPartZone ID = "SidebarZone" runat = "server"
  headertext = "Sidebar">
  < zonetemplate >
    < ASP:label runat = "server" ID = "linksPart" title = "Links">
      < a href = "www.ASP.NET"> ASP.NET site </a>
      < br />
      < a href = "www.gotdotnet.com"> GotDotNet </a>
      < br />
      < a href = "www.contoso.com"> Contoso.com </a>
      < br />
    </ASP:label>
    < uc1:SearchUserControl ID = "searchPart" runat = "server"
      title = "Search" />
  </zonetemplate >
</ASP:WebPartZone >
```

（4）保存 WebPartsDemo.aspx 文件。

5）测试页面

（1）在浏览器中加载页。

该页显示两个区域，页面上每个控件的标题栏中都将显示一个向下箭头，其中包含一个被称为谓词菜单的下拉菜单。谓词是用户可以对服务器控件执行的操作，如关闭、最小化或编辑控件。谓词菜单中的每一个菜单项都是一个谓词。运行效果如图 8-15 所示。

图 8-15　Web 部件演示页的效果 1

（2）单击控件标题栏中的向下箭头显示其谓词菜单，然后选择"最小化"，则该控件将被最小化。

（3）在谓词菜单中选择"还原"。

用户可以更改 Web 部件控件的布局，方法是将这些控件从一个区域拖动到另一个区域。此外，用户还可以编辑控件的特性，例如外观、布局和行为。Web 部件控件集为 WebPart 控件提供了基本的编辑功能。（虽然本演练并未设置此任务，但用户也可以创建自定义编辑器控件，以编辑 WebPart 控件的功能）。当 WebPart 控件的位置发生更改时，对其属性的编辑将依赖于 ASP.NET 个性化设置来保存用户所做的更改。

在本部分演练中，将使用户能够编辑页面上所有 WebPart 控件的基本特性。

6）创建启用页布局更改功能的用户控件

（1）在文本编辑器中创建一个新文件，然后将下面的代码复制到该文件中：

```
<%@ control language = "C#" classname = "DisplayModeMenuCS" %>
<script runat = "server">

//使用一个字段引用当前 WebPartManager 控件.
  WebPartManager _manager;

  void Page_Init(object sender, EventArgs e)
  {
    Page.InitComplete += new EventHandler(InitComplete);
```

```
        }

    void InitComplete(object sender, System. EventArgs e)
    {
        _manager = WebPartManager. GetCurrentWebPartManager(Page);

        String browseModeName = WebPartManager. BrowseDisplayMode. Name;

        //填充下拉列表支持的显示模式的名称.
        foreach (WebPartDisplayMode mode in
            _manager. SupportedDisplayModes)
        {
            String modeName = mode. Name;
            //确保启用模式之前添加它.
            if (mode. IsEnabled(_manager))
            {
                ListItem item = new ListItem(modeName, modeName);
                DisplayModeDropdown. Items. Add(item);
            }
        }

        //如果允许这个用户共享范围,显示范围切换和选择适当的单选按钮
        if (_manager. Personalization. CanEnterSharedScope)
        {
            Panel2. Visible = true;
            if (_manager. Personalization. Scope ==
                PersonalizationScope. User)
                RadioButton1. Checked = true;
            else
                RadioButton2. Checked = true;
        }
    }

//改变页面选择的显示模式
void DisplayModeDropdown_SelectedIndexChanged(object sender,
    EventArgs e)
{
    String selectedMode = DisplayModeDropdown. SelectedValue;

    WebPartDisplayMode mode =
        _manager. SupportedDisplayModes[selectedMode];
    if (mode != null)
        _manager. DisplayMode = mode;
}

//设置所选项目为当前显示模式
void Page_PreRender(object sender, EventArgs e)
{
    ListItemCollection items = DisplayModeDropdown. Items;
    int selectedIndex =
        items. IndexOf(items. FindByText(_manager. DisplayMode. Name));
```

```
        DisplayModeDropdown.SelectedIndex = selectedIndex;
    }

    //重置所有用户的个性化页面的数据
    protected void LinkButton1_Click(object sender, EventArgs e)
    {
        _manager.Personalization.ResetPersonalizationState();
    }

    //如果不是在用户的个性化范围则切换
    protected void RadioButton1_CheckedChanged(object sender, EventArgs e)
    {
        if (_manager.Personalization.Scope ==
          PersonalizationScope.Shared)
          _manager.Personalization.ToggleScope();
    }

    //如果不是在共享范围,如果用户许可则切换范围
    protected void RadioButton2_CheckedChanged(object sender,
        EventArgs e)
    {
        if (_manager.Personalization.CanEnterSharedScope &&
            _manager.Personalization.Scope ==
                PersonalizationScope.User)
            _manager.Personalization.ToggleScope();
    }
</script>
<div>
    <ASP:Panel ID = "Panel1" runat = "server"
        Borderwidth = "1"
        Width = "230"
        BackColor = "lightgray"
        Font - Names = "Verdana, Arial, Sans Serif" >
        <ASP:Label ID = "Label1" runat = "server"
            Text = " Display Mode"
            Font - Bold = "true"
            Font - Size = "8"
            Width = "120" />
        <div>
        <ASP:DropDownList ID = "DisplayModeDropdown" runat = "server"
            AutoPostBack = "true"
            Width = "120"
            OnSelectedIndexChanged = "DisplayModeDropdown_SelectedIndexChanged" />
        <ASP:LinkButton ID = "LinkButton1" runat = "server"
            Text = "Reset User State"
            ToolTip = "Reset the current user's personalization data for
            the page. "
            Font - Size = "8"
            OnClick = "LinkButton1_Click" />
```

Web 部件和用户控件

```
    </div>
    < ASP:Panel ID = "Panel2" runat = "server"
      GroupingText = "Personalization Scope"
      Font - Bold = "true"
      Font - Size = "8"
      Visible = "false" >
      < ASP:RadioButton ID = "RadioButton1" runat = "server"
        Text = "User"
        AutoPostBack = "true"
        GroupName = "Scope"
        OnCheckedChanged = "RadioButton1_CheckedChanged" />
      < ASP:RadioButton ID = "RadioButton2" runat = "server"
        Text = "Shared"
        AutoPostBack = "true"
        GroupName = "Scope"
        OnCheckedChanged = "RadioButton2_CheckedChanged" />
    </ASP:Panel >
  </ASP:Panel >
</div >
```

此代码使用了 Web 部件控件集的允许页面更改其视图或显示模式的功能,通过此代码用户还可以在某些显示模式下更改页面的物理外观和布局。

(2) 将该文件命名为 Displaymodemenu. ascx,并将其保存在用于其他页的目录中。

7) 使用用户能够更改布局

(1) 在 WebPartsDemo. aspx 页中添加一条 <register> 指令,以便将新的用户控件注册到页面上:

```
< % @ register TagPrefix = "uc2"
  TagName = "DisplayModeMenuCS"
  Src = "DisplayModeMenu. ascx" % >
```

(2) 在<ASP:webpartmanager>元素的下方添加对该用户控件的声明性引用:

```
< uc2:DisplayModeMenuCS ID = "DisplayModeMenu1" runat = "server" />
```

(3) 在表中的第 3 个<td>元素内添加一个<ASP:editorzone>元素,添加一个<zonetemplate>元素、一个<ASP:appearanceeditorpart>元素和一个<ASP:layouteditorpart>元素。

完成上述操作以后,该代码类似于下面的示例代码:

```
< td valign = "top">
  < ASP:editorzone ID = "EditorZone1" runat = "server">
    < zonetemplate >
      < ASP:appearanceeditorpart
        runat = "server"
        ID = "AppearanceEditorPart1" />
      < ASP:layouteditorpart
        runat = "server"
```

```
        ID = "LayoutEditorPart1" />
    </zonetemplate>
  </ASP:editorzone>
</td>
```

（4）保存 WebPartsDemo.aspx 文件。

8）测试布局的更改

（1）在浏览器中加载页。

（2）在"显示模式"下拉列表框中选择"编辑"选项，将显示区域标题。

（3）拖动链接控件的标题栏，将该控件从 Sidebar 区域拖动到 Main 区域的底部，页面显示效果如图 8-16 所示。

图 8-16　Web 部件演示页的效果 2

（4）在"显示模式"下拉列表框中选择"浏览"选项，此页将被刷新，区域名称消失，而且链接控件保持在用户将其定位到的位置。

（5）关闭浏览器，再次加载该页面，则所做的更改已经保存，以供未来的浏览器会话使用，这说明个性化设置工作正常。

（6）在"显示模式"下拉列表框中选择"编辑"选项。

（7）单击箭头显示链接控件上的谓词菜单，然后选择"编辑"，将显示 EditorZone 控件，同时显示所添加的 EditorPart 控件。

（8）在编辑控件的"外观"部分将"标题"更改为"我的收藏夹"，在"颜色类型"下拉列表框中选择"只有标题"，然后单击"应用"按钮，运行效果如图 8-17 所示。

（9）在"显示模式"下拉列表框中选择"浏览"选项返回到浏览模式，则该控件现在具有

Web 部件和用户控件

了经过更新的标题但没有边框,效果如图 8-18 所示。

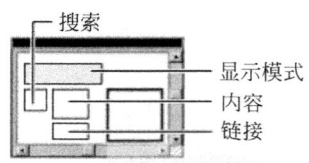

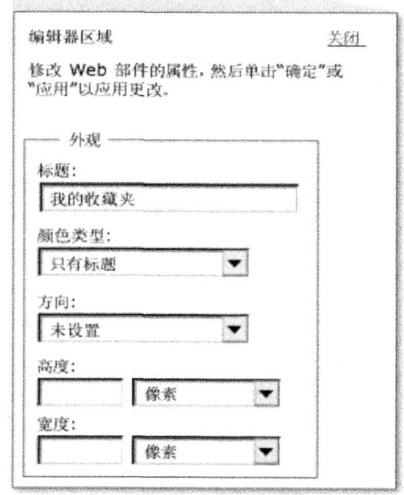

图 8-17　Web 部件演示页的效果 3

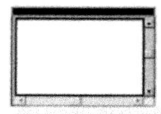

图 8-18　Web 部件演示页的效果 4

另外,还可以使用户能够在运行时向页面中添加 Web 部件控件,为此,请使用 Web 部件目录配置页面,该目录中包含用户可以使用的 Web 部件控件的列表。

注意:在本演练中将创建一个包含 FileUpload 和 Calendar 控件的模板,这样就可以测试目录的基本功能,但是得到的 Web 部件控件不具有任何实际的功能。如果其中有自定义 Web 控件或用户控件,则可以使用该控件替代静态内容。

9) 使用户能够在运行时添加 Web 部件

(1) 在 WebPartsDemo.aspx 文件中添加以下内容:

① 在表中第三列的 <ASP:editorzone> 元素的下方添加 <ASP:catalogzone> 元素。

② 添加一个 <zonetemplate> 元素,并在该元素中添加一个 <ASP:declarativecatalogpart> 元素和一个 <webpartstemplate> 元素。

③ 添加一个 <ASP:fileupload> 元素和一个 <ASP:calendar> 元素。

此时,代码看起来类似下面的示例代码:

```
< ASP:catalogzone ID = "CatalogZone1" runat = "server"
  headertext = "Add Web Parts">
  < zonetemplate >
    < ASP:declarativecatalogpart ID = "catalogpart1"
      runat = "server" Title = "My Catalog">
      < webPartsTemplate >
        < ASP:fileupload runat = "server" ID = "upload1"
          title = "Upload Files" />
        < ASP:calendar runat = "server" ID = "cal1"
          Title = "Team Calendar" />
      </webPartsTemplate >
    </ASP:declarativecatalogpart >
  </zonetemplate>
</ASP:catalogzone >
```

(2) 保存 WebPartsDemo.aspx 文件。

10) 测试 Web 部件目录

(1) 在浏览器中加载页。

(2) 在"显示模式"下拉列表框中选择"目录"选项,将显示名为"添加 Web 部件"的目录。

(3) 将收藏夹控件从 Main 区域拖到 Sidebar 区域的顶部。

(4) 在"添加 Web 部件"中选择两个复选框,然后在"添加到"下拉列表框中选择"主"选项。

(5) 单击"添加",则控件将被添加到 Main 区域。如果用户愿意,可以将控件的多个实例从目录添加到页面中。

图 8-19 所示为该页的显示效果,其中包括上载文件控件和 Main 区域中的日历控件。

(6) 在"显示模式"下拉列表框中选择"浏览"选项,则目录消失,并且页面被刷新。

(7) 关闭浏览器,重新加载页面,可见用户所做的更改保持不变。

Web 部件和用户控件

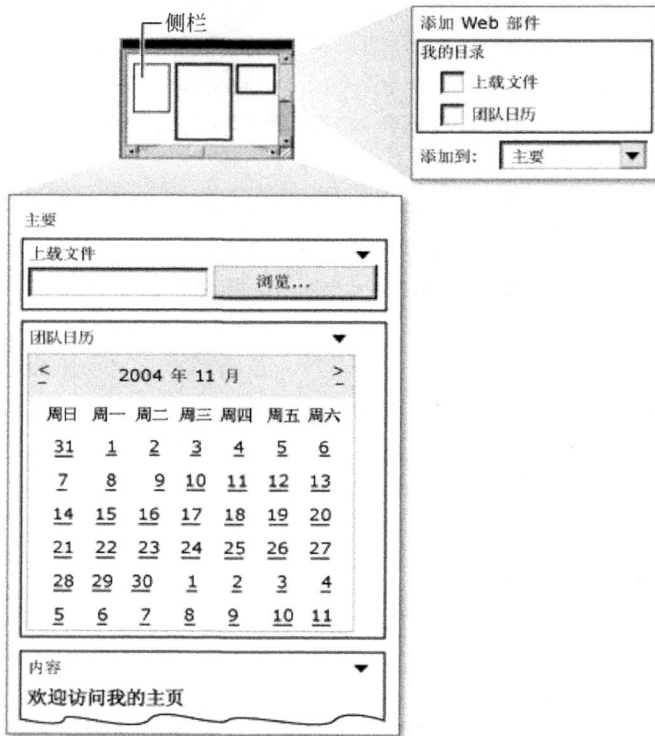

图 8-19　Web 部件演示页的效果 5

第9章 ASP.NET 网站的安全与发布

教学提示：本章主要介绍 ASP.NET 网站的安全与发布。与 ASP.NET 网站安全相关的内容包括应用程序的配置、成员资格的管理、登录控件、身份验证和授权等。ASP.NET 网站发布包括 ASP.NET Web 服务器的安装和配置、站点的建立、ASP.NET 网站的运行等。通过本章的学习，有助于用户掌握 ASP.NET 网站从开发到安全性配置再到最后的发布等一系列完整的过程。

教学要求：
- 掌握 ASP.NET 配置文件的使用。
- 掌握 ASP.NET 身份验证和用户管理。
- 掌握 ASP.NET 访问规则、角色和授权。
- 掌握 ASP.NET 登录控件的使用。
- 掌握 ASP.NET 网站的发布。

建议学时：10 个学时。

9.1 ASP.NET 配置文件

配置文件存储用户或应用程序的配置信息，让开发人员能够快速地建立 Web 应用环境以及扩展 Web 应用配置。ASP.NET 提供了两种配置文件，即机器配置文件 Machine.config 和应用程序配置文件 Web.config。

1. 机器配置文件

机器配置文件 Machine.config 包含应用于整个计算机的设置。机器配置文件 Machine.config 能够配置整个服务器上的所有 ASP.NET 应用程序所需要的默认配置，并且一台服务器只能有一个 Machine.config 文件，其存储位置为"systemroot \ Microsoft .NET\Framework\[version number]\Config\Machine.config"。

2. 应用程序配置文件

应用程序配置文件 Web.config 配置单个 ASP.NET 应用程序以及各个页面或应用程序子目录，所以，在一个 ASP.NET 应用程序中可以包含多个 Web.config 文件，除了应用程序根目录下的 Web.config 以外，还可以在该应用程序子目录中创建 Web.config。其中，根目录的 Web.config 对整个 ASP.NET 应用程序进行配置，而子目录下的 Web.config 只负责对该子目录及其下级目录中的页面文件进行配置。

3. 配置文件结构

当创建一个 ASP.NET 项目时，默认情况下会在根目录中自动创建一个 Web.config

文件,包括默认的配置设置,所有的子目录都继承它的配置设置。如果用户想修改子目录的配置设置,可以在该子目录下新建一个 Web. config 文件。它可以提供除从父目录继承的配置信息以外的配置信息,也可以重写或修改父目录中定义的设置。

下级目录中的配置文件 Web. config 继承上级目录中的配置文件 Web. config,当然,除了继承以外还可以覆盖相同的选项,甚至改写或重定义上级配置文件的内容。ASP. NET 应用程序根目录下的配置文件 Web. config 继承机器配置文件 Machine. config。

4. 配置文件内容

配置文件包括机器配置文件 Machine. config 和应用程序配置文件 Web. config,它们都是按照 XML 的格式定义的,所以必须严格遵守 XML 格式。ASP. NET 从安全上保证了配置文件不能像页面文件那样由用户通过 URL 页面地址来访问。所有配置信息都驻留在 <configuration> 和 </configuration> 根 XML 标记之间。配置文件主要包括以下 4 个方面的信息:

(1) 应用程序配置,主要用于设置可以使用的功能。

(2) 数据库连接字符串。

(3) system. web 元素。

(4) system. net 元素。

下面以一个 ASP. NET 应用程序的 Web. config 为例来学习配置文件,其代码如下:

```
<?xml version = "1.0"?>
<! --
```

注意:除了手动编辑此文件以外,用户还可以使用 Web 管理工具来配置应用程序的设置,可以使用 Visual Studio 中的"网站"下的"ASP. NET 配置"命令。

设置和注释的完整列表在 machine. config. comments 中,该文件通常位于 \Windows\ Microsoft. Net\Framework\v2. x\Config 中。

```
-->
< configuration >
    < configSections >
        < sectionGroup name = "webServices"
            type = "System. Web. Configuration. ScriptingWebServicesSectionGroup,
            System. Web. Extensions, Version = 3.5.0.0,
            Culture = neutral,
            PublicKeyToken = 31BF3856AD364E35">
                < section name = "authenticationService"
                    type = " System. Web. Configuration. ScriptingAuthenticationServiceSection,
System. Web. Extensions, Version = 3. 5. 0. 0, Culture = neutral, PublicKeyToken =
31BF3856AD364E35" requirePermission = "false" allowDefinition = "MachineToApplication"/>
        </sectionGroup >
    </configSections >
    < appSettings >
        < add key = "xm" value = "chenxd"/>
        < add key = "xb" value = "男"/>
        < add key = "FCKeditor:BasePath" value = "~/fckeditor/"/>
        < add key = "FCKeditor:UserFilesPath" value = "~/upfile/" />
```

```
    </appSettings>
    <connectionStrings>
        <add name = "sqldatasourcecon1" connectionString = "Data Source = . \ SQLEXPRESS;
AttachDbFilename = D:\cxd\教学\asp.net\student.mdf;Integrated Security = True;" providerName
= "System.Data.SqlClient"/>
    </connectionStrings>
    <system.web>
        <!--
```

设置 compilation debug＝"true" 可将调试符号插入已编译的页面中,但这样会影响性能,因此只在开发过程中将此值设置为 true。

```
-->
<compilation debug = "false">
<membership defaultProvider = "newprovider">
  <providers>
  <clear/>
  <add name = "newprovider"
      type = "System. Web. Security. SqlMembershipProvider" connectionStringName =
"LocalSqlServer" minRequiredPasswordLength = "1" minRequiredNonalphanumericCharacters = "0"
requiresQuestionAndAnswer = "true" enablePasswordReset = "true" enablePasswordRetrieval =
"true" passwordFormat = "Clear"/>
  </providers>
</membership>
<!--
```

通过 ＜authentication＞ 节可以配置 ASP. NET 用来识别访问用户的安全身份验证模式。

```
        -->
        <authentication mode = "Forms">
          <forms loginUrl = "～/网站安全/login3.aspx"/>
        </authentication>
        <authorization>
                <deny users = "?"/>
                <allow users = "cxd1"/>
                <deny users = "cxd2"/>
        </authorization>
        <customErrors mode = "RemoteOnly" defaultRedirect = "mycustompage. htm">
                    <error statusCode = "403" redirect = "NoAccess.htm" />
                    <error statusCode = "404" redirect = "FileNotFound.htm" />
        </customErrors>
</system.web>
<system.net>
    <mailSettings>
        <smtp deliveryMethod = "Network" from = "masszcxd@163.com">
            <network defaultCredentials = "false" host = "smtp.163.com" password = "* * *
* * *" userName = "masszcxd@163.com"/>
            </smtp>
        </mailSettings>
    </system.net>
```

ASP. NET 网站的安全与发布

```
</configuration>
```

程序说明如下：

（1）第一行包含了 XML 声明，指出 Web. config 文件遵循的 XML 标准。下面的注释提醒还可以使用 Web 管理工具来配置应用程序的设置。

（2）＜configuration＞元素是 Web. config 文件的根元素，所有的子元素都包含在其中，所有的配置都放在各个子元素之中。

（3）＜configSections＞元素存储对处理应用程序的声明，例如指定配置节和命名空间声明，每个配置文件中只允许存在一个 ＜configSections＞ 元素，并且如果存在该元素，它必须是根元素＜configuration＞的第一个子元素。

（4）＜appSettings＞和＜/appSettings＞元素之间是自定义配置，通常用来设置常量。

（5）＜connectionStrings＞和＜/connectionStrings＞元素之间用于配置数据库连接。

（6）＜system. web＞元素中包含很多用于配置 ASP. NET Web 应用程序和控制应用程序行为的配置元素，例如配置身份验证、授权、缓存设置、自定义错误信息等元素。这些设置可以按任意顺序排列，下面是一些常见的元素。

- ＜compilation＞元素包含 ASP. NET 使用的编译设置。如果将 debug 设置为 true，则 ASP. NET 将编译页面期间发现的问题都输出到该元素设置的页中。这个功能在开发站点时很有用，但在部署站点之前要将其设置为 false。
- ＜membership＞元素用来配置成员资格管理提供程序。
- ＜authentication＞元素用来配置 ASP. NET 身份验证模式。
- ＜authorization＞元素用来定义授权模式。
- ＜customErrors＞元素用来为应用程序提供有关自定义错误的信息，可以设置当 ASP. NET 出现问题时将用户重定向到一个指定的错误页面。

（7）＜system. net＞元素包含指定. NET Framework 与网络的连接方式的配置。

5. 配置文件的优点

配置文件的优点如下：

（1）容易创建编辑。ASP. NET 的所有配置文件都是 XML 格式，可以使用文本编辑器、ASP. NET MMC 管理单元或网站管理工具等方式创建和编辑 ASP. NET 配置文件。

（2）即时修改更新。ASP. NET 的所有配置文件都可以随时修改，在将应用程序部署到服务器上之前、之间和之后都可以方便地编辑配置数据，在修改完成并保存后可立即激活，无须重新生成解决方案，也无须重新启动 Web 应用程序。

（3）可扩展型好。ASP. NET 配置文件具有很强的扩展性，开发人员可以自定义配置节，在应用程序中自行使用。

（4）安全性高。一般情况下，外部用户无法访问和下载 ASP. NET 配置文件。另外，开发人员还可以对配置文件进行加密操作并且不影响配置信息。

9.2　ASP. NET 网站管理工具

上一节介绍了开发人员手动修改配置文件的方式，除此之外，ASP. NET 中提供了一个简单的图形化 Web 界面，帮助开发人员方便地查看并管理网站配置，该管理工具就是 Web

网站管理工具(Website Administration Tool,WAT)。

第一次使用 Web 网站管理工具时,如果应用程序的根目录下没有 Web.config 文件,Web 网站管理工具会创建该文件。默认情况下,网站管理工具还会在网站的 App_Data 文件夹下创建一个名为 aspnetdb.mdf 的数据库,用于存储应用程序服务数据,例如成员资格和角色的信息。对于大多数设置,在网站管理工具中所做的修改会立即生效,并在 Web.config 中反映出来。

9.2.1 网站管理工具介绍

打开网站管理工具,在 VS 2010 中打开或创建一个 Web 应用程序,然后选择"网站"菜单中的"ASP.NET 配置"命令,将会打开 WAT,界面如图 9-1 所示。

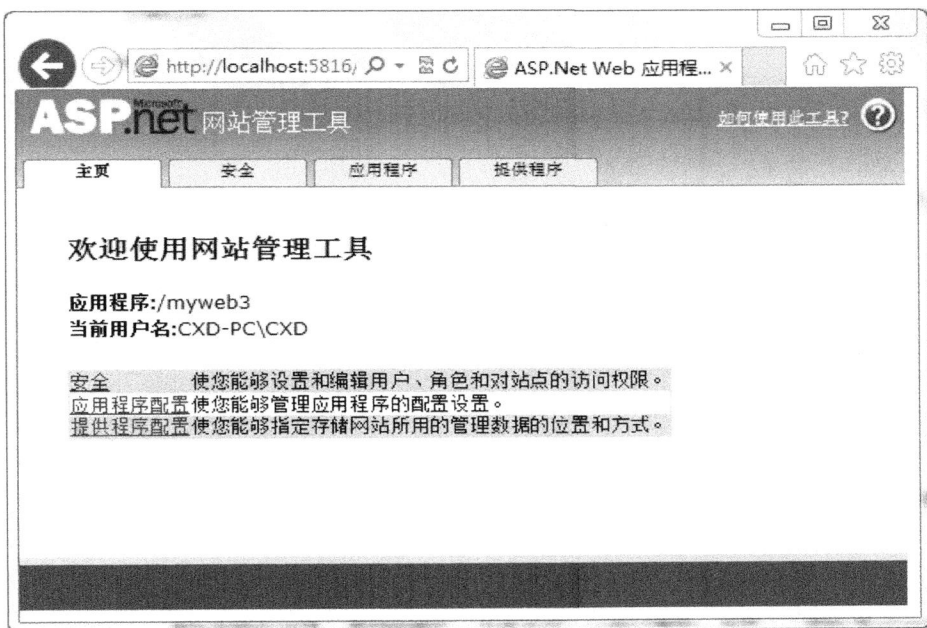

图 9-1 WAT 界面

网站管理工具提供的是一个选项卡式界面,该界面在每个选项卡中对相关的配置设置进行分组。

(1)"主页"选项卡。图 9-1 所示就是主页的界面,它包含了下面两部分内容:

- 显示当前配置的应用程序名和当前用户名。
- 列举了到其他选项卡的链接,并对这些链接做了简单介绍。

(2)"安全"选项卡。该选项卡中包括用于设置站点安全方面的配置:

- 设置用户名和密码。
- 创建角色。
- 创建权限。

(3)"应用程序"选项卡。该选项卡中包括与网络相关的设备:

- 应用程序设置。这些设置是需要集中存储并可以从网站的任何地方以代码形式访问的一些名称/值对。

- SMTP 设置。该设置用于确定站点如何发送电子邮件。
- 调试和跟踪设置。
- 脱机和联机设置。该设置用于使网站脱机（将其关闭）以执行维护，或使一个新的 Microsoft SQL Server 标准版的数据库联机。

（4）"提供程序"选项卡。该选项卡用于配置网站管理数据（例如成员资格）的存储方式。

在进行设置时，用户需要注意以下事项：

（1）注意保存设置。如果网站管理工具处于空闲，在单击"保存"按钮前若网站管理工具超时，会导致配置好的设置丢失。

（2）保存网站管理工具后建议重新启动应用程序，因为在网站管理工具中对配置设置所做的大多数更改立即生效。

（3）作为一种安全措施，网站管理工具会在不活动状态持续一段时间后超时。任何不立即生效且没有保存的设置将会丢失。如果网站管理工具超时，则关闭浏览器，然后在新的窗口中重新打开网站管理工具。

9.2.2 "安全"选项卡

ASP. NET 的安全性是建立在用户账户、角色和访问规则的基础上的，通过限制只有指定的用户账户才能访问 Web 应用程序的资源来保护特定资源的安全。使用"安全"选项卡可以管理用户账户、角色和网站的访问规则。默认情况下，通过"安全"选项卡配置的用户和角色信息都保存在 App_Data 文件夹下的 aspnetdb. mdf 文件中，而访问规则都存储在 Web. config 文件中。

1. 安全设置向导

在第一次使用"安全"选项卡之前，使用"安全设置向导"来配置网站的基本安全设置。安全设置向导集成了对身份验证类型、角色、用户和访问规则等配置的用户界面和功能。

（1）单击"使用安全设置向导按部就班地配置安全性"链接，进入一个欢迎界面，该界面中包含一些介绍向导功能的说明性文字。

（2）单击"下一步"按钮，进入"选择访问方法"界面。该界面用于配置应用程序的安全类型，具体取决于网站的使用方式，共有两种选择。

一是基于窗体的身份验证（通过 Internet），用于可通过 Internet 访问的网站。这种验证方式使用 ASP. NET 成员资格系统来管理各个用户账户和组（角色），可以使用 ASP. NET 登录控件创建一个登录页，用户可以在该页上输入他们的凭据。

二是集成 Microsoft Windows 身份验证（通过本地网络）。Windows 身份验证是用户在登录到 Windows 时提供的登录凭据，与 Windows 安全性交互。因此，Windows 身份验证适用于 Intranet 方案，即用户登录到基于 Windows 网络的方案，并且不必创建登录页，因为用户可以使用 Windows 凭据自动登录到应用程序。

注意：如果选择使用基于窗体的身份验证，则可以创建并管理用户账户。如果使用集成 Microsoft Windows 身份验证，则不能管理每个用户账户。如果更改身份验证类型，将丢失任何已经创建的用户信息。此外，访问规则可能不再以配置的方式工作。通常，在第一次配置网站的时候选择身份验证类型。

（3）单击"下一步"按钮，进入"数据存储区"界面。这一步没有实质性的操作，只是提供了一些有关更改应用程序的数据存储区的说明文字。

（4）单击"下一步"按钮，进入"定义角色"界面，在该界面中可以创建和删除角色。

（5）单击"下一步"按钮，进入"添加新用户"界面，在该界面中通过输入用户的 ID、密码和电子邮件来添加用户，还可以指定问题和回答。

（6）单击"下一步"按钮，进入"添加访问规则"界面，在该界面中可以添加新访问规则。

首先选择要设置规则的目录，也可以是整个站点。

然后在"规则应用于"下指定如何应用规则，可以选择要应用访问规则的"角色"的名称，可以输入要应用规则的用户账户的名称，可以选择"所有用户"表示该规则应用于网站的所有访问者，可以选择"匿名用户"表示该规则只应用于匿名(非注册)用户账户。

最后选择权限，"允许"表示允许指定的用户账户或角色对指定目录访问，"拒绝"表示拒绝指定的用户账户或角色对指定目录访问。

如果要拒绝指定的用户账户对某个文件夹的访问，可以单击该文件夹，然后选择"匿名用户"，再选择"拒绝"单选按钮。

如果定义了多个规则，则这些规则按列表显示的顺序应用。

2. 单项配置

在完成安全设置向导后，如果还存在一些没有配置正确的地方，可以通过"安全"选项卡中的单项配置来完成。在网站管理工具中提供了 3 个单项配置单元，即用户、角色和访问控制。

在用户单元可以完成下面的任务：

（1）创建、编辑和删除网站的注册用户账户。

（2）查看网站上所有注册用户账户的列表。

（3）更改网站使用的身份验证方法。

角色单元用于对用户账户进行分组，使授权的过程更加方便、简单。

访问规则单元允许或拒绝特定的用户账户或属于指定角色的所有用户账户对指定页进行访问，通常，可以使用访问规则来限制一些用户账户对页的访问。

9.2.3 "应用程序"选项卡

使用"应用程序"选项卡可以管理以下内容：

（1）应用程序设置。这是一些需要集中存储、并可从站点的任何地方以代码形式访问的名称/值对，例如文件路径、XML Web Service 的 URL、常用文本或需要集中维护且能够轻易更改的任何信息等。

注意：应用程序设置以纯文本格式存储在 Web.config 文件中，因此不要将敏感信息(例如用户名、密码等)数据存储在应用程序设置中。

创建一个应用程序设置就是指定要创建的设置的名和值，创建的名和值会自动保存在Web.config 文件的<appSettings>元素中，例如下面的代码：

```
<appSettings>
  <add key = "name" value = "陈向东" />
```

```
</appSettings>
```

如果需要以编程方式访问添加的值，可以使用 ConfigurationSettings 类的 AppSettings 属性访问应用程序中该设置的值，例如下面的代码：

```
lblName.Text = ConfigurationManager.AppSettings["name"];
```

（2）SMTP（简单邮件传输协议）设置。如果网站需要有发送电子邮件的功能（例如向用户发送密码），则必须指定站点使用的 SMTP 服务器。

IIS 包括一个 SMTP 虚拟服务器，需要从控制面板中安装该 SMTP 服务器。

"SMTP 设置"功能所管理的设置存储在网站的 Web. config 文件的＜mailSettings＞节中。SMTP 设置项如下：

- 服务器名。SMTP 服务器名称，默认为 localhost，可以使用网络上的计算机。
- 服务器端口。SMTP 服务器的端口，默认为 25。
- 发件人。将出现在由网站发送的电子邮件的"发件人："标头中的电子邮件地址。
- 身份验证。SMTP 服务器使用的身份验证类型。如果 SMTP 服务器使用"基本身份验证"，则提供一个用户账户的用户名和密码，该用户账户被授权可通过服务器转发电子邮件，该用户名和密码以明文存储在 Web. config 文件中。

（3）应用程序状态。将应用程序设置为脱机（将其关闭）或联机以执行维护，或使用一个新的 Microsoft SQL Server 速成版的数据库联机。

如果需要在网站上执行维护，则可以使网站脱机，这将关闭正在运行的网站进程，因而使站点不再提供页。然后，可以对页或其他文件进行编辑，避免了在编辑过程中页被请求可能会导致错误。如果使用 SQL Server 标准版，并需要向应用程序交换或添加.mdf 数据库文件，则使应用程序脱机也是非常有用的。如果应用程序正在运行，则无法附加到新的.mdf 文件。在完成了编辑文件或添加、更改.mdf 文件的操作时，可以使应用程序重新联机。

脱机设置存储在网站的 Web. config 文件的＜httpRuntime＞节中。

（4）调试和跟踪。设置应用程序的调试和跟踪功能，以便帮助用户诊断并修复 Web 应用程序的问题，主要在开发中使用。启用调试将导致网站中的页在编译时带入一些信息，.NET Framework 或 VWD 调试器可以使用这些信息，以逐句通过代码。启用跟踪将导致页生成一些信息，这些信息包括单个 Web 请求、与请求一起发送的 HTTP 标头、页上控件的状态和其他有关页处理的详细信息。

选择启用调试，则会启用对网站中所有页的调试。选择捕获跟踪信息，则启用对网站中所有页的跟踪，同时会启用页上剩余的选项。

"调试和跟踪"功能所管理的设置存储在 Web. config 文件的＜trace＞、＜compilation＞和＜customErrors＞元素中。

9.2.4 "提供程序"选项卡

提供程序的主要功能是实现和数据源之间的交互。网站管理工具的"提供程序"选项卡用于管理 ASP. NET 如何存储应用程序功能的数据，例如用户账户、角色和其他设置。用户可以使用网站管理工具更改并测试网站的提供程序。

在"提供程序"选项卡中提供了以下两个功能链接。

（1）"为所有站点管理数据选择同一提供程序"即为所有应用程序功能指定同一个提供程序。在这种情况下，成员资格和角色等所有数据存储在同一个数据存储区中。

（2）"为每项功能选择不同的提供程序（高级）"即为每个应用程序功能分别选择一个提供程序。通常，仅当需要精确控制信息存储的位置时，或必须将不同的提供程序只用于一个功能时选择单个提供程序。

默认情况下，网站管理工具将 AspNetSqlProvider 提供程序用于应用程序的所有功能，这意味着成员资格提供程序使用的是 AspNetSqlMembershipProvider，角色管理提供程序使用的是 AspNetSqlRoleProvider。如果要将本地 Windows 组用于角色授权，必须将默认的角色管理提供程序 AspNetSqlRoleProvider 替换为 AspNetWindowsTokenRoleProvider 提供程序。

"提供程序"选项卡管理的设置存储在应用程序的 Web. config 文件的＜membership＞和＜roleManager＞节中。

9.3　成员资格管理

9.3.1　成员资格简介

每一个完善的管理信息系统都应该包括与用户管理、角色管理有关的功能，主要包含用户注册、密码控制、用户登录、身份验证、角色分配、用户授权等功能的具体实现。ASP. NET 2.0 之前的版本，程序员经常需要为了在不同应用程序中实现这些常用功能反复地做着重复性劳动，从 ASP. NET 2.0 开始，开发框架为这些常用功能提供了封装好的控件及类库，简化了与用户管理有关的开发。

ASP. NET 4.0 继承了 ASP. NET 2.0 中集成的强大的身份验证功能，通过内置成员资格 API 与 SQL Server 2008 Express 数据库的有效结合，将大量复杂、烦琐的身份验证代码封装为不同的类库，为开发用户权限管理功能提供了方便。

成员资格管理主要实现以下几个方面的功能：

（1）用户管理。创建和管理用户信息，包括创建用户、用户登录、权限管理等功能。

（2）角色管理。根据权限创建不同的角色，分配不同角色拥有的权限，将不同用户分配到不同角色，这样就不必为每个用户单独分配权限，简化了权限控制。

（3）基于目录的权限分配。通过将相关文件放在同一目录并为目录分配访问权限来实现权限控制，这样可以简化权限分配与开发工作。

9.3.2　成员资格提供程序

ASP. NET 成员资格主要由成员资格提供程序和成员资格类构成，前者与数据源进行通信，后者实现用户登录信息验证和用户管理等功能。

成员资格提供程序负责与数据库之间的交互。ASP. NET 附带有两个成员资格提供程序，一个使用 Microsoft SQL Server 作为数据源，另一个使用 Windows Active Directory。用户还可以自定义一些其他的成员资格提供程序，用于其他数据库（例如 Oracle 等）或用于其架构不同于 ASP. NET 提供程序所使用的架构的 SQL Server 数据库。成员资格提供程序可以在 Web. config 中指定。

默认的成员资格设置和本地连接字符串在 Machine. config 文件中，用户可以打开该文件查看连接字符串。成员资格的默认连接字符串是 LocalSqlServer。在 VS 2010 中，该字符串设置默认使用的数据库服务器是 SQL Server 2008 Express，使用的数据库实例是 aspnetdb. mdf。

ASP. NET 提供了一个名为 aspnet_regsql. exe 的工具，可以用来创建数据库实例 aspnetdb. mdf，然后可以使用 9.4.1 节中介绍的 CreateUserWizard 控件来创建用户表中的用户数据，具体参见"典型案例一：成员资格数据库配置"。

该数据库可以直接在 Machine. config 文件中配置或修改，如果只是为单一的应用程序修改，最好在 Web. config 中设置，参见以下代码。

本地连接字符串：

```
< connectionStrings >
  < clear />
     < add  name = " LocalSqlServer "  connectionString = " data  source = . \ SQLEXPRESS;
Attachdbfilename = │DataDirectory│aspnetdb. mdf; Integrated Security = true; " providerName =
"System. Data. SqlClient" / >
</connectionStrings >
```

成员资格设置：

```
< membership defaultProvider = "newprovider">
  < providers >
    < clear/>
    < add name = "newprovider" type = "System. Web. Security. SqlMembershipProvider" connectionStringName
= " LocalSqlServer "  minRequiredPasswordLength = " 1 "  minRequiredNonalphanumericCharacters = " 0 "
requiresQuestionAndAnswer = " true "  enablePasswordReset = " true "  enablePasswordRetrieval = " true "
passwordFormat = "Clear"/>
  </providers >
</membership >
```

在配置文件 Web. config 中，<membership>元素包含在<system. web>元素内部。

9.3.3　成员资格类

在成员资格中有两个核心类，即静态的 Membership 类和 MembershipUser 类。在 Membership 类中包含很多方法和属性，用来实现创建、验证和管理用户等功能。MembershipUser 类用来实现检索特定用户信息的功能。

1. Membership 类

在 ASP. NET 应用程序中，Membership 类用于验证用户凭据并管理用户设置（例如密码和电子邮件地址）。Membership 类可以单独使用，通过前面章节介绍的 Web 服务器控件进行调用，也可以与身份验证类 FormsAuthentication 一起使用，完成创建一个完整的 Web 应用程序或网站所需要的用户身份验证功能的开发。Login 控件封装了 Membership 类，从而为用户提供了一种便捷的身份验证机制。

Membership 类提供的功能如下：

（1）创建新用户。该功能指将用户提交的成员资格信息（包括用户名、密码、电子邮件地址及支持数据存储等）存储在 Microsoft SQL Server 或其他类似的数据存储区。

（2）对访问网站的用户进行身份验证。该功能指可以以编程的方式对用户进行验证，也可以使用 Login 控件，只需要很少的代码或无须代码即可实现身份验证系统。

（3）管理密码。管理密码包括创建、更改、检索和重置密码等，可以选择配置 ASP.NET 成员资格以要求一个密码提示问题及其答案来对忘记密码的用户的密码重置和检索请求进行身份验证。同时，内置的密码管理功能默认提供强密码验证功能，用户创建的密码必须满足规定的强度。

表 9-1 中列出了 Membership 类提供的常用方法，通过这些方法可以实现用户管理的大部分工作。

表 9-1　Membership 类提供的常用方法

Membership 类方法	说　　明
CreateUser	在指定的数据库中添加新用户
DeleteUser	从数据库中删除指定的用户
FindUsersByEmail	返回一个用户集合，这些用户的电子邮件地址匹配给定的电子邮件地址
FindUsersByName	返回一个用户集合，这些用户的用户名匹配给定的用户名
GeneratePassword	生成指定长度的随机密码
GetAllUsers	返回数据库中包含的所有用户集合
GetNumberOfUsersOnline	返回一个整数，表示登录到应用程序中的用户数。给用户计数的时间窗口在 Machine.config 或 Web.config 文件中指定
GetUser	从数据库中返回某个用户的信息
GetUserNameByEmail	根据搜索的电子邮件地址从数据库中提取特定记录的用户名
UpdateUser	在数据库中更新某个用户的信息
ValidateUser	返回一个布尔值，表示某组凭证是否有效

【例 9-1】　为了了解 Membership 类的工作方式，可以创建一个简单的页面来显示成员资格数据库中的所有用户信息，只需要调用 Membership 类中的 GetAllUser() 方法即可获得所有用户信息集合。

MemberShip1.aspx 的代码如下：

```
<%@ Page Language="C#" AutoEventWireup="true" CodeFile="MemberShip1.aspx.cs" Inherits="网站安全_MemberShip1" %>
<!DOCTYPE html PUBLIC "-//W3C//DTD XHTML 1.0 Transitional//EN" "http://www.w3.org/TR/xhtml1/DTD/xhtml1-transitional.dtd">
<html xmlns="http://www.w3.org/1999/xhtml">
<head runat="server">
    <title></title>
</head>
<body>
    <form ID="form1" runat="server">
    <div>
        <asp:GridView ID="GridView1" runat="server">
        </asp:GridView>
```

```
        </div>
        </form>
</body>
</html>
```

MemberShip1. aspx. cs 的代码如下：

```
using System;
using System. Collections. Generic;
using System. Linq;
using System. Web;
using System. Web. UI;
using System. Web. UI. WebControls;
using System. Web. Security;
public partial class 网站安全_MemberShip1 : System. Web. UI. Page
{
    protected void Page_Load(object sender, EventArgs e)
    {
        if (!IsPostBack)
        {
            GridView1.DataSource = Membership.GetAllUsers();
            GridView1.DataBind();
        }
    }
}
```

程序运行结果如图 9-2 所示。

UserName	Email	PasswordQuestion	Comment	IsApproved	IsLockedOut	LastLockoutDate	CreationDate
c1	172172985@qq.com			☑	☐	1754/1/1 8:00:00	2010/10/18 10:06:33
c2	masszcxd@163.com			☑	☐	1754/1/1 8:00:00	2010/10/18 10:06:59
c3	cxd@massz.cn	what's your love?		☑	☐	1754/1/1 8:00:00	2010/10/20 17:20:01
c4	masszcxd@qq.com	what's your name?		☑	☐	1754/1/1 8:00:00	2010/10/20 17:14:31
c5	c5@qq.com	name?		☑	☐	1754/1/1 8:00:00	2010/10/21 9:44:02

图 9-2　Membership 类返回的部分数据

2. MembershipUser 类

MembershipUser 类用于表示成员资格数据存储区中的单个成员资格用户，该类公开有关成员资格用户的信息（例如电子邮件地址），并为成员资格用户提供功能（例如更改或重置其密码的功能）。它和 Membership 类之间有着密切的联系，在 Membership 类中有很多方法会用到 MembershipUser 对象。MembershipUser 对象可由 GetUser 和 CreateUser 方法返回，或者作为 GetAllUsers、FindUsersByName 等方法返回的 MembershipUser Collection 的一部分返回。当要更新现有成员资格用户的信息时，UpdateUser 方法需要 MembershipUser 对象。

MembershipUser 类提供的常用方法如表 9-2 所示。

表 9-2　MembershipUser 类提供的常用方法

MembershipUser 类方法	说　　明
UnlockUser	清除用户的锁定状态,以便可以验证成员资格用户
GetPassword	从成员资格数据存储区获取成员资格用户的密码
ResetPassword	将用户密码重置为一个自动生成的新密码
ChangePassword	更新成员资格数据存储区中成员资格用户的密码
ChangePasswordQuestionAndAnswer	更新成员资格数据存储区中成员资格用户的密码提示问题和密码提示问题答案

注意：MembershipUser 实例对象的信息都来自 aspnetdb. mdf 数据库中的 aspnet_User 表和 aspnet_Membership 表。

【例 9-2】　更新用户的电子邮件地址。

用户可以修改电子邮件地址,在单击"修改"按钮时,所修改的信息会被提交到服务器中并被用来更新内置的成员数据库表。本例实现简单,主要涉及两个方面：一是从数据库中获得用户信息,即当前用户的电子邮件地址,并显示在页面上；二是在用户提交数据后更新数据库。

MemberShipUser1. aspx 的代码如下：

```
< % @ Page Language = "C # " AutoEventWireup = "true" CodeFile = "MemberShipUser1.aspx.cs"
Inherits = "网站安全_MemberShipUser1" Debug = "true" %>
<!DOCTYPE html PUBLIC " - //W3C//DTD XHTML 1.0 Transitional//EN " " http://www.w3.org/TR/
xhtml1/DTD/xhtml1 - transitional.dtd">
< html xmlns = "http://www.w3.org/1999/xhtml">
< head runat = "server">
    < title ></title >
</head >
< body >
    < form id = "form1" runat = "server">
    < div >
        < h3 >更新用户< % = User.Identity.Name %></h3 >
        < asp:Label ID = "Msg" runat = "server" ForeColor = "Maroon"></asp:Label >
        < br />
    电子邮件地址: < asp:TextBox ID = "txtEmail" runat = "server" Columns = "30" MaxLength
 = "128"></asp:TextBox >
        < asp:Button ID = "btnUpdate" runat = "server" Text = "修改" onclick = "btnUpdate_
Click" />
        < br />
    </div >
    </form >
</body >
</html >
```

MemberShipUser1. aspx. cs 的代码如下：

```
using System;
using System.Collections.Generic;
using System.Linq;
```

```
using System.Web;
using System.Web.UI;
using System.Web.UI.WebControls;
using System.Web.Security;
public partial class 网站安全_MemberShipUser1 : System.Web.UI.Page
{
    MembershipUser u;
    protected void Page_Load(object sender, EventArgs e)
    {
        u = Membership.GetUser(User.Identity.Name);
        if (!IsPostBack)
            txtEmail.Text = u.Email;
        else
            Msg.Text = "用户名为空";
    }
    protected void btnUpdate_Click(object sender, EventArgs e)
    {
        try
        {
            u.Email = txtEmail.Text.Trim();
            Membership.UpdateUser(u);
            Msg.Text = "电子邮件地址已被更新";
        }
        catch (System.Configuration.Provider.ProviderException e1)
        {
            Msg.Text = e1.Message;
        }
    }
}
```

页面的设计视图如图 9-3 所示。

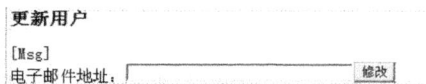

更新用户

[Msg]
电子邮件地址： [   ] [修改]

图 9-3　MembershipUser 类应用页面的设计视图

9.3.4　成员资格的使用方法

若要使用成员资格，用户需要注意以下几点：

（1）存储成员资格的数据存储区。默认情况下，成员资格信息存储在名为 aspnetdb. mdf 的 Microsoft SQL Server 数据库中，并由内置的成员资格提供程序实现数据库访问。当然，用户还可以指定其他的数据库类型，例如 Access、Oracle 等，这时要自定义成员资格提供程序。

（2）为成员资格定义用户账户。用户可以通过多种方式执行此操作，可以使用 9.2 节介绍的网站管理工具，该工具提供了一个用于创建新用户的类似向导的界面。另外，可以创建一个"新用户"ASP. NET 网页，在该网页中收集用户名、密码以及电子邮件地址（可选），然后使用一个名为 CreateUser 的成员资格函数在成员资格系统中创建一个新用户。

（3）ASP.NET 成员资格主要用于 ASP.NET Forms 身份验证，所以要将应用程序配置为 Forms 身份验证，可以在 Web.config 文件中直接设置，也可以通过 WAT（网站管理工具）实现。

对于如何配置 ASP.NET 应用程序，创建用户账户以使用成员资格，参见"典型案例二：使用 WAT 创建用户账户"。

9.4　登　录　控　件

成员资格提供程序和成员资格类提供的大部分功能都封装在.NET 工具箱的 7 个登录控件中，如图 9-4 所示。这时只要调用这些登录控件构建获取用户信息的界面，就会自动调用成员资格类中实现验证和管理的方法，几乎无须编写一行代码就可以实现用户身份验证的功能。

图 9-4　登录控件

9.4.1　CreateUserWizard 控件

除了可以使用网站管理工具创建用户以外，ASP.NET 还提供了一个 CreateUserWizard 控件来实现新用户的注册。CreateUserWizard 控件用于收集用户提供的信息，默认情况下，CreateUserWizard 控件将新用户添加到 ASP.NET 成员资格系统中。

CreateUserWizard 控件收集用户的以下信息：

（1）用户名。

（2）密码。

（3）密码确认。

（4）电子邮件地址。

（5）安全提示问题。

（6）安全答案。

CreateUserWizard 控件的设计视图如图 9-5 所示。

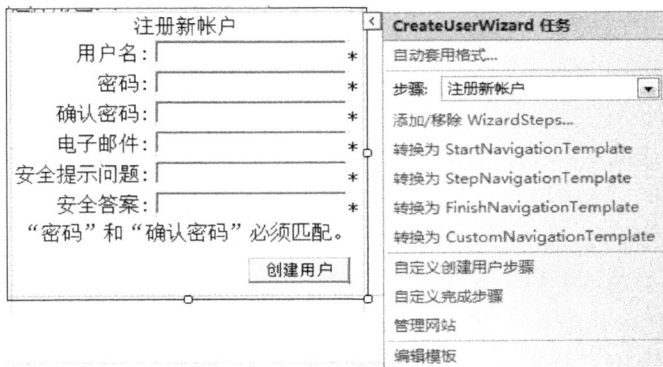

图 9-5　CreateUserWizard 控件的设计视图

ASP.NET 网站的安全与发布

在 CreateUserWizard 控件的任务列表中有 8 个选项,下面介绍它们的含义。

(1)"自动套用格式"用于自动格式化 CreateUserWizard 控件的外观样式。

(2)"步骤"中有两个步骤。

第一步骤是"注册新账户",这个步骤用于收集用户的各种信息,在用户输入信息并单击"创建用户"按钮后,控件通过 MembershipProvider 将收集到的信息存储在网站的用户数据存储区中。

第二步骤是"完成"。当用户提交的信息已正确添加到存储区后,将显示注册成功的信息和一个继续按钮。用户可以通过 ContinueDestinationPageUrl 属性设置单击此按钮后重定向的 URL。

(3)"添加/移除 WizardSteps"用于管理控件的步骤。

(4)"转换为 StartNavigationTemplate"、"转换为 StepNavigationTemplate"、"转换为 FinishNavigationTemplate"和"转换为 CustomNavigationTemplate"用于将起始步骤、普通步骤的导航区域以及自定义导航内容转换为可编辑模板。

(5)"自定义创建用户步骤"用于将"注册新账户"的用户界面转换为模板,以便用户账户创建步骤。

(6)"自定义完成步骤"用于将"完成"的用户界面转换为模板,以便自定义完成步骤。

(7)"管理网站"用于启动网站管理工具。

(8)"编辑模板"用于进入模板的编辑模式。

同样,可以使用主题和样式属性自定义 CreateUserWizard 控件的外观。

CreateUserWizard 控件的声明代码如下,所有步骤的代码都设置在<WizardSteps>和</WizardSteps>之间。由于 CreateUserWizard 控件继承自 Wizard 类,因此可以向 CreateUserWizard 控件添加自定义步骤。

```
< asp:CreateUserWizard ID = "CreateUserWizard2" runat = "server">
    < WizardSteps >
        < asp:CreateUserWizardStep runat = "server" />
        < asp:CompleteWizardStep runat = "server" />
    </WizardSteps>
</asp:CreateUserWizard >
```

9.4.2 Login 控件

Login 控件显示的是一个用于执行用户身份验证的用户界面,包含一个用户名文本框、一个密码文本框和一个"登录"按钮。同时还可以设置一个复选框,该复选框可以让用户选择是否要服务器存储它们的标识,以便再次登录时自动进行身份验证。

Login 控件使用成员资格管理在成员资格系统中对用户进行身份验证,只需几个简单步骤,不需要编写任何代码就可以实现登录功能。Login 控件的设计视图如图 9-6 所示。

Login 控件允许用户自定义界面外观,除此之外,还可以利用 Login 控件实现更多功能,例如为登录时遇到问题的用户提供帮助链接、密码提示链接或将用户重定向到注册页的"注册新账户"链接等。

Login 控件的重要属性如表 9-3 所示。

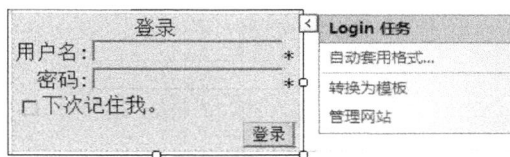

图 9-6　Login 控件的设计视图

表 9-3　Login 控件的重要属性

属　　　性	说　　　明
DestinationPageUrl	指定当验证通过后执行重定向显示的页面的 URL。默认是返回到引用页或 Web.config 文件中 defaultUrl 属性定义的页面
VisibleWhenLoggedIn	获取或设置一个布尔值,表示是否向通过验证的用户显示 Login 控件
FailureAction	获取或设置用户登录验证失败时 Login 控件的行为
MembershipProvider	获取或设置控件使用的成员资格数据提供程序的名称
RememberMeSet	获取或设置布尔值,表示是否向客户端浏览器发送持久性身份验证 Cookie
DisplayRememberMe	获取或设置布尔值,表示是否显示复选框"下次记住我"

通常情况下,由于 Login 控件是与成员管理功能集成完成身份验证工作,所以主要工作是设置控件的属性,而不必关心如何实现登录控件验证过程中的事件处理程序。但是如果有需要,也可以使用自定义身份验证服务通过 OnAuthenticate 方法来引用 Authenticate 事件,使用 Authenticate 事件实现自定义身份验证方案。

9.4.3　LoginName 控件

LoginName 控件用来显示当前用户的名称。对于已登录的用户,如果希望通过某种方式反馈信息,告诉自己已确认其身份,可以使用该控件。LoginName 控件既可以显示通过表单 Forms 验证的用户名,也可以显示经过其他登录验证的用户名,例如 Windows 身份验证。

注意:只有当前用户已通过身份验证时才显示该用户的登录名,如果用户尚未登录,则不呈现该控件。

与其他方式相比,使用 LoginName 控件在页面上显示当前登录用户的身份是一种非常简单、快捷的方式。

9.4.4　LoginView 控件

用户分为登录用户和匿名用户两种,在登录用户中也定义了不同的角色,对于不同的用户和角色希望可以呈现不同的页面,使用 LoginView 控件可以向匿名用户、登录用户以及不同角色的登录用户显示不同的信息。

LoginView 控件的设计视图如图 9-7 所示。

在该控件的任务列表中有以下 3 个选项:

(1) 编辑 RoleGroups。该选项用于设置 RoleGroups 属性中的角色信息。

(2) 视图。在"视图"下有两个选项,即 AnonymousTemplate 和 LoggedInTemplate,分别是为匿名用户或经过身份验证的用户显示适当信息的视图。

图 9-7　LoginView 控件的设计视图

（3）管理工具。该选项用于调用 VS 2010 内置的 Web 网站管理工具。

LoginView 控件的主要任务是根据用户身份和角色的不同，为不同的用户或角色显示不同的网站"视图"（或者说内容模板），这和 LoginView 控件的 3 个属性有关。

（1）AnonymousTemplate 属性。该属性用于向未登录到网站的用户（匿名用户）设置显示的视图，登录用户永远看不到此属性中设置的视图。

（2）LoggedInTemplate 属性。该属性用于向登录到网站但不属于 RoleGroups 属性中指定的任何角色组中用户设置显示的视图。

（3）RoleGroups 属性。该属性用于向已登录且具有特定角色的用户设置显示的视图，如果用户是多角色成员，则使用第一个匹配的角色视图；如果有多个视图与单个角色相关联，则仅使用第一个定义的视图。

LoginView 控件还包括 ViewChanging 和 ViewChanged 两个事件，开发人员可以利用这些事件编写用户登录或更改状态时的处理程序。

9.4.5　LoginStatus 控件

LoginStatus 控件用于检测用户的身份验证状态，有以下两种身份验证状态：

（1）用户没有登录站点，LoginStatus 控件显示登录链接链接到指定的登录页。

（2）用户已登录站点，LoginStatus 控件显示注销链接。站点注销操作会清除用户的身份验证状态，如果在使用 Cookie，该操作还会清除用户的客户端计算机中的 Cookie。LoginStatus 控件的设计视图如图 9-8 所示。

图 9-8　LoginStatus 控件的设计视图

注销链接的注销行为由控件属性 LogoutAction 决定，LogoutAction 属性包括 3 个枚举值，分别如下：

（1）Refresh。该值表示刷新当前页面。

（2）Redirect。该值表示重定向到 LogoutPageUrl 属性中定义的页面，如果 LogoutPageUrl 属性值为空，则重定向到 Web. config 中定义的登录页面。

（3）RedirectToLoginPage。该值表示重定向到 Web. config 中定义的登录页面。

当然，开发人员还可以通过设置 LoginText 和 LoginImageUrl 属性自定义 LoginStatus 控件的外观。

9.4.6 PasswordRecovery 控件

很多用户在第一次登录网站时已经注册过，但再次登录时可能忘记了密码，重新注册又是一件很烦琐的事情。为此，ASP. NET 专门提供了 PasswordRecovery 控件帮助用户找回密码。PasswordRecovery 控件可以帮助用户在忘记密码时恢复或重新设置密码，并可以根据用户在创建账户时所使用的电子邮件地址将密码发送到其中。

使用 PasswordRecovery 控件找回密码有下面两种方式：

（1）找回原有密码。如果成员资格提供程序经过配置对密码进行加密或以明文方式存储密码，就可以向用户发送他们设置的密码。

（2）重置新密码。在默认情况下，ASP. NET 采用的是不可逆的加密方式对密码进行哈希处理，因此密码是不可恢复的，这时，应用程序会重置密码，将新密码发送给用户。

至于采用哪种方式，取决于成员资格提供程序的配置方式。配置实例如下：

```
< membership defaultProvider = "newprovider">
    < providers >
        < clear/>
            < add name = "newprovider" type = "System. Web. Security. SqlMembershipProvider"
connectionStringName = "LocalSqlServer" minRequiredPasswordLength = "1" minRequired
NonalphanumericCharacters = "0" requiresQuestionAndAnswer = "true" enablePasswordReset =
"true" enablePasswordRetrieval = "true" passwordFormat = "Clear"/>
    </providers >
</membership >
```

PasswordRecovery 控件的配置属性如表 9-4 所示。

表 9-4　PasswordRecovery 控件的配置属性

属　　性	说　　明
EnablePasswordReset	指示成员资格提供程序是否配置为允许用户重置其密码
EnablePasswordRetrieval	指示成员资格提供程序是否配置为允许用户检索其密码
RequiresQuestionAndAnswer	指示成员资格提供程序是否配置为要求用户在进行密码重置和检索时回答密码提示问题
PasswordFormat	指示在成员资格数据存储区中存储密码的格式，默认为 Hashed，表示 PasswordRecovery 控件无法恢复用户的密码，只能重置

恢复密码后，应用程序会以电子邮件的方式将密码发送给用户，因此，必须使用 SMTP 服务器对应用程序进行配置，可以使用 WAT（网站管理工具）进行设置。

在帮助用户找回密码时，对于如何确定用户的身份，PasswordRecovery 控件有一个简单的验证，要求用户输入注册的用户名和问题答案。

PasswordRecovery 控件的设计视图如图 9-9 所示。

PasswordRecovery 控件内置了以下 3 种视图：

（1）用户名视图。该视图要求丢失密码的用户输入注册的用户名。

（2）问题视图。该视图要求用户输入提示问题的答案。

（3）成功视图。该视图通过显示信息告诉用户密码是否恢复或重置是否成功。

当 MembershipProvider 属性中定义的成员资格提供程序支持密码提示问题和答案时，

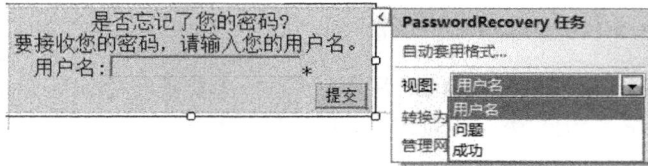

图 9-9 PasswordRecovery 控件的设计视图

即 RequiresUniqueEmail 属性设置为 True 时,PasswordRecovery 控件才会显示问题视图。

当然,开发人员还可以自定义 PasswordRecovery 控件的外观。

9.4.7 ChangePassword 控件

ChangePassword 控件供用户更改其在登录网站时所使用的密码,可以执行以下操作:

(1) 先登录,提交旧密码验证身份后再提交新密码要求更改密码。

(2) 在未登录的情况下更改其密码,即用户不需要登录,可以直接指定用户密码,条件是包含 ChangePassword 控件的页面允许匿名访问并且 DisplayUserName 属性设置为True。

ChangePassword 控件同样也是使用 MembershipProvider 属性中定义的成员资格提供程序来更改该网站的成员资格提供程序数据存储区中存储的密码。ChangePassword 控件的设计视图如图 9-10 所示。

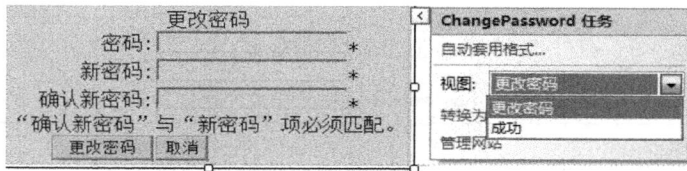

图 9-10 ChangePassword 控件的设计视图

ChangePassword 控件内置了以下两种视图:

(1) 更改密码视图。在该视图中首先要求用户输入当前密码,然后输入两次新的密码以进行确认。如果允许匿名用户修改密码,可以将 ChangePassword 控件的DisplayUserName 属性设置为 True,这样控件中将会自动显示下一个文本框,以便用户输入用户名。

(2) 成功视图。该视图显示已成功修改密码的确认信息。如果设置了用户成功修改密码后重定向的页面,即设置了控件的 SuccessPageUrl 属性,成功视图将不会显示。

当然,开发人员还可以自定义 ChangePassword 控件的外观。

9.5 身份验证、授权和角色管理

9.5.1 身份验证

所谓身份验证是指确定用户身份的行为,例如让用户提供用户名和密码,网站根据服务器上存储的信息进行核实，以确定用户是否是他所声称的身份。身份验证通常是通过让用户提供用户名和密码的方式实现，对于先进的系统或特殊的行业，例如银行等，可能还会采用证书或其他身份识别工具来完成。

当用户通过身份验证后，下一步就是授权，即授权进程将确定该身份的用户是否可以访问给定资源。

身份验证是根据用户提供的凭证识别用户的过程，这些凭证与凭证存储中的现有凭证进行比较，存储的性质取决于身份验证的类型。

身份验证的类型通过 Web. config 文件中的＜authentication＞元素的 mode 属性来定义。

```
＜authentication mode = "[Windows|Forms|Passport|None]"＞＜/authentication＞
```

ASP. NET 4.0 中提供了 4 种身份验证方式，即 Windows 验证、Passport 验证、Forms 验证和 None 验证。大多数情况下，Web 应用程序都使用 Forms 验证方式，因此本书重点介绍 Forms 验证。

9.5.2　Forms 身份验证

Forms 身份验证提供了一种方法，可以使用户创建的登录窗体验证用户的用户名和密码。如果通过了身份验证，会将身份验证标记保留在 Cookie 或页面的 URL 中；如果未通过身份验证，将被重定向到登录页面。该登录页既收集用户的凭据，又包括验证这些凭据时所需要的代码。用户使用 Forms 身份验证方式访问受保护页面的过程如下：

(1) 用户请求需要身份验证的页面，例如 default. aspx。

(2) HTTP 模块调用 Forms 验证，并检查身份验证标记。

(3) 如果没有发现身份验证标记，则重定向到用户登录页面，例如 login. aspx，使用 ReturnUrl 将原请求页面 default. aspx 的信息放在查询字符串中。

(4) 如果通过身份验证，则重定向到 ReturnUrl 中指定的原请求页面。默认情况下，身份验证的标记以 Cookie 的形式发出。

Forms 身份验证的示例参见"典型案例三：Forms 身份验证"。

9.5.3　授权

用户授权是指对已经通过身份验证的用户授予或拒绝访问资源的权限。在 ASP. NET 4.0 中，主要使用 URL 授权，它可以显式地允许或拒绝某个用户名或角色对特定目录的访问权限。使用 URL 授权，必须设置配置文件 Web. config 的 authorization 元素，通过其中的授权指令元素 allow 或 deny 指定一个用户或角色列表。例如以下代码：

```
＜authorization＞
    ＜deny users = "?" /＞
＜/authorization＞
```

其中一定有一个＜deny＞元素，并将其 users 属性设置为"?"，表示对于未通过身份验证的用户都拒绝访问应用程序中的资源。

allow 和 deny 元素分别表示授予访问权限或撤销访问权限，它们都有以下 3 个属性：

（1）users。该属性表示允许或拒绝访问资源的用户。其值"?"表示匿名用户,即未通过身份验证的用户,"＊"表示所有经过身份验证的用户。

（2）roles。该属性表示允许或拒绝访问资源的角色。

（3）verbs。该属性用于定义操作中所用的 HTTP 提交方式,例如 GET、HEAD 和 POST 等。其默认值为"＊",表示支持所有的 HTTP 提交方式。

以下代码表示授予用户 cxd 访问权限,并且拒绝所有其他用户的访问:

```
<authorization>
    <allow users = "cxd" />
    <deny users = " ＊ " />
</authorization>
```

注意:机器配置文件 Machine. config 的默认设置是将访问权限授予所有用户,如果没有匹配的规则,将允许请求。

9.5.4　角色管理

定义哪些用户可以访问站点,对于一个用户较少的网站来说是可行的。但如果这个站点的用户很多,分别定义用户,再分别授予权限,工作量会很大。一个很好的解决方案就是利用角色管理来授权。

角色是用户组的名称。在建立角色后,可以将每个用户分配到不同的角色中,然后再给角色分别授予不同的权限,这时角色中的每个用户都继承了已分配的权限,实现了用户和访问权限的逻辑分离。

角色管理主要用来管理授权,指定应用程序中的用户可以访问的资源。角色管理的主要任务如下:

（1）创建角色,实现角色和访问权限的关联。在建立角色后,接下来需要在应用程序中创建访问规则。例如,站点中可能包括一组对所有成员显示的页面,也包括只对高级用户显示而对普通用户隐藏的页面,这时就可以创建两个角色分别授予不同的权限。

（2）实现角色和用户的管理。开发人员无须为站点的各个成员授予权限,可以将用户添加到不同的角色或从角色中删除,使他们具有不同的权限,从而访问不同的页面。

开发人员可以使用编码的方式创建角色,这时需要使用 Roles 类(此书不详细介绍,读者可以通过其他途径进一步了解),还可以直接使用 WAT 可视化创建,参见"典型案例四:角色的创建和分配"。

9.6　ASP. NET 网站的发布

网站或 Web 应用程序在设计开发完成后,为了让 Internet 上的用户能够访问 Web 站点,需要将它们发布到 Internet 服务器上。一般开发者开发和发布网站都是在同一台计算机上进行的,由本地机充当 Web 服务器和客户机。本节内容的开发环境配置为 Windows 7 64 位旗舰版＋VS 2010＋SQL Server 2008＋IIS。

9.6.1　IIS 的安装与配置

虽然大多数 Windows 版本都包含 IIS(Internet Information Services),但默认情况下不

会安装它,因此首先要确保使用的 Windows 版本支持 IIS,然后安装 IIS。虽然 Windows Vista 和 Windows 7 的 Starter 版本和 Home Basic 版本提供了部分 IIS,但不能在它们上面运行 ASP.NET 页面,因此至少需要安装 Home Premium 版本。Windows 基于服务器的版本则完全支持 IIS。

如果要在 Windows 上安装和配置 IIS,需要以 Administrator(管理员)身份登录系统。除了安装 IIS 以外,用户还需要知道如何在 IIS 中创建和配置 Web 站点。

IIS 的安装和配置参见"典型案例五: IIS 的安装配置与网站发布"。

成功安装 IIS 后,还要确保已经安装了 Microsoft .NET Framework 4。如果安装了 VS 2010,则连同 Framework 4 一起安装了,不用再单独安装 Framework 4。如果计算机上先安装了 .NET Framework 4,后来才安装 IIS,那么就要告诉 IIS 已经存在 Framework 4,这需要在 IIS 中手动注册 ASP.NET,步骤如下:

单击"开始"按钮,选择"所有程序 | Microsoft Visual Studio 2010 | Visual Studio Tools | Visual Studio 命令提示(2010)"命令,进入命令行窗口,输入命令"aspnet_regiis-i",之后用户会收到 ASP.NET 4 已经成功地在 IIS 中注册的消息。

9.6.2 Web 站点的发布

如果要将 ASP.NET Web 站点投入到生产环境中使用,需要将它部署到运行 IIS 的计算机中,IIS 是微软公司的专业 Web 服务器。

其部署过程参见"典型案例五: IIS 的安装配置与网站发布"。

9.7 典型案例及分析

典型案例一:成员资格数据库配置

ASP.NET 包括一个名为 aspnet_regsql.exe 的工具,可以用来手动创建成员资格管理中的 SQL Server 数据库实例,例如 myaspnetdb。该工具默认位于 Web 服务器的 systemroot \Microsoft.NET\Framework\[version number]文件夹中,共有两种方式运行 aspnet_regsql 工具。

第一种方式是将 aspnet_regsql.exe 的工具作为命令行实用工具来运行,即通过选择"所有程序 | Microsoft Visual Studio 2010 | Visual Studio Tools | Visual Studio 命令提示(2010)"命令打开命令行窗口,运行带有参数的 aspnet_regsql 命令。下面是一个命令行示例,用来配置一个名为 myaspnetdb 的数据库(参数为-d myaspnetdb),使用当前的 Windows 凭据进行身份验证(参数为-E),添加所有的表,包括成员资格、角色管理和用户配置等(参数为-A all)。

```
aspnet_regsql -E -A all -d myaspnetdb
```

表 9-5 描述了 aspnet_regsql 命令行常用的参数。

第
9
章

ASP.NET 网站的安全与发布

表 9-5　aspnet_regsql 命令行常用的参数

参　　数	说　　明
-S servername	表示要安装的 SQL Server 实例，后接数据库服务器的名称
-U login id	进行身份验证的 SQL Server 用户名
-P password	进行身份验证的 SQL Server 密码
-A	添加一项或多项功能的支持，all 表示支持所有的功能
-R	表示在数据库中删除对一项或多项的支持
-d databasename	表示要创建或修改的数据库的名称。如果未指定数据库，使用默认数据库名称 aspnetdb
-sqlexportonly	生成可用于添加或移除指定功能的 SQL 脚本文件，不执行指定的操作

　　第二种方式是使用向导。在命令行窗口中输入命令 aspnet_regsql 会自动打开一个如图 9-11 所示的向导，接下来的操作分别如图 9-12～图 9-14 所示。

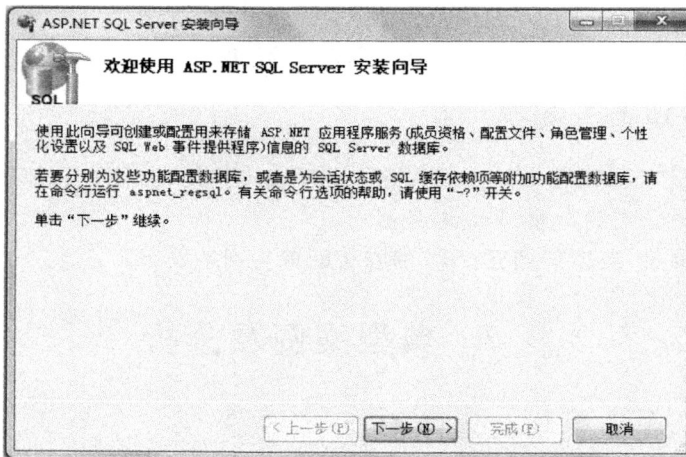

图 9-11　使用 aspnet_regsql 工具创建数据库的向导 1

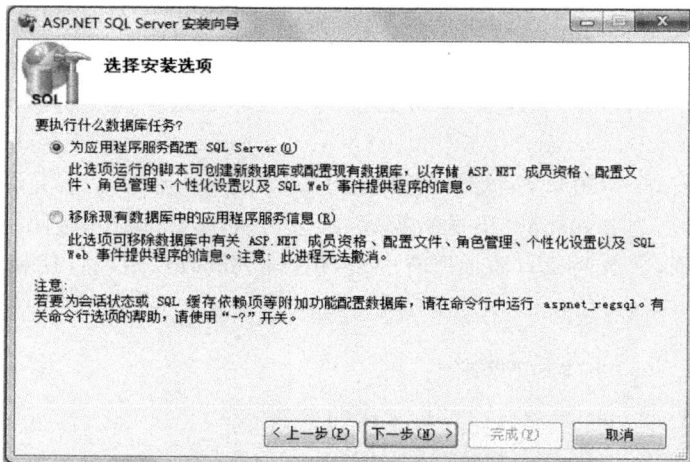

图 9-12　使用 aspnet_regsql 工具创建数据库的向导 2

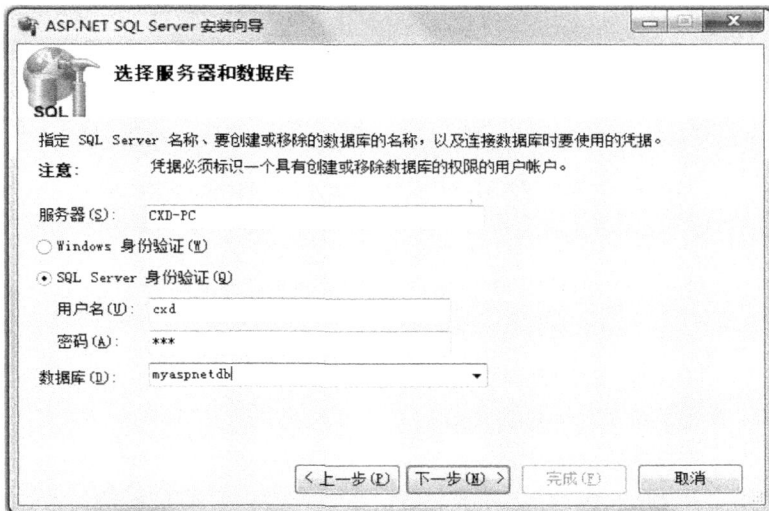

图 9-13　使用 aspnet_regsql 工具创建数据库的向导 3

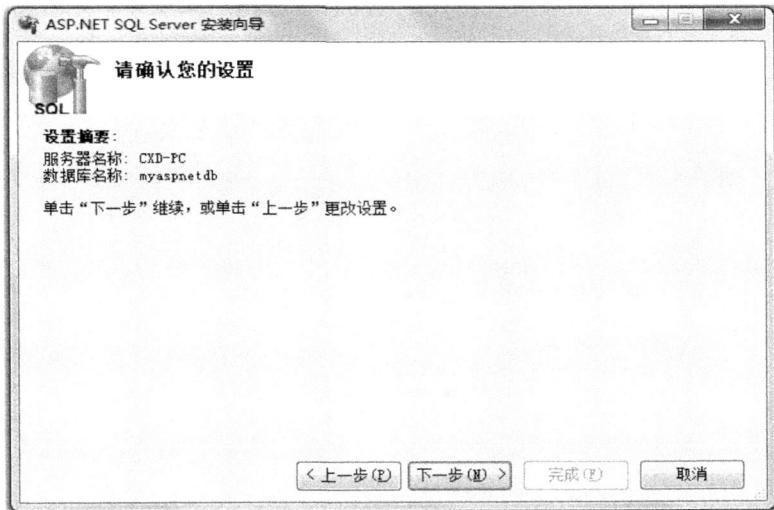

图 9-14　使用 aspnet_regsql 工具创建数据库的向导 4

在完成 ASP. NET SQL Server 的安装向导后,系统会根据向导设置存储应用程序服务信息的 SQL Server 数据库,并自动生成数据库实例 aspnetdb。该实例包括多个数据表,以支持成员资格、配置文件和角色管理等功能。

典型案例二：使用 WAT 创建用户账户

创建一个 ASP. NET Web 应用程序,选择"网站 | ASP. NET 配置"命令,打开 WAT (ASP. NET 网站管理工具)窗口,然后选择"安全"选项卡,显示如图 9-15 所示。

"安全"选项卡用来管理用户账户、角色和网站的访问规则。首先单击"选择身份验证类型"链接,将应用程序设置为"通过 Internet",即使用 Forms 身份验证模式,如图 9-16 所示。

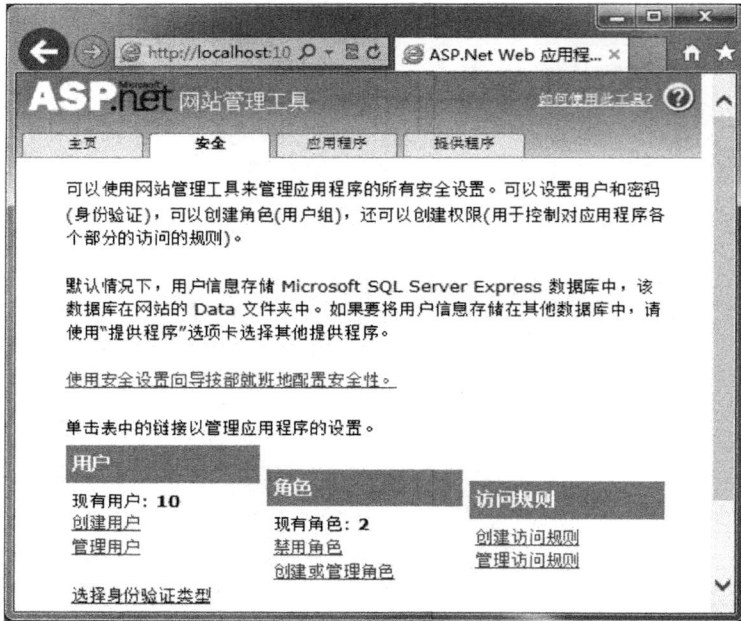

图 9-15 "安全"选项卡

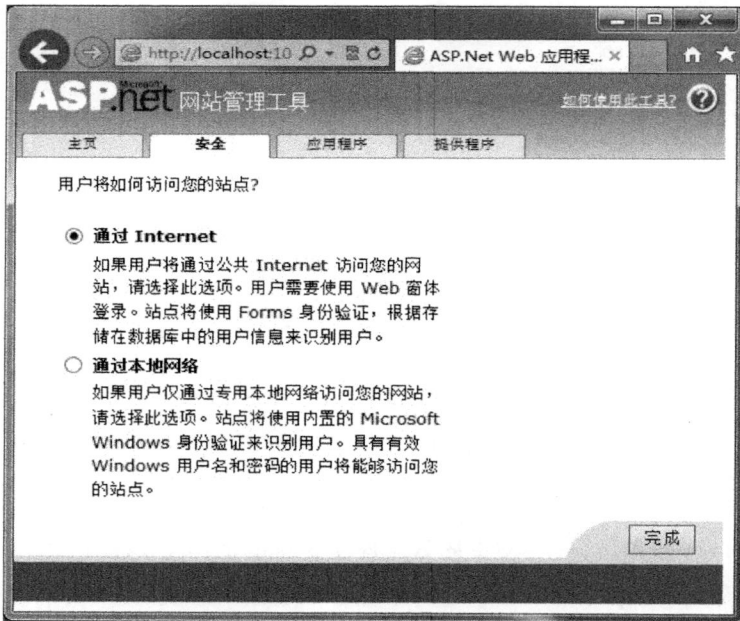

图 9-16 设置使用 Forms 身份验证模式

单击"创建用户"链接，可以看到如图 9-17 所示的界面，可以在该界面中输入用户信息以创建新用户。

继续创建新用户，如图 9-18 所示。

创建新用户之后，可以在成员资格数据库的 aspnet_Users 表和 aspnet_Membership 表

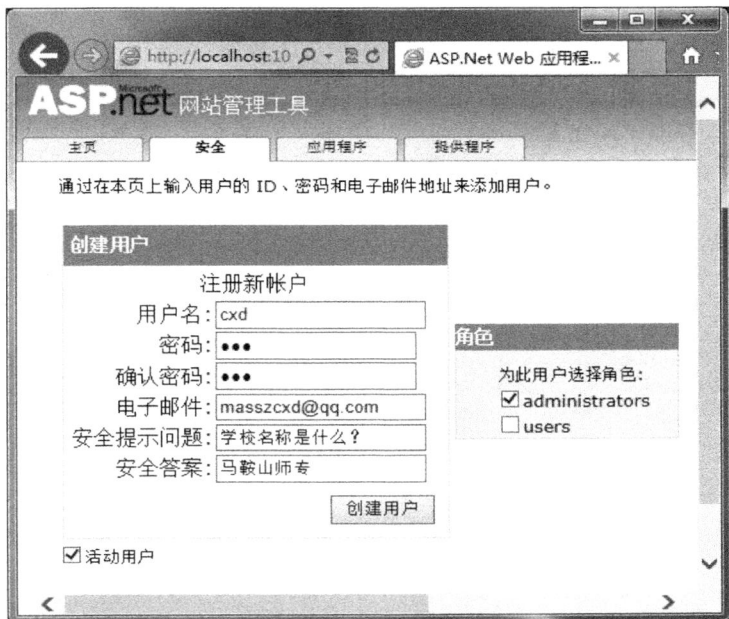

图 9-17　创建新用户

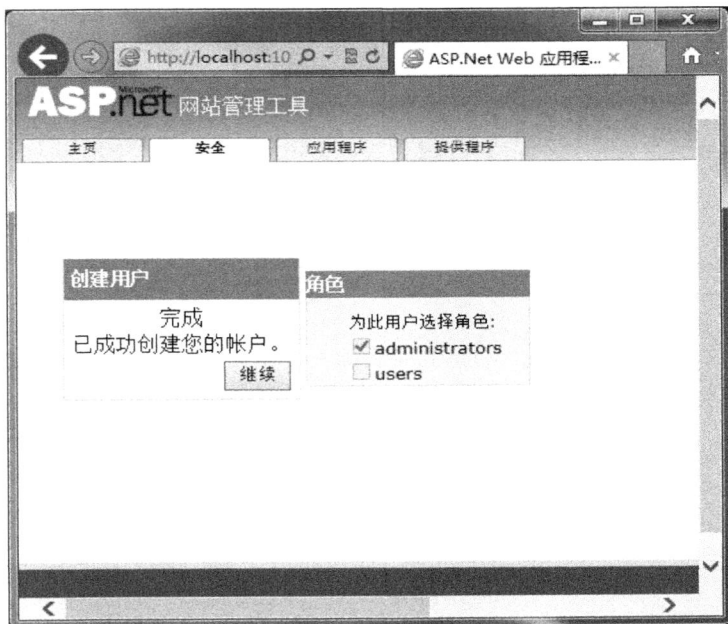

图 9-18　继续创建新用户

中查看到上面创建的新用户记录。除了创建新用户之外，单击图 9-15 中的"管理用户"链接还可以对成员资格数据库中的用户进行编辑操作，如图 9-19 所示。

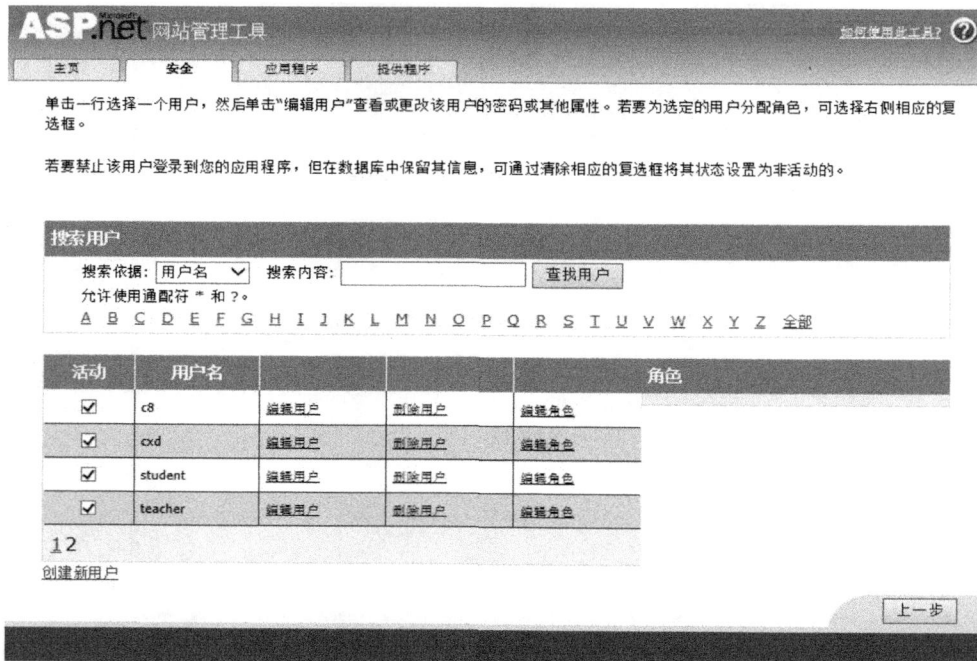

图 9-19　编辑用户

典型案例三：Forms 身份验证

1. 配置 web. config 文件

在应用程序的根目录下创建一个名为 web. config 的文件（也可以使用自动生成的 Web. config），并在其中添加以下代码：

```
< configuration >
  < connectionStrings >
    < clear />
    < add name = "LocalSqlServer" connectionString = "data source = .\SQLEXPRESS; Attachdbfilename =
|DataDirectory| aspnetdb. mdf; Integrated  Security = true; "  providerName = " System. Data
.SqlClient" / >
  </connectionStrings >
  < system. web >
    < authentication mode = "Forms">
        < forms name = "formauthentication" loginUrl = "~/网站设计/login1.aspx" >
        </forms >
    </authentication >
    < compilation debug = "true" />
  </system. web >
</configuration >
```

代码分析：

（1）采用前面介绍的方法创建成员资格数据库 aspnetdb，在<connectionStrings>节中配置数据库连接字符串。

（2）authentication 元素的 mode 属性值为 Forms，表示使用 Forms 身份验证，用户也可以在 WAT 中设置 Forms 身份验证方式。

（3）forms 元素中的 name 属性表示用于身份验证的 Cookie 的名称，用来区别一个程序中多个基于 Forms 的验证。loginUrl 表示在找不到包含请求内容的身份验证 Cookie 的情况下进行重定向的 URL。

（4）在 forms 元素中还可以添加 defaultUrl 属性，表示网站默认首页，例如"defaultUrl＝"～/网站安全/default.aspx""，这样登录后将转到此页。如果没有定义此属性，直接运行登录页后将转到网站默认首页。

（5）当用户没有通过身份验证时将被重定向到登录页面上，登录页面用于收集用户凭据（用户名和密码），并对他们进行身份验证，如果用户通过身份验证，登录页会将用户重定向到用户请求的页面。

2. 创建用户登录页面 login. aspx

（1）用户登录页面设计如图 9-20 所示。

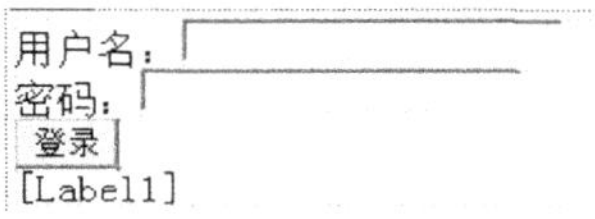

图 9-20 用户登录页面设计

login. aspx 文件的代码如下：

```
<%@ Page Language = "C#" AutoEventWireup = "true" CodeFile = "login3.aspx.cs" Inherits = "网站安全_login3" %>
<!DOCTYPE html PUBLIC " - //W3C//DTD XHTML 1.0 Transitional//EN" "http://www.w3.org/TR/xhtml1/DTD/xhtml1 - transitional.dtd">
<html xmlns = "http://www.w3.org/1999/xhtml">
<head runat = "server">
    <title></title>
</head>
<body>
    <form ID = "form1" runat = "server">
    <div>
        用户名: <asp:TextBox ID = "txtName" runat = "server"></asp:TextBox>
        <br />
        密码: <asp:TextBox ID = "txtPass" runat = "server"
            TextMode = "Password"></asp:TextBox>
        <br />
        <asp:Button ID = "btnLog" runat = "server" Onclick = "btnLog_Click" Text = "登录" />
        <br />
        <asp:Label ID = "Label1" runat = "server"></asp:Label>
    </div>
    </form>
</body>
</html>
```

ASP. NET 网站的安全与发布

（2）login. aspx. cs 文件的代码如下：

```
using System;
using System.Collections.Generic;
using System.Linq;
using System.Web;
using System.Web.UI;
using System.Web.UI.WebControls;
using System.Web.Security;
public partial class 网站安全_login3 : System.Web.UI.Page
{
    protected void Page_Load(object sender, EventArgs e)
    {
    }
    protected void btnLog_Click(object sender, EventArgs e)
    {
        if(Membership.ValidateUser(txtName.Text,txtPass.Text))
            FormsAuthentication.RedirectFromLoginPage(txtName.Text,false);
        else
            Label1.Text = "用户名或密码有误!";
    }
}
```

（3）在创建用户登录页面之前已经创建了成员资格，所有的用户信息都存储在成员资格数据存储中。登录页面 login. aspx 实现用户登录验证成员资格很简单，利用 Membership 类的成员对象快速实现用户验证。

（4）实现验证的是 Membership 类的 ValidateUser 方法，ValidateUser 提供了验证来自数据源的用户名和密码的简便方法。如果验证通过，则 ValidateUser 方法返回 True，否则返回 False。

（5）FormsAuthentication. RedirectFromLoginPage()方法是将经过身份验证的用户重定向到最初请求的 URL 或默认 URL。

3. 创建需要身份验证的页面 default. aspx

任何一个页面都可以要求进行身份验证，此处的 default. aspx 可以根据具体的应用需要设计相应内容，因为在 web. config 文件中已经设置了身份验证，所以用户在访问 default. aspx 时会自动重定向到 login. aspx 页面进行身份验证。

典型案例四：角色的创建和分配

建立角色的主要目的是提供一种管理用户组访问规则的便捷方法，所以应首先创建一组限制为只有某些用户可以访问的页面。通常的方法是将这些受限制的页面单独放在一个文件夹中，然后定义允许和拒绝访问受限文件夹的规则，并且将不同的用户分配到不同角色中。

（1）创建具有受限制访问权限的文件夹。打开或新建一个 ASP. NET 网站，利用 WAT 新建 teacher、student 等用户，然后右击网站根目录，选择"新建文件夹"命令，将该文件夹命名为 TeacherPages，在此文件夹下创建一个仅部分用户能够访问的页面，如图 9-21 所示。

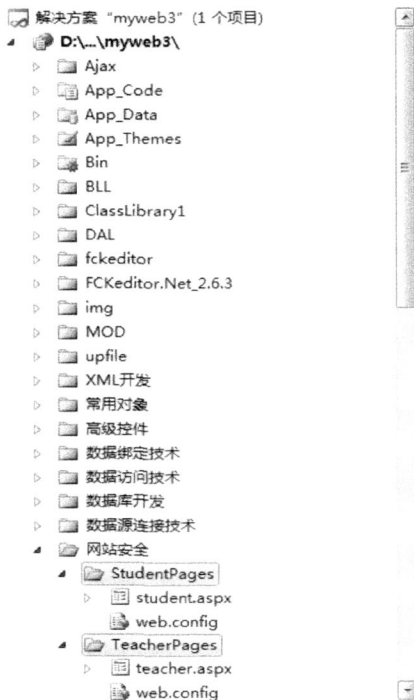

图 9-21　创建受限文件夹

（2）将用户分配到角色。

① 单击"ASP.NET 配置"图标,打开 ASP.NET 网站管理工具。

② 选择"安全"选项卡,单击表中"角色"的"创建或管理角色"链接,在"新角色名称"文本框中输入角色名,然后单击"添加角色"按钮,即可创建 administrators 和 users 两个角色,如图 9-22 所示。

图 9-22　创建新角色

③ 单击 administrators 的"管理"链接,然后单击"全部",选择 teacher 的"用户属于角色"复选框,将用户 teacher 添加到角色 administrators 中,如图 9-23 所示。

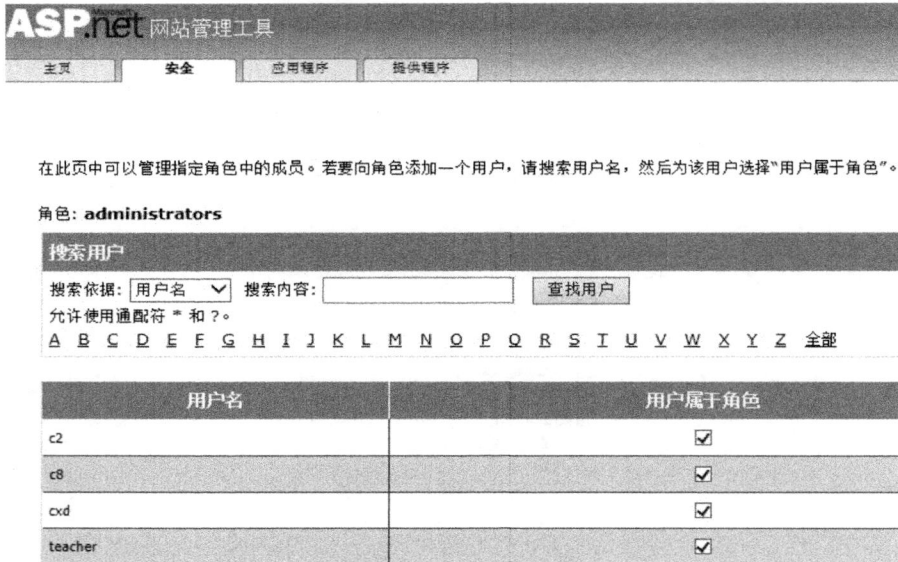

图 9-23 将用户添加到角色中

④ 以同样的方式将用户 student 添加到角色 users 中。

⑤ 选择"安全"选项卡返回到管理工具的安全界面,单击"创建用户"链接,进入创建用户界面,新建用户 student2,并为该用户选择 users 和 administrators 两个角色。

(3) 设置站点文件夹的访问规则。

① 选择"安全"选项卡返回到管理工具的安全界面,单击"访问规则"下的"管理访问规则"链接,进入管理访问规则界面,删除原有的单个用户的访问规则,如图 9-24 所示。

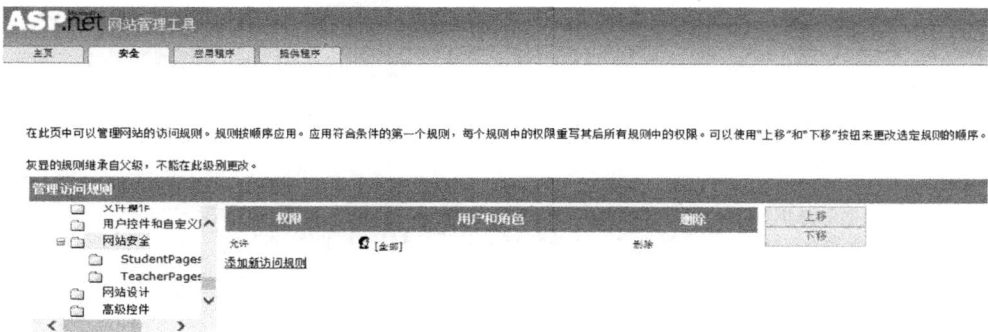

图 9-24 管理访问规则

② 单击"添加新访问规则"链接,在"为此规则选择一个目录"下单击 TeacherPages,在"规则应用于"下选择"角色",然后在下拉列表框中选择 administrators,在"权限"下选择"允许",单击"确定"按钮,所创建的规则是向 administrators 角色中的所有用户授予对 TeacherPages 文件夹的访问权限,如图 9-25 所示。

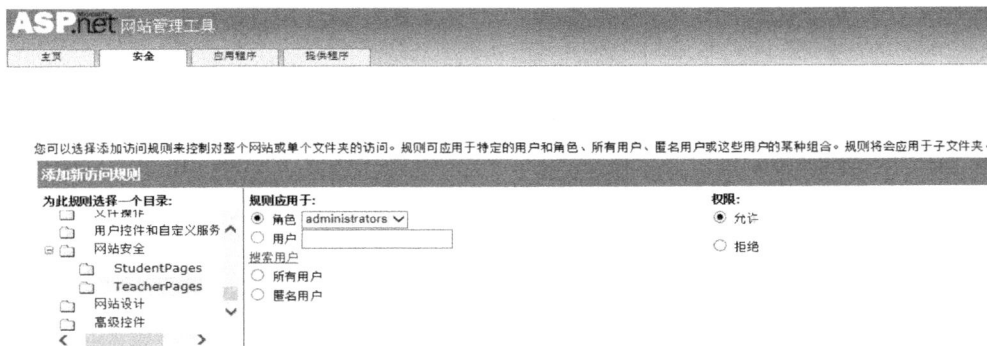

图 9-25　为指定文件夹创建允许访问规则

③ 单击"添加新访问规则"链接,在"为此规则选择一个目录"下单击 TeacherPages,在"规则应用于"下选择"所有用户",在"权限"下选择"拒绝",如图 9-26 所示,然后单击"确定"按钮。对 TeacherPages 文件夹创建的第二个规则是,除角色 administrators 中的所有用户外,任何其他用户都不能访问该文件夹。

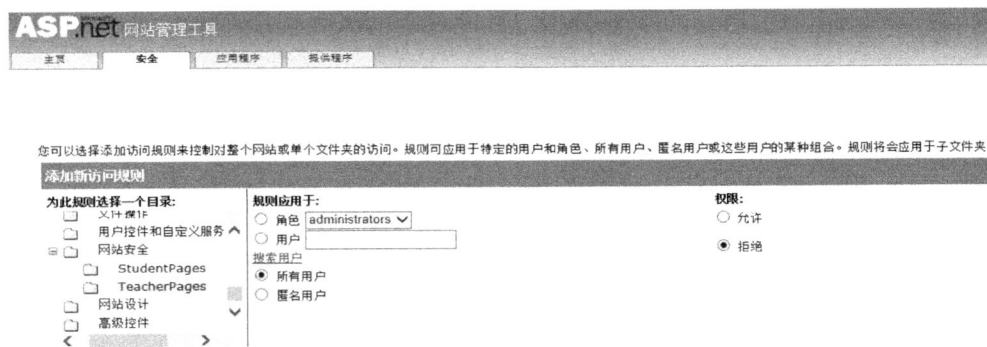

图 9-26　为指定文件夹创建拒绝访问规则

在添加好规则之后,用户可以看到如图 9-27 所示的 TeacherPages 文件夹规则列表。

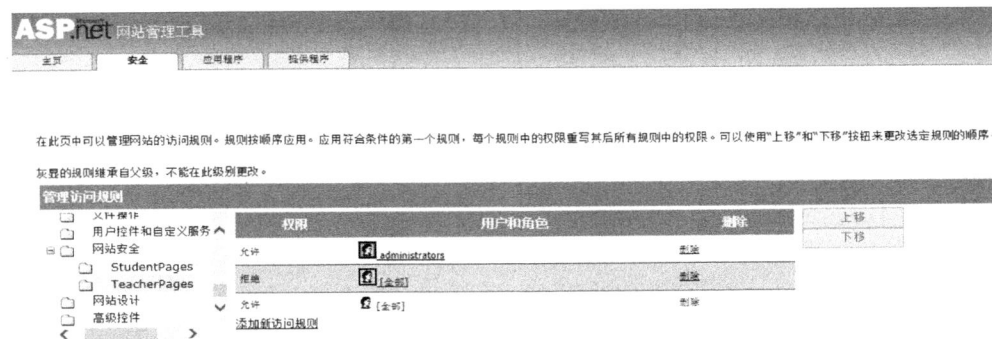

图 9-27　TeacherPages 文件夹规则列表

④ 单击"添加新访问规则"链接,在"为此规则选择一个目录"下单击"StudentPages",在"规则应用于"下选择"匿名用户",在"权限"下选择"拒绝",然后单击"确定"按钮。所创建

ASP.NET 网站的安全与发布

的规则表示,如果用户没有登录,就不能访问 StudentPages 文件夹中的页面,StudentPages
文件夹规则列表如图 9-28 所示。

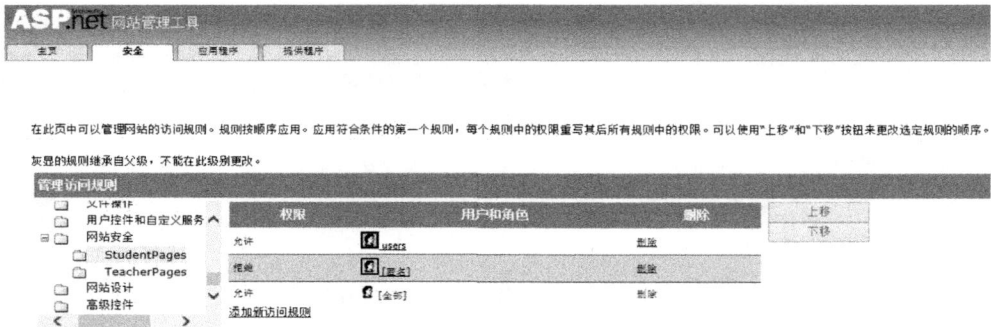

图 9-28 StudentPages 文件夹规则列表

(4) 创建具有受限访问权限的页。

① 创建受限页。

在 StudentPages 文件夹中创建一个名为 student. aspx 的 Web 页面,然后在页面中添
加标题"欢迎您访问学生网页",从工具箱的"标准"组中把 HyperLink 控件拖动到页面上,
将该控件的 Text 属性设置为"主页",并将 NavigateUrl 属性设置为"～/网站安全/
Default2. aspx"。

接下来在 TeacherPages 文件夹中创建一个名为 teacher. aspx 的 Web 页面,在页面中
添加标题"欢迎您访问教师网页",从工具箱的"标准"组中把 HyperLink 控件拖动到页面
上,属性设置同上。

② 创建登录页。在 Login 控件中将 DestinationPageUrl 属性设置为"～/网站安全/
Default2. aspx"。

③ 创建默认页。

打开"～/网站安全/Default2. aspx"页,拖动两个 HyperLink 控件到页面上,并将控件
的 Text 属性分别设置为"学生"和"教师",将 NavigateUrl 属性分别设置为"～/网站安全/
StudentPages/student. aspx"和"～/网站安全/StudentPages/teacher. aspx"。然后打开
LoginView 控件的任务窗口,选择 LoggedInTemplate 模板,将两个 HyperLink 控件拖动到
用户名之后。

(5) 测试网站。

① 运行 Default2. aspx 页面,运行结果如图 9-29 所示。

图 9-29 默认页 Default2. aspx 的运行结果

② 单击"登录"链接,运行登录页面,以 teacher 身份(属于角色 administrators)登录,显示界面如图 9-30 所示。

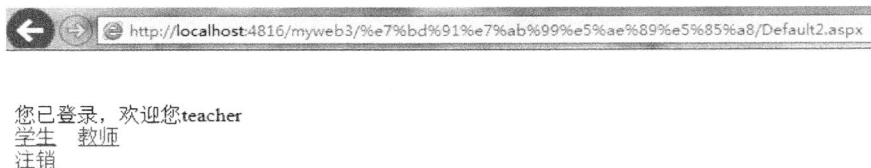

您已登录,欢迎您teacher
学生　教师
注销

图 9-30　注册用户 teacher 登录后的运行结果

③ 单击"注销"链接,返回 Default2.aspx 页面,然后单击"登录"链接,进入登录页面,以 student 身份(属于角色 users)登录,显示结果如图 9-31 所示。

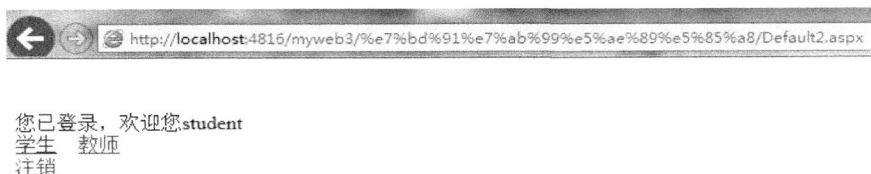

您已登录,欢迎您student
学生　教师
注销

图 9-31　注册用户 student 登录后的运行结果

尝试使用角色以外的其他注册用户分别访问 teacher.aspx 和 student.aspx 页面,再尝试使用匿名用户分别访问这两个页面,对比后会发现受限规则的效果。

本案例完成了以下任务:

(1) 为应用程序创建角色。

(2) 将用户分配到不同的角色中。

(3) 创建规则,为不同的角色分配不同的权限。

用户可以具有多个角色,例如论坛站点中有些用户可能同时具有成员角色和版主角色。每个角色在站点中拥有不同的特权,但同时具有两种角色的用户将具有这两组特权。即使应用程序只有很少的用户,使用角色管理也很方便。使用角色可以灵活地更改特权、添加和删除用户,而无须对整个站点进行更改。应用程序定义的访问规则越多,使用角色这种方法向用户组应用更改就越方便。

典型案例五: IIS 的安装配置与网站发布

(1) 进入 IIS 安装界面。单击"开始"按钮,打开控制面板,然后依次单击"程序"和"打开或关闭 Windows 功能"链接,如图 9-32 所示,进入 IIS 安装界面。

(2) 安装 IIS。选择"Internet 信息服务"下的"Web 管理工具"和"万维网服务"下的所有选项,单击"确定"按钮即进行 IIS 的安装,在安装过程中可能提示需要插入操作系统安装盘,请提前准备。IIS 功能安装选项如图 9-33 所示。

(3) 启动 IIS。安装完成后,再次进入控制面板,单击"管理工具",然后双击"Internet (IIS)管理器"选项,进入 IIS 设置界面,注意是"Internet 信息服务(IIS)管理器"而不是 "Internet 信息服务(IIS)6.0 管理器",如图 9-34 所示。

ASP.NET 网站的安全与发布

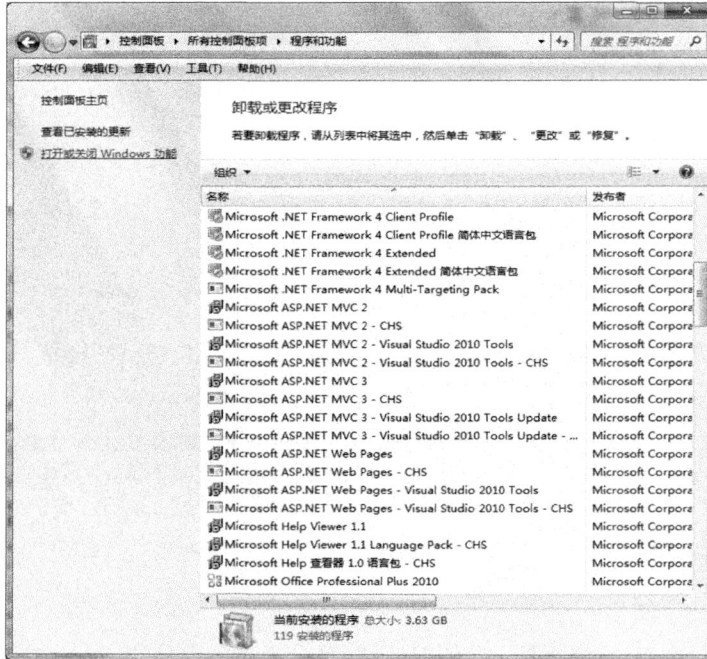

图 9-32 进入 IIS 安装界面

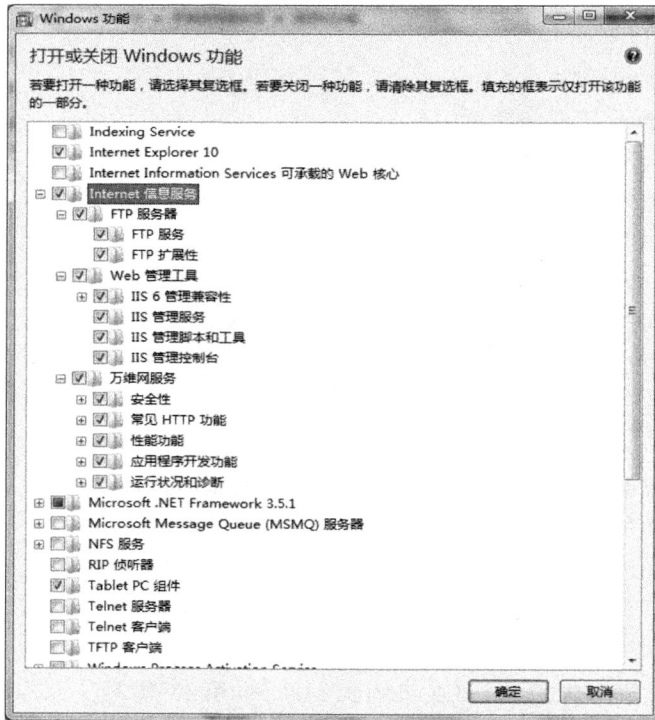

图 9-33 IIS 功能安装选项

图 9-34　启动 IIS

（4）添加网站。右击网站，给站点命名，并设置物理路径、分配端口（各网站端口不能冲突），如图 9-35 所示。

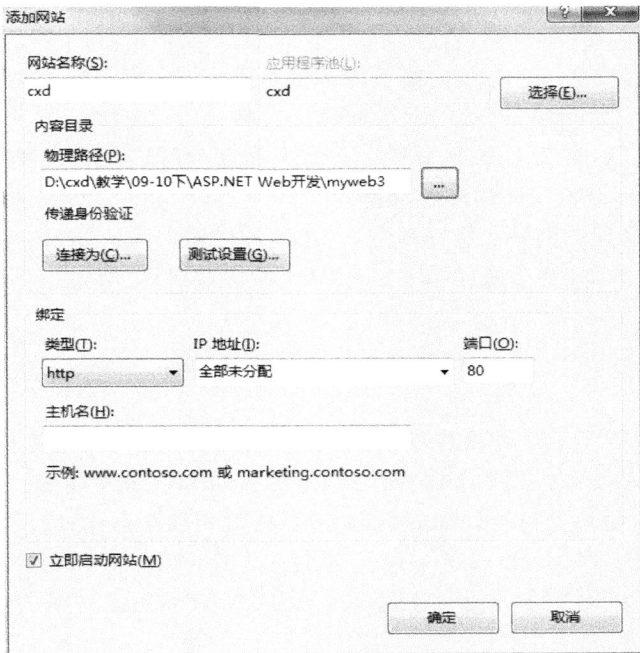

图 9-35　添加网站

ASP.NET 网站的安全与发布

（5）给网站添加虚拟目录。右击网站，选择"添加虚拟目录"命令，在弹出的对话框中输入别名和物理路径，如图 9-36 所示。注意，把虚拟目录指向 web.config 所在的文件夹，因为 web.config 的某些配置节只能出现在网站的虚拟目录的根目录中。

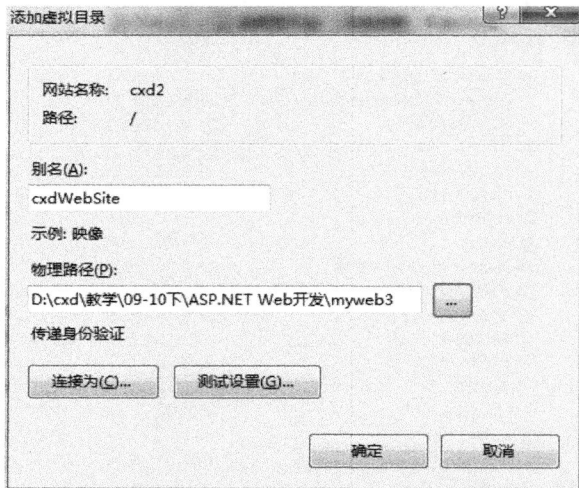

图 9-36　添加虚拟目录

（6）将虚拟目录转换成应用程序。右击虚拟目录，选择"转换成应用程序"命令，将虚拟目录转换成应用程序。

（7）设置应用程序池。在 IIS 左侧的连接框中单击计算机名称下的"应用程序池"，选择添加的网站，将托管管道模式改成"经典"，再选择右边的"高级设置"，将"标识"改成 LocalSystem 或 NetworkService。

（8）在 IIS 中运行网站。右击网站下的虚拟目录（已经转换成应用程序），选择"管理应用程序|浏览"命令，即可运行网站的默认首页。当然，也可以切换到"内容视图"，选择任何网页在 IIS 中运行。如果需要修改 IIS 中的默认首页，可以双击"功能视图"中的"默认文档"，进行添加页面和调整优先顺序的操作。

（9）在浏览器中运行网站。打开浏览器，在地址栏输入网址"http://localhost"显示主页内容，本例端口号是 80，可以省略端口号，否则需要输入端口号，例如"http://localhost:81"。

9.8　本章小结

本章介绍了 ASP.NET 应用程序的配置方法、成员资格管理、身份验证、访问规则限定、角色管理和授权、登录控件、ASP.NET 网站的发布和部署等内容。本章前面介绍了相关知识，后面列举典型案例进行详细分析，并通过项目实训来强化，前后呼应、相辅相成。

除了 web.config 和 Machine.config 配置文件之外，ASP.NET 还提供了网站管理工具 WAT。通过 WAT 可以非常方便和直观地对 ASP.NET 应用程序进行各项配置，以提高程序的安全性和性能。

成员资格管理用来验证和管理 Web 应用程序中的用户信息，以加强 Web 应用程序的安全性，减轻程序设计时开发人员对于安全问题的担忧。

身份验证是确定用户身份的行为,ASP. NET 提供了几种身份验证的方法,本章主要介绍了 Forms 身份验证。

ASP. NET 提供了很多验证控件,能够非常方便地实现各种输入的验证,几乎不用编写额外的代码。登录控件是用于用户登录时验证身份、恢复和修改密码以及创建用户的,它们集成了以前需要编写大量代码才能实现的功能,简化了网站登录时的编程量,使得程序员可以将主要精力放在所要解决问题的核心环节。

在 Visual Studio 2010 中创建 ASP. NET 网站项目后,通常会将项目部署到他人可以在其中访问该应用程序的 Web 服务器。IIS 是微软 Windows 操作系统配置的用于解析 ASP. NET Web 应用程序的 Web 服务器。将 ASP. NET 网站发布到 Web 服务器,需要在目标计算机上配置 IIS 设置,例如应用程序池、身份验证方法、是否允许目录浏览以及错误处理等。网站通过 IIS 发布后,就可以在浏览器中通过输入网址或 URL 进行访问了。

9.9 项目实训

项目实训 9-1：ASP. NET 配置文件

1. 实训目的

(1) 学会手动创建 ASP. NET Web 应用程序配置文件 web. config。

(2) 掌握在配置文件 web. config 中进行应用程序配置的方法。

(3) 掌握在 ASP. NET Web 应用程序页面代码文件中使用 web. config 中的配置。

2. 实训内容及要求

(1) 在 VS 2010 中创建(或打开)一个 Web 应用程序或 Web 网站。

(2) 在应用程序根目录下创建 web. config 文件。

(3) 打开 web. config 文件,添加不同节点,并设置相应的选项值。

(4) 在 ASP. NET Web 应用程序中编码调用 web. config 配置。

3. 实训步骤

(1) 在 VS 2010 中创建(或打开)一个 Web 应用程序或 Web 网站,在解决方案资源管理器中单击"刷新"图标确认应用程序还没有 web. config 文件。如果已经使用网站管理工具或某些其他方式来配置应用程序,则可能已经自动创建了 web. config 文件,单击"刷新"按钮更新文件列表。

(2) 在解决方案资源管理器中右击网站名称,然后选择"添加新项"命令。

(3) 在模板窗口中,单击"Web 配置文件","名称"文本框中的文件名应为"web. config"。

(4) 单击"添加"按钮创建该文件,然后将其打开进行编辑。

(5) 如果更改了 web. config 文件,则保存该文件。

(6) 打开 web. config 文件,在<configuration>节点下添加<appSettings>节点,并添加以下关键字及值:

```
< appSettings >
< add key = "xm" value = "陈向东"/>
```

```
            < add key = "xb" value = "男"/>
         </appSettings >
```

（7）在 Default. aspx 页面中显示 xm 和 xb 的值，在 Default. aspx. cs 中编写代码访问配置文件中的相应关键字。

（8）打开 web. config 文件，在＜configuration＞节点下添加＜connectionStrings＞节点，并在其中添加数据库连接的配置：

```
< add name = "studentConnectionString1" connectionString = "Data Source = localhost; Initial
Catalog = student; Integrated Security = True" providerName = "System. Data. SqlClient"/>
```

（9）在 Default. aspx 页面中通过配置文件连接数据库并显示数据。

（10）打开 web. config 文件，在＜configuration＞节点下添加＜system. web＞节点，并添加身份验证、授权和角色管理的配置：

```
< system.web >
    < membership defaultProvider = "newprovider">
       < providers >
         < clear/>
           < add name = "newprovider" type = "System. Web. Security. SqlMembershipProvider"
connectionStringName = "LocalSqlServer" minRequiredPasswordLength = "1" minRequiredNonal-
phanumericCharacters = "0" requiresQuestionAndAnswer = "true" enablePasswordReset = "true"
enablePasswordRetrieval = "true" passwordFormat = "Clear"/>
       </providers >
    </membership >
    < authentication mode = "Forms">
       < forms loginUrl = "～/网站安全/login3.aspx"/>
    </authentication >
    < authorization >
       < deny users = "?" />
    </authorization >
 </system.web >
```

项目实训 9-2：用户和角色管理

1. 实训目的

（1）掌握在 Visual Studio 中使用 WAT 进行身份验证、授权和角色管理的方法。

（2）掌握在 WAT 中设置 Forms 身份验证模式的操作。

（3）掌握在 WAT 中注册新用户的操作。

（4）掌握在 WAT 中分配角色的操作。

（5）掌握在 WAT 中对网站访问目标指定访问规则、创建访问授权的操作。

（6）掌握在 WAT 中配置 SMTP 电子邮件设置的方法。

2. 实训内容及要求

（1）新建或打开网站。

（2）打开 WAT。

（3）在 WAT 中设置 Forms 身份验证模式。

（4）在 WAT 中注册新用户，要求创建 admin、u1、u2。

（5）在 WAT 中创建角色 Admins 和 Users，并将用户 admin 分配到 Admins 角色，将 u1 和 u2 分配到 Users。

（6）在 WAT 中创建用户访问规则。在当前网站中添加 admin.aspx 页面，限定只允许管理员 admin 访问，在当前网站上添加文件夹 userpages，并在其中添加 userpage1.aspx 页面，限定只允许用户 u1 和 u2 访问。首页 Default.aspx 的访问不限定用户，admin 能访问所有网页。

（7）在 WAT 中对角色进行授权。

（8）在 WAT 中配置 SMTP 电子邮件设置。

3. 实训步骤

（1）新建网站或打开前面创建的网站。

（2）选择"网站|ASP.NET 配置"命令，启动 WAT。

（3）选择"安全"选项卡，单击"选择身份验证类型"链接，选择"通过 Internet"，然后单击"完成"按钮。

（4）返回"主页"，选择"安全"卡，单击"创建用户"链接注册新用户，如图 9-37 所示。

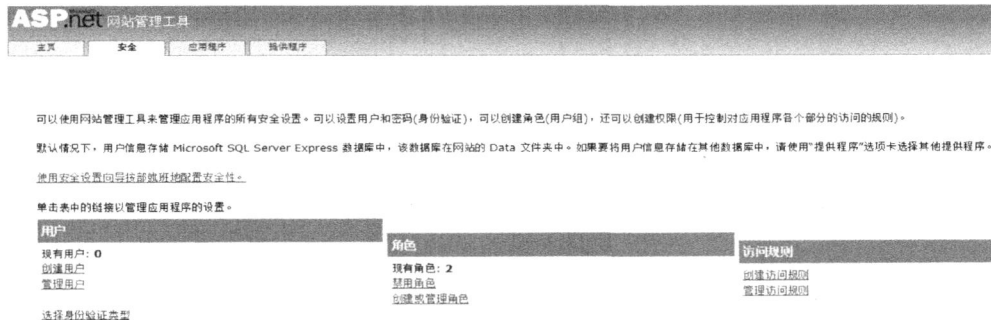

图 9-37　WAT 安全选项

（5）返回"主页"，选择"安全"卡，单击"创建或管理角色"链接创建角色。

（6）将已创建的用户分配到指定角色。

（7）返回"主页"，选择"安全"卡，单击"创建访问规则"链接对当前网站中的页面限定访问规则。

（8）根据实训要求对角色进行授权。

（9）返回"主页"，选择"应用程序"卡，单击"配置 SMTP 电子邮件设置"进行相关设置，如图 9-38 所示。

项目实训 9-3：登录控件

1. 实训目的

（1）掌握使用 Visual Studio 自带的登录控件进行身份验证的方法。

（2）掌握 Login 控件、LoginName 控件、LoginStatus 控件、LoginView 控件、ChangePassword 控件、PasswordRecovery 控件、CreateUserWizard 控件的使用。

图 9-38　在 WAT 中配置 SMTP 电子邮件设置

2. 实训内容及要求

创建一个简单的网站，该网站包括以下几个页面：

（1）主页面 Default. aspx，用于显示登录状态信息。

（2）登录页面 Login. aspx，用于输入用户名和密码并进行验证。

（3）创建新用户页面 CreateNewUser. aspx，用于注册新用户。

（4）密码恢复页面 PasswordRecovery. aspx，用于通过输入用户名、回答提示问题和相应答案找回密码。

（5）密码修改页面 ChangePassword1. aspx，用于输入原密码和新密码进行密码修改。

3. 实训步骤

（1）新建网站。

（2）创建首页。

① 在网站中添加页面 Default. aspx。

② 拖动一个 LoginView 控件到页面上。

③ 打开 LoginView 任务窗口，在"视图"下拉列表框中选择 AnonymousTemplate，该模板定义的是用户在登录前可以看到的内容。

④ 激活 LoginView 控件的编辑区，输入"您尚未登录，请单击'登录'链接，以登录"。

⑤ 打开 LoginView 任务窗口，在"视图"下拉列表框中选择 LoggedInTemplate，该模板

定义的是已登录用户可以看到的内容。

⑥ 激活编辑区，输入"您已登录，欢迎您！"，并拖放一个 LoginName 控件到文本之后。

⑦ 将 LoginStatus 控件拖到 LoginView 控件的下方，设置 LoginStatus 控件的 LotinText 属性，自定义按钮上的显示文本，并将 LoginImageUrl 属性设置为要作为登录图像的 URL。

（3）创建登录页。

① 在网站中添加一个登录页 Login.aspx。

② 拖动一个 Login 控件到页面上，将其 CreateUserText 属性设置为文本"单击此处注册"，并将 CreateUserUrl 属性设置为新用户注册的页面 URL，即 CreateNewUser.aspx。

③ 将 Login 控件的 PasswordRecoveryText 属性设置为文本"找回密码"，并将 PasswordRecoveryUrl 属性设置为帮助页的 URL，即 PasswordRecovery.aspx。

（4）创建注册页。在当前网站中添加创建新用户页面 CreateNewUser.aspx，将 CreateUserWizard 控件拖到页面上，并设置相应属性。

（5）创建密码恢复页面。在当前网站中添加密码恢复页面 PasswordRecovery，将 PasswordRecovery 控件拖到页面上，并设置相应属性。

（6）创建密码修改页面。在当前网站中添加密码修改页面 ChangePassword1.aspx，将 ChangePassword 控件拖到页面上，并设置相应属性。

项目实训 9-4：网站的发布和部署

1. 实训目的

（1）熟悉 ASP.NET 网站的开发。

（2）掌握 IIS 的安装和配置。

（3）掌握 ASP.NET 网站的发布。

2. 实训内容及要求

（1）新建 ASP.NET 网站。创建一个文件系统网站 MyWebSite，在网站中添加窗体，并在窗体中添加控件，在网站中添加 App_Data 文件夹用于存放数据库文件，添加 style 文件夹用于存放样式表文件，添加 img 文件夹用于存放图片文件。在网站中应用数据库连接，页面应用外部 CSS，页面图片来自 img 文件夹中的文件。

（2）安装并配置 IIS。

（3）发布网站。在 IIS 中添加站点，对站点进行配置，并将网站 MyWebSite 通过 IIS 进行发布。

（4）在浏览器中直接运行网站。

3. 实训步骤

（1）启动 VS 2010，创建网站 MyWebSite。

（2）创建数据库，数据库用户自己设计，数据库文件保存在 MyWebSite 的 App_Data 文件夹中。

（3）在 MyWebSite 中添加相应的 Web 窗体页，主页为 Default.aspx，然后设计页面内容，连接数据库进行测试。

（4）在页面中运用外部 CSS、图片文件等。

（5）打开控制面板，安装 IIS 功能。

（6）启动 IIS，在 IIS 中添加站点，名称为 MyWebSite，然后设置站点的端口为 80、物理路径为站点的实际路径。

（7）给网站 MyWebSite 添加虚拟目录 WebSite，并将虚拟目录转换成应用程序。

（8）设置应用程序池。在 IIS 左侧的连接框中单击计算机名称下的"应用程序池"，选择添加的网站，将托管管道模式改成"经典"，再选择右边的"高级设置"，将"标识"改成 LocalSystem。

（9）启动 IE，在地址栏中输入"http://localhost:80"，查看网站的运行结果。

<table>
<tr><td>第 10 章</td><td>ASP．NET 应用系统开发——
在线考试系统</td></tr>
</table>

教学提示：本章综合运用前面所学的知识来制作一个完整的项目，以达到学以致用的目的。

教学要求：

- 掌握 ASP．NET Web 应用程序开发的相关知识。
- 学会运用软件工程的思想进行项目开发。

建议学时：10 个学时。

10.1 需 求 分 析

近年来，随着软件工程技术、信息通信技术的快速发展以及计算机网络技术的日趋成熟，网络教育在人们的教育活动中逐步得到普及。网上考试是网络教育不可缺少的组成部分，是网络教育的一个重要环节。网上考试在国外一些国家已经得到了蓬勃发展，人们选学课程和考试都是通过网上进行的。例如国外一些闻名的考试，如微软公司的 MCSE（Microsoft 系统工程师认证考试）、GMAT（工商管理硕士入学考试）、托福考试、GRE（美国探究生入学考试）等，都是采用网上考试的形式进行的。

在国内，目前绝大多数考试还停留在传统的考试方式上，对互联网的真正应用仅限于一些考试的网上报名工作和网上成绩查询，还没有真正形成网上考试规模。网上考试系统作为现代教育的一个子系统，是保证教育教学质量的重要手段。在传统的考试方式下，组织一次考试要经过出题、考试、评卷、试卷分析等步骤，随着考试类型的增加和考试要求的提高，教师的工作量将会越来越大，并且其工作非容易出错，在一定程度上，传统的考试方式已经存在着改革的必要了。Internet 技术的发展使得考试的技术手段和载体发生了划时代的变化，考试从传统的纸笔考试到计算机辅助考试再发展到基于 Web 的网上考试成为现实。

10.2 系 统 设 计

10.2.1 功 能 结 构 图

根据在线考试网的特点，可以将其分为前台和后台两个部分进行设计，其中，前台主要用于考生注册和登录系统、在线考试、查询成绩、退出系统；后台主要用于管理员对考生信息、考题信息、考生成绩信息、考试套题和课程信息进行管理。

在线考试网的前台功能结构图如图 10-1 所示。

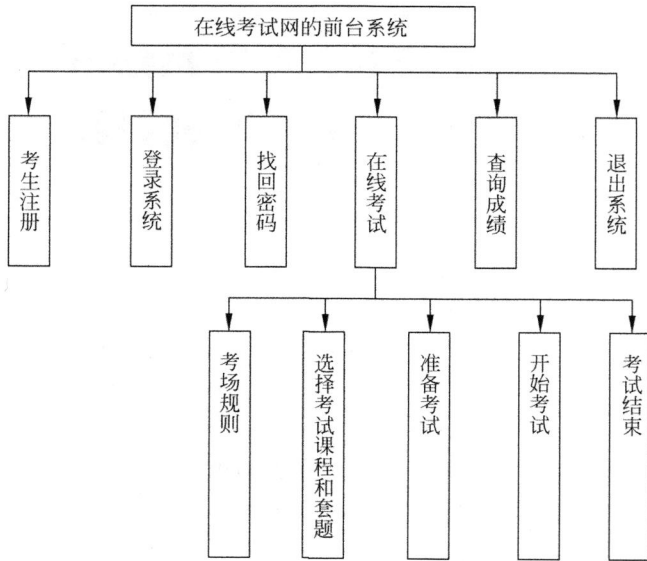

图 10-1　在线考试网的前台功能结构图

在线考试网的后台功能结构图如图 10-2 所示。

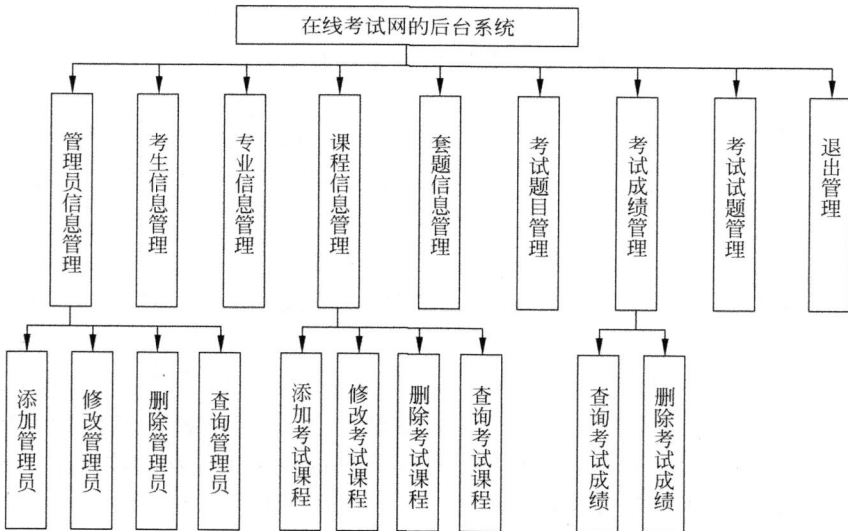

图 10-2　在线考试网的后台功能结构图

10.2.2　功能流程图

本系统总体上由两个模块组成,即管理员模块和考生用户模块。考生需要注册成功后才能登录系统进行在线考试和成绩查询,在线考试首先需要考生阅读考试规则,在接受考试规则的情况下选择考试课程和套题,然后进入考试页面答题,系统会自动记录时间,考生提交的卷子交与后台管理员处理,最终考生可查询自己的考试成绩;管理员直接登录系统可以对考生信息、考试信息、管理员信息、考试试题信息进行管理。具体操作流程如图 10-3 所示。

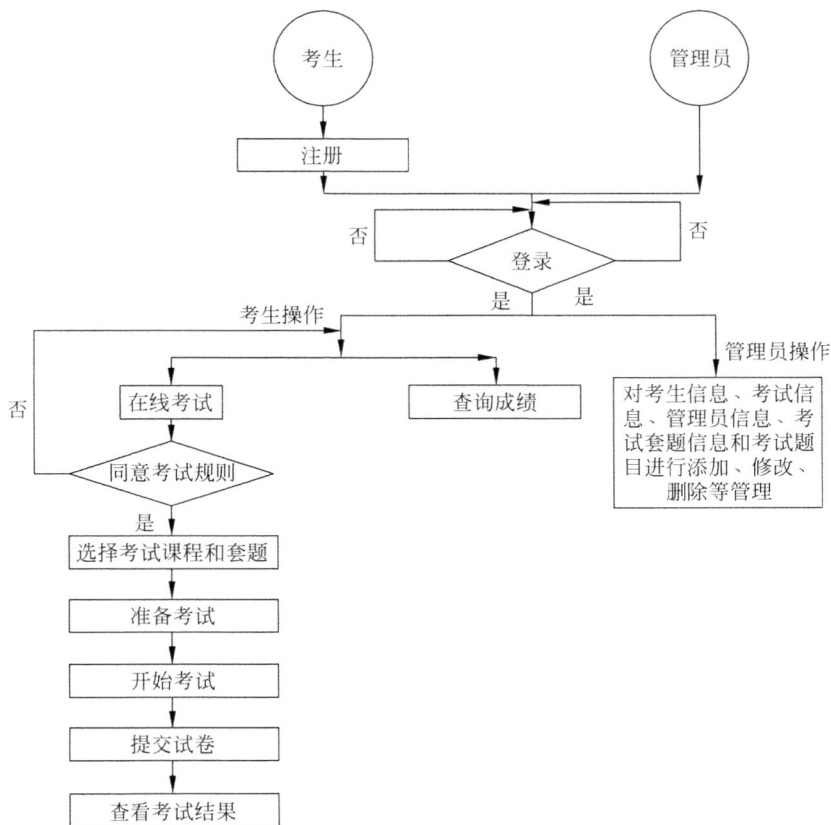

图 10-3　在线考试流程图

10.2.3　数据库设计

在项目开发过程中,数据库设计是非常重要的一个环节。一个优秀的数据库结构,不仅可以提高系统的运行效率、方便维护,而且为以后对新功能的新增和老功能的扩展都留有余地。

本网站采用 SQL Server 2005 数据库,数据库名称为 db_Examination,其中包含 7 张数据库表,如图 10-4 所示。

1. 数据库概要设计

对在线考试网站系统进行需求分析、流程设计以及系统功能结构的确定,设计出系统中使用的数据库实例对象分别为管理员信息、考试套题信息、考生信息、考生成绩信息。

为了对在线考试系统进行有效的管理需要设置一个或多个管理员,管理员信息实体包括管理员编号、管理员姓名、管理员密码。考试套题信息实体包括套题名称、所属课程、添加时间和有效时间等属性。管理员信息实体 E-R 图如图 10-5 所示,考试套题信息实体 E-R 图如图 10-6 所示。

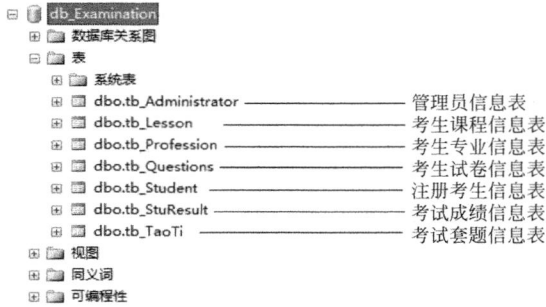

图 10-4 数据库表结构图

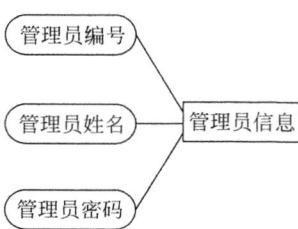

图 10-5 管理员信息实体 E-R 图

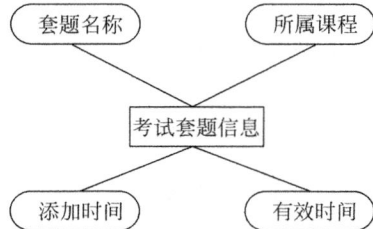

图 10-6 考试套题实体 E-R 图

考生信息实体包括学生证号、姓名、性别、所学专业、注册时间、登录密码、密码提示问题、密码提示答案、注册 IP 地址属性。考生信息实体 E-R 图如图 10-7 所示。

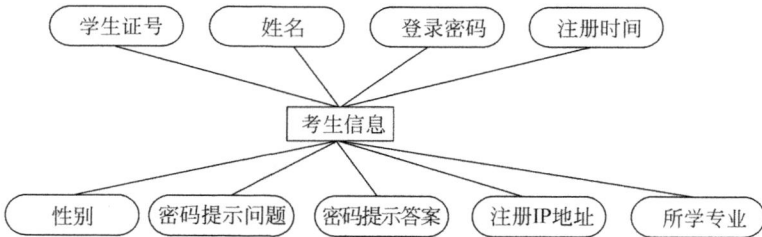

图 10-7 考生信息实体 E-R 图

当考生结束考试以后可以对自己的成绩进行查询,后台管理员可以对考生成绩进行管理。考生成绩信息实体包括学生证号、所学课程、考生总分数等,考生成绩信息实体 E-R 图如图 10-8 所示。

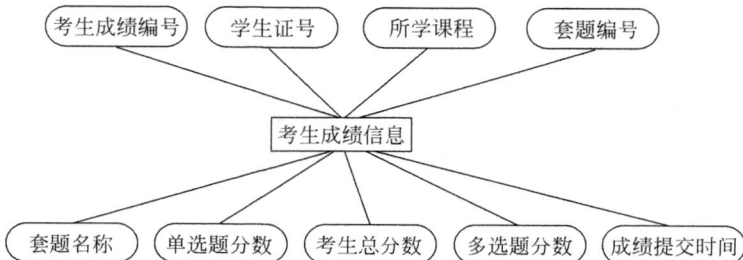

图 10-8 考生成绩信息实体 E-R 图

2. 数据库逻辑设计

（1）tb_Administrator（管理员信息表）。用于保存管理员信息，表结构如表10-1所示。

表 10-1   tb_Administrator 表结构

字段名称	数据类型	长度	默认值	允许空	字段描述
ID	bigint	8		否	唯一标识
Name	varchar	50		否	管理员名称
PWD	varchar	50		否	管理员密码

（2）tb_Lesson（考生课程信息表）用于保存指定专业所包含的课程信息，表结构如表10-2所示。

表 10-2   tb_Lesson 表结构

字段名称	数据类型	长度	默认值	允许空	字段描述
ID	bigint	8		否	唯一标识
Name	varchar	60		是	课程名称
ofProfession	bigint	8		是	所属专业编号
JoinTime	datetime	8	getdate()	是	添加时间

（3）tb_Profession（考生专业信息表）用于保存考试所涉及的专业信息，表结构如表10-3所示。

表 10-3   tb_Profession 表结构

字段名称	数据类型	长度	默认值	允许空	字段描述
ID	bigint	8		否	唯一标识
Name	varchar	200		是	专业名称
JoinTime	datetime	8	getdate()	是	添加时间

（4）tb_Questions（考试试卷信息表）用于保存各套题所包含的详细考试题目，表结构如表10-4所示。

表 10-4   tb_Questions 表结构

字段名称	数据类型	长度	默认值	允许空	字段描述
ID	bigint	8		否	唯一标识
Que_subject	varchar	50		是	试题主题
Que_type	char	10		是	试题类型
Que_joindate	datetime	8	getdate()	是	试题添加时间
Que_lessonid	int	4		是	所属课程号
Que_professionid	int	4		是	所属专业号
Que_toatiid	bigint	8		是	所属套题编号
OptionA	varchar	50		是	选项A
OptionB	varchar	50		是	选项B
OptionC	varchar	50		是	选项C
OptionD	varchar	50		是	选项D
Que_answer	char	10		是	试题答案
note	varchar	50		是	注释

（5）tb_Student（考生信息表）用于保存在网站上注册的考生信息，表结构如表 10-5 所示。

表 10-5　　tb_Student 表结构

字段名称	数据类型	长度	默认值	允许空	字段描述
ID	varchar	50		否	学生证号
Name	varchar	20		是	姓名
PWD	varchar	20		是	密码
Sex	varchar	2		是	性别
JoinTime	datetime	8	getdate()	是	加入时间
Question	varchar	50		是	密码问题
Answer	varchar	50		是	密码答案
Profession	bigint	8		是	所学专业号
IPAddress	char	30		是	IP 地址

（6）tb_StuResult（考生成绩信息表）用于保存考生的考试成绩，表结构如表 10-6 所示。

表 10-6　　tb_ StuResult 表结构

字段名称	数据类型	长度	默认值	允许空	字段描述
Res_id	bigint	8		否	唯一标识
Stu_id	varchar	50		是	所属学生编号
Which_lesson	varchar	50		是	所属课程名称
Taotiid	bigint	8		是	所属套题编号
Taotiname	varchar	50		是	所属套题名称
Res_single	int	4		是	单选成绩
Res_more	int	4		是	多选成绩
Res_total	int	4		是	总成绩
Res_subdate	datetime	8	getdate()	是	成绩提交时间

（7）tb_taoti（考试套题信息表）用于保存课程所对应的套题信息，表结构如表 10-7 所示。

表 10-7　　tb_taoti 表结构

字段名称	数据类型	长度	默认值	允许空	字段描述
ID	bigint	8		否	唯一标识
Name	varchar	50		是	套题名称
LessonID	bigint	8		是	所属课程号
JoinTime	datetime	8	getdate()	是	添加时间
LimitTime	datetime	8		是	有效时间

3. 文件的组织结构

网站文件的组织结构如图 10-9 所示。

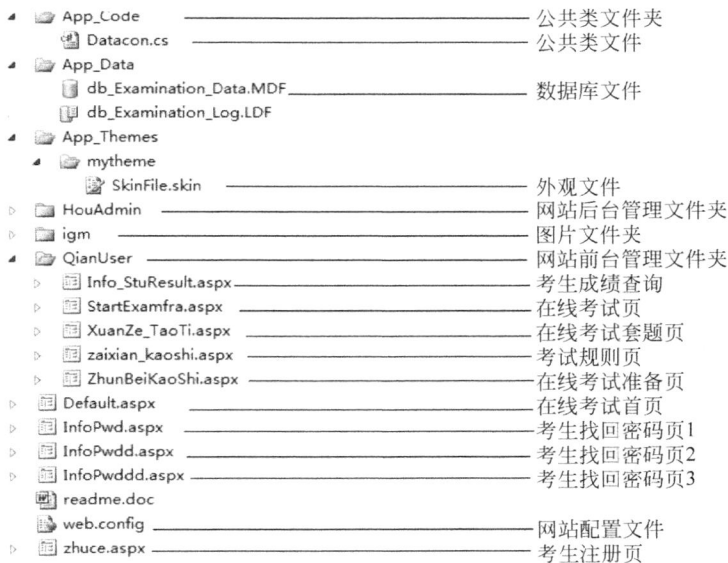

図 10-9　文件组织结构图

10.3　系统实现

10.3.1　公共类的编写

在项目开发中通常将一些在整个项目中使用的方法封装到公共类中,这样可以减少代码的重复使用,有利于维护代码。

在线考试网中创建了一个公共类 Datacon,在此公共类中创建了 6 个方法:

- getcon。该方法用于数据库连接,连接数据库为 Sql Server。
- eccom。该方法用于执行对数据库操作的 SQL 语句命令,例如删除操作、修改操作等。
- ecadabind。该方法用于将数据库数据绑定到表格控件中。
- ecDropDownList。该方法用于将数据绑定到下拉列表框中。
- ecadabindinfostring。该方法用于将数据库绑定到表格控件中,并获取数据表中的主键字段。
- ExceRead。该方法用于读取数据库中的数据,并返回一个 SqlDataReader。

1. 数据库连接方法

在公共类中编写一个 getcon()方法,用于连接 Sql Server 数据库。代码如下:

```
public SqlConnection getcon()
{
    //从 web.config 文件中获取名字为 ConStr 的数据库连接字符串
    string strCon = ConfigurationManager.ConnectionStrings["ConStr"].ToString();
    SqlConnection sqlCon = new SqlConnection(strCon);
    return sqlCon;
}
```

357

第 10 章

ASP.NET 应用系统开发——在线考试系统

2. 执行数据库操作方法

在 eccom()方法中首先接受一个 SQL 语句参数,然后与 Sql Server 数据库建立连接,使用 SqlCommand 的对象执行所需要执行的 SQL 语句,最后通过 try-catch-finally 语句进行异常处理,如果执行成功,则返回 true,否则返回 false。代码如下:

```
public bool eccom(string sqlstr)
    {
        SqlConnection con = this.getcon();
        con.Open();                    //打开数据库
        SqlCommand mycommand = new SqlCommand(sqlstr,con);
        try
        {
            mycommand.ExecuteNonQuery();
            return true;
        }
        catch
        {
            return false;
        }
        finally
        {
            con.Close();               //关闭数据库
            con.Dispose();             //释放数据库连接资源
        }
    }
```

注意:由于 SqlConnection 类继承 IDisposable 接口,所以垃圾回收器(GC)不能直接回收,需要使用 Dispose()释放资源或使用 Using 进行资源管理。

3. 将数据绑定到表格控件的方法

在公共类中编写一个 ecadabind(GridView gv,string sqlstrl4)方法用来执行 SQL 语句,其返回类型为 bool。该方法主要是执行 SqlDataAdapter 中的语句,并将其绑定到 GridView 控件上,如果执行成功,则返回 true,否则返回 false。代码如下:

```
public bool ecadabind(GridView gv,string sqlstrl4)
    {
        //定义新的数据库连接
        SqlConnection con = this.getcon();
        //打开数据库连接
        con.Open();
        //定义并初使化数据适配器
        SqlDataAdapter mydataadapter = new SqlDataAdapter(sqlstrl4,con);
        //创建数据集 mydataset
        DataSet mydataset = new DataSet();
        //将数据适配器中的数据填充到数据集中
        mydataadapter.Fill(mydataset);
        //将此数据集作为表格控件的数据源
        gv.DataSource = mydataset;
        try
        {
```

```
        //绑定数据库中的数据
        gv.DataBind();
        //返回这个数据集
        return true;
    }
    catch
    {
        return false;
    }
    finally
    {
        //关闭数据库连接
        con.Close();
    }
}
```

4. 将数据绑定到下拉列表框的方法

将数据绑定到下拉列表中使用 ecDropDownList(DropDownList DDL，string sqlstr3，string DTF，string DVF)方法。该方法的 4 个参数分别表示 DropDownList 控件、SQL 语句、列表项提供的内容字段和列表项提供的值。应用 SqlDataAdapter 对象填充数据集并指定 DropDownList 控件的数据源，设置列表项提供的内容字段和列表项提供值所绑定的数据源。如果 DropDownList 控件执行 DataBind()方法，则返回 true，否则返回 false。代码如下：

```
public bool ecDropDownList(DropDownList DDL, string sqlstr3, string DTF, string DVF)
    {
        //创建数据库连接
        SqlConnection con = this.getcon();
        //打开数据库连接
        con.Open();
        //定义并初使化数据适配器
        SqlDataAdapter mydataadapter = new SqlDataAdapter(sqlstr3,con);
        //创建数据集 mydataset
        DataSet mydataset = new DataSet();
        //将数据适配器中的数据填充到数据集中
        mydataadapter.Fill(mydataset);
        DDL.DataSource = mydataset;
        DDL.DataTextField = DTF;
        DDL.DataValueField = DVF;
        try
        {

            DDL.DataBind();
            return true;
        }
        catch
        {
            return false;
        }
        finally
        {
```

```
            //关闭数据库连接
            con.Close();
        }
    }
```

5. 在表格控件中获取数据主键字段的方法

在公共类中有 ecadabindinfostring(GridView gv, string sqlstr5, string DNK) 方法, 该方法用来执行 SQL 语句, 返回值为 bool 类型。执行 SqlDataAdapter 中的语句, 将其绑定到 GridView 控件上显示其主键字段的名称, 如果相应功能执行成功, 则返回 true, 否则返回 false。代码如下:

```
public bool ecadabindinfostring(GridView gv, string sqlstr5, string DNK)
    {
        SqlConnection con = this.getcon();
        con.Open();
        SqlDataAdapter mydataadapter = new SqlDataAdapter(sqlstr5, con);
        DataSet mydataset = new DataSet();
        mydataadapter.Fill(mydataset);
        gv.DataSource = mydataset;
        gv.DataKeyNames = new string[] { DNK };
        try
        {
            gv.DataBind();
            return true;
        }
        catch
        {
            return false;
        }
        finally
        {
            con.Close();
        }
    }
```

6. 数据读取方法

在公共类中有 ExceRead(string SqlCom) 方法, 该方法首先创建数据库连接, 通过 SqlCommand 对象来执行 ExecuteReader() 方法创建一个数据阅读器, 用来依次读取数据库中的数据, 最后返回一个 SqlDataReader 类对象。代码如下:

```
public SqlDataReader ExceRead(string SqlCom)
{
    SqlConnection con = this.getcon();
    con.Open();
    //创建一个 SqlCommand 对象, 表示要执行的 SqlCom 语句或存储过程
    SqlCommand sqlcom = new SqlCommand(SqlCom, con);
    SqlDataReader read = sqlcom.ExecuteReader();
    return read;
}
```

10.3.2 在线考试登录页面的实现

1. 在线考试网登录页面概述

考生和管理员需要通过登录页面进入在线考试网,考生在登录在线考试网之前,首先需要通过登录页面进行注册。为了防止考生忘记密码,在线考试网提供了找回密码的功能。在线考试网登录页面的运行效果如图 10-10 所示。

图 10-10　在线考试网登录页面

2. 在线考试网登录页面的技术分析

考生找回密码主要通过 3 个页面来完成,具体流程如图 10-11 所示。

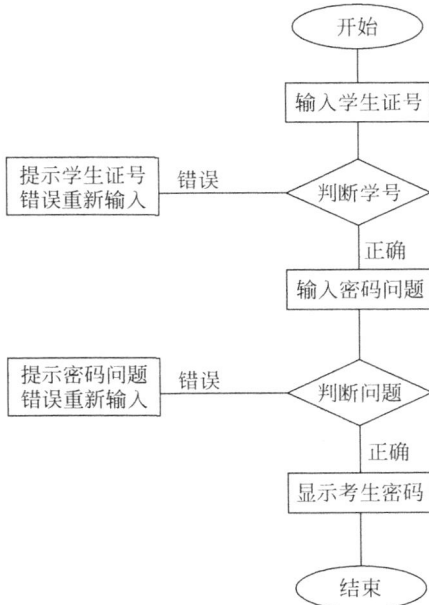

图 10-11　找回密码流程图

验证码实现可以防止用户恶意注册,在 img 文件夹下面有一个生成验证码的一般处理程序(ValidateCode.ashx),在 Default.aspx 页面添加一个 img 控件引入一般处理程序,通过对 img 添加单击事件(Onclick＝"ChangeCode()")使用 Javascript 实现单击图片刷新。

ASP.NET 应用系统开发——在线考试系统

实现代码如下：

```
//单击图片调用的事件
< script type = "text/javascript">
function ChangeCode() {
var img = document.getElementById("imgOk").src = "igm/ValidateCode.ashx?date = " + new
Date().getMilliseconds();
    }
</script>
//通过 img 控件显示一般处理程序所画的验证码图片
< img src = "igm/ValidateCode.ashx" ID = "imgOk" Onclick = "ChangeCode()" />
```

3. 在线考试网登录页面的实现过程

本模块使用的数据表为 tb_Administrator、tb_Student。

1) 设计步骤

（1）在应用程序中新建一个 Web 窗体，命名为 Default. aspx。

（2）在页面中添加一个 Table(表格)为整个页面布局，其中有 3 个 TextBox 控件、3 个 Lable 控件、3 个 Button 控件和一个 CheckBox 控件。页面中各控件的说明如表 10-8 所示。

表 10-8　Default. aspx 页面控件的说明

控件类型	控件名称	主要属性设置	控件用途
CheckBox	cblAdminLog	无	验证管理员登录
Button	btnLogin	将 Text 属性设置为"登录"	用于考生登录
	btnZhuce	将 Text 属性设置为"注册"	用于考生注册
	btnPwd	将 Text 属性设置为"忘密"	用于考生忘记密码
TextBox	txtUserName	无	输入登录考生的学生证号
	txtPwd	无	输入登录密码
	txtValidate	无	输入登录验证码

2) 实现代码

在处理登录页面提交的数据时，该系统首先会根据"管理员登录"复选框的值来判断是否是管理员登录，如果选中则核对用户名、密码、验证码进入管理员页面，否则进入考生页面，单击"确定"按钮则提交登录信息。代码如下：

```
protected void Button1_Click(object sender, EventArgs e)
{
    //判断验证码是否有误

    if (txtValidate.Text != txtValidate.Text)
    {
    Response. Write ( "< script language = javascript > alert ('验证码有误!') location = '
javascript:history.go(-1)'</script>");
    }
    else
    {
    //判断是否是管理员登录,如果是则调用 getcom 方法中的条件 1
    if (cblAdminLog.Items[0].Selected == true)
```

```
        {
            getcom(1);
        }
        //非管理员登录,调用 getcom 方法中的条件 2
        else
        {
        getcom(2);
        }
    }
}
```

调用自定义方法 getcom,判断是管理员还是考生。代码如下:

```
private void getcom(int i)
    {
        //打开数据库连接,并调用公共类中的 getcon 方法
        SqlConnection con = dataconn.getcon();
        con.Open();
        //创建一个新的 SqlCommand 实例对象
        SqlCommand com = con.CreateCommand();
        switch (i)
        {
            case 1:
            com.CommandText = "select count( * ) from tb_Administrator where Name = '" + this
.txtUserName.Text + "'and PWD = '" + this.txtPwd.Text + "'";
                //获取 SQL 语句的值强制转换成数值类型
                int count1 = Convert.ToInt32(com.ExecuteScalar());
                //判断数据库中是否存在数据
                if (count1 > 0)
                {
                Application["Name"] = txtUserName.Text;        //成功
                Application["PWD"] = txtPwd.Text;              //成功
                //如果登录成功,则跳转到管理员页面
                Page.Response.Redirect("HouAdmin/admin.aspx");
                }
                else
                {
                //如果登录失败,则弹出错误信息
                Response.Write("< script lanuage = javascript > alert('用户名或密码有误!');
location = 'javascript:history.go( -1)'</script>");
                }
                break;
            case 2:
            com.CommandText = "select count( * ) from tb_Student where ID = '" + txtUserName
.Text + "' and PWD = '" + txtPwd.Text + "'";
                int count2 = Convert.ToInt32(com.ExecuteScalar());
                if (count2 > 0)
                {
                Application["ID"] = txtUserName.Text;
                Application["PWD"] = txtPwd.Text;
```

```
                Page. Response. Redirect("QianUser/zaixian_kaoshi.aspx");
                    }
                    else
                    {
              Response. Write ( "< script lanuage = javascript > alert ( '用户名或密码有误! ');
location = 'javascript:history.go( -1)'</script>");
                    return;
                }
                    break;
            }
        }
```

10.3.3 考生注册页面的实现

1. 考生注册页面概述

考生要进入在线考试系统,首先需要注册一个学生证号。单击在线考试系统登录页中的"注册"按钮,进入考生注册页面,考生注册页面的运行效果如图 10-12 所示。在考生注册页面中输入考生的基本信息,包括学生证号、学生姓名、密码、密码问题、问题答案、性别和所学专业。

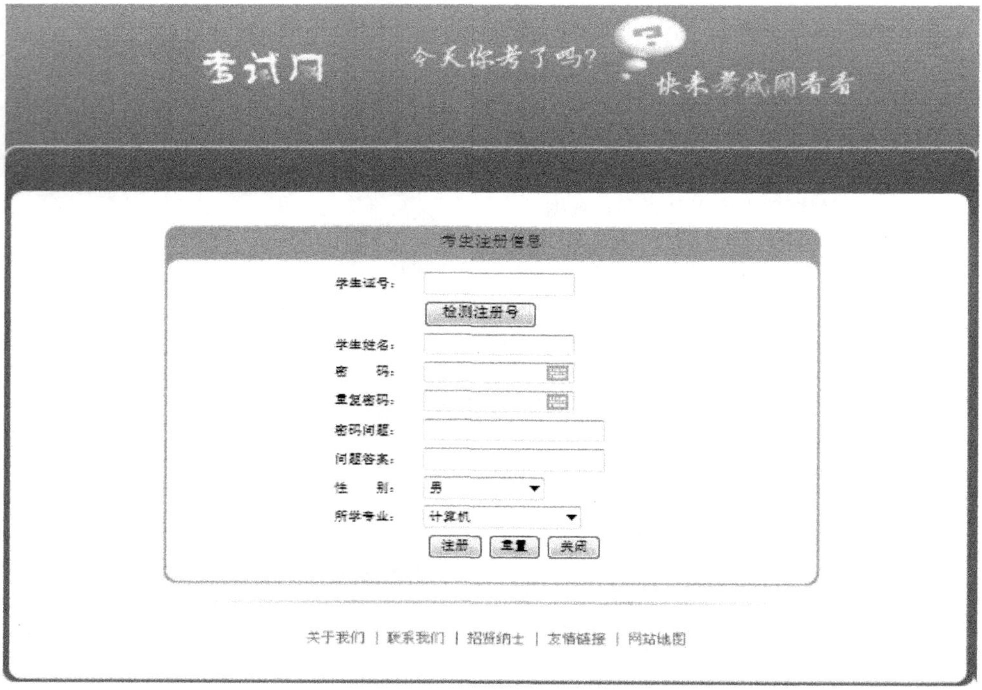

图 10-12　考生注册页面

为了防止注册的学生证号重复,可以通过单击"检测注册号"按钮进行检测,如图 10-13 所示。考生输入注册的学生证号后,通过检测,如果显示数据库中无此号,则可以注册。检测完考生注册信息的学生账号,并在注册页面输入正确的信息后(如图 10-14 所示),单击"确定"按钮,如果注册成功将会在页面上显示"成功!"信息。

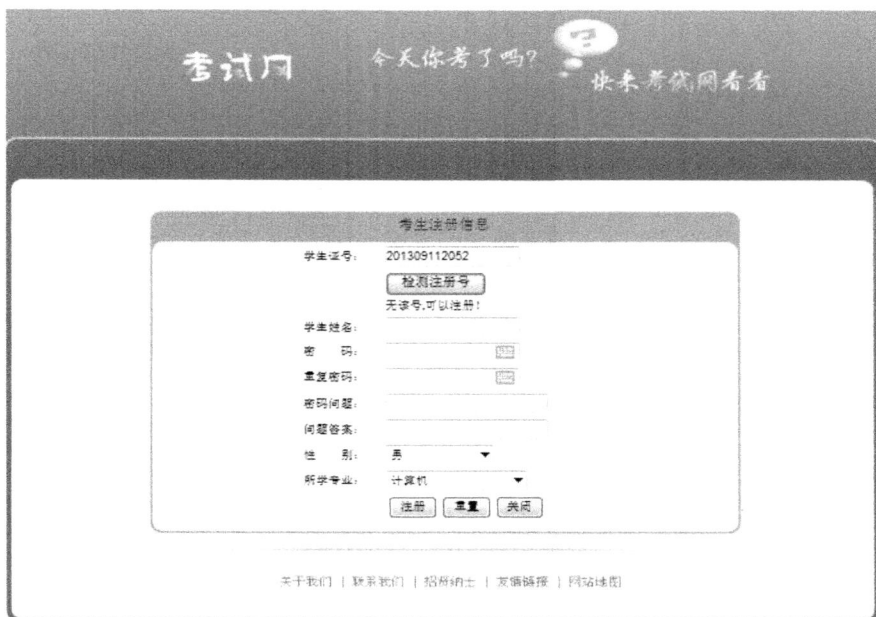

图 10-13　检测考生注册的学生证号是否已注册

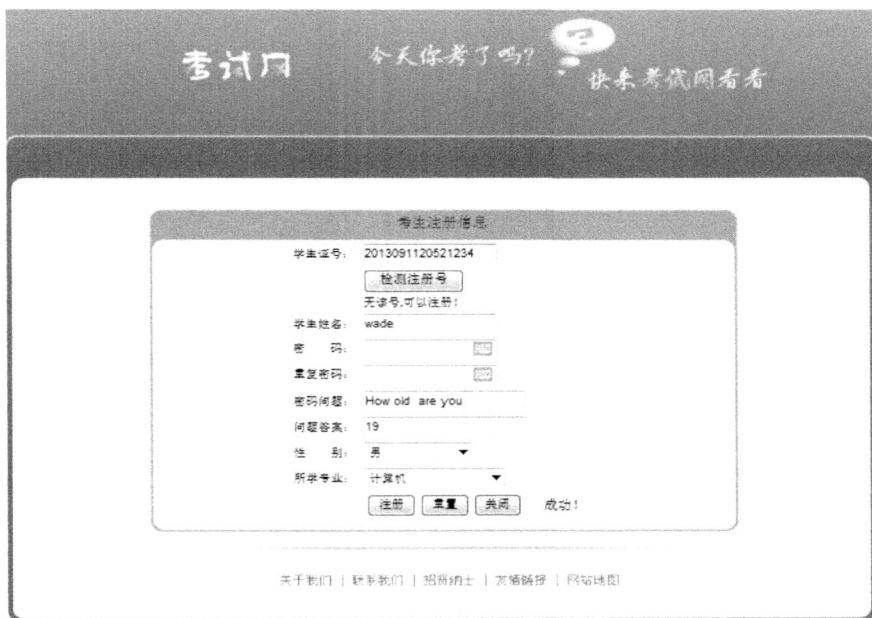

图 10-14　考生注册成功页面

2. 考生注册页面的技术分析

对于用户验证控件的应用,学生证号不允许为空且为 16 位数字,密码、密码问题、密码答案都不允许为空,如表 10-9 所示。

表 10-9　用户验证控件的应用

验证控件名称	主 要 属 性	用　　途
RequiredFieldValidatorName	ControlToValidate 的属性为 txtStuID ErrorMessage 为"学生证号不允许为空"	判断学生证号是否为空
RequiredFieldValidatorNameIsNum	ControlToValidate 为"txtStuID" ErrorMessage 为"学生编号为 16 位有效数字" ValidationExpression 为"^.{16}$"	判断学生证号是否为 16 位的数字
RequiredFieldValidatorPwd	ControlToValidate 为"txtStuPwd" ErrorMessage 为"密码不允许为空"	判断密码是否为空
CompareValidatorPwd	ControlToCompare 为"txtStuPwd" ControlToValidate 为"txtStuFPwd" ErrorMessage 为"密码不一致"	判断两次输入的密码是否一致

3. 考生注册页面的实现过程

本模块使用的数据表为 tb_Profession、tb_Student。

1）设计步骤

在应用程序中新建一个 Web 窗体，命名为 zhuce.aspx，将其作为考生注册页面。然后在页面中添加一个 Table(表格)控件为整体布局，其中包含两个 DropDownList 控件、3 个 Button 控件、6 个 TextBox 控件、4 个 RequiredFieldValidator、一个 CompareValidator。页面中各控件的说明如表 10-10 所示。

表 10-10　zhuce.aspx 页面中主要控件的说明

控 件 类 型	控 件 名 称	主要属性设置	控 件 用 途
DropDownList	DropDownList1	无	注册考生选择性别和所学专业
Button	btnRes	将 Text 属性设置为"注册"	用于考生注册
	btnBack	将 Text 属性设置为"重置"	重置考生注册信息
	btnClose	将 Text 属性设置为"关闭"	关闭考生注册页面
TextBox	TextBox1	无	注册考生的学生证号、姓名、密码、重复密码、密码问题、密码答案

2）实现代码

在后台代码的 Page_Load 事件中首先调用公共类中的 ecDropDownList 方法，将考生姓名绑定到 DropDownList 控件。其代码如下：

```
protected void Page_Load(object sender, EventArgs e)
    {
        if (!IsPostBack)
        {
            //调用公共类中的 ecDropDownList 方法
            dataconn.ecDropDownList(ddlProfession, "select * from tb_Profession", "Name",
"ID");
            Label1.Visible = false;
```

```
            Label2.Visible = false;
            Label3.Visible = false;
        }
    }
```

单击该注册页面中的"注册"按钮触发其 Click 事件,将注册信息添加到数据库中。其代码如下:

```
protected void Button1_Click(object sender, EventArgs e)
    {
        //调用公共类中的 eccom 执行 SQL 语句命令
        dataconn.eccom("insert into tb_Student"
            + "(ID,Name,PWD,Question,Answer,Sex,Profession)"
            + "values('" + this.txtStuID.Text + "','" + this.txtStuName.Text + "','"
            + this.txtStuPwd.Text + "','" + this.txtQuePwd.Text + "','"
            + this.txtAnsPwd.Text + "','" + this.ddlSex.Text + "',"
            + Convert.ToInt32(ddlProfession.SelectedValue) + ")");
        //如果添加成功将弹出成功对话框
        Label1.Visible = true;
    }
```

为了避免考生输入的学生证号出现重复,从而导致注册失败,在页面中添加了一个"检查注册号"按钮来检查该注册的学生证号是否已经存在。

在该按钮的触发事件中,主要应用了数据库阅读器(SqlDataReader)读取数据库中的数据判断注册号是否存在。事件代码如下:

```
protected void Button1_Click1(object sender, EventArgs e)
    {
        SqlDataReader read = dataconn.ExceRead("select * from tb_Student where ID = '" +
this.txtStuID.Text + "'");
        read.Read();
        if (read.HasRows)
        {
            if (this.txtStuID.Text == read["ID"].ToString())
            {
                Label2.Visible = true;
            }
        }
        else
        {
            Label3.Visible = true;
        }
        read.Close();
    }
```

10.3.4　在线考试页面的实现

1. 在线考试页面概述

在线考试页面的主要功能是允生考生在网站上针对指定的专业和课程进行考试。在该页面中,考生首先需要阅读完考试规则,在同意所列出的考试规则的前提下才能选择考试课程和套题进入考试页面进行答题,如图 10-15 和图 10-16 所示。

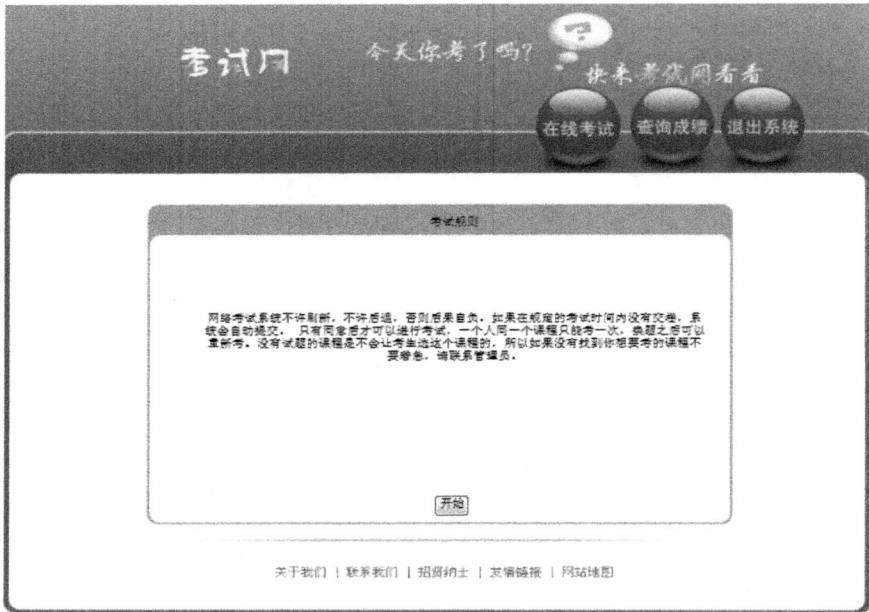

图 10-15　考试规则阅读页面

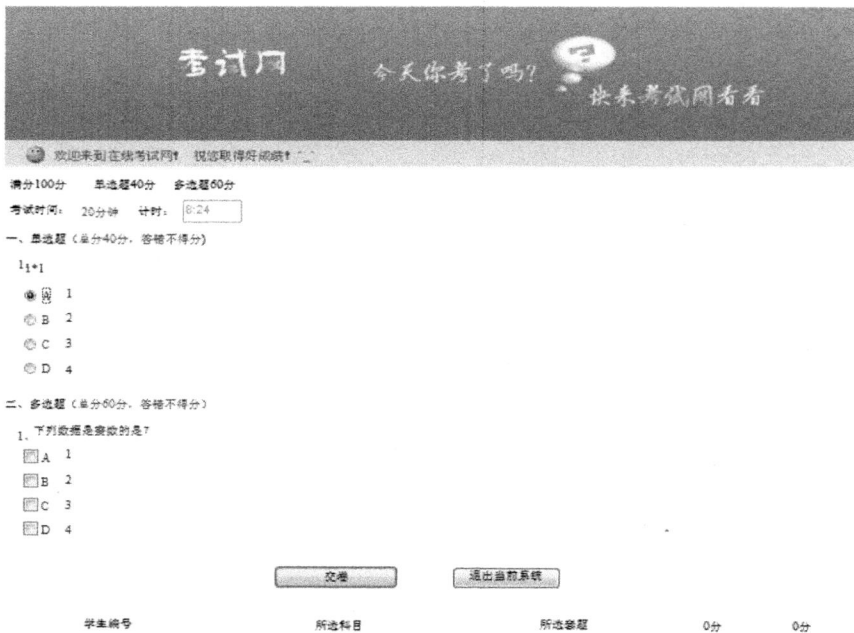

图 10-16　在线考试页面

当考生提交试卷或达到考试结束时间时，系统将自动对考生提交的试卷进行评分，并给出最终考试成绩，页面的运行效果如图 10-17 所示。

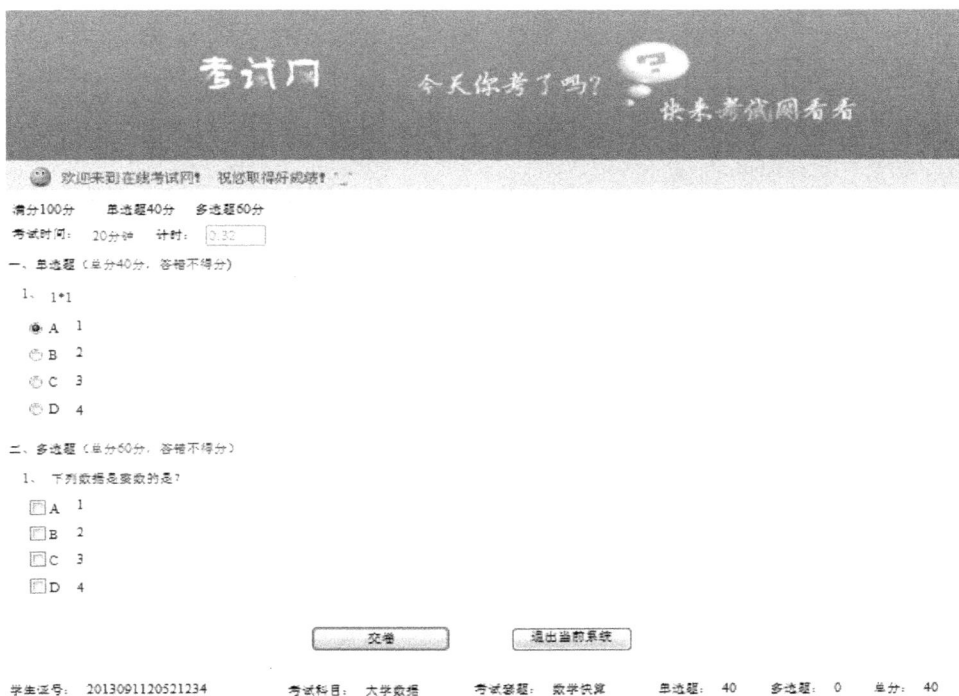

图 10-17　考生最终提交成绩效果图

2. 在线考试页面的技术分析

1）Application 对象

Application 对象可称为记录应用程序参数的对象。Application 对象是 HttpApplicationState 类的一个实例，可以生成一个所有 Web 应用程序都可以存取的变量。这个变量的使用范围涵盖所有使用者，只要是正在使用这个网页的程序都可以存取这个变量。使用 Application 对象的相关语法如下：

```
Application["变量"] = "变量内容";
Application("对象名") = Server.CreateObject(Progid)
```

2）Session 对象

Session 对象可称为记录浏览器的变量对象。Session 对象是 HttpSessionState 类的一个实例，其功能和 Application 对象类似，都是用来存储跨网页程序的变量或者对象，但 Session 对象和 Application 对象有些特性存在差异。例如，Session 对象只针对单一网页使用者，也就是说，各个连接的计算机都有各自的 Session 对象，不同的客户端无法互相存取；Application 对象中止于停止 IIS 服务时，而 Session 对象中止于联机计算机离线时，也就是当网页使用者关闭浏览器或超过设定的 Session 变量的有效时间时，Session 对象就会消失。

Session 对象和 Application 对象一样都是 Page 对象的成员,因此可以直接在网页中使用。使用 Session 对象存放信息的语法如下:

```
Session["变量名"] = "内容";
```

从会话中读取信息的语法如下:

```
VariablesName = Session["变量名"];
```

3. 在线考试页面的实现过程

本模块使用的数据表为 tb_StuResult、tb_Questions。

1) 设计步骤

(1) 在应用程序中新建一个文件夹,将其命名为 QianUser。然后在该文件夹中创建一个 Web 窗体,命名为 StartExamfra. aspx,作为考生在线考试页面。

(2) 在页面中添加一个 Tabel(表格)控件为整个页面布局,这里添加两个 Button 控件、两个 DataList 控件、一个 TextBox、一个 CheckBoxList 和一个 RadioButtonList,并通过属性窗口设置控件的属性。页面中各控件的属性设置及用途如表 10-11 所示。

表 10-11 在线考试页面涉及的主要控件

控件类型	控件名称	主要属性设置	控件用途
Button	btnSubmin	将 Text 属性设置为"交卷"	考生提交试卷
	btnExit	将 Text 属性设置为"退出当前系统"	考生退出考试系统
TextBox	time	无	显示考生时间
DataList	DataList1	无	绑定单选题
	DataList2	无	绑定多选题
CheckBoxList	CheckBoxList1	无	嵌套在 DataList 控件中显示多选题选项
RadioButtonList	RadioButtonList1	无	嵌套在 DataList 控件中显示单选题选项

2) 实现代码

首先创建公共类 Datacon 的类对象,以便在后面的程序中调用其方法,然后自定义 4 个 int 类型的全局变量,即 int_row1、int_row2、int_row1Point 和 int_row2Point,分别用来表示单选题题号、多选题题号、单选题分数和多选题分数。其实现代码如下:

```
Datacon dataconn = new Datacon();
static int int_row1 = 0;          //单选题题号索引
static int int_row2 = 0;          //多选题题号索引
static int int_row1Point = 0;     //单选题分数
static int int_row2Point = 0;     //多选题分数
```

在页面加载的 Page_Load 事件中编写以下代码,用于从数据库中提取相应题目:

```
protected void Page_Load(object sender, EventArgs e)
    {
```

```
        if (!IsPostBack)                    //判断页面是否是首次加载
        {
            this.getcom(1);                 //从数据库中获取单选题
            this.getcom(2);                 //从数据库中获取多选题
        }
    }
```

单击"交卷"按钮,首先通过 Session 变量获取学生的 ID 和其选择的科目及套题信息,然后调用 getcom() 方法执行提交考卷操作。其关键代码如下:

```
protected void btnSubmit_Click(object sender, EventArgs e)
    {
        int_row1 = 0;                       //单选题题号索引
        int_row2 = 0;                       //多选题题号索引
        int_row1Point = 0;                  //单选题分数
        int_row2Point = 0;                  //多选题分数
        Label3.Visible = Label4.Visible = Label7.Visible = Label8.Visible = Label9.
Visible = Label10.Visible = true;
        this.lblStuID.Text = Session["StuName"].ToString();
        this.lblSubject.Text = Session["SelLession"].ToString();
        this.lblQuestion.Text = Session["SelTitle"].ToString();
        this.getcom(3);
        this.getcom(4);
        this.lblTotal.Text = Convert.ToString(int_row1Point + int_row2Point);
        dataconn.eccom("insert into tb_StuResult"
                    + "(stu_id,which_lesson,taotiid,taotiname,res_single,res_more)"
                    + "values('" + lblStuID.Text + "','" + lblSubject.Text + "',"
                    + Application["d2"].ToString() + ",'" + lblQuestion.Text + "'," +
int_row1Point + "," + int_row2Point + ")");
        this.getcom(5);
        Response.Write("< script lanuage = javascript > alert('您确定要交卷吗?');localtion = '
StartExamfra.aspx';</script>");
    }
```

自定义一个 getcom() 方法,用来执行与数据库相关的操作。其实现代码如下:

```
protected void getcom(int i)
{
        string dd1 = Application["d1"].ToString();
        string dd2 = Application["d2"].ToString();
        SqlConnection con = dataconn.getcon();
        switch (i)
        {
        //从数据库中选择单选题
        case 1:
            SqlDataAdapter myadapter1 = new SqlDataAdapter("select * " + "from tb_Questions
where que_type = '单选题'and que_lessonid = '" + dd1 + "'and que_taotiid = '" + dd2 + "'order
by id desc", con);
            DataSet myds1 = new DataSet();
```

```
            myadapter1.Fill(myds1);
            DataList1.DataSource = myds1;
            DataList1.DataBind();
            //生成单选题题号
            for (int tID1 = 1; tID1 <= DataList1.Items.Count; tID1++)
             {
              Label lblSelect = (Label)DataList1.Items[tID1 - 1].FindControl("Label2");
              lblSelect.Text = tID1.ToString() + "、";
               }
                break;
               //从数据库中选择多选题
            case 2:
            SqlDataAdapter myadapter2 = new SqlDataAdapter("select * " + "from tb_Questions
where que_type = '多选题'and que_lessonid = '" + dd1 + "'and que_taotiid = '" + dd2 + "'order by
id desc", con);
            DataSet myds2 = new DataSet();
            myadapter2.Fill(myds2);
            DataList2.DataSource = myds2;
            DataList2.DataBind();
            //生成多选题题号
            for (int tID2 = 1; tID2 <= DataList2.Items.Count; tID2++)
             {
             Label lblDSelect = (Label)DataList2.Items[tID2 - 1].FindControl("Label24");
             lblDSelect.Text = tID2.ToString() + "、";
                }
             break;
            //核对单选题答案
            case 3:
            SqlDataAdapter myadapter3 = new SqlDataAdapter("select id,que_answer" + " from tb_
Questions where que_type = '单选题'and que_lessonid = " + dd1 + "and que_taotiid = " + dd2 + "
order by id desc", con);
            DataSet myds3 = new DataSet();
            myadapter3.Fill(myds3);
            DataRow[] row1 = myds3.Tables[0].Select();
            //计算单选题成绩
            foreach (DataRow answer1 in row1)
             {
               int_row1 += 1;
               if (int_row1 <= 3)
                {
               RadioButtonList rbl = (RadioButtonList)(DataList1.Items[int_row1 - 1].
FindControl("RadioButtonList1"));
                 if (rbl.SelectedValue == "")
                  {
                     this.lblSel.Text = "0";
                     }
                else
```

```
                {
            if (answer1["que_answer"].ToString().Trim() == rbl.SelectedValue.ToString().
Trim())
                {
                    int_row1Point += 40 / DataList1.Items.Count;
                    this.lblSel.Text = int_row1Point.ToString();
                }
            }
        }
    }
      break;
    //核对多选题答案
    case 4:
    SqlDataAdapter myadapter4 = new SqlDataAdapter("select id,que_answer"
            + " from tb_Questions where que_type = '多选题'and que_lessonid = "
            + dd1 + " and que_taotiid = " + dd2 + " order by id desc", con);
    DataSet myds4 = new DataSet();
    myadapter4.Fill(myds4);
    DataRow[] row2 = myds4.Tables[0].Select();
    //计算多选题成绩
    foreach (DataRow answer2 in row2)
    {
        int_row2 += 1;
        if (int_row2 <= 3)
        {
        CheckBoxList cbl = (CheckBoxList)(DataList2.Items[int_row2 - 1].FindControl
("CheckBoxList1"));
            if (cbl.SelectedValue == "")
            {
                lblDSel.Text = "0";
            }
        else
            {
                his.TextBox1.Text = "";
                for (int q = 0; q < cbl.Items.Count; q++)
                {
                    if (cbl.Items[q].Selected == true)
                    {
                        his.TextBox1.Text = TextBox1.Text.Trim() + cbl.Items[q].Value + ", ";
                    }
                }
            if (answer2["que_answer"].ToString().Trim() + "," == this.TextBox1.Text.
Trim())
                {
                    int_row2Point += 60 / DataList2.Items.Count;
                    this.lblDSel.Text = int_row2Point.ToString();
                }
```

```
                    }
                }
            }
                break;
        }
    }
```

10.3.5　在线考试后台管理页面的实现

在线考试后台管理页面的运行效果如图 10-18 所示。后台管理包括管理员信息的管理、注册考生的管理、专业信息的管理、课程信息的管理、套题信息的管理、考生成绩的管理、考试题目的管理。这些管理页面主要是进行数据的新增、修改、删除、查询，所有实现方式都类似，下面以考试套题管理页面的实现为例进行介绍。

图 10-18　在线考试后台管理页面

1. 考试套题管理页面概述

考试套题管理页面的主要功能包括对考试套题进行添加、查询、修改和删除。在添加考试套题信息时，需要先在文本框中输入所添加的套题名称，并在下拉列表框中选择所属课程名，然后再进行添加操作；在考试套题信息列表页面中可以通过选择不同的查询条件并输入相应的关键字来实现查询操作；根据实际需要，还可以实时更新考试套题中的详细信息或者删除考试套题。考试套题管理页面的运行效果如图 10-19 所示。

2. 考试套题管理页面的技术分析

在考试套题信息的"查询"按钮事件中主要应用了 SQL Server 视图数据处理技术，该页面创建的视图名为 kecheng_taoti_view，建立该视图的主要目的是从 tb_Lesson 和 tb_

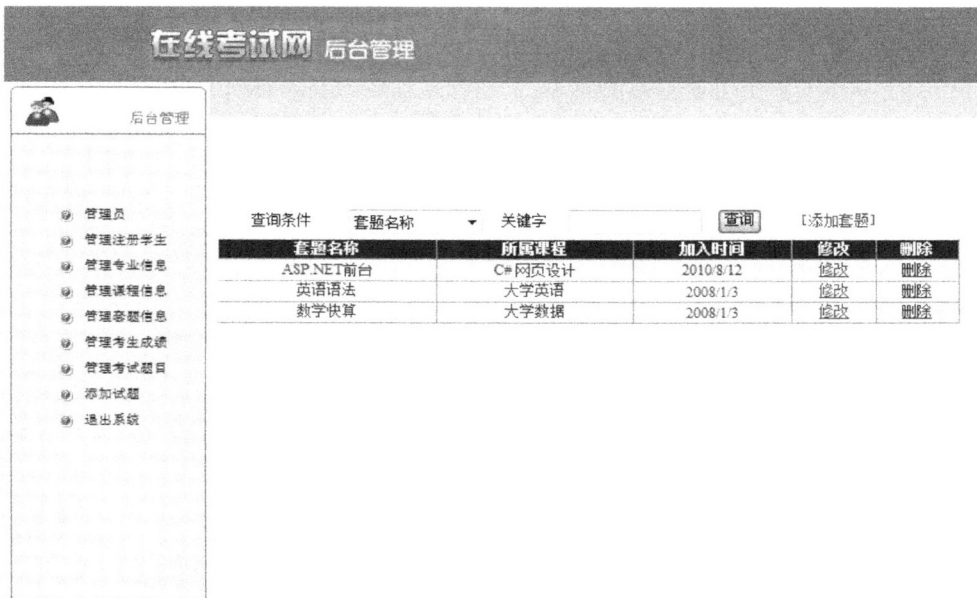

图 10-19 考试套题管理页面

TaoTi 两个表中检索出套题名称、所属课程和加入时间的信息。

```
protected void Button1_Click(object sender, EventArgs e)
{
if (txtSelect.Text == "")
{
    //调用 ecadabindinfostring 方法绑定数据库信息
    dataconn.ecadabindinfostring(gvQueInfo, "select * from kecheng_taoti_view order by Id
desc", "ID");
    }
else
{
    //调用 ecadabind 方法绑定查询信息
    dataconn.ecadabind(gvQueInfo, "select * from kecheng_taoti_view where "
            + ddlQueName.SelectedValue + " Like '%" + txtSelect.Text + "%'");
    }
}
```

下面重点介绍 SQL Server 视图方面的技术分析。

1) 视图的概述

视图是用户用来查看数据库表中数据的一种常用方式,其作用相当于一个虚表。当一些用户需要经常访问数据表中某些字段构成的数据,但从数据安全角度考虑,又不希望直接接触数据表时,可以利用视图这一数据对象。视图不是数据表,它仅是一些 SQL 查询语句的集合,在使用时按照不同的要求从数据表中提取不同的数据。视图犹如数据表的窗户,管理员定义这些"窗户"的位置后,用户即可通过它浏览表中的部分或全部数据。视图中数据的物理存放位置在数据库的表中,这些表一般称为视图的基表。

2) 视图的创建

在 SQL Server 中使用创建视图向导、企业管理器或者在查询分析器中执行 create view 语句。语法格式如下:

```
create view 视图名
 -- 对包含 create view 语句的文本加密
[with encryption]
as
select 语句
 -- 表示对视图中的所有数据执行修改操作都必须遵守定义视图 select 语句的 where 子句所指定的条件
[with check option]
```

3. 考试套题管理页面的实现过程

本模块使用的数据表为 tb_Lesson、tb_TaoTi。

1) 设计步骤

(1) 在应用程序中新建一个文件夹,将其命名为 HouAdmin。然后在该文件夹中创建一个 Web 窗体,命名为 taoti_xinxi.aspx,用于在线考试套题管理。

(2) 在 taoti_xinxi.aspx 页中从"工具箱"中分别拖入一个 ScripManager 控件和一个 UpdatePanel 控件,添加这两个控件的作用是构建 AJAX 环境。

(3) 在 UpdatePanel 控件中添加一个 Table(表格)控件为整个页面布局,再从工具箱卡中拖入一个 GridView 控件、一个 Button 控件、一个 TextBox、一个 DropDownList 和一个 HypeLink,并通过属性窗口设置各控件的属性。页面中各控件的属性设置及用途如表 10-12 所示。

表 10-12　taoti_xinxi.aspx 页面中用到的主要控件

控件类型	控件名称	主要属性设置	控件用途
GridView	gvAdminInfo	将 AllowPaging 属性设置为 True(用于分页)	绑定考试套题信息
		将 AutoGenerateColumns 属性设置为 False(取消自动成列)	
		将 PageSize 属性设置为 6(设置分页数)	
		将 SkinID 属性设置为 gvSkin(应用主题)	
Button	btnSelect	将 Text 属性设置为查询	用于查询考试套题
TextBox	txtKey	无	输入查询的关键字
DropDownList	ddlSelect	无	下拉选择(设置查询条件)
HyperLink	HyperLink1	无	跳转到添加考试套题页面

2) 实现代码

套题信息列表通过 ASP.NET 4.0 提供的 GirdView 控件把考试套题的基本信息显示出来。在每条信息后设置执行修改及删除功能的超链接按钮,每次登录此页面时程序都会自动执行后台 Page_Load 页面加载事件中的 SQL 语句,将检索到的数据通过 GridView 控件显示在页面中。

在编写此代码前,首先在命名空间区域中引用 using System. DataSqlClient 命名空间,然后在 Page_Load 页面加载事件中定义执行需要显示在 GridView 控件中的信息的 SQL 语句,通过调用公共类执行该语句完成数据的显示操作。后台主要实现数据显示功能的代码如下:

```
Datacon dataconn = new Datacon();
protected void Page_Load(object sender, EventArgs e)
    {
        if (!IsPostBack)//判断页面是否首次加载
        {
            //调用 ecadabindinfostring 方法绑定数据库信息
                dataconn. ecadabindinfostring(gvQueInfo, "select * from kecheng_taoti_view
order by Id desc", "ID");
        }
    }
    protected void Button1_Click(object sender, EventArgs e)
    {
        if (txtSelect. Text == "")
        {
            //调用 ecadabindinfostring 方法绑定数据库信息
                dataconn. ecadabindinfostring(gvQueInfo, "select * from kecheng_taoti_view
order by Id desc", "ID");
        }
        else
        {
            //调用 ecadabind 方法绑定查询信息
            dataconn.ecadabind(gvQueInfo, "select * from kecheng_taoti_view where "
                + ddlQueName. SelectedValue + " Like '%" + txtSelect. Text + "%'");
        }
    }
    protected void GridView1_PageIndexChanging(object sender, GridViewPageEventArgs e)
    {
        //获得 GridView 控件的当前信息
        gvQueInfo. PageIndex = e. NewPageIndex;
        //调用公共类中的 ecadabind 方法绑定数据库信息
        dataconn. ecadabind(gvQueInfo, "select * from kecheng_taoti_view where "
                + ddlQueName. SelectedValue + " Like '%" + txtSelect. Text + "%'");
    }
    protected void GridView1_RowDeleting(object sender, GridViewDeleteEventArgs e)
    {
        //调用公共类中的 eccom 方法执行 SQL 语句
        dataconn. eccom("delete from tb_TaoTi where ID = '" + gvQueInfo. DataKeys[e. RowIndex].
Value + "'");
        //跳转到后台套题管理页
        Page. Response. Redirect("taoti_xinxi. aspx");
    }
    protected void GridView1_RowDataBound(object sender, GridViewRowEventArgs e)
    {
        if (e. Row. RowType == DataControlRowType. DataRow)
        {
```

```
                e. Row. Cells[2]. Text = Convert. ToString(Convert. ToDateTime(e. Row. Cells[2].
Text). ToShortDateString());
        }
        if (e. Row. RowType == DataControlRowType. DataRow)
        {
                ((LinkButton)(e. Row. Cells[4]. Controls[0])). Attributes. Add("onclick", "return
confirm('确定删除吗?')");
        }
    }
```

双击前台中的"查询"按钮,会进入此按钮后台的 Click 单击事件中,在 Click 单击事件中定义执行模糊查询的 SQL 语句,通过调用公共类执行该语句,将结果显示在 GridView 控件中完成查询操作。后台主要实现查询功能的代码如下:

```
Datacon dataconn = new Datacon();
protected void Button1_Click(object sender, EventArgs e)
    {
        if (txtSelect. Text == "")
        {
            //调用 ecadabindinfostring 方法绑定数据库信息
            dataconn. ecadabindinfostring(gvQueInfo, "select * from kecheng_taoti_view
order by Id desc", "ID");
        }
        else
        {
            //调用 ecadabind 方法绑定查询信息
            dataconn. ecadabind(gvQueInfo, "select * from kecheng_taoti_view where "
                + ddlQueName. SelectedValue + " Like '%" + txtSelect. Text + "%'");
        }
    }
```

当管理员单击某条记录的"修改"链接后,可以进入套题信息修改页面 TaotiUpdate .aspx。在该页面的 Page_Load 事件中编写以下代码:

```
//创建公共类的一个新的实例对象
Datacon dataconn = new Datacon();
protected void Page_Load(object sender, EventArgs e)
{
        if (!IsPostBack)//判断页面是否首次加载
        {
            //调用公共类中的 ecDropDownList 方法将考生所学专业绑定到下拉列表框中
            dataconn. ecDropDownList(ddlLesson, "select * from tb_Lesson", "Name", "id");
            //调用公共类中的 getcon 方法创建一个新的数据库连接
            SqlConnection con = dataconn. getcon();
            //定义并初始化一个数据适配器
            SqlDataAdapter mydataadapter = new SqlDataAdapter("select * from tb_TaoTi where
id = " + Request["id"], con);
            //创建一个 DataSet 数据集
            DataSet mydataset = new DataSet();
            //将数据适配器中的数据填充到数据集 mydataset 中
            mydataadapter. Fill(mydataset, "tb_TaoTi");
```

```
//在 mydataset 数据集中创建 tb_TaoTi 的默认视图
DataRowView rowview = mydataset.Tables["tb_TaoTi"].DefaultView[0];
//将输入的套题名称转换成字符串
this.txtQueName.Text = Convert.ToString(rowview["Name"]);
ddlLesson.Text = Convert.ToString(rowview["LessonID"]);
//关闭数据库连接
con.Close();
}
```

为了方便管理系统,在考试套题管理页面中的每条记录后添加了一个"删除"链接,当管理员单击此链接时,系统会自动删除该在线考试套题信息。实现删除功能的代码如下:

```
protected void GridView1_PageIndexChanging(object sender, GridViewPageEventArgs e)
{
    //获得 GridView 控件的当前信息
    gvQueInfo.PageIndex = e.NewPageIndex;
    //调用公共类中的 ecadabind 方法绑定数据库信息
    dataconn.ecadabind(gvQueInfo, "select * from kecheng_taoti_view where "
            + ddlQueName.SelectedValue + " Like '%" + txtSelect.Text + "%'");
}
```

10.4 系 统 测 试

在系统开发的过程中主要需要进行单元测试,下面对单元测试进行介绍。

1. 单元测试概念

单元测试(unit testing)是指对软件中的最小可测试单元进行检查和验证。对于单元测试中单元的含义,一般来说要根据实际情况去判定其具体含义,例如 C 语言中的单元指一个函数,C♯中的单元指一个类,图形化软件中的单元可以指一个窗口或一个菜单等。总的来说,单元就是人为规定的最小的被测功能模块。单元测试是在软件开发过程中要进行的最低级别的测试活动,软件的独立单元将在与程序的其他部分相隔离的情况下进行测试。

2. 项目中单元测试的使用

在线考试页面在实现计算考生单选题分数或多选题分数时,需要将在 DataList 容器控件中查找到的带指定 Id 参数 RaidoButtonList1 或 CheckBoxList1 的服务器控件强制转换成 RaidoButtonList 或 CheckBoxList 类型,否则会出现如图 10-20 所示的错误提示。

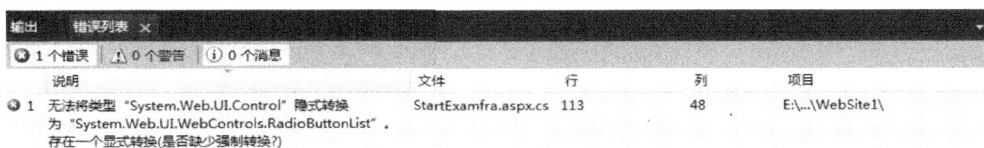

图 10-20 错误提示

解决该页提示错误,只需将下面代码中加粗的代码替换,强制转换成 RadioButtonList

控件即可：

```
RadioButtonList rbl = (RadioButtonList)(DataList1.Items[int_row1 - 1].FindControl
("RadioButtonList1"));

case 3:
SqlDataAdapter myadapter3 = new SqlDataAdapter("select id,que_answer" + " from tb_Questions
where que_type = '单选题'and que_lessonid = " + dd1 + " and que_taotiid = " + dd2 + " order by
id desc", con);
DataSet myds3 = new DataSet();
myadapter3.Fill(myds3);
DataRow[] row1 = myds3.Tables[0].Select();
//计算单选题成绩
foreach (DataRow answer1 in row1)
  {
    int_row1 += 1;
    if (int_row1 <= 3)
    {
        RadioButtonList rbl = (DataList1.Items[int_row1 - 1].FindControl
("RadioButtonList1"));
    if (rbl.SelectedValue == "")
      {
          this.lblSel.Text = "0";
            }
    else
        {
        if (answer1["que_answer"].ToString().Trim() == rbl.SelectedValue.ToString()
.Trim())
            {
                int_row1Point += 40 / DataList1.Items.Count;
                this.lblSel.Text = int_row1Point.ToString();
            }
        }
    }
  }
break;
```

参 考 文 献

[1] （美）Matthew MacDonald，Adam Freeman，Mario Szpuszta. ASP. NET 4 高级程序设计[M].4 版. 北京：人民邮电出版社，2011.

[2] 张昌龙，辛永平. ASP. NET 4.0 从入门到精通[M].北京：机械工业出版社，2011.

[3] 耿超. ASP. NET 4.0 网站开发实例教程[M].北京：清华大学出版社，2012.

[4] 杨云，刘君.精通 ASP. NET 4.0[M].北京：机械工业出版社，2013.

[5] 张正礼. ASP. NET 4.0 网站开发与项目实战[M].北京：清华大学出版社，2012.

[6] 丁士锋.亮剑 ASP. NET 项目开发案例导航[M].北京：电子工业出版社，2012.

[7] 郑齐心，房大伟，刘云峰. ASP. NET 项目开发案例全程实录[M].北京：清华大学出版社，2011.

[8] 陈承欢. ASP. NET 网站开发实例教程[M].北京：高等教育出版社，2012 .

[9] 明日科技，王小科，赵会东. ASP. NET 程序开发范例宝典（C♯）.[M].3 版.北京：人民邮电出版社，2012.

[10] （美）Tim Patrick. ADO. NET 4 从入门到精通[M].北京：清华大学出版社，2012.

[11] 龚根华，王炜立. ADO. NET 数据访问技术[M].北京：清华大学出版社，2012.

[12] 蒋培，王笑梅. ASP. NET Web 程序设计[M].北京：清华大学出版社，2009.

[13] 陈向东. C♯面向对象程序设计案例教程[M]. 北京：清华大学出版社，2009.

[14] （荷兰）ImarSpaanjaars. ASP. NET 3.5 入门经典[M]. 北京：清华大学出版社，2008.

[15] 张跃廷，顾彦玲. ASP. NET 从入门到精通[M]. 北京：清华大学出版社，2008.

[16] 李天平. 亮剑.NET：NET 深入体验与实战精要[M]. 北京：电子工业出版社，2009.

[17] 陈伟，等. ASP. NET 3.5 网站开发实例教程[M]. 北京：清华大学出版社，2009.

[18] 王杰.Xlight FTP 服务器 ODBC 接口研究与应用[J].计算机光盘软件与应用，2012 年 5 期 .

[19] 王杰.基于 Xlight 的 FTP 服务器搭建初探[J].湖北函授大学学报，2011 年 10 期 .

[20] 陈向东. 新一代站群系统的特点及构建实例[J].北华大学学报（自然科学版），2011 年 03 期.

[21] 朱玉超，鞠艳，王代勇. ASP. NET 项目开发教程.北京：电子工业出版社，2008.

[22] 刘乃丽.完全手册 ASP. NET 2.0 网络开发详解.北京：电子工业出版社，2008.

[23] 尚俊杰，秦卫中. ASP. NET 程序设计案例教程[M].北京：清华大学出版社，2005.

[24] 贺平.软件测试教程[M].北京：电子工业出版社，2006.

[25] 常军林，魏功.SQL Server 2005 数据库实用教程[M].北京：机械工业出版社，2010.

[26] 章立民. ASP. NET 开发实战范例宝典[M].北京：科学出版社，2010.

[27] 明日科技. ASP. NET 从入门到精通[M].北京：清华大学出版社，2012.

[28] 顾宁燕，21 天学通 ASP. NET[M].北京：电子工业出版社，2011.

[29] （美）史潘加斯著. ASP. NET 4.5 入门经典 [M].7 版. 刘楠，陈晓宇译. 北京：清华大学出版社，2013.

[30] 软件开发技术联盟 . ASP. NET 开发实战[M].北京：清华大学出版社，2013.

[31] Matthew MacDonald,等著. ASP. NET 4 高级程序设计[M].4 版.博思工作室译. 北京：人民邮电出版社，2011.

[32] 房大伟，等. ASP. NET 开发实战 1200 例[M].北京：清华大学出版社，2011.

[33] （美）史潘加斯著. ASP. NET 4 入门经典——涵盖 C♯ 和 VB. NET[M].6 版.刘伟琴，张格仙译. 北京：清华大学出版社，2011.

[34] 高宏，等. ASP. NET 典型模块与项目实战大全[M].北京：清华大学出版社，2012.

[35] 奚江华.圣殿祭司的 ASP. NET 4.0 专家技术手册[M].北京：人民邮电出版社,2013.

[36] 赛奎春,顾彦玲. ASP. NET 项目开发全程实录[M].3 版.北京：清华大学出版社,2013.

[37] 王小科,等. ASP. NET 程序开发范例宝典(C♯)[M].3 版.北京：人民邮电出版社,2013.

[38] 杨贵发,等. ASP. NET 程序开发参考手册[M].北京：机械工业出版社,2013.

[39] 黄鸣. ASP. NET 开发技巧精讲[M].北京：电子工业出版社,2013.

[40] 赵会东,尹凯,等.ASP. NET 开发宝典[M].北京：机械工业出版社,2012.

[41] 韩旭,等.ASP. NET 求职宝典[M].北京：电子工业出版社,2012.